国家示范（骨干）高职院校重点建设专业
农业机械应用技术专业优质核心课程系列教材

农机电气技术与维修

主　编　吴海东　周洪如
副主编　宋敬滨　岳兴莲
参　编　韩永江　陈　晓
　　　　董作华　虞志坚
主　审　昌茂宏

机械工业出版社

本书主要内容有农机电气技术基础认知，农机电气系统认知，农机电源系统的维护与检修，农机起动系统的维护、检修与故障排除，农机照明、信号、仪表报警系统的结构与检修，联合收割机电气系统的维护与检修，插秧机电气系统的维护与检修。全书融合了专业理论和实践技能，将应知、应会的学习内容在“教、学、做”理实一体化的学习情境中展开。内容组织条理清晰、编排循序渐进，通俗易懂，图文并茂，数据翔实。

本书可作为大、中专院校农业机械应用技术及相关专业教材，也可作为应用型本科农机类专业教材，同时可供农业机械修理工与农机管理人员使用，还可供农机行业中销售、质检和鉴定人员参考。

图书在版编目（CIP）数据

农机电气技术与维修/吴海东，周洪如主编. —北京：机械工业出版社，2014.8（2025.9 重印）
国家示范（骨干）高职院校重点建设专业农业机械应用技术专业优质核心课程系列教材
ISBN 978-7-111-46198-2

Ⅰ.①农…　Ⅱ.①吴…②周…　Ⅲ.①农业机械-电气设备-维修-高等职业教育-教材　Ⅳ.①S232.8

中国版本图书馆 CIP 数据核字（2014）第 053701 号

机械工业出版社（北京市百万庄大街 22 号　邮政编码 100037）
策划编辑：刘良超　王海峰　责任编辑：刘良超　张利萍
版式设计：霍永明　　　　　责任校对：陈秀丽
责任印制：刘　岚
北京华宇信诺印刷有限公司印刷
2025 年 9 月第 1 版 · 第 6 次印刷
184mm×260mm · 14.75 印张 · 5 插页 · 351 千字
标准书号：ISBN 978-7-111-46198-2
定价：48.00 元

电话服务　　　　　　　　　　网络服务
客服电话：010-88361066　　机　工　官　网：www.cmpbook.com
　　　　　010-88379833　　机　工　官　博：weibo.com/cmp1952
　　　　　010-68326294　　金　　书　　网：www.golden-book.com
封底无防伪标均为盗版　　机工教育服务网：www.cmpedu.com

前　言

Preface

自2004年国家颁布《中华人民共和国农业机械化促进法》，实施“农机具购置补贴”政策和“三农”政策以来，中国农机工业和农业机械化迅猛发展。与此同时，农机行业中也存在着产品售后服务质量不高、驾驶员操作水平低、维护保养不规范和生产事故多等问题，影响着农机效益的充分发挥。

《国务院关于促进农业机械化和农机工业又好又快发展的意见》（国发〔2010〕22号）中明确了“促进农业机械化发展的主要任务”和“促进农机工业发展的主要任务”，并指出：“加强农业机械化实用人才培养。充分利用高等院校、农业机械化（农业）技术学校，培养农业机械化专业人才。结合阳光工程等各类农民培训项目，大力培养农机作业和维修能手。开展农机使用等技能培训和科普宣传，提高农民对先进生产工具及技术的接受能力和操作水平。定期对农机推广、监理和试验鉴定人员进行培训，提升农业机械化公共服务水平。”为了响应国家号召，系统地培训农业机械化人才，我们进行了大量实地调研和资料收集，最终编写了本书。本书以我国广大农村常见农机机型为基础，系统地介绍了农业机械电气系统的构造、原理、使用、维护保养、故障排除及修理等内容。

在编写过程中，编者从学生的认知规律和接受能力出发，内容组织条理清晰、编排循序渐进，使本书通俗易懂，图文并茂，数据翔实，容易被学生理解掌握。本书融合了专业理论和实践技能，将应知、应会的学习内容在“教、学、做”理实一体化的学习情境中展开，有利于提高学生的积极性。本书的结构安排具有模块化的特点，便于各学校、各教师结合自身的教学特点、要求，进行教学内容的调整组合。

本书由常州机电职业技术学院吴海东、周洪如任主编，宋敬滨、岳兴莲任副主编，全书由吴海东统稿，由东风农机集团有限公司昌茂宏主审。其中“农机电气技术基础认知”项目由宋敬滨、岳兴莲编写，“农机电气系统认知”“农机电源系统的维护与检修”“农机起动系统的维护、检修与故障排除”“农机照明、信号、仪表报警系统的结构与检修”“联合收割机电气系统的维护与检修”“插秧机电气系统的维护与检修”六个项目中的部分内容由吴海东、周洪如编写，久保田农业机械有限公司韩永江、陈晓，常州东风农机集团有限公司董作华、虞志坚参与了其余部分内容的编写工作。

本书可作为大、中专院校农业机械应用技术及相关专业教材，也可作为应用型本科农机类专业教材，同时可供农业机械修理工与农机管理人员使用，还可供农机行业中销售、质检和鉴定人员参考。

由于编者水平有限，对一些问题的理解和处理难免有不当之处，衷心希望使用本书的读者批评指正。

编　者

目录
Contents

前言

项目一　农机电气技术基础认知 ………… 1

任务一　认识直流电路 ………… 1

任务二　正弦交流电路分析 ………… 16

任务三　认识磁路和变压器 ………… 31

任务四　半导体器件及其应用 ………… 45

练习与思考题 ………… 69

项目二　农机电气系统认知 ………… 70

任务一　认识农机电气系统 ………… 70

任务二　农机电气系统故障诊断基础 ………… 79

练习与思考题 ………… 88

项目三　农机电源系统的维护与检修 ………… 89

任务一　蓄电池的维护与检修 ………… 89

任务二　交流发电机的维护与检修 ………… 104

任务三　充电系统的维护与检修 ………… 125

练习与思考题 ………… 129

项目四　农机起动系统的维护、检修与故障排除 ………… 130

任务一　起动系统的维护与检修 ………… 130

任务二　起动系统的故障诊断与排除 ………… 146

练习与思考题 ………… 152

项目五　农机照明、信号、仪表报警系统的结构与检修 ………… 153

任务一　照明系统的结构与检修 ………… 153

任务二　信号系统的结构与检修 ………… 158

任务三　仪表报警系统的结构与检修 ………… 168

练习与思考题 ………… 181

项目六　联合收割机电气系统的维护与检修 ………… 182

任务一　联合收割机报警系统的维护与检修 ………… 182

任务二　联合收割机电气控制系统的维护与检修 ………… 195

练习与思考题 ………… 207

项目七　插秧机电气系统的维护与检修 ………… 208

任务一　插秧机点火系统的维护与检修 ………… 208

任务二　插秧机电气控制系统的维护与检修 ………… 218

练习与思考题 ………… 229

附录　电路图 ………… 230

参考文献 ………… 231

项目一　农机电气技术基础认知

【项目描述】

本项目要求学生在掌握直流电路、正弦交流电路、磁路和变压器、半导体器件及其应用等知识后，完成电压和电位的测量、三相负载的星形联结、点火线圈及点火系电路的检测、二极管与晶体管的识别与检测、整流器的检测等工作任务。

【项目目标】

1）掌握电路基本概念、电路基本元件及其伏安特性、直流电路分析计算等知识，提高直流电路分析能力。

2）掌握正弦交流电路的基本概念、单相交流电路、三相交流电路等知识，提高交流电路分析能力。

3）掌握磁路和铁磁性材料、磁场基本定律、铁心线圈和电磁铁、继电器电路、变压器等知识，提高磁路分析能力。

4）掌握导体、半导体二极管、半导体晶体管、直流稳压电源等知识，提高简单电子电路分析能力。

任务一　认识直流电路

任务分析

随着科学技术的飞速发展，现代电工电子设备种类日益繁多，规模和结构更是日新月异，但无论怎样设计和制造，各种功能的电子设备电路几乎都是由各种基本电路组成的。所以，学习电路的基础知识，掌握分析电路的规律与方法，是学习电工学的重要内容，也是进一步学习电动机、电器和电子技术的基础。通过学习理论知识，学生应能够完成电压和电位的测量工作任务。

相关知识

一、电路和电路模型

（一）电路的概念

（1）电路及其组成　电路是电流通过的路径。实际电路通常由各种电路实体部件（如电源、电阻器、电感线圈、电容器、变压器、仪表、二极管、晶体管等）组成。每一种电路实体部件都具有各自不同的电磁特性和功能，按照人们的需要，把相关电路实体部件按一定方式进行组合，就构成了一个个电路。当某个电路元器件数很多且电路结构较为复杂时，又把这种电路称为电网络。

手电筒电路、单个照明灯电路是实际应用中较为简单的电路，而电动机电路、雷达导航设备电路、计算机电路、电视机电路是较为复杂的电路。但不管简单还是复杂，电路的基本组成部分都离不开三个基本环节：电源、负载和中间环节。

电源是向电路提供电能的装置。它可以将其他形式的能量，如化学能、热能、机械能、原子能等转换为电能。在电路中，电源是激励，是激发和产生电流的因素。负载是取用电能的装置，其作用是把电能转换为其他形式的能（如机械能、热能、光能等）。通常在生产与生活中经常用到的电灯、电动机、电炉、扬声器等用电设备，都是电路中的负载。中间环节在电路中起着传递电能、分配电能和控制整个电路的作用。最简单的中间环节即开关和连接导线；一个实用电路的中间环节通常还有一些保护和检测装置。复杂的中间环节可以是由许多电路元件组成的网络系统。

图 1-1 所示的手电筒照明电路中，电池作为电源，电灯作为负载，导线和开关作为中间环节将电灯和电池连接起来。

（2）电路的种类及功能　工程应用中的实际电路，按照功能的不同可概括为两大类。一类是完成能量的传输、分配和转换的电路，如图 1-1 中，电池通过导线将电能传递给灯，灯将电能转化为光能和热能。这类电路的特点是大功率、大电流。另一类是实现对电信号的传递、变换、储存和处理的电路，如图 1-2 是一个扩音机的工作过程。传声器将声音的振动信号转换为电信号，即相应的电压和电流，经过放大处理后，通过电路传递给扬声器，再由扬声器还原为声音。这类电路的特点是小功率、小电流。

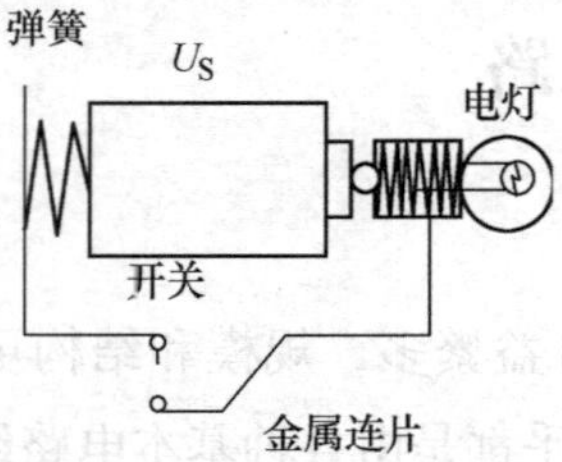

图 1-1　手电筒照明实际电路

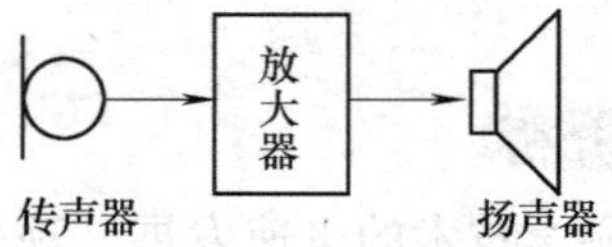

图 1-2　扩音机工作过程

（二）电路模型

实际电路的电磁过程是相当复杂的，难以进行有效的分析计算。在电路理论中，为了便于分析和计算实际电路，我们通常在工程实际允许的条件下对实际电路进行模型化处理，即忽略次要因素，抓住足以反映其功能的主要电磁特性，抽象出实际电路器件的“电路模型”。

例如电阻器、灯泡、电炉等，这些电气设备接受电能并将电能转换成光能或热能，光能和热能显然不可能再回到电路中，因此我们把这种能量转换过程不可逆的电磁特性称为耗能。这些电气设备除了具有耗能的电特性，当然还有其他一些电磁特性，但在研究和分析问题时，即使忽略其他电磁特性，也不会影响整个电路的分析和计算。因此，可以用一个只具有耗能电特性的“电阻元件”作为它们的电路模型。

将实际电路器件理想化而得到的只具有某种单一电磁性质的元件，称为理想电路元件，简称为电路元件。每一种电路元件都能体现某种基本现象，具有某种确定的电磁性质和精确的数学定义。常用的有将电能转换为热能的电阻元件、具有电场性质的电容元件、具有磁场性质的电感元件，以及电压源元件和电流源元件等，其电路符号如图 1-3 所示。后面将分别讲解这些常用的电路元件。

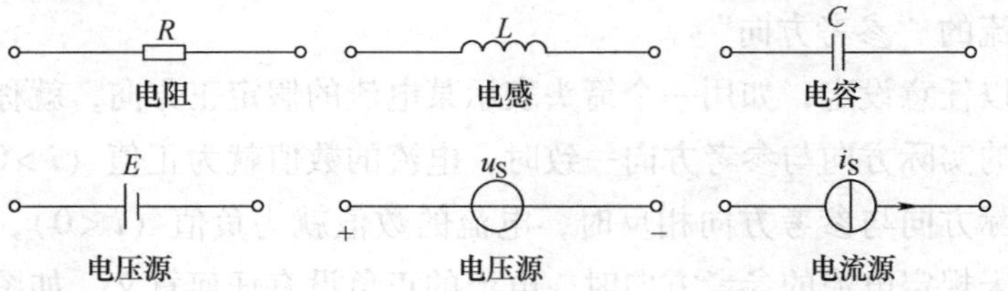

图 1-3　理想电路元件的符号

我们把由理想电路元件相互连接组成的电路称为电路模型。例如图 1-1 所示的手电筒照明电路，电池对外提供电压的同时，内部也有电阻消耗能量，所以电池可用其电动势 E 和内阻 R_0 的串联表示；电灯除了具有消耗电能的性质（电阻性）外，通电时还会产生磁场，具有电感性。但电感微弱，可忽略不计，于是可认为电灯是一电阻元件，用 R 表示。图 1-4 是手电筒电路的电路模型。

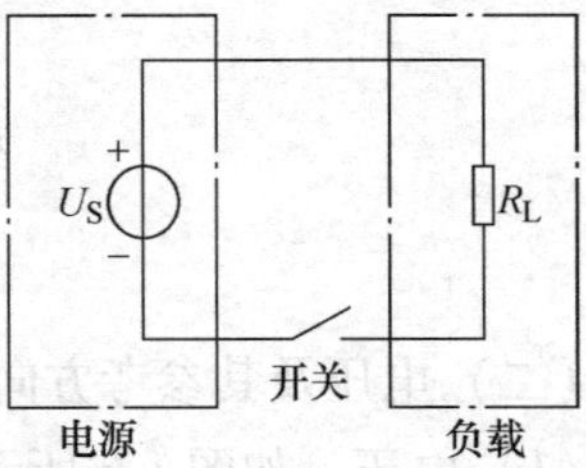

图 1-4　手电筒电路的电路模型

二、电流、电压及其参考方向

电路中的变量是电流和电压。无论是电能的传输和转换，还是信号的传递和处理，都是这两个量变化的结果，因此，弄清电流与电压及其参考方向，对进一步掌握电路的分析与计算是十分重要的。

（一）电流及其参考方向

（1）电流　电荷的定向移动形成电流。电流的定义为单位时间内通过导体横截面的电荷量，用公式表示为

$$i=\frac{dq}{dt}$$

其中 i 表示随时间变化的电流，dq 表示在 dt 时间内通过导体横截面的电量。

在国际制单位中，电流的单位为安培，简称安（A）。实际应用中，大电流用千安培（kA）表示，小电流用毫安培（mA）表示或者用微安培（μA）表示。它们的换算关系是

$$1kA=10^3A=10^6mA=10^9\mu A$$

在外电场的作用下，正电荷将沿着电场方向运动，而负电荷将逆着电场方向运动（金属导体内是自由电子在电场力的作用下定向移动形成电流），习惯上规定：正电荷运动的方向为电流的正方向。

电流有交流和直流之分，大小和方向都随时间变化的电流称为交流电流；方向不随时间变化的电流称为直流电流；大小和方向都不随时间变化的电流称为稳恒直流电流。

（2）电流的参考方向　简单电路中，电流从电源正极流出，经过负载，回到电源负极。在分析复杂电路时，一般难于判断出电流的实际方向，而列方程、进行定量计算时需要对电流有一个约定的方向。对于交流电流，电流的方向随时间改变，无法用一个固定的方向表示，因此引入电流的“参考方向”。

参考方向可以任意设定，如用一个箭头表示某电流的假定正方向，就称其为该电流的参考方向。当电流的实际方向与参考方向一致时，电流的数值就为正值（$i>0$），如图 1-5a 所示；当电流的实际方向与参考方向相反时，电流的数值就为负值（$i<0$），如图 1-5b 所示。需要注意的是，未规定电流的参考方向时，电流的正负没有任何意义，如图 1-5c 所示。

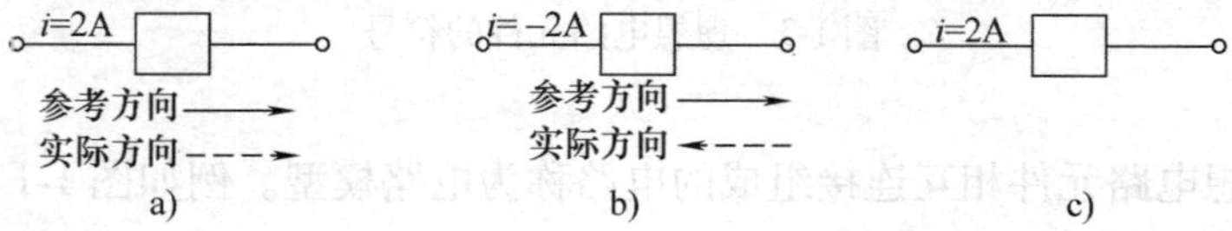

图 1-5　电流及其参考方向

a）实际方向与参考方向一致　b）实际方向与参考方向相反　c）未规定电流的参考方向

（二）电压及其参考方向

（1）电压　如图 1-6 所示的闭合电路，在电场力的作用下，正电荷要从电源正极 a 经过导线和负载流向负极 b（实际上是带负电的电子由负极 b 经负载流向正极 a），形成电流，而电场力就对电荷做了功。

电场力把单位正电荷从 a 点经外电路（电源以外的电路）移送到 b 点所做的功，叫做 a、b 两点之间的电压，记作 U_{ab}。因此，电压是衡量电场力做功本领大小的物理量。

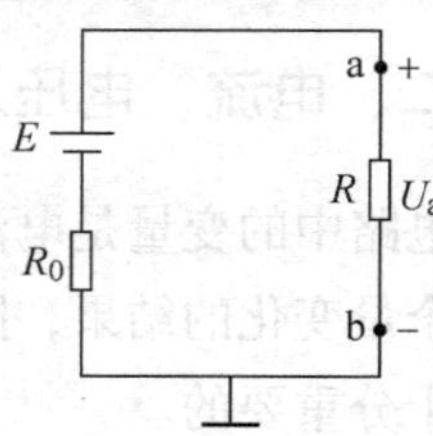

图 1-6　定义电压示意图

若电场力将正电荷 dq 从 a 点经外电路移送到 b 点所做的功是 dw，则 a、b 两点间的电压为

$$u_{ab}=\frac{\mathrm{d}w}{\mathrm{d}q}$$

在国际制单位中，电压的单位为伏特，简称伏（V）。实际应用中，大电压用千伏（kV）表示，小电压用毫伏（mV）表示或者用微伏（μV）表示。它们的换算关系是

$$1\text{kV}=10^3\text{V}=10^6\text{mV}=10^9\,\mu\text{V}$$

电压的方向规定为从高电位指向低电位，在电路图中可用箭头来表示。

（2）电压的参考方向　在比较复杂的电路中，往往不能事先知道电路中任意两点间的电压，为了分析和计算的方便，与电流的方向规定类似，在分析计算电路之前必须对电压标

以极性（正、负号）或标以方向（箭头），这种标法是假定的参考方向，如图 1-7 所示。如果采用双下标标记时，电压的参考方向意味着从前一个下标指向后一个下标，图 1-7 所示元件两端电压记作 u_{ab}；若电压参考方向选 b 点指向 a 点，则应写成 u_{ba}，两者仅差一个负号，即 $u_{ab}=-u_{ba}$。

a)　　b)

图 1-7　电压参考方向的表示方法

a）电压标以极性　b）电压标以方向

分析求解电路时，先按选定的电压参考方向进行分析、计算，再由计算结果中电压值的正负来判断电压的实际方向与任意选定的电压参考方向是否一致；即电压值为正，则实际方向与参考方向相同，电压值为负，则实际方向与参考方向相反。

三、电位的概念及其分析计算

为了分析问题方便，常在电路中指定一点作为参考点，假定该点的电位是零，用符号“⊥”表示。在生产实践中，把地球作为零电位点，凡是机壳接地的设备（接地符号是“⊥”），机壳电位即为零电位。有些设备或装置，机壳并不接地，而是把许多元件的公共点作为零电位点，用符号“⊥”表示。

电路中其他各点相对于参考点的电压即是各点的电位，因此，任意两点间的电压等于这两点的电位之差，我们可以用电位的高低来衡量电路中某点电场能量的大小。

电路中各点电位的高低是相对的，参考点不同，各点电位的高低也不同，但是电路中任意两点之间的电压与参考点的选择无关。电路中，凡是比参考点电位高的各点电位是正电位，比参考点电位低的各点电位是负电位。

【例 1-1】　求图 1-8 中 a 点的电位。

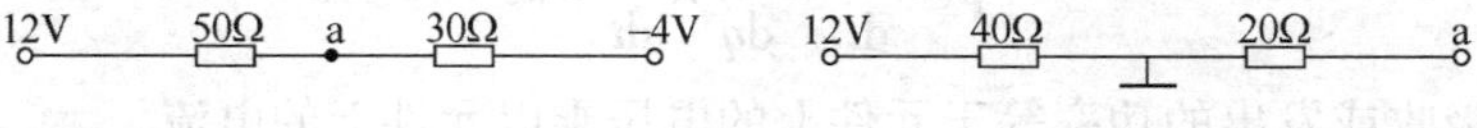

a)　　b)

图 1-8　例 1-1 电路

解：对于图 1-8a 有

$$U_a=-4\text{V}+\frac{30}{50+30}\times(12+4)\text{V}=2\text{V}$$

对于图 1-8b，因 20Ω 电阻中电流为零，故

$$U_a=0$$

【例 1-2】　电路如图 1-9 所示，求开关 S 断开和闭合时 A、B 两点的电位 U_A、U_B。

解：设电路中电流为 I，如图 1-9 所示。

开关 S 断开时，有

$$I=\frac{20-(-20)}{2+3+2}\text{A}=\frac{40}{7}\text{A}$$

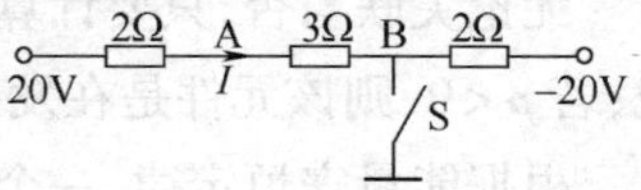

图 1-9　例 1-2 电路

因为

$$20-U_A=2I$$

所以
$$U_A = 20 - 2I = \left(20 - 2 \times \frac{40}{7}\right)\text{V} = \frac{60}{7}\text{V}$$

同理

$$U_B = 20 - (2+3)I = \left(20 - 5 \times \frac{40}{7}\right)\text{V} = -\frac{60}{7}\text{V}$$

开关S闭合时，有

$$I = \frac{20-0}{2+3}\text{A} = 4\text{A}$$

$$U_A = 3I = 3 \times 4\text{V} = 12\text{V}$$

$$U_B = 0\text{V}$$

四、电功率及电能的概念和计算

(一) 电功率

电流通过电路时传输或转换电能的速率，即单位时间内电场力所做的功，称为电功率，简称功率。数学描述为

$$p = \frac{\mathrm{d}w}{\mathrm{d}q} \tag{1-1}$$

其中 p 表示功率。国际单位制中，功率的单位是瓦特(W)，规定元件1s内提供或消耗1焦耳能量时的功率为1W。常用的功率单位还有千瓦(kW)，1kW = 1000W。

将式(1-1)等号右边分子、分母同乘以 dq 后，变为

$$p = \frac{\mathrm{d}w}{\mathrm{d}t} = \frac{\mathrm{d}w}{\mathrm{d}q} \times \frac{\mathrm{d}q}{\mathrm{d}t} = ui$$

可见，元件吸收或发出的功率等于元件上的电压乘以元件上的电流。

为了便于识别与计算，对同一元件或同一段电路，往往把它们的电流和电压参考方向选为一致，这种情况称为关联参考方向，如图1-10a所示。如果两者的参考方向相反则称为非关联参考方向，如图1-10b所示。

图1-10 电压与电流的方向

a) 关联参考方向 b) 非关联参考方向

有了参考方向与关联的概念，则电功率计算式就可以表示为以下两种形式：

当 u、i 为关联参考方向时 $p = ui$(直流功率 $P = UI$)

当 u、i 为非关联参考方向时 $p = -ui$(直流功率 $P = -UI$)

无论关联与否，只要计算结果 $p > 0$，则该元件就是在吸收功率，即消耗功率，该元件是负载；若 $p < 0$，则该元件是在发出功率，即产生功率，该元件是电源。

根据能量守恒定律，一个完整的电路，发出功率的总和应正好等于吸收功率的总和。

【例1-3】 计算图1-11中各元件的功率，指出是吸收还是发出功率，并求整个电路的功率。已知电路为直流电路，$U_1 = 4\text{V}$，$U_2 = -8\text{V}$，$U_3 =$

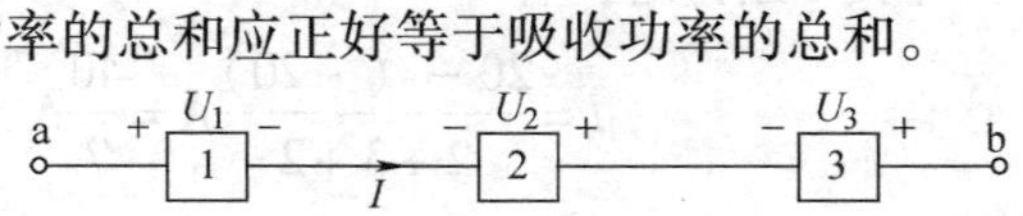

图1-11 例1-3电路图

6V，$I=2A$。

解：在图中，元件 1 电压与电流为关联参考方向，得

$$P_1 = U_1 I = 4 \times 2W = 8W$$

故元件 1 吸收功率。

元件 2 和元件 3 电压与电流为非关联参考方向，得

$$P_2 = -U_2 I = -(-8) \times 2W = 16W$$

$$P_3 = -U_3 I = -6 \times 2W = -12W$$

故元件 2 吸收功率，元件 3 发出功率。

整个电路功率为　$P = P_1 + P_2 + P_3 = (8 + 16 - 12)W = 12W$

本例中，元件 1 和元件 2 的电压与电流实际方向相同，二者吸收功率；元件 3 的电压与电流实际方向相反，发出功率。由此可见，当电压与电流实际方向相同时，电路一定是吸收功率，反之则是发出功率。实际电路中，电阻元件的电压与电流的实际方向总是一致的，说明电阻总在消耗能量；而电源则不然，其功率可能为正也可能为负，这说明它可能作为电源提供电能，也可能被充电，吸收功率。

（二）电能

电路在一段时间内消耗或提供的能量称为电能。电路元件在 t_0 到 t 时间内消耗或提供的能量为

$$W = \int_{t_0}^{t} p\mathrm{d}t$$

直流时

$$W = P(t - t_0)$$

在国际单位制中，电能的单位是焦耳（J）。1J 等于 1W 的用电设备在 1s 内消耗的电能。通常电业部门用“度”作为单位测量用户消耗的电能，“度”是千瓦时（kW · h）的简称。1 度（或 1 千瓦时）电等于功率为 1 千瓦的元件在 1 小时内消耗的电能。即 1 度 $=1kW \cdot h = 10^3 \times 3600J = 3.6 \times 10^6 J$。

如果通过实际元件的电流过大，会由于温度升高使元件的绝缘材料损坏，甚至使导体熔化；如果电压过大，会使绝缘击穿，所以必须加以限制。

电气设备或元件长期正常运行的电流容许值称为额定电流，其长期正常运行的电压容许值称为额定电压；额定电压和额定电流的乘积为额定功率。通常电气设备或元件的额定值标在产品的铭牌上。如一白炽灯标有“220V、40W”，表示它的额定电压为 220V，额定功率为 40W。

五、电阻、电感和电容元件

电阻、电感、电容都是理想的电路元件，它们均不发出电能，称为无源元件。它们有线性和非线性之分，线性元件的参数为常数，与所施加的电压和电流无关。这里主要分析讨论线性电阻、电感、电容元件的特性。

（一）电阻元件

电阻是一种最常见的、用于反映电流热效应的二端电路元件。电阻元件可分为线性电阻

和非线性电阻两类，如无特殊说明，本书所称电阻元件均指线性电阻元件。在实际交流电路中，像白炽灯、电阻炉、电烙铁等，均可看成是线性电阻元件。图 1-12a 是线性电阻的符号，在电压、电流关联参考方向下，其端钮伏安关系为 $u = Ri$，其中 R 为常数，用来表示电阻及其数值。

由此表明，凡是服从欧姆定律的元件即是线性电阻元件。图 1-12b 为线性电阻元件的伏安特性曲线。若电压、电流在非关联参考方向下，伏安关系应写成 $u = -Ri$。

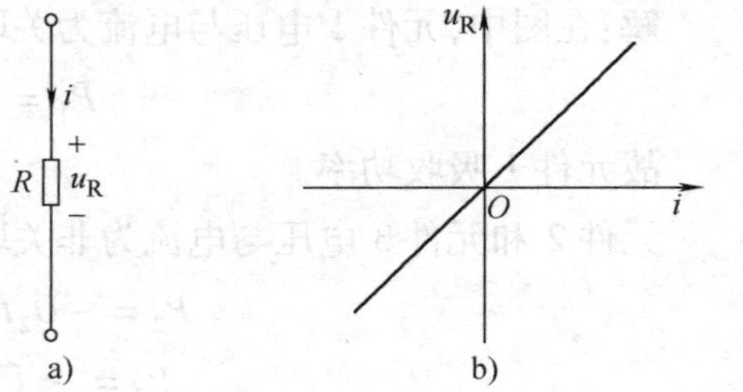

图 1-12　线性电阻元件及其伏安特性曲线

a）线性电阻元件　b）伏安特性曲线

在国际单位制中，电阻的单位是欧姆（Ω），规定当电阻电压为 1V、电流为 1A 时的电阻值为 1Ω。此外电阻的单位还有千欧（kΩ）、兆欧（MΩ）。电阻的倒数称为电导，用符号 G 来表示，即

$$G = \frac{1}{R}$$

电导的单位是西门子（S），或 1/欧姆（1/Ω）。

电阻是一种耗能元件。当电阻中有电流通过时会发生电能转换为热能的过程。而热能向周围扩散后，不可能再直接回到电源而转换为电能。电阻所吸收并消耗的电功率为

$$p = ui = i^2R = \frac{u^2}{R}$$

一般地，电路消耗或发出的电能可由以下公式计算：

$$W = \int_{t_0}^{t} ui\mathrm{d}t$$

在直流电路中

$$P = UI = I^2R = \frac{U^2}{R}$$

$$W = UI(t - t_0)$$

（二）电感元件

电感元件是实际的电感线圈即电路元件内部所含电感效应的抽象，它能够存储和释放磁场能量。空心电感线圈常可抽象为线性电感，用图 1-13 所示的符号表示。

其中

$$u = -e_L = L\frac{\mathrm{d}i}{\mathrm{d}t}$$

由此表明，电感元件上任一瞬间的电压大小，与这一瞬间电流对时间的变化率成正比。如果电感元件中通过的是直流电流，因电流的大小不变，即 $\mathrm{d}i/\mathrm{d}t = 0$，那么电感上的电压就为零，所以电感元件中通过直流电流时可视为短路。

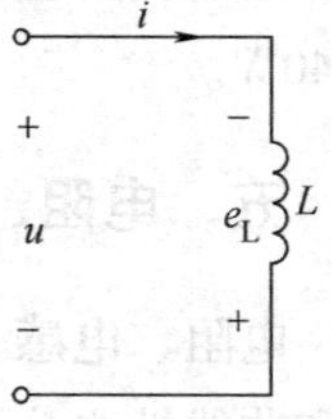

图 1-13　电感元件

在关联参考方向下，电感元件吸收的功率为 $p = ui = Li\frac{\mathrm{d}i}{\mathrm{d}t}$

则电感线圈在（0～t）时间内，线圈中的电流由0变化到I时，吸收的能量为

$$W = \int_0^t p\mathrm{d}t = \int_0^I Li\mathrm{d}i = \frac{1}{2}LI^2$$

即电感元件在一段时间内储存的能量与其电流的二次方成正比。当通过电感的电流增加时，电感元件就将电能转换为磁能并储存在磁场中；当通过电感的电流减小时，电感元件就将储存的磁能转换为电能释放给电源。所以，电感是一种储能元件，它以磁场能量的形式储能，同时电感元件也不会释放出多于它吸收或储存的能量，因此它也是一个无源的储能元件。

（三）电容元件

电容器种类很多，但从结构上都可看成是由中间夹有绝缘材料的两块金属极板构成的。电容元件是实际的电容器即电路器件的电容效应的抽象，用于反映带电导体周围存在电场，能够储存和释放电场能量的理想化的电路元件。它的符号及规定的电压和电流参考方向，如图1-14所示。

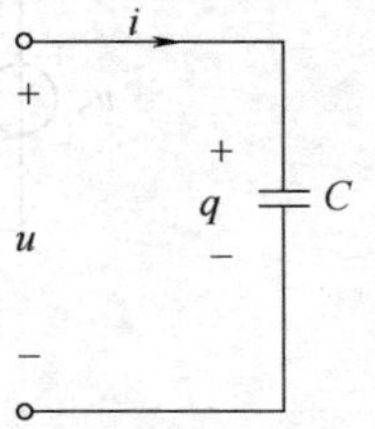

图1-14　电容元件

当电容接上交流电压u时，电容器不断被充电、放电，极板上的电荷也随之变化，电路中出现了电荷的移动，形成电流i。若u、i为关联参考方向，则有

$$i = \frac{\mathrm{d}q}{\mathrm{d}t} = C\frac{\mathrm{d}i}{\mathrm{d}t}$$

由此表明，电容器的电流与电压对时间的变化率成正比。如果电容器两端加直流电压，因电压的大小不变，即$\mathrm{d}u/\mathrm{d}t = 0$，那么电容器的电流就为零，所以电容元件在直流电路中可视为断路，因此电容具有“隔直通交”的作用。

在关联参考方向下，电容元件吸收的功率为

$$p = ui = uC\frac{\mathrm{d}u}{\mathrm{d}t} = Cu\frac{\mathrm{d}u}{\mathrm{d}t}$$

则电容器在（0～t）时间内，其两端电压由0V增大到U时，吸收的能量为

$$W = \int_0^t p\mathrm{d}t = \int_0^U Cu\mathrm{d}u = \frac{1}{2}CU^2$$

由此表明，对于同一个电容元件，当电场电压高时，它储存的能量就多；对于不同的电容元件，当充电电压一定时，电容量大的储存的能量多。从这个意义上说，电容C也是电容元件储能本领大小的标志。

当电压的绝对值增大时，电容元件吸收能量，并转换为电场能量；电压减小时，电容元件释放电场能量。电容元件本身不消耗能量，同时也不会放出多于它吸收或储存的能量，因此电容元件也是一种无源的储能元件。

六、独立电源和受控电源

在组成电路的各种元件中，电源是提供电能或电信号的元件，常称为有源元件，如发电机、电池和集成运算放大器等。电源中，能够独立地向外电路提供电能的电源，称为独立电

源；不能向外电路提供电能的电源称为非独立电源，又称为受控源。本节介绍独立电源，它包括电压源和电流源。

（一）独立电源

一个电源可用两种不同的电路模型表示。用电压形式表示的称为电压源；用电流形式表示的，称为电流源。

（1）电压源　理想电压源是实际电源的一种抽象。它的端钮电压总能保持某一恒定值或时间函数值，而与通过它们的电流无关，也称为恒压源。图 1-15a 为理想电压源的一般电路符号，图 1-15b 是理想电池符号，专指理想直流电压源。理想电压源的伏安特性可写为

$$u = u_S(t)$$

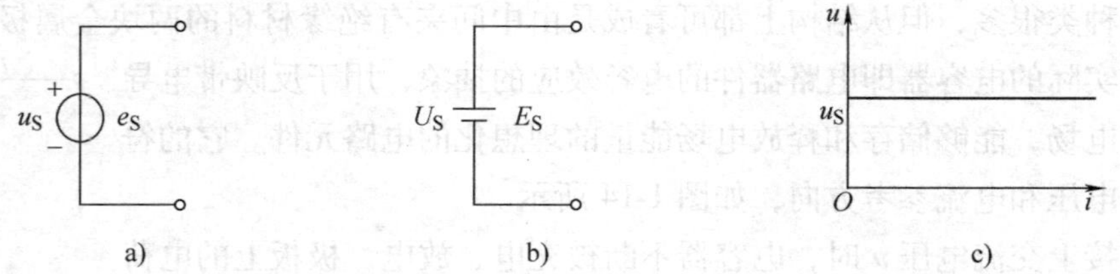

图 1-15　理想电压源

a）理想电压源符号　b）理想电池符号　c）理想电压源的伏安特性曲线

理想电压源的电流是任意的，与电压源的负载（外电路）状态有关。图 1-15c 为理想电压源的伏安特性曲线。

实际的电源总是有内部消耗的，只是内部消耗通常都很小，因此可以用一个理想的电压源元件与一个阻值较小的电阻（内阻）串联组合来等效，如图 1-16a 点画线部分所示。

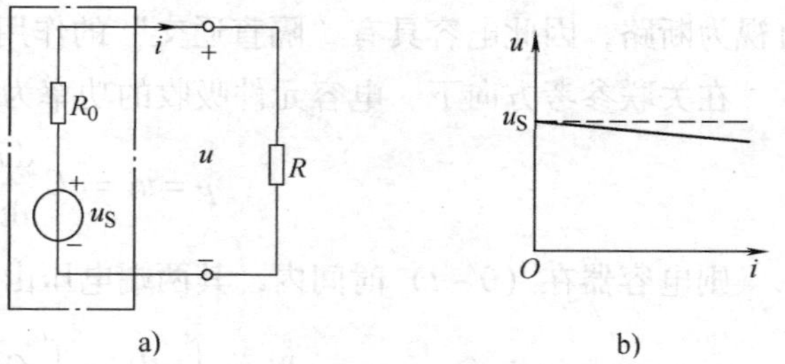

图 1-16　实际电压源模型及其外部特性线

a）实际电压源　b）外部特性曲线

电压源两端接上负载 R 后，负载上就有电流 i 和电压 u，分别称为输出电流和输出电压。在图 1-16a 中，电压源的外部特性方程为

$$u = u_S - iR_0$$

由此可画出电压源的外部特性曲线，如图 1-16b 的实线部分所示，它是一条具有一定斜率的直线段，因内阻很小，所以外部特性曲线较平坦。

电压源不接外电路时，电流总等于零值，这种情况称为“电压源处于开路”。当 $u_S(t)=0$ 时，电压源的伏安特性曲线为 u-i 平面上的电流轴，输出电压等于零，这种情况称为“电压源处于短路”，实际中是不允许发生的。

（2）电流源　理想电流源也是实际电源的一种抽象。它提供的电流总能保持恒定值或时间函数值，而与它两端所加的电压无关，也称为恒流源。图 1-17a 为理想电流源的一般电

路符号。理想电流源的伏安特性可写为

$$i=i_S(t)$$

理想电流源两端所加电压是任意的，与电流源的负载（外电路）状态有关。图 1-17b 为理想电流源的伏安特性曲线。

实际的电源总是有内部消耗的，只是内部消耗通常都很小，因此可以用一个理想的电流源元件与一个阻值很大的电阻（内阻）并联组合来等效，如图 1-18a 点画线部分所示。

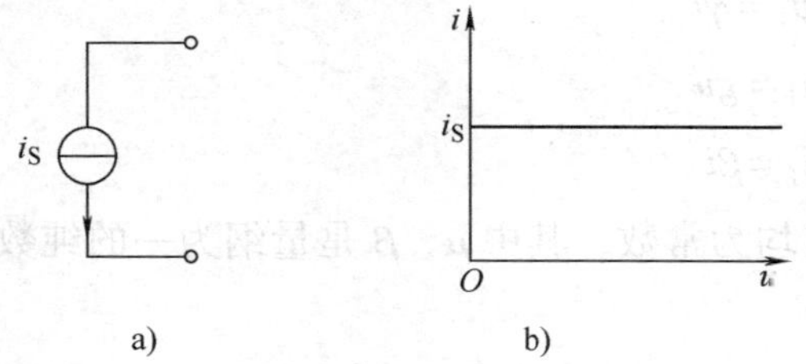

图 1-17　理想电流源

a）理想电流源符号　b）理想电流源的伏安特性曲线

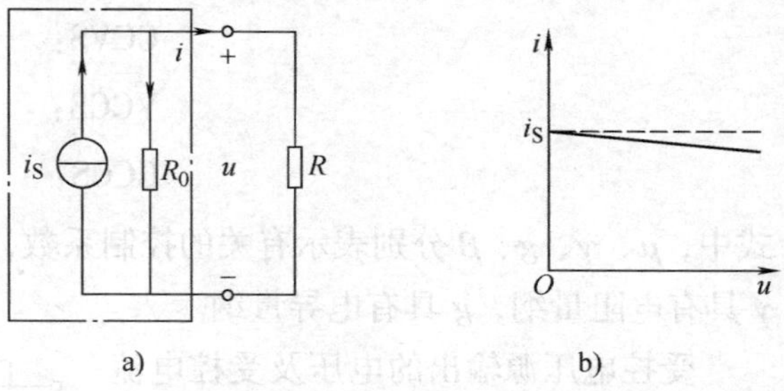

图 1-18　实际电源流模型及其外部特性

a）实际电流源　b）外部特性曲线

电流源两端接上负载 R 后，负载上就有电流 i 和电压 u，分别称为输出电流和输出电压。在图 1-18a 中，电流源的外部特性方程为

$$i=i_S-\frac{u}{R_0}$$

由此可画出电流源的外部特性曲线，如图 1-18b 的实线部分所示，它是一条具有一定斜率的直线段，因内阻很大，所以外部特性曲线较平坦。

电流源两端短路时，两端电压等于零值，$i(t)=i_S(t)$，即电流源的电流为短路电流。当 $i_S(t)=0$ 时，电流源的伏安特性曲线为 u-i 平面上的电压轴，相当于“电流源处于开路”，实际中“电流源开路”是没有意义的，也是不允许的。

一个实际电源在电路分析中，可以用电压源与电阻串联电路或电流源与电阻并联电路的模型表示，采用哪一种计算模型，依计算繁简程度而定。

【例 1-4】 计算图 1-19 中各电源的功率。

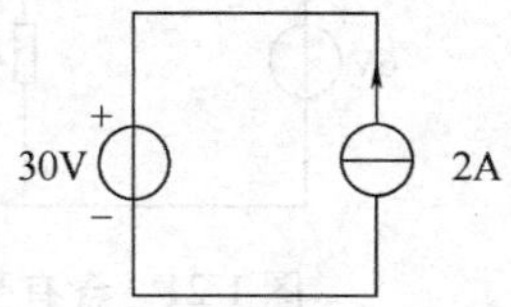

图 1-19　例 1-4 电路

解： 对 30V 的电压源，电压与电流实际方向关联，则

$$P_{U_S}=30\times2\text{W}=60\text{W}(\text{恒压源吸收功率})$$

对 2A 的电流源，电压与电流实际方向非关联，则

$$P_{I_S}=-30\times2\text{W}=-60\text{W}(\text{恒流源释放功率})$$

（二）受控电源

发电机和电池等类型的电源，因能独立地为电路提供能量，所以被称为独立电源。而有些电路元件，如晶体管、运算放大器、集成电路等，虽不能独立地为电路提供能量，但在其他信号控制下仍然可以提供一定的电压或电流，这类元件可以用受控电源模型来模拟。受控电源的输出电压或电流，与控制它们的电压或电流之间有正比关系时，称为线性受控源。受控电源是一个二端口元件，由一对输入端钮施加控制量，称为输入端口；一对输出端钮对外

提供电压或电流，称为输出端口。

按照受控变量的不同，受控电源可分为四类：电压控制的电压源（VCVS）、电流控制的电压源（CCVS）、电压控制的电流源（VCCS）电流控制的电流源（CCCS）。

为区别于独立电源，用菱形符号表示其电源部分，以 u、i 表示控制电压、控制电流，则四种电源的电路符号如图 1-20 所示。四种受控源的端钮伏安关系，即控制关系为

VCVS：　$u_1=\mu u$

CCVS：　$u_1=\gamma i$

VCCS：　$i_1=gu$

CCCS：　$i_1=\beta i$

式中，μ、γ、g、β 分别表示有关的控制系数，且均为常数，其中 μ、β 是量纲为一的纯数，γ 具有电阻量纲，g 具有电导量纲。

受控电压源输出的电压及受控电流源输出的电流，在控制系数、控制电压和控制电流不变的情况下，都是恒定的或是一定的时间函数。

注意：判断电路中受控电源的类型时，应看它的符号形式，而不应以它的控制量作为判断依据。图 1-21 所示电路中，由符号形式可知，电路中的受控电源为电流控制电压源，大小为 $10I$，其单位为伏特而非安培。

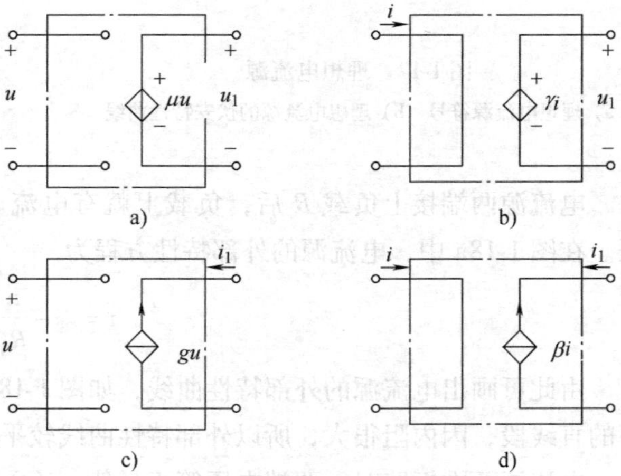

图 1-20　理想受控电源模型

a) VCVS　b) CCVS　c) VCCS　d) CCCS

【例 1-5】　图 1-22 电路中 $I=5$A，求各个元件的功率并判断电路中的功率是否平衡。

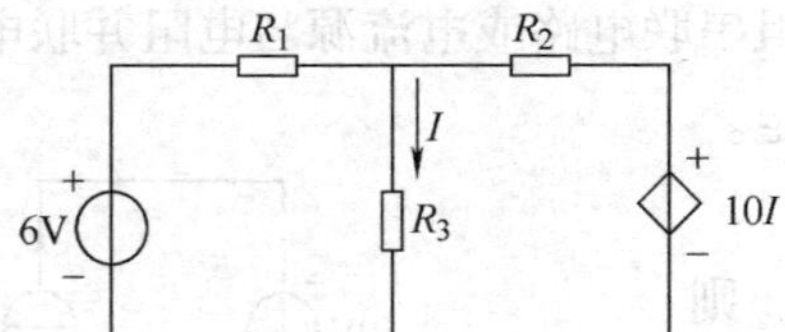

图 1-21　含有受控源的电路

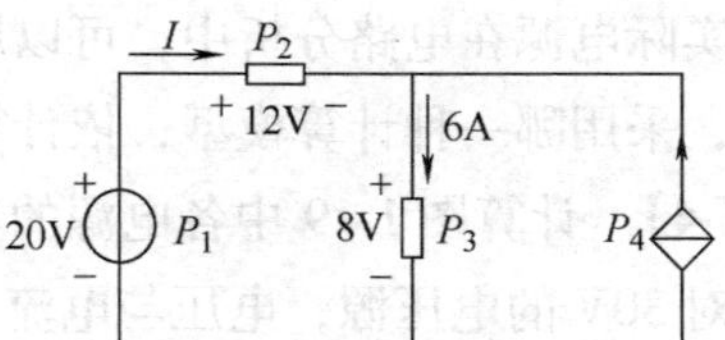

图 1-22　例 1-5 电路

解：

$$P_1=-20\times5\text{W}=-100\text{W}\quad 发出功率$$

$$P_2=12\times5\text{W}=60\text{W}\quad 消耗功率$$

$$P_3=8\times6\text{W}=48\text{W}\quad 消耗功率$$

$$P_4=-8\times0.2I=-8\times0.2\times5\text{W}=-8\text{W}\quad 发出功率$$

$$P_1+P_4+P_2+P_3=0\quad 电路中功率平衡$$

七、基尔霍夫基本定律

在电路分析计算中，计算依据来源于两种电路规律，一种是各类理想电路元件的伏安特性，这一点只取决于元件本身的电磁性质，即各元件的伏安关系，与电路连接状况无关；另一种是与电路的结构及连接状况有关的定律，而与组成电路的元件性质无关。基尔霍夫定律就是表达电压、电流在结构方面的规律和关系的定律。

（一）常用电路术语

基尔霍夫定律是与电路结构有关的定律，在研究基尔霍夫定律之前，先介绍几个有关的常用电路术语。

（1）支路　任意两个节点之间无分叉的分支电路称为支路。如图 1-23 中的 bafe 支路、be 支路、bcde 支路。

（2）节点　电路中，三条或三条以上支路的交汇点称为节点。如图 1-23 中的 b 点、e 点。

（3）回路　电路中由若干条支路构成的任一闭合路径称为回路。如图 1-23 中的 abefa 回路、bcdeb 回路、abcdefa 回路。

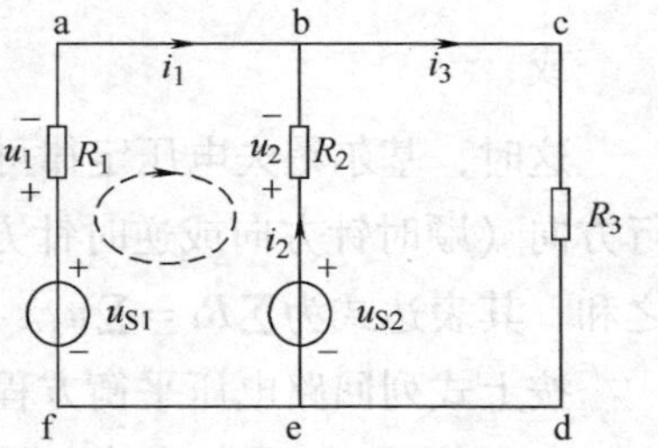

图 1-23　电路举例

（4）网孔　不包围任何支路的单孔回路称为网孔。如图 1-23 中的 abefa 回路和 bcdeb 回路都是网孔，而 abcdefa 回路不是网孔。网孔一定是回路，而回路不一定是网孔。

（二）基尔霍夫电流定律

基尔霍夫电流定律（KCL）是用来反映电路中任意节点上各支路电流之间关系的定律。KCL 的内容为：对于任何电路中的任一节点，在任一时刻，流过该节点的电流之和恒等于零。KCL 的数学表达式为$\sum i=0$。

如果选定电流流出节点为正，流入节点为负，如图 1-23 中的 b 节点，有$-i_1-i_2+i_3=0$变换得$i_1+i_2=i_3$。

所以，基尔霍夫电流定律还可以表述为：对于电路中的任一节点，在任一时刻，流入该节点的电流总和等于从该节点流出的电流总和。即$\sum i_{\mathrm{I}}=\sum i_{\mathrm{o}}$。

基尔霍夫电流定律不仅适用于电路中的任一节点，也可推广应用于广义节点，即包围部分电路的任一闭合面。可以证明流入或流出任一闭合面电流的代数和为零。

图 1-24 中，对于点画线所包围的闭合面，可以证明有如下关系：

$$I_a-I_b-I_c=0$$

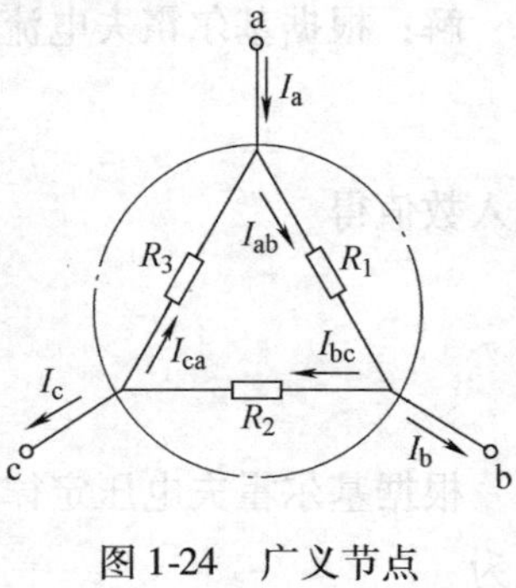

图 1-24　广义节点

基尔霍夫电流定律是电路中连接到任一节点的各支路电流都必须遵守的约束，而与各支路上的元件性质无关。这一定律对于任何电路都普遍适用。

（三）基尔霍夫电压定律

基尔霍夫电压定律（KVL）是反映电路中各支路电压之间

关系的定律。KVL 可表述为：对于任何电路中任一回路，在任一时刻，沿着一定的循行方向（顺时针方向或逆时针方向）绕行一周，各段电压的代数和恒为零。KVL 的数学表达式为$\sum u=0$。

如图 1-23 所示闭合回路中，沿 abefa 顺序绕行一周，则有 $-u_{S1}+u_1-u_2+u_{S2}=0$。

式中，u_{S1}之前之所以加负号，是因为按规定的循行方向，由电源负极到正极，属于电位升；u_2 的参考方向与 i_2 相同，与循行方向相反，所以也是电位升。u_1 和 u_{S2}与循行方向相同，是电位降。当然，各电压本身还存在数值的正负问题，这是需要注意的。

由于 $u_1=R_1i_1$ 和 $u_2=R_2i_2$，代入上式有

$$-u_{S1}+R_1i_1-R_2i_2+u_{S2}=0$$

或

$$R_1i_1-R_2i_2=u_{S1}-u_{S2}$$

这时，基尔霍夫电压定律可表述为：对于电路中任一回路，在任一时刻，沿着一定的循行方向（顺时针方向或逆时针方向）绕行一周，电阻元件上电压降之和恒等于电源电压升之和，其表达式为$\sum Ri=\sum u_S$。

按上式列回路电压平衡方程式时，当绕行方向与电流方向一致时，则该电阻上的电压取"+"，否则取"-"；当从电源负极循行到正极时，该电压取"+"，否则取"-"。

注意应用基尔霍夫电压定律时，首先要标出电路各部分的电流、电压或电动势的参考方向。列电压方程时，一般约定电阻的电流方向和电压方向一致。

KVL 不仅适用于闭合电路，也可推广到开口电路。图 1-25 中，有 $U=2I+4V$。

【例 1-6】 在图 1-26 中 $I_1=3mA$，$I_2=1mA$。试确定电路元件 3 中的电流 I_3 和其两端电压 U_{ab}，并说明它是电源还是负载。

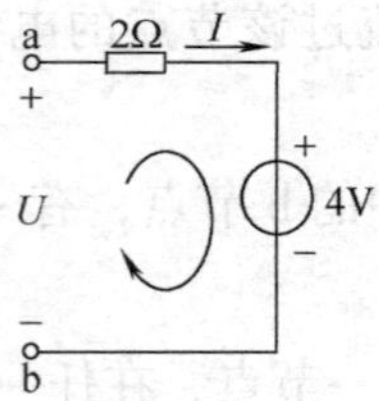

图 1-25 开口电路

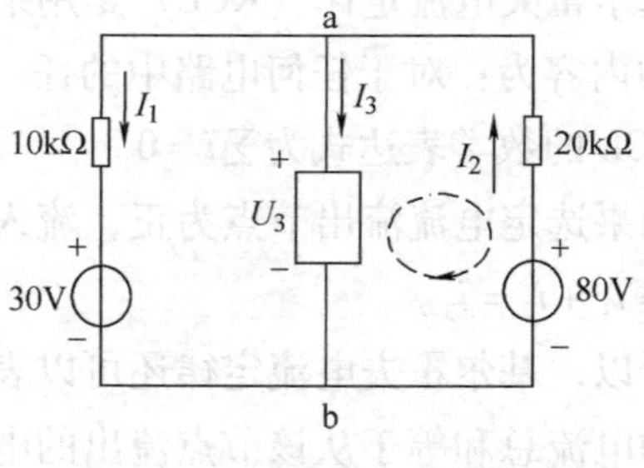

图 1-26 例 1-6 电路

解： 根据基尔霍夫电流定律，对于节点 a 有

$$I_1-I_2+I_3=0$$

代入数值得

$$(3-1)mA+I_3=0$$

$$I_3=-2mA$$

根据基尔霍夫电压定律和图 1-26 右侧网孔所示绕行方向，可列写回路的电压平衡方程式为

$$-U_{ab}-20k\Omega\times I_2+80V=0$$

代入 $I_2=1mA$ 数值，得

$$U_{ab}=60V$$

显然，元件 3 两端电压和流过它的电流实际方向相反，是产生功率的元件，即电源。

任务实施

电压和电位的测量

（一）实验目的

1）用实验证明电路中电位的相对性、电压的绝对性。

2）掌握电路电位图的绘制方法。

（二）原理说明

在一个确定的闭合电路中，各点电位的高低视所选电位参考点的不同而变，但任意两点间的电位差（电压）是绝对的，它不因参考点电位的变动而改变。据此性质，我们可用电压表来测量电路中各点的电位及任意两点间的电压。

若以电路中的电位值作纵坐标，电路中各点位置（电阻）作横坐标，将测量到的各点电位在该坐标平面中标出，并把标出点按顺序用直线条相连接，就可得到电路的电位变化图。每一段直线段即表示该两点间电位的变化情况。

在电路中参考电位点可任意选定，对于不同的参考点，所绘出的电位图形是不同的，但其各点电位变化的规律却是一样的。在作电位图或实验测量时必须正确区分电位和电压的高低，按照惯例，是以电流方向上的电压降为正，所以，在用电压表测时，若仪表指针正向偏转，则说明电表正极的电位高于负极的电位。

电路电位图的绘制方法：电路中各点位置作横坐标，各点对应电位作纵坐标，将各点电位标记于坐标中，并用线段按顺序相连，即得到电路电位变化图。

（三）实验设备

1）试验箱 1 台。

2）数字万用表 1 台。

（四）实验内容

实验电路如图 1-27 所示。

1）分别将两路直流稳压电源（E_1 为 6V、12V 切换电源；E_2 为 0～30V 可调电源）接入电路，令 $E_1=6V$，$E_2=12V$。

2）以图 1-27 中 A 为参考点，分别测量 B、C、D、E、F 各点的电位值 Φ 及相邻两点之间的电压值 U_{AB}、U_{BC}、U_{CD}、U_{DE}、U_{EF}、U_{FA}，填入表 1-1 中。

3）以 D 点为参考点，重复步骤 2），测得数据填入表 1-1。

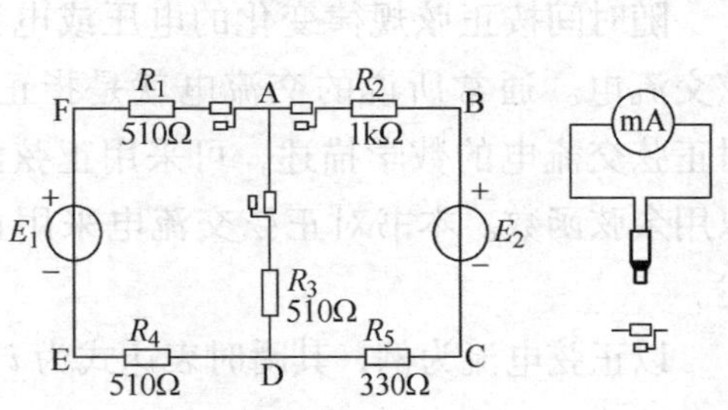

图 1-27　实验电路

表 1-1 数据列表

电位参考点	Φ，U / 方式	Φ_A	Φ_B	Φ_C	Φ_D	Φ_E	Φ_F	U_{AB}	U_{BC}	U_{CD}	U_{DE}	U_{EF}	U_{FA}
A	计算值												
	测量值												
	相对误差												
D	计算值												
	测量值												
	相对误差												

（五）实验注意事项

1）实验电路板系多个实验通用，本次实验中不使用电流插头和插座。

2）测量电位时，用万用表的直流电压档或用数字直流电压表测量时，用负表笔（黑色）接参考电位点，用正表笔（红色）接被测各点，若指针正向偏转或显示正值，则表明该点电位为正（高于参考点电位）；若指针反向偏转或显示负值，应调换万用表的表笔，然后读出数值，此时在电位值之前应加一负号（表明该点电位低于参考点电位）。

任务二　正弦交流电路分析

任务分析

正弦交流电路有广泛的实际应用，正弦量的表示形式、相量法的基础、正弦交流电路的分析计算是整个正弦交流电路分析的基础和重要内容。通过学习理论知识，学生应能完成三相负载的星形联结工作任务。

相关知识

一、正弦交流电的基本知识

（一）正弦交流电的基本概念

随时间按正弦规律变化的电压或电流，称为正弦交流电。通常所说的交流电就是指正弦交流电，对正弦交流电的数学描述，可采用正弦函数，也可以用余弦函数。本书对正弦交流电采用正弦函数描述。

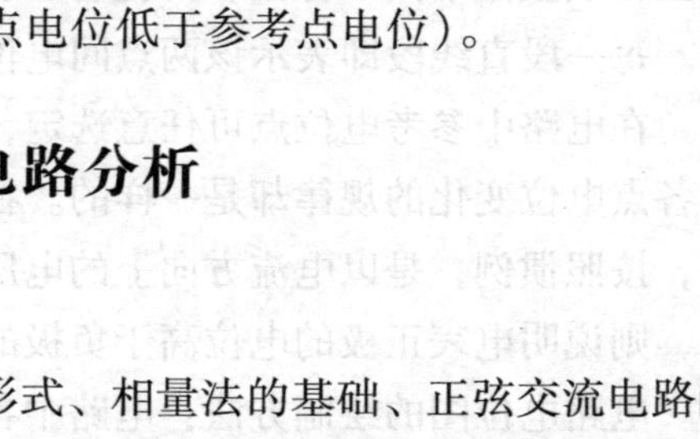

图 1-28　正弦电流波形

以正弦电流为例，其瞬时表达式为 $i = I_m \sin(\omega t + \psi_i)$。

正弦电流波形如图 1-28 所示（$\psi_i \geqslant 0$），横轴可

用 ωt 表示，也可用 t 表示。

（二）正弦量的三要素

大小、方向随时间按正弦规律变化的电压或电流都称为正弦量。以电流为例，三个常数 I_m、ω、ψ_i 称为正弦量的三要素。

I_m 称为正弦量的振幅，也称为最大值。正弦量是一个等幅振荡、正负交替变化的周期函数。振幅是正弦量在整个振荡过程中达到的最大值，在一定程度上反映正弦量的大小。

ω 称为正弦量的角频率，表示正弦量每秒钟变化的角度大小，国际单位制（SI）中，角频率的单位是弧度·秒$^{-1}$（$rad\cdot s^{-1}$）。角频率 ω 与正弦量的周期 T 和频率 f 之间的关系是 $T=2\pi\omega$、$\omega=2\pi f$、$f=\dfrac{1}{T}$。频率 f 的单位为赫兹（Hz），简称赫。我国工业用电频率为 50Hz，称为工频。

$\omega t+\psi_i$ 称为正弦量的相位角，简称为相位，是随时间变化的角度。ψ_i 为 $t=0$ 时的相位角，称为初相位角，简称初相。初相位角的单位用弧度或度表示，通常在主值范围内取值，即 $|\psi_i|\leqslant\pi$；初相位值与计时零点有关。在工程上有时习惯以“度”为单位计量 ψ_i，因此在计算中应注意将 ωt 与 ψ_i 变换成相同的单位。

（三）正弦电流、电压的有效值和相位差

交流电的大小和方向随时间变化，如果随意取值，则不能反映它在电路中的实际效果，故而需要一个数值能等效反映交流电做功的能力。因此在电工技术中，常用有效值来衡量正弦交流电的大小。有效值用大写字母表示，如 I 和 U，与直流量的形式相同。交流电的有效值是根据它的热效应确定的。

有效值的定义：以交流电流为例，当某一交流电流和一直流电流分别通过同一电阻 R 时，如果在一个周期 T 内产生的热量相等，那么这个直流电流 I 的数值叫做交流电流的有效值。

正弦交流电流 $i=I_m\sin(\omega t+\psi_i)$ 一个周期内在电阻 R 上产生的能量为

$$W=\int_0^T i^2R\mathrm{d}t$$

直流电流 I 在相同时间 T 内，在电阻 R 上产生的能量为 $W=I^2RT$。

根据有效值的定义，有 $I^2RT=\int_0^T i^2R\mathrm{d}t$。

于是得

$$I=\sqrt{\frac{1}{T}\int_0^T i^2\mathrm{d}t} \tag{1-2}$$

此式为有效值定义的数学表达式，适用于任何周期变化的电流、电压及电动势。

正弦电流的有效值等于其瞬时电流值 i 的二次方在一个周期内积分的平均值再取平方根，所以有效值又称为方均根值。

将正弦交流电流 $i=I_m\sin(\omega t+\psi_i)$ 代入式(1-2)得

$$I=\sqrt{\frac{1}{T}\int_0^T I_m^2\sin^2(\omega t+\psi_i)\mathrm{d}t}=\sqrt{\frac{1}{T}\int_0^T I_m^2\left[\frac{1}{2}-\cos2(\omega t+\psi_i)\right]\mathrm{d}t}=\frac{1}{\sqrt{2}}I_m=0.707I_m$$

同理 $$U=\frac{1}{\sqrt{2}}U_{\mathrm{m}}=0.707U_{\mathrm{m}}$$

正弦量的最大值与有效值之间有固定的$\sqrt{2}$倍的关系。我们通常所说的交流电的数值都是指有效值。交流电压表、电流表的表盘读数及电气设备铭牌上所标的电压、电流也都是有效值。用有效值表示正弦电流的数学表达式为

$$\mathrm{i}=\sqrt{2}I\sin(\omega t+\psi_i)$$

【例 1-7】 一个正弦电压的初相角为 45°，最大值为 537V，角频率 $\omega=314\mathrm{rad/s}$，试求它的有效值、解析式，并求 $t=0.03\mathrm{s}$ 时的瞬时值。

解：$U_{\mathrm{m}}=537\mathrm{V}$，所以其有效值为

$$U=\frac{U_{\mathrm{m}}}{\sqrt{2}}=\frac{537}{\sqrt{2}}\mathrm{V}=380\mathrm{V}$$

则电压的解析式为

$$u=380\sqrt{2}\sin\left(314t+\frac{\pi}{4}\right)\mathrm{V}$$

$t=0.03\mathrm{s}$ 时，将 $t=0.03\mathrm{s}$ 代入得

$$u=380\sqrt{2}\sin\left(314\times0.03+\frac{\pi}{4}\right)\mathrm{V}=16.2\mathrm{V}$$

在分析和计算正弦电路时，电路中常引用“相位差”的概念描述两个同频率正弦量之间的相位关系，两个同频率正弦量相位之差，称为相位差。用 φ 表示。例如：设电流、电压分别为 $i=I_{\mathrm{m}}\sin(\omega t+\psi_i)$，$u=U_{\mathrm{m}}\sin(\omega t+\psi_{\mathrm{u}})$时，则电压与电流的相位差为

$$\varphi_{ui}=(\omega t+\psi_u)-(\omega t+\psi_i)=\psi_{\mathrm{u}}-\psi_i$$

可见，同频率正弦量的相位差始终不变，它等于两个正弦量初相位角之差。相位差也是在主值范围内取值，即 $|\varphi|\leqslant\pi$。

若 $\varphi_{ui}>0$，则电压 u 超前电流 i，大小为 φ_{ui}，如图 1-29 所示。

若 $\varphi_{ui}<0$，则电压 u 滞后电流 i，大小为 $-\varphi_{ui}$，如图 1-30 所示。

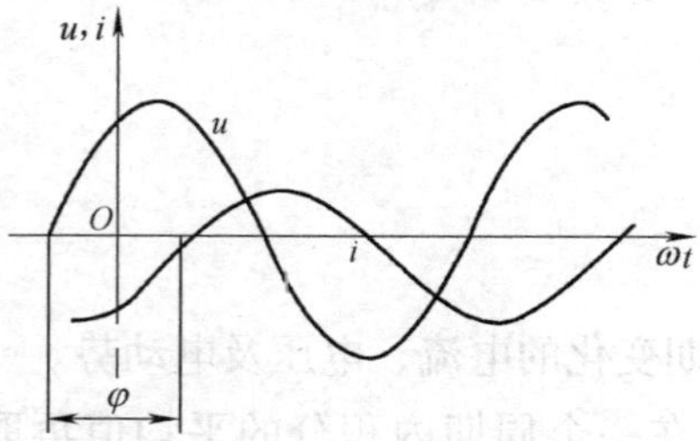

图 1-29 电压 u 超前电流 i

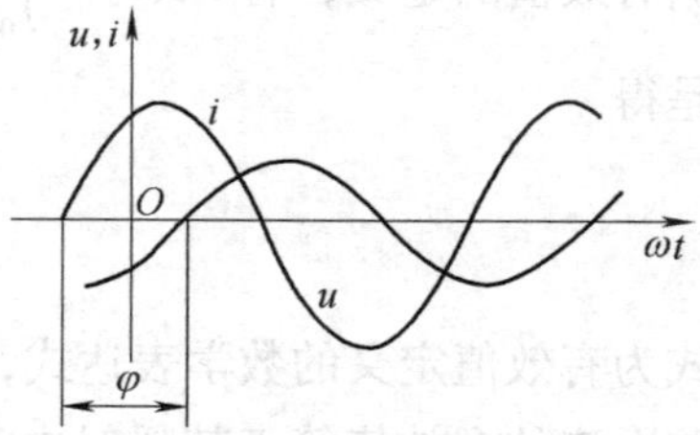

图 1-30 电压 u 滞后电流 i

若 $\varphi_{ui}=0$，则电压 u 与电流 i 同相位，如图 1-31 所示。

若 $\varphi_{ui}=\pm\pi$，则称 u 与 i 反相，如图 1-32 所示。

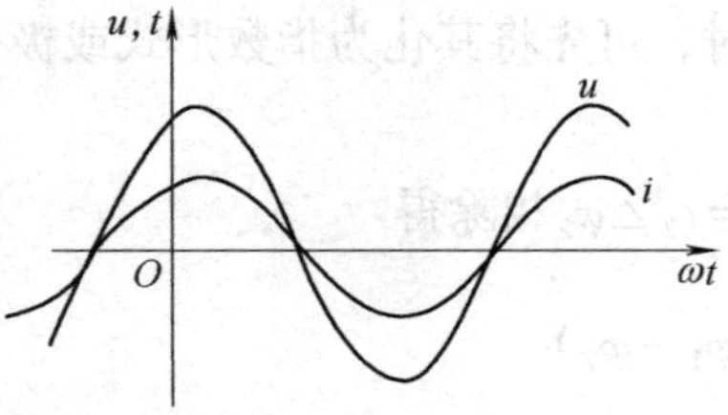

图 1-31　电压 u 与电流 i 同相位

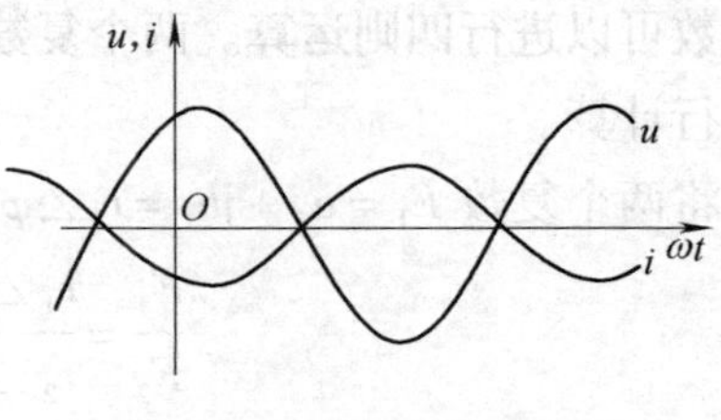

图 1-32　u 与 i 反相

若 $\varphi_{ui}=\pm\frac{\pi}{2}$，则称 u 与 i 正交，如图 1-33 所示。

当两个同频率正弦量的计时起点改变时，它们的初相位角也随之改变，但两者之间的相位差却保持不变。对于两个频率不相同的正弦量，其相位差随时间而变化，不再是常量，需要指出的是，只有两个同频率正弦量之间的相位差才有意义。

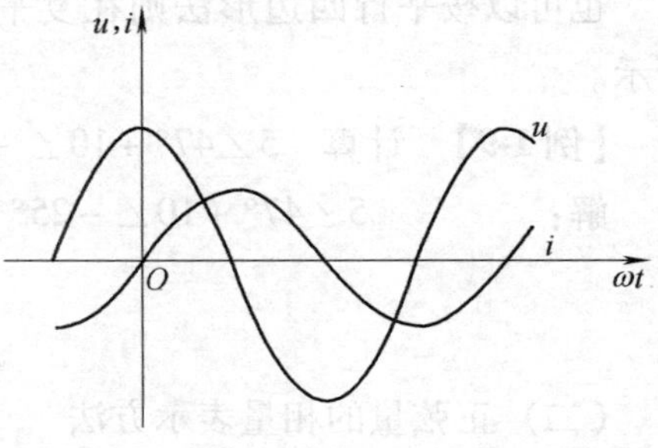

图 1-33　u 与 i 正交

【例 1-8】　有两个正弦电流分别为 $i_1(t)=100\sqrt{2}\sin(\omega t+35°)$，$i_2(t)=50\sqrt{2}\sin(\omega t-35°)$，问两个电流的相位关系如何？

解： $\varphi_{12}=\psi_1-\psi_2=35°-(-35°)=70°$（符合取值范围 $|\varphi\leqslant\pi|$）

即 i_1 相位超前 i_2 相位 70°。

二、正弦交流电的相量表示

（一）复数和常用的表示方法

如图 1-34 所示，向量 F 的复数代数表达式为 $F=a+\mathrm{j}b$，式中 $\mathrm{j}=\sqrt{-1}$，为虚单位（与数学中常用的 i 等同）。图中 r 表示复数的大小，称为复数的模，a、b 为复数 F 的实部和虚部。有向线段与实轴正方向间的夹角，称为复数的幅角，用 φ 表示，规定幅角的绝对值小于 180°。

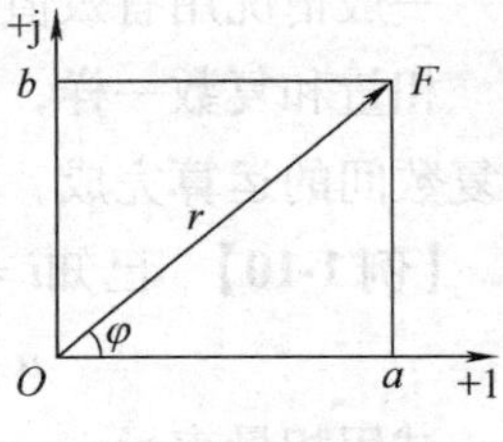

图 1-34　复数坐标

$$r=\sqrt{a^2+b^2},\qquad \varphi=\arctan\left(\frac{b}{a}\right)$$

$$a=r\cos\varphi,\qquad b=r\sin\varphi$$

由图可得复数的代数式 $F=a+\mathrm{j}b$ 转化为三角形式得

$$F=r(\cos\varphi+\mathrm{j}\sin\varphi)$$

根据欧拉公式 $\mathrm{e}^{\mathrm{j}\varphi}=\cos\varphi+\mathrm{j}\sin\varphi$，将复数的三角形式转化为指数形式得

$$F=r\mathrm{e}^{\mathrm{j}\varphi}$$

还有极坐标形式：$F=r\angle\varphi$

实部相等、虚部大小相等而异号的两个复数叫做共轭复数，用 $F*$ 表示 F 的共轭复数，则有 $F=a+\mathrm{j}b$；$F^*=a-\mathrm{j}b$。

复数可以进行四则运算。两个复数进行乘除运算时，可先将其化为指数形式或极坐标形式再进行计算。

如将两个复数 $F_1 = a_1 + \mathrm{j}b_1 = r_1 \angle \varphi_1$；$F_2 = a_2 + \mathrm{j}b_2 = r_2 \angle \varphi_2$ 相除得

$$\frac{F_1}{F_2} = \frac{r_1 \angle \varphi_1}{r_2 \angle \varphi_2} = \frac{|r_1|}{|r_2|} \angle \ (\varphi_1 - \varphi_2)$$

如将复数 $A_1 = r\mathrm{e}^{\mathrm{j}\varphi}$ 乘以另一个复数 $\mathrm{e}^{\mathrm{j}\omega t}$，则得 $A_2 = r\mathrm{e}^{\mathrm{j}\varphi}\mathrm{e}^{\mathrm{j}\omega t} = r\mathrm{e}^{\mathrm{j}(\omega t + \varphi)}$

如两个复数进行加减运算时，用代数形式计算。

例：$F_1 = a_1 + \mathrm{j}b_1$，$F_2 = a_2 + \mathrm{j}b_2$，则

$$F_1 \pm F_2 = (a_1 \pm a_2) + \mathrm{j}(b_1 \pm b_2)$$

也可以按平行四边形法则在复平面上作图求得，如图 1-35 所示。

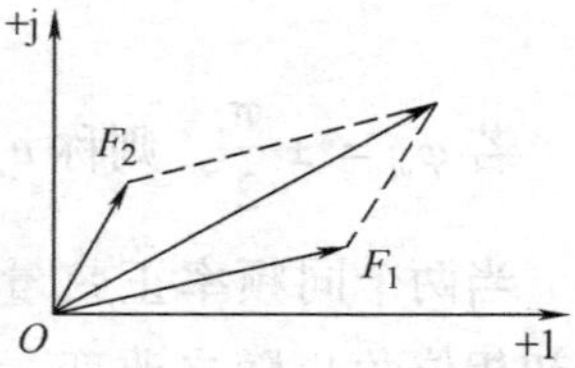

图 1-35 复平面上作图

【例 1-9】 计算 $5\angle 47° + 10\angle -25° = ?$

解：

$$\begin{aligned} 5\angle 47° + 10\angle -25° &= (3.41 + \mathrm{j}3.657) + (9.063 - \mathrm{j}4.226) \\ &= 12.47 - \mathrm{j}0.569 \\ &= 12.48\angle -2.61° \end{aligned}$$

（二）正弦量的相量表示方法

正弦量的数学表达式 $i = I_{\mathrm{m}}\sin(\omega t + \psi_i)$，能准确表示任意时刻 t 正弦量的值，但两个同频率正弦量之间进行加、减运算时不方便，采用相量表示正弦量，可以使其运算得到简化。

用复数形式表示的正弦量称为正弦量的相量表示形式，为了与一般的复数相区别，在大写字母上打"·"表示。在三要素中，频率可以作为已知量，要确定电路中的电压或电流，只需把电压或电流的幅值和初相角两个要素用复数来描述。

于是表示正弦电压 $u = U_{\mathrm{m}}\sin(\omega t + \varphi)$ 的相量为 $\dot{U}_{\mathrm{m}} = U_{\mathrm{m}}\angle\varphi$ 或 $\dot{U} = U\angle\varphi$。其中 $\dot{U}_{\mathrm{m}}$ 为电压的幅值相量；$\dot{U}$ 为电压的有效值相量。

一般情况用有效值相量表示正弦量。

相量和复数一样，可以在复平面上用矢量表示。相量之间的运算可用复数间的运算完成，如图 1-36 所示。

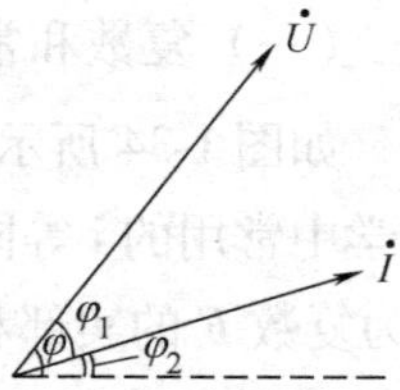

图 1-36 相量图

【例 1-10】 已知 $i = 141.4\cos(314t + 30°)$ A

$u = 311.1\cos(314t - 60°)$ V

试用相量表示 i，u。

解：

$$\dot{I} = 100\angle 30° \mathrm{A}$$

$$\dot{U} = 220\angle -60° \mathrm{V}$$

三、单一元件伏安关系的相量表示

（一）电阻元件伏安关系的相量形式

（1）电阻元件的电压与电流的相位关系　图 1-37 所示为电阻元件伏安关系的相量形式。

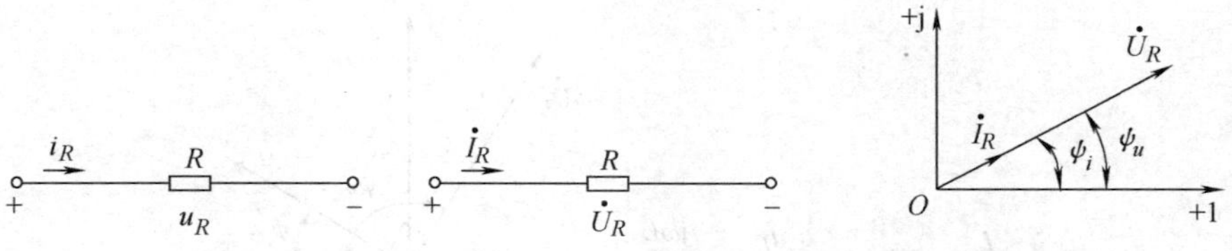

图 1-37　电阻元件伏安关系的相量形式

当电阻元件流过正弦电流 $i_R = I_m \sin(\omega t + \psi_i)$ 时，稳态下的伏安关系为

$$u_R = Ri_R = RI_m \sin(\omega t + \psi_i)$$

u_R和 i_R是同频率的正弦量,其相量形式为

$$\dot{U}_R = R\dot{I}_R$$

或写成

$$U_R \angle \psi_u = RI_R \angle \psi_i$$

上式是电阻元件伏安关系的相量形式，由此我们可得出：

1）$U_R = RI_R$，即电阻电压有效值等于电流有效值乘以电阻值。

2）$\angle \psi_u = \angle \psi_i$，即电阻上电压与电流同相位。

（2）电阻电路的功率　在任一瞬间，电阻两端电压瞬时值与流过电流瞬时值的乘积称为瞬时功率，用小写字母 p 表示。波形如图 1-38 所示。

$$p_R = u_R i = U_{Rm} I_m \sin^2(\omega t + \psi_i)$$
$$= U_R I[1 - \cos2(\omega t + \psi_i)]$$

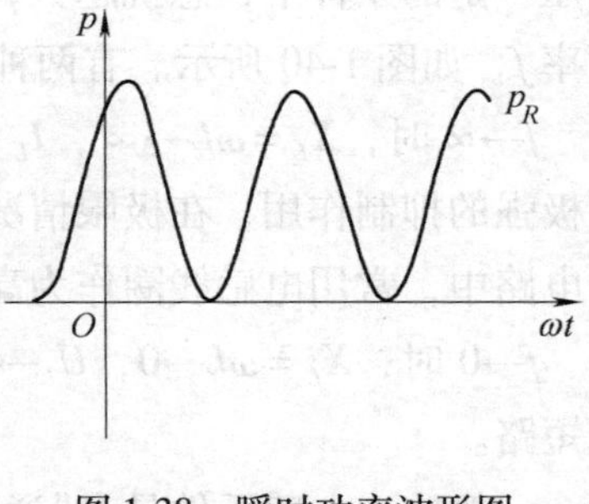

图 1-38　瞬时功率波形图

由瞬时功率的表达式及波形图可知，$p \geqslant 0$，表明电阻元件在除过零点的任一瞬间均从电源吸取能量，并将电能转化为热能，电阻元件是耗能元件。

瞬时功率实用意义不大，通常电路的功率是指瞬时功率在一个周期内的平均值，称为平均功率（也称有功功率），用 P 表示，即

$$P = \frac{1}{T}\int_0^T U_R I[1 - \cos(2\omega t + \psi_i)]\,dt = U_R I = I^2 R$$

（二）电感元件伏安关系的相量形式

（1）电感元件的电压与电流相位关系　如图 1-39 所示的电感元件电路，设 $i_L = I_m \sin(\omega t + \psi_i)$，在正弦稳态下伏安关系为

$$u_L = L\frac{di_L}{dt} = LI_m \omega \cos(\omega t + \psi_i) = LI_m \omega \sin(\omega t + \psi_i + 90°)$$

其相量形式为

$$\dot{I}_L = \dot{I}_m \angle \psi_i$$

$$\dot{U}_L = j\omega L \dot{I}_L$$

或写成

$$U_L \angle \psi_u = \omega L I_L \angle (\psi_i + 90°)$$

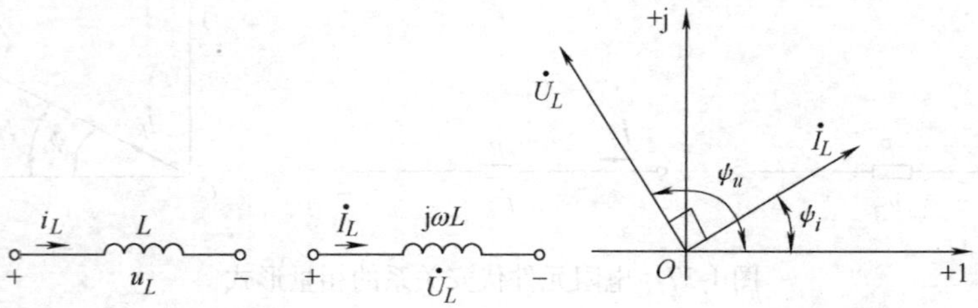

图 1-39 电感元件伏安关系的相量形式

此式称为电感元件伏安关系的相量形式，由此我们可得出：

$U_L=\omega LI_L$，电感元件的端电压有效值等于电流有效值、角频率和电感三者之积。

$\psi_u=\psi_i+90°$，电感上电压相位超前电流相位 90°。

图 1-39 所示的电路给出了电感元件的端电压与电流的相量图。由此，得

$$\frac{U_L}{I_L}=\omega L,\quad \frac{I_L}{U_L}=\frac{1}{\omega L}$$

记 $X_L=\omega L$，称为电感元件的感抗，国际单位制(SI)中，其单位为欧姆(Ω)。$B_L=1/X_L$ 称为感纳。

感抗是用来表示电感元件对电流阻碍作用的一个物理量。在电压一定的条件下，感抗越大，电路中的电流越小，其值正比于频率 f，如图 1-40 所示。有两种特殊情况如下：

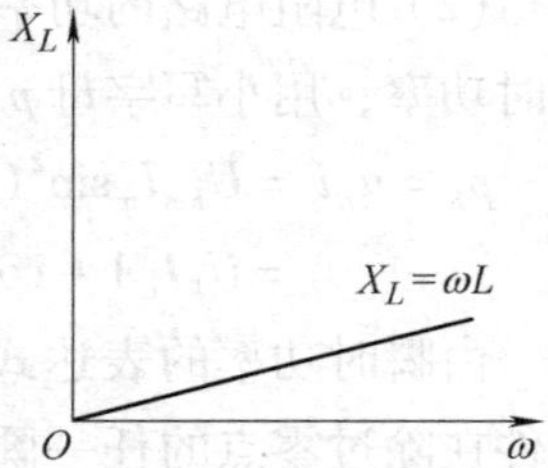

图 1-40 感抗随频率变化的曲线

$f\to\infty$ 时，$X_L=\omega L\to\infty$，$I_L\to 0$。即电感元件对高频率的电流有极强的抑制作用，在极限情况下，它相当于开路。因此，在电子电路中，常用电感线圈作为高频扼流线圈。

$f\to 0$ 时，$X_L=\omega L\to 0$，$U_L\to 0$。即电感元件对于直流电流相当于短路。

一般地，电感元件具有"通直流、隔交流"的作用。

必须注意，感抗是电压、电流有效值之比，而不是它们的瞬时值之比。

【例 1-11】 一个 $L=10\text{mH}$ 的电感元件，其两端电压为 $u(t)=100\sin\omega t$，当电源频率为 50Hz 与 50kHz 时，求流过电感元件的电流 I。

解：当 $f=50\text{Hz}$ 时

$$X_L=2\pi fL=2\pi\times 50\times 10\times 10^{-3}\Omega=3.14\Omega$$

通过线圈的电流为 $$I=\frac{U}{X_L}=\frac{100}{\sqrt{2}}\times\frac{1}{3.14}\text{A}=22.5\text{A}$$

当 $f=50\text{kHz}$ 时

$$X_L=2\pi fL=2\pi\times 50\times 10^3\times 10\times 10^{-3}\Omega=3140\Omega$$

通过线圈的电流为 $$I=\frac{U}{X_L}=\frac{100}{\sqrt{2}}\times\frac{1}{3140}\text{A}=0.0225\text{A}=22.5\text{mA}$$

可见，电感线圈能有效阻止高频电流通过。

（2）电感电路的功率　假设电流的初相角 $\psi_i=0$，瞬时功率的表达式为

$$p_L=u_Li=\sqrt{2}U_L\cos\omega t\sqrt{2}I\sin\omega t=U_LI\sin2\omega t$$

由表达式可见 p 是一个以 2ω 的角频率随时间交变的正弦量，其变化曲线如图 1-41 所示。

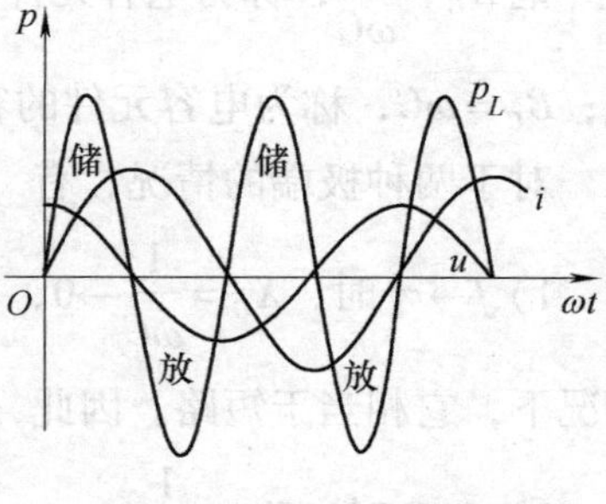

图 1-41　感抗随频率变化的情况

在第一和第三个 1/4 周期内，p 为正值，这表示电感从电源吸收电能并把它转换为电磁能储存起来。电感相当于负载。在第二和第四个 1/4 周期内，p 为负值，表明电感将储存的磁场能转换为电能送还给电源，电感起着一个电源的作用。

电感电路的平均功率为

$$P=\frac{1}{T}\int_0^T p\mathrm{d}t=\frac{1}{T}\int_0^T UI\sin2\omega t\mathrm{d}t=0$$

电感电路的平均功率在一个周期内等于零，故没有能量消耗，也就是说电感从电源吸收的能量全部送回电源。

（三）电容元件伏安关系的相量形式

（1）电容电路的电压与电流相位关系　如图 1-42 所示正弦稳态下的电容元件，设 $u_C=U_m\sin(\omega t+\psi_u)$。

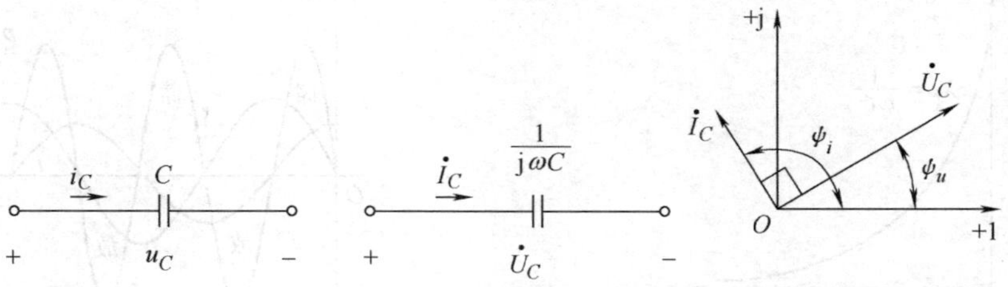

图 1-42　电容元件伏安关系的相量形式

正弦稳态下的伏安关系为：$i_C=C\frac{\mathrm{d}u_C}{\mathrm{d}t}=CU_m\omega\cos(\omega t+\psi_u)=CU_m\omega\sin(\omega t+\psi_u+90°)$

其相量形式为：

$$\dot{U}_C=\dot{U}_m\angle\psi_u$$

$$\dot{I}_C=j\omega C\dot{U}_C$$

或写成

$$I_C\angle\psi_i=\omega CU_C\angle(\psi_u+90°)$$

称为电容元件伏安关系的相量形式。由此我们可得出：$I_C=\omega CU_C$，即电容上电流有效值等于电压有效值、角频率、电容量之积；$\psi_i=\psi_u+90°$，即电容上电流相位超前电压相位 90°。

由此得

$$\frac{U_C}{I_C}=\frac{1}{\omega C},\quad \frac{I_C}{U_C}=\omega C$$

记 $X_C=\frac{1}{\omega C}$，称为电容元件的容抗，国际单位制(SI)中，其单位为Ω，其值与频率成反比；$B_C=\omega C$，称为电容元件的容纳，其单位为S。

对于两种极端的情况，有

1) $f\to\infty$ 时，$X_C=\frac{1}{\omega C}\to 0$，$U_C\to 0$。电容元件对高频率电流有极强的导流作用，在极限情况下，它相当于短路。因此，在电子线路中，常用电容元件作旁路高频电流元件使用。

2) $f\to 0$ 时，$X_C=\frac{1}{\omega C}\to\infty$，$I_C\to 0$。即电容对于直流电流相当于开路。因此，电容元件具有“隔直流、通交流”的作用。

在电子线路中，常用电容元件作隔离直流元件使用。容抗和容纳随频率变化如图1-43所示。必须注意，容抗是电压、电流有效值之比，而不是它们的瞬时值之比。

(2) 电容电路的功率　假设电压的初相角 $\psi_u=0$，瞬时功率的表达式为

$$p=ui=2UI\sin\omega t\cos\omega t=UI\sin2\omega t$$

瞬时功率 p 的波形如图1-44所示可知，在第一和第三个1/4周期内，p 为正值，这表示电容从电源吸收电能并把它转换为电场能储存起来。在第二和第四个1/4周期内，p 为负值，表明电容将储存的电场能转换为电能送还给电源。

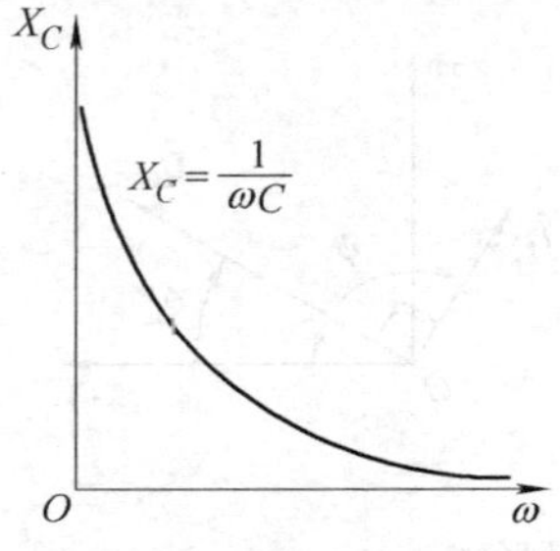

图1-43　电容随频率变化的曲线

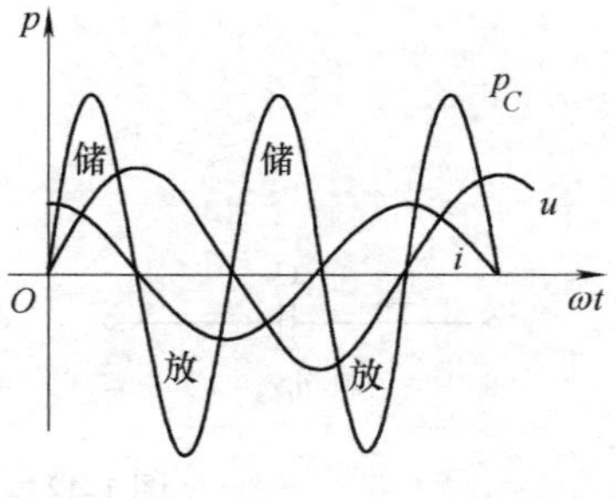

图1-44　变化的情况

电容电路的平均功率在一个周期内等于零，故也没有能量消耗，只与电源进行等量交换。

四、三相交流电路

(一) 三相交流电源

由三个幅值相等、频率相同、相位互差120°的单相交流电源所构成的电源称为三相电源。由三相电源构成的电路称为三相交流电路。目前，发电厂均以三相交流电方式向用户供电。遇到有单相负载时，可以使用三相中的任一相。

三相交流电源一般来自三相交流发电机或变压器二次侧的三相绕组。三相交流发电机的

基本原理图如图 1-45 所示。

发电机的固定部分称为定子，其铁心的内圆周表面冲有沟槽，放置结构完全相同的三相绕组 U_1U_2、V_1V_2、W_1W_2。它们的空间位置互差 120°，分别称为 U 相、V 相、W 相。引出线 L_1、L_2、L_3 对应 U_1、V_1、W_1 为三个绕组的始端，U_2、V_2、W_2 为绕组的末端。

转动的磁极称为转子。转子铁心上绕有直流励磁绕组。当转子被原动机拖动做匀速转动时，三相定子绕组切割转子磁场而产生三相交流电动势。

若将三个绕组的末端 U_2、V_2、W_2 连在一起引出一根连线，这根连线称为中性线 N（中性线接地时又称为零线），三个绕组的始端 U_1、V_1、W_1 分别引出称为端线（又称为相线），这种连接称为电源的星形联结，如图 1-46 所示。

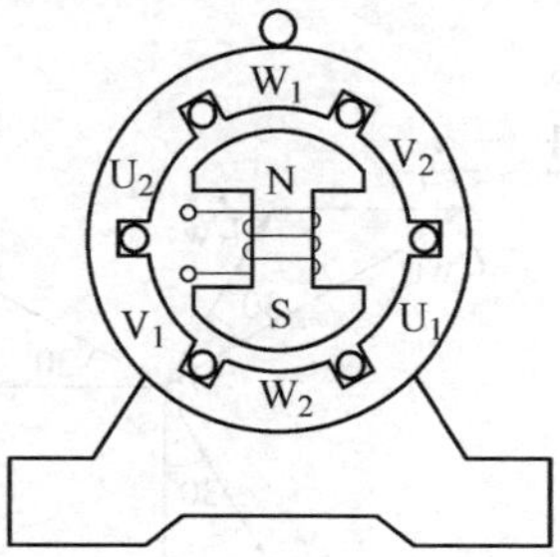

图 1-45 三相交流发电机的基本原理图

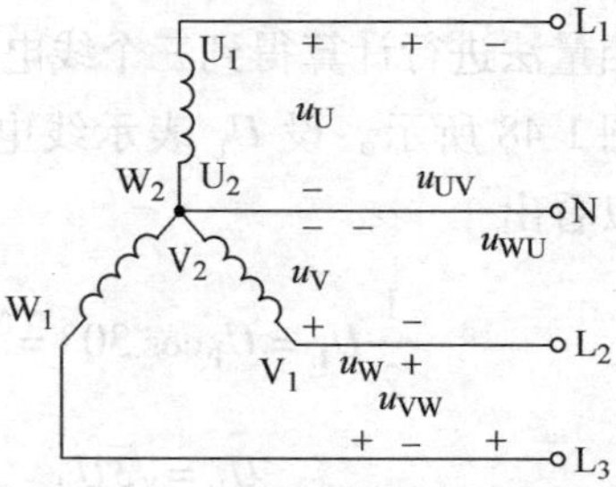

图 1-46 电源的星形联结

由三根端线和一根中性线所组成的供电方式称为三相四线制。只用三根端线组成的供电方式称为三相三线制。

电源每相绕组两端的电压称为电源相电压。参考方向规定为从绕组始端指向末端，分别用 u_U、u_V、u_W 表示。其有效值用 U_P 表示。

三相电源相电压的瞬时值表达式为

$$u_U = \sqrt{2}U_P\sin\omega t$$

$$u_V = \sqrt{2}U_P\sin(\omega t - 120°)$$

$$u_W = \sqrt{2}U_P\sin(\omega t - 240°) = \sqrt{2}U_P\sin(\omega t + 120°)$$

其波形图和相量图如图 1-47 所示。

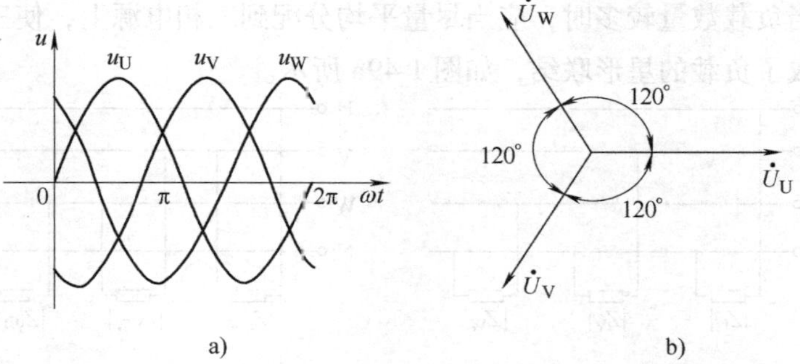

图 1-47 三相电源相电压的波形图和相量图

a）三相电源相电压的波形图 b）三相电源相电压的相量图

电源任意两根端线之间的电压称为线电压，分别用 u_{UV}、u_{VW}、u_{WU} 表示。其中的下标字母 UV、VW、WU 即为各电压的参考方向。线电压和相电压之间的关系如下：

$$u_{UV}=u_U-u_V$$
$$u_{VW}=u_V-u_W$$
$$u_{WU}=u_W-u_U$$

或用相量表示为

$$\dot{U}_{UV}=\dot{U}_U-\dot{U}_V$$
$$\dot{U}_{VW}=\dot{U}_V-\dot{U}_W$$
$$\dot{U}_{WU}=\dot{U}_W-\dot{U}_U$$

用相量法进行计算得到三个线电压也是对称三相电压。

如图 1-48 所示。设 U_L 表示线电压的有效值，从相量图上可以看出

$$\frac{1}{2}U_L=U_P\cos 30°=\frac{\sqrt{3}}{2}U_P$$

即 $$U_L=\sqrt{3}U_P$$

则有 $$u_{UV}=U_L\sin(\omega t+30°)=\sqrt{3}U_P\sin(\omega t+30°)$$
$$u_{VW}=U_L\sin(\omega t-90°)=\sqrt{3}U_P\sin(\omega t-90°)$$
$$u_{WU}=U_L\sin(\omega t+150°)=\sqrt{3}U_P\sin(\omega t+150°)$$

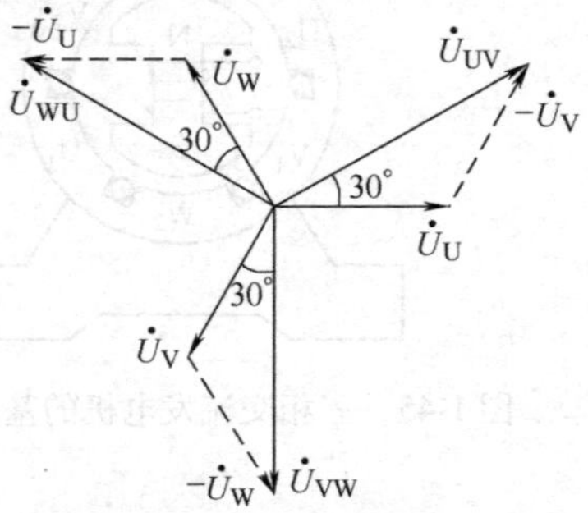

图 1-48 相电压与线电压的相量图

式中表明，三个线电压的有效值相等，均为相电压的有效值的 $\sqrt{3}$ 倍。线电压的相位超前对应的相电压相位 30°。线电压、相电压均为三相电压。

通常的三线四线制低压供电系统线电压为 380V，相电压为 220V，可以提供两种电压供负载使用。

一般常提到的三相供电系统的电源电压，都是指其线电压。

（二）三相负载的连接

三相负载有两种连接方式：星形（Y）和三角形（△）联结。

若负载所需的电压是电源的相电压，像电照明负载、家用电器等，应当将负载接到端线与中性线之间。当负载数量较多时，应当尽量平均分配到三相电源上，使三相电源得到均衡的利用，这就构成了负载的星形联结，如图 1-49a 所示。

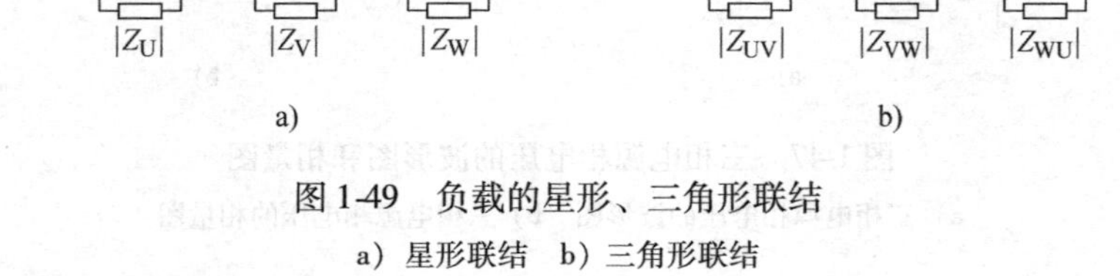

图 1-49 负载的星形、三角形联结

a）星形联结 b）三角形联结

若负载所需的电压是电源的线电压，像电焊机、功率较大的电炉等，应当将负载接到端线与端线之间。当负载数量较多时，应当尽量平均分配到三相电源上，这就构成了负载的三角形联结，如图 1-49b 所示。

若三相电源上接入的负载完全相同，即阻抗值相同、阻抗角相等的负载，称为三相对称负载。像三相电动机、三相变压器等，它们均有三个完全相同的绕组。

（1）负载的星形联结　图 1-50 为三相负载的星形联结。每相负载两端的电压是电源的相电压，每相负载中的电流称为相电流 I_P（i_{UN}、i_{VN}、i_{WN}）；每根端线上的电流称为线电流 I_L（i_U、i_V、i_W）；中性线上的电流称为线电流 I_N。

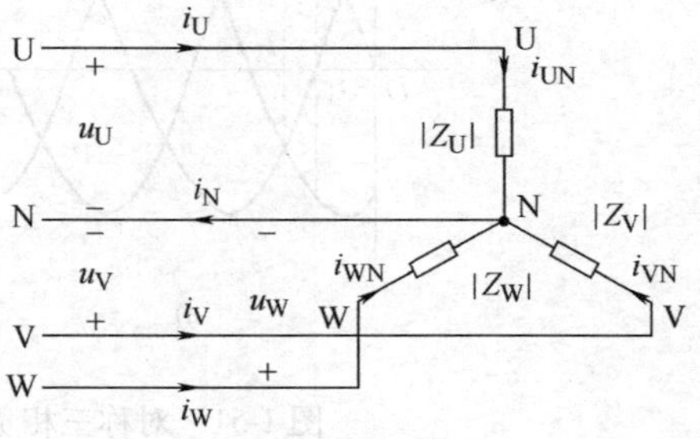

图 1-50　负载的星形联结

由图 1-50 可得各相负载电流的有效值为

$$i_{UN}=\frac{u_{UN}}{|Z_U|}$$

$$i_{VN}=\frac{u_{VN}}{|Z_V|}$$

$$i_{WN}=\frac{u_{WN}}{|Z_W|}$$

各端线电流等于对应的各相电流，即

$$i_U=i_{UN}$$

$$i_V=i_{VN}$$

$$i_W=i_{WN}$$

根据基尔霍夫定律得中性线电流为

$$i_N=i_{UN}+i_{VN}+i_{WN}=i_U+i_V+i_W$$

$$\dot{I}_N=\dot{I}_U+\dot{I}_V+\dot{I}_W$$

下面分两种情况讨论。

1）对称三相负载，阻抗值相等、阻抗角相等且为同性质的负载即为三相对称负载。

$$|Z_U|=|Z_V|=|Z_W|=|Z_P|$$

$$\varphi_U=\varphi_V=\varphi_W=\varphi_P$$

$$i_{UN}=i_{VN}=i_{WN}=i_P$$

各相电流大小相等，相位依次互差 120°。其电流瞬时值代数和、相量和均为零（见图 1-51），中性线电流为零。

$$i_N=i_{UN}+i_{VN}+i_{WN}=0$$

$$\dot{I}_N=\dot{I}_{UN}+\dot{I}_{VN}+\dot{I}_{WN}=0$$

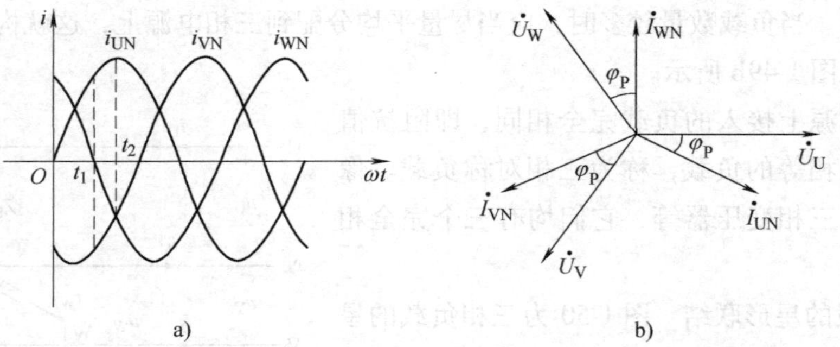

图 1-51　对称三相负载星形联结时电流的波形图及相量图

a）电流的波形图　b）相量图

因此，星形联结的三相对称负载，中性线可以省去，采用三相三线制供电。低压供电系统中的动力负载（电动机）就采用这样的供电方式。

2）不对称三相负载，中性线电流不为零，中性线不能省去，必须采用三相四线制供电。

中性线的存在，保证了每相负载两端的电压是电源的相电压，保证了三相负载能独立正常工作。各相负载有变化时都不会影响到其他相。如果中性线断开，中性线电流被切断，各相负载两端的电压会根据各相负载阻抗值的大小重新分配。有的相可能低于额定电压使负载不能正常工作；有的相可能高于额定电压以至将用电设备损坏，这是决不允许的。因此，中性线决不能断开，在中性线上不能安装开关、熔断器等装置。

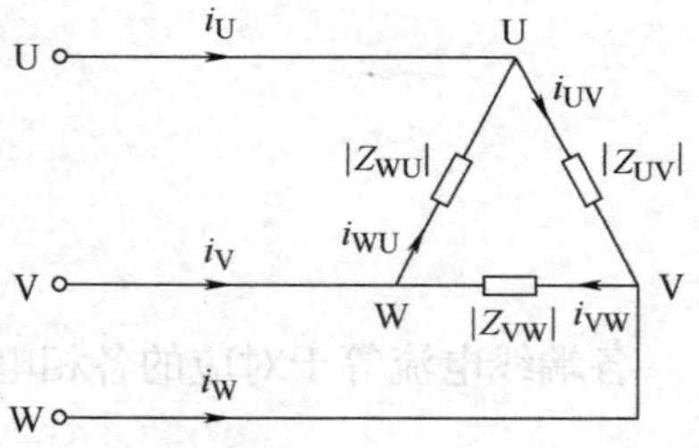

图 1-52　负载的三角形联结

（2）负载的三角形联结　图 1-52 为负载的三角形联结。每相负载两端的电压都是电源的线电压。各负载中流过的电流为负载的相电流，其有效值为

$$i_{UV}=\frac{u_{UV}}{|Z_{UV}|}$$

$$i_{VW}=\frac{u_{VW}}{|Z_{VW}|}$$

$$i_{WU}=\frac{u_{WU}}{|Z_{WU}|}$$

由基尔霍夫定律可确定各端线电流与各相电流的关系为

$$\dot{I}_U=\dot{I}_{UV}-\dot{I}_{WU}$$

$$\dot{I}_V=\dot{I}_{VW}-\dot{I}_{UV}$$

$$\dot{I}_W=\dot{I}_{WU}-\dot{I}_{VW}$$

假设三相负载为感性负载，每相负载上的电流均滞后对应的电压 φ，由图 1-53 可得到各相电流及各线电流。

由相量图可知，三个相电流、三个线电流均为数值相等、相位互差120°的三相对称电流，可以证明，线电流等于 $\sqrt{3}$ 倍的相电流，即 $I_L=\sqrt{3}I_P$。

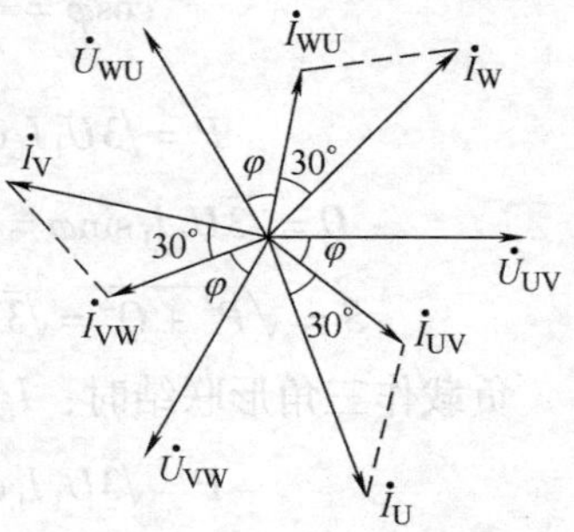

图 1-53　三相对称感性负载三角形联结时各相电流及各线电流的相量图

【例 1-12】　三相对称负载，每相 $R=6\Omega$，$X_L=8\Omega$，接到 $U_L=380V$ 的三相四线制电源上，试分别计算负载做星形、三角形联结时的相电流、线电流。

解： 负载作星形联结时，每相负载两端承受的是电源的相电压，即

$$U_{UN}=U_{VN}=U_{WN}=U_P=220V$$

每相负载的阻抗值：　$|Z|=\sqrt{R^2+X_L{}^2}=\sqrt{6^2+8^2}\Omega=10\Omega$

相电流：　$$I_P=\frac{U_P}{|Z|}=\frac{220}{10}A=22A$$

线电流等于相电流：$I_L=I_P=22A$

负载作三角形联结时，每相负载两端承受的是电源的线电压，即

$$U_{UV}=U_{VW}=U_{WU}=U_L=380V$$

相电流：　$$I_P=\frac{U_P}{|Z|}=\frac{380}{10}A=38A$$

线电流等于 $\sqrt{3}$ 倍的相电流，线电流 $I_L=\sqrt{3}I_P=\sqrt{3}\times38A=66A$

（三）三相电路的功率

三相交流电路可以看成是三个单相交流电路的组合，因此，三相交流电路的有功功率、无功功率为各相电路有功功率、无功功率之和，无论负载是星形联结还是三角形联结，当三相负载对称时，电路总的有功功率、无功功率均是每相负载有功功率、无功功率的 3 倍。即

$$P=3P_P=3U_PI_P\cos\varphi$$

$$Q=3Q_P=3U_PI_P\sin\varphi$$

在实际中，线电流的测量比较容易，因此，三相功率的计算常用线电流 I_L、线电压 U_L 表示，有

$$P=\sqrt{3}U_LI_L\cos\varphi$$

$$Q=\sqrt{3}U_LI_L\sin\varphi$$

而视在功率

$$S=\sqrt{P^2+Q^2}=\sqrt{3}U_LI_L$$

【例 1-13】　计算出【例 1-12】中负载作星形、三角形联结时的有功功率、无功功率、视在功率。

解： 负载作星形联结时：　$I_L=I_P=22A$　$U_L=\sqrt{3}U_P=380V$

$$\cos\varphi = \frac{R}{|Z|} = \frac{6}{10} = 0.6 \qquad \sin\varphi = \frac{X_L}{|Z|} = \frac{8}{10} = 0.8$$

$$P = \sqrt{3}U_L I_L \cos\varphi = \sqrt{3} \times 380 \times 22 \times 0.6\text{W} = 8677\text{W} \approx 8.7\text{kW}$$

$$Q = \sqrt{3}U_L I_L \sin\varphi = \sqrt{3} \times 380 \times 22 \times 0.8\text{V} \cdot \text{A} = 11570\text{V} \cdot \text{A} \approx 11.6\text{kV} \cdot \text{A}$$

$$S = \sqrt{P^2 + Q^2} = \sqrt{3}U_L I_L = \sqrt{3} \times 380 \times 22\text{V} \cdot \text{A} = 14463\text{V} \cdot \text{A} \approx 14.5\text{kV} \cdot \text{A}$$

负载作三角形联结时：$I_L = 66\text{A} \qquad U_L = 380\text{V}$

$$P = \sqrt{3}U_L I_L \cos\varphi = \sqrt{3} \times 380 \times 66 \times 0.6\text{W} = 26033\text{W} \approx 26\text{kW}$$

$$Q = \sqrt{3}U_L I_L \sin\varphi = \sqrt{3} \times 380 \times 66 \times 0.8\text{V} \cdot \text{A} = 34710\text{V} \cdot \text{A} \approx 34.7\text{kV} \cdot \text{A}$$

$$S = \sqrt{P^2 + Q^2} = \sqrt{3}U_L I_L = \sqrt{3} \times 380 \times 66\text{V} \cdot \text{A} = 43388\text{V} \cdot \text{A} \approx 43\text{kV} \cdot \text{A}$$

任务实施

三相负载的星形联结

（一）原理说明

1）三相负载可接成星形（又称“Y”）当三相对称负载作Y联结时，线电压 U_L 是相电压 U_P 的 $\sqrt{3}$ 倍，线电流 I_L 等于相电流 I_P，即

$$U_L = \sqrt{3}U_P,\ I_L = I_P$$

流过中性线的电流 $I_N = 0$，所以可以省去中性线。

2）不对称三相负载作Y联结时，必须采用三相四线制接法，即 Y_0 联结。而且中性线必须牢固联结，以保证三相不对称负载的每相电压维持对称不变。

倘若中性线断开，会导致三相负载电压的不对称，致使负载轻的那一相的相电压过高，使负载遭受损坏；负载重的一相相电压又过低，使负载不能正常工作，尤其是对于三相照明负载，必须采用 Y_0 联结。

（二）实验设备

电学综合技能实训装置、DG－19 仪表综合测试模板、DG－11 电工综合实验模板、万用表、220V10W 灯泡、JW－6314 电动机、导线。

（三）实验内容

1）三相负载星形联结（三相四线制供电）。按图 1-54 联结实验电路，经指导老师检查后，方可合上三相电源开关，并观察各相灯组亮暗的变化程度，特别要注意观察中性线的作用。

2）联结电动机电路，方法同上。

（四）实验步骤

1）测量星形联结平衡负载的线电压、相电压、线电流（相电流）。用三只 10W 灯泡按图 1-54 接成星形三相平衡负载，然后按有中性线和无中性线两种情况进行实验。

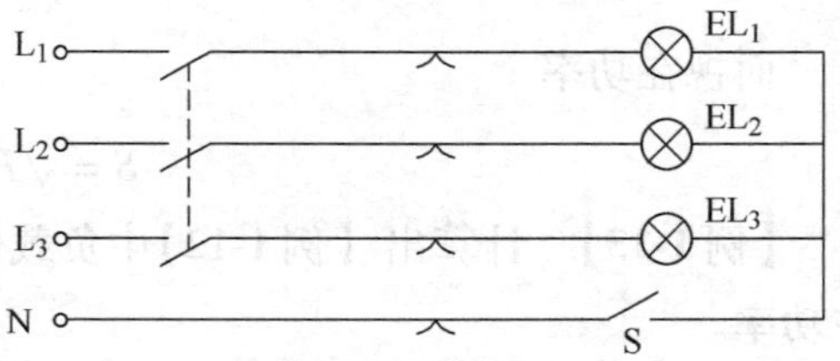

图 1-54 三相负载星形联结

①有中性线。线路接好后接通中性线开关，合上三相电源刀开关，用电流表和电压表测量各电压和电流，结果记入表1-2。

②无中性线。断开中性线开关，合上三相电源刀开关，观察灯泡的亮度有无变化，测量各电压和电流，结果记入表1-2。

表1-2 星形联结平衡负载

	U_{L1L2} /V	U_{L2L3} /V	U_{L3L1} /V	U_{L1} /V	U_{L2} /V	U_{L3} /V	I_{L1} /mA	I_{L2} /mA	I_{L3} /mA	I_N /mA
有中性线										
无中性线										

注：U_{L1L2}、U_{L2L3}、U_{L3L1}是线电压；U_{L1}、U_{L2}、U_{L3}是负载两端的电压。

2）测量星形联结不平衡负载的线电压、相电压、线电流（相电流）。图1-54中，L_1相灯泡仍为10W，L_2相改为两只10W并联，L_3相改为三只10W并联。仍按有中性线和无中性线两种情况测量各电压和电流，结果记入表1-3。

表1-3 星形联结不平衡负载

	U_{L1L2} /V	U_{L2L3} /V	U_{L3L1} /V	U_{L1} /V	U_{L2} /V	U_{L3} /V	I_{L1} /mA	I_{L2} /mA	I_{L3} /mA	I_N /mA
有中性线										
无中性线										

（五）实验注意事项

每次接线完毕，同组同学应自查一遍，然后由指导教师检查后，方可接通电源，必须严格遵守先接线，后通电；先断电，后拆线的实验操作原则。

任务三 认识磁路和变压器

任务分析

变化的电流能产生磁场，磁场在一定条件下又能产生电流，二者密不可分，许多电气设备的工作原理是基于电磁的相互作用，如变压器、电动机、电磁铁、电工测量仪表以及其他各种铁磁元件，不仅有电路的问题，同时还有磁路的问题。只有同时掌握了电路和磁路的基本理论，才能对各种电工设备的工作原理作全面的分析。

学习基本概念后，学生应能够对磁路分析与计算的基本方法加以讨论，对变压器原理及应用进行分析，并能够完成点火线圈及点火系电路的检测工作任务。

相关知识

一、磁路的基本概念

（一）磁路

在电器、电动机中采用铁磁材料，不但可以用较小的励磁电流获得较大的磁通，而且可使磁通集中地通过一定的闭合路径。所谓磁路，是指主要由铁磁材料构成而为磁通集中通过的闭合回路，如图 1-55 所示，磁路中的铁磁材料称为铁心。

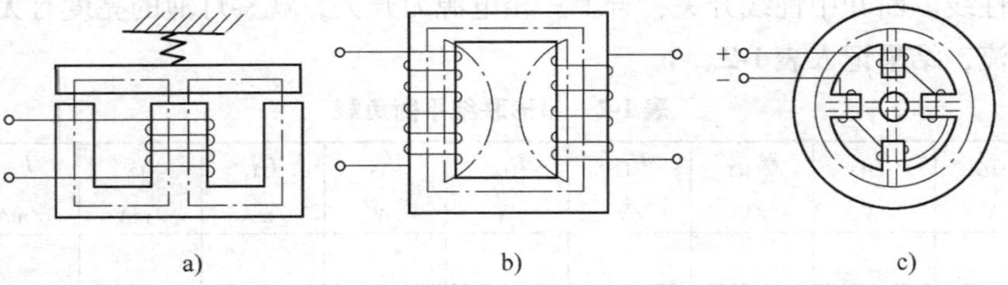

图 1-55　三种常见磁路

a）电磁铁的磁路　b）变压器的磁路　c）　直流电动机的磁路

（二）磁场的基本物理量

（1）磁感应强度 B　磁感应强度是用来描述磁场内某点磁场强弱和方向的物理量，是一个矢量。它与电流（电流产生磁场）之间的方向关系满足右手螺旋定则，其大小可用通电导体在磁场中某点受到的电磁力与导体中的电流和导体的有效长度的乘积的比值来表示。它表示了该点磁场的性质。磁感应强度的数学式为

$$B = \frac{F}{LI}$$

上式中，F 表示该点电磁力的大小，I 表示导体中的电流，L 表示导体有效长度。在国际单位制中，B 的单位是特斯拉，简称特（T）；以前的文献中也常用电磁制单位高斯（Gs）。两者的关系是：$1\text{T} = 10^4\text{Gs}$。

如果磁场内各点磁感应强度 B 的大小相等，方向相同，则称为均匀磁场。在均匀磁场中，B 的大小可用通过垂直于磁场方向的单位截面上的磁力线来表示。

由此可知，一载流导体在磁场中受电磁力的作用。电磁力的大小 F 与磁感应强度 B、电流 I、垂直于磁场的导体有效长度 L 成正比。其数学式为

$$F = BIL\sin\alpha$$

式中，α 为磁场与导体的夹角；B、F、I 三者的方向由左手定则确定。

若 $\alpha = 90°$，则

$$F = BIL$$

（2）磁通 Φ　磁感应强度 B（如果不是均匀磁场，则取 B 的平均值）与垂直于磁场方向的面积 S 乘积称为该面积的磁通 Φ，即

$$\Phi = BS$$

可见，磁感应强度在数值上可以看成为与磁场方向相垂直的单位面积所通过的磁通，故又称为磁通密度。

在国际单位制中，Φ 的单位是韦伯，简称韦（Wb）；在工程上有时用电磁制单位麦克斯韦（Mx）。两者的关系是 $1\text{Wb} = 10^8\text{Mx}$。

（3）磁导率 μ　磁导率 μ 是表示磁场媒质磁性的物理量，也就是用来衡量物质导磁能力

的物理量。它与磁场强度的乘积就等于磁感应强度，单位是亨/米（H/m）。即

$$B=\mu H$$

直导体通电后，在周围产生磁场，在导体附近 X 点处的磁感应强度 B_X 与导体中的电流 I、X 点所处的空间几何位置及磁介质的磁导率 μ 有关。其数学式为

$$B_X=\mu H_X=\mu\frac{I}{2\pi r}$$

由此可见，磁场内某一点的磁场强度 H 只与电流大小以及该点的几何位置有关，而与磁场媒质的磁性（μ）无关，就是说在一定电流值下，同一点的磁场强度不因磁场媒质的不同而有异。但磁感应强度是与磁场媒质的磁性有关的。当线圈内的媒质不同时，磁导率 μ 也不同，在同样电流下，同一点的磁感应强度的大小就不同，线圈内的磁通也就不同了。

自然界中的物质，就导磁性能而言，可分为铁磁物质（$\mu_r>1$）和非铁磁物质（$\mu_r\leqslant1$）两大类。非铁磁物质和空气的磁导率与真空磁导率 μ_0 很接近，$\mu_0=4\pi\times10^{-7}$H/m。

任意一种物质磁导率 μ 和真空磁导率 μ_0 的比值，称为该物质的相对磁导率 μ_r，即

$$\begin{cases}\mu_r=\dfrac{\mu}{\mu_0}\\[2ex]\mu_r=\dfrac{\mu H}{\mu_0 H}=\dfrac{B}{B_0}\end{cases}$$

在国际单位制中，磁导率的单位是亨/米（H/m）。

此式表示相对磁导率就是当磁场媒质是某种物质时某点的磁感应强度 B 与在同样电流值下在真空中该点的磁感应强度 B_0 之比所得的倍数。

（4）磁场强度 H　磁场强度 H 是计算磁场时所引用的一个物理量，也是矢量。磁场内某点的磁场强度的大小等于该点磁感应强度除以该点的磁导率，即

$$H=\frac{B}{\mu}$$

式中，H 的单位是安每米（A/m）。

此式是安培环路定律（或称为全电流定律）的数学表示式。它是计算磁路的基本公式。

例如，X 点的磁场强度 H_X 为

$$H_X=\frac{B_X}{\mu}=\frac{I}{2\pi r}$$

由此式可知，磁场强度的大小取决于电流的大小、载流导体的形状及几何位置，而与磁介质无关。

（三）磁性材料的磁性能

磁性材料主要是指铁、镍、钴及其合金。这些磁性材料具有下列磁性能。

（1）高导磁性　磁性材料的磁导率通常都很高，即 $\mu_r>>1$（如坡莫合金，其 μ_r 可达 2×10^5）。

磁性材料能被强烈地磁化，具有很高的导磁性能。为什么磁性物质具有被磁化的特性呢？因为磁性物质不同于其他物质，有其内部特殊性。磁性物质内部有许多小区域，其分子

间存在的一种特殊的作用力使区域内的分子磁场排列整齐，显示磁性，称这些小区域为磁畴。在没有外磁场作用的普通磁性物质中，各个磁畴排列杂乱无章，磁场互相抵消，整体对外不显磁性，如图 1-56a 所示。而当有外磁场作用时，各个磁畴便按磁场方向排列整齐，如图 1-56b 所示。这样，便产生了一个很强的与外磁场同方向的磁化磁场，从而使磁性物质内的磁感应强度大大增加，也就是说磁性物质被强烈地磁化了。

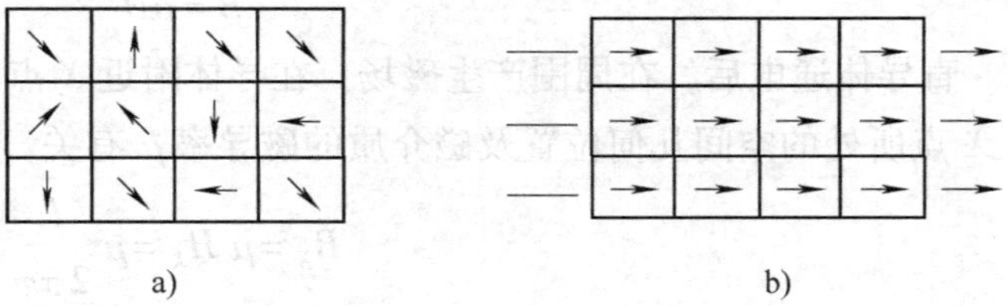

图 1-56 磁性物质的磁化

a）磁畴排列不整齐 b）磁畴排列整齐

磁性物质的高导磁性被广泛地应用于电工设备中，如电动机、变压器及各种铁磁元件的线圈中都放有铁心。在这种具有铁心的线圈中通入不太大的励磁电流，便可以产生较大的磁通和磁感应强度。

（2）磁饱和性 磁性物质由于磁化所产生的磁化磁场不会随着外磁场的增强而无限地增强。当外磁场增大到一定程度时，磁性物质全部磁畴的磁场方向都转向与外部磁场方向一致，磁化磁场的磁感应强度将趋向某一定值。磁化曲线如图 1-57 所示，B、μ 与 H 的关系如图 1-58 所示。

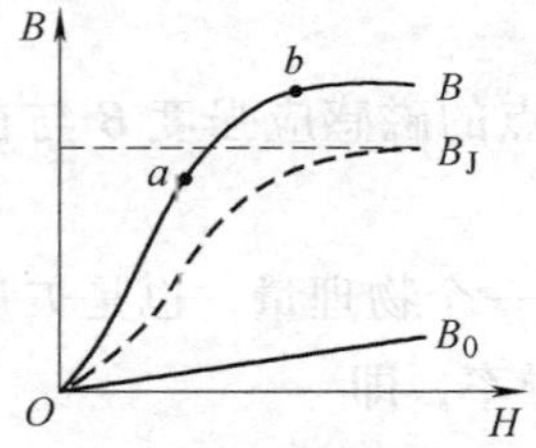

图 1-57 磁化曲线

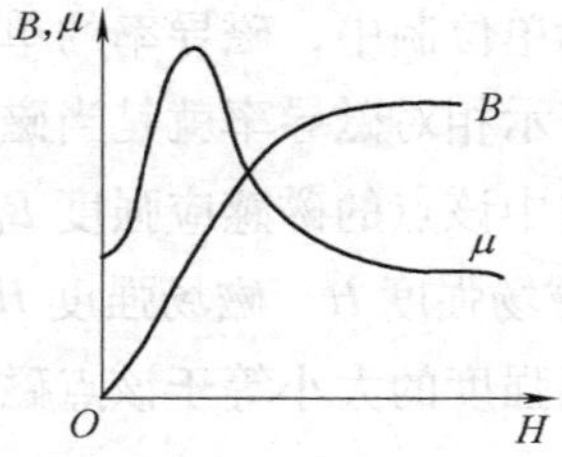

图 1-58 B、μ 与 H 的关系

B_J：磁场内磁性物质的磁化磁场的磁感应强度曲线；

B_0：磁场内不存在磁性物质时的磁感应强度直线；

B：B_J 曲线和 B_0 直线的纵坐标相加即磁场的 B-H 磁化曲线。

B-H 磁化曲线的特征：

Oa 段：B 与 H 几乎成正比地增加；

ab 段：B 的增加缓慢下来；

b 点以后：B 增加很少，达到饱和。

有磁性物质存在时，B 与 H 不成正比，磁性物质的磁导率 μ 不是常数，随 H 而变。

有磁性物质存在时，Φ 与 I 不成正比。

磁性物质的磁化曲线在磁路计算中极为重要，因其为非线性曲线，实际中可通过实验得出。

（3）磁滞性 磁滞现象：当铁心线圈中通入交流电时，随着与电流成正比的磁场强度

H 的交变，磁感应强度 B 将沿着图 1-59 所示闭合曲线变化。这种磁感应强度变化滞后于磁场强度变化的现象称为磁滞现象。

在铁心线圈中通入交流电，铁心被交变的磁场反复磁化，在电流变化一次时，磁感应强度 B 随磁场强度 H 而变化的关系如图 1-59 所示，由图可见，当 H 已减到零值时，B 并未回到零值。这种磁感应强度滞后于磁场强度变化的性质称为磁性物质的磁滞性，由此画出的 B－H 曲线称为磁滞回线。

当线圈中电流减小到零值（即 $H=0$）时，铁心在磁化时所获得的磁性还未完全消失。这时铁心中所保留的磁感应强度称为剩磁感应强度 B_r（也叫剩磁）。

如果要使铁心的剩磁消失，可改变线圈中励磁电流的方向，也就是改变磁场强度 H 的方向来进行反向磁化。使 $B=0$ 的 H 值称为矫顽磁力 H_c（也叫矫顽力）。

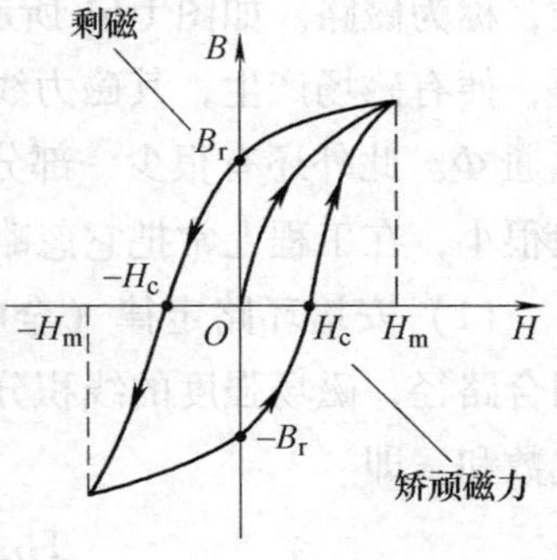

图 1-59　磁滞回线

铁磁材料在反复磁化过程中产生的损耗称为磁滞损耗，它是导致铁磁材料发热的原因之一，对电动机、变压器等电气设备的运行不利。因此，常采用磁滞损耗小的铁磁材料作电气设备的铁心。

由实验可知，不同的铁磁材料，其磁化曲线和磁滞回线都不一样。图 1-60 所示为几种常见磁性物质的磁化曲线。同一类铁磁材料因其组成成分的差别，磁化曲线也不相同，如不同组分的硅钢片，其磁化曲线 c 是不同的。

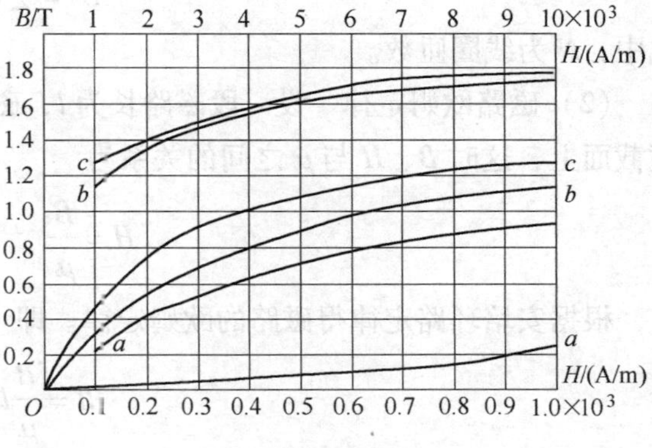

图 1-60　磁化曲线

a—铸铁　b—铸钢　c—硅钢片

（四）磁性物质的分类

按磁化特性的不同，铁磁材料可以分成三种类型：软磁材料、硬磁材料、矩磁材料。

（1）软磁材料　软磁材料具有较小的剩磁和矫顽力，磁滞回线较窄，但是它的磁导率较高，一般用来制造电动机、电器及变压器等的铁心。常用的软磁材料有铸铁、硅钢、坡莫合金及铁氧体等。铁氧体在电子技术中的应用也很广泛，可用于制造计算机的磁心、磁鼓等。

（2）硬磁材料　硬磁材料又称永磁材料，具有较大的剩磁和矫顽力，磁滞回线较宽。它们被磁化后，其剩磁不易消失，一般用来制造永久磁铁。常用的硬磁材料有碳钢、钴钢及铁镍铝钴合金等。

（3）矩磁材料　矩磁材料具有较小的矫顽力和较大的剩磁，磁滞回线接近矩形，稳定性也良好。在计算机和控制系统中矩磁材料可用于制作记忆元件、开关元件和逻辑元件。常用的矩磁材料有镁锰铁氧体等。

（五）磁路及磁路基本定律

为了使较小的励磁电流产生足够大的磁通（或磁感应强度），在电动机、变压器及各种铁磁元件中常用磁性材料做成一定形状的铁心。由于铁心的磁导率比周围空气或其他物质的磁导率高得多，因此磁通的绝大部分经过铁心而形成一个闭合通路。这种人为造成的磁通路径，称为磁路。如图1-61所示，磁路是由铁心和空气隙组成的。当励磁绕组通过励磁电流时，便有磁场产生，其磁力线的绝大部分经过铁心而形成一个闭合回路，这部分磁通称为主磁通 Φ。此外还有很少一部分磁通经过铁心外的空气隙而闭合，称为漏磁通 Φ_s，因其值一般很小，在工程上常把它忽略。

（1）安培环路定律（全电流定律） 在磁路中，沿任意闭合路径，磁场强度的线积分等于与该闭合路径交链的电流的代数和。即

$$\oint H\mathrm{d}l = \sum I$$

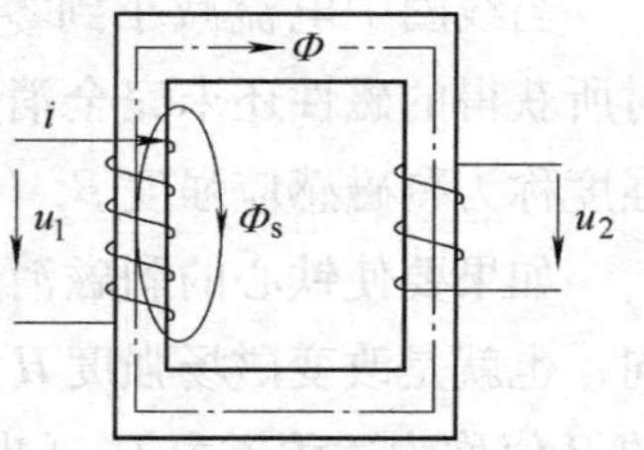

图1-61 磁路

计算电流代数和时，绕行方向符合右手螺旋定则的电流取正号，反之取负号。

若闭合回路上各点的磁场强度相等且其方向与闭合回路的切线方向一致，则

$$Hl = \sum I = NI$$

式中，N 为线圈匝数。

（2）磁路欧姆定律 设一段磁路长为 l，磁路面积为 S 的环形线圈，磁力线均匀分布于横截面上，这时 B、H 与 μ 之间的关系为

$$H = \frac{B}{\mu} \qquad B = \frac{\Phi}{S}$$

根据安培环路定律得磁路的欧姆定律。即

$$Hl = \frac{B}{\mu}l = \frac{\Phi}{\mu S}l$$

或

$$\Phi = \frac{Hl}{\dfrac{l}{\mu S}} = \frac{F}{R_m}$$

式中，$F = Hl$ 为磁动势，单位为安匝；$R_m = \dfrac{l}{\mu S}$ 称为磁路的磁阻，是表示磁路对磁通具有阻碍作用的物理量，它与磁路的几何尺寸、磁介质的磁导率有关，单位为 H^{-1}。

此式与电路的欧姆定律在形式上相似，所以称为磁路的欧姆定律。它是进行磁路分析与计算时所要遵循的基本定律之一。

因为铁磁材料的磁导率 μ 不是常数，它随励磁电流的变化而变化，所以铁磁材料的磁阻是非线性的，数值很小；空气隙的磁导率 μ_0 很小，而且是常数，所以空气隙中的磁阻是线性的，数值很大。由于铁磁材料的磁阻是非线性的，因此，不能直接进行定量分析，而只能进行定性分析。表1-4为磁路与电路的比较。

表 1-4　磁路与电路的比较

项　　目	磁　　路	电　　路
典型结构	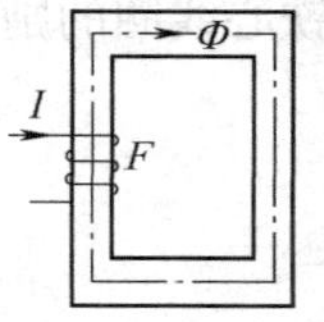	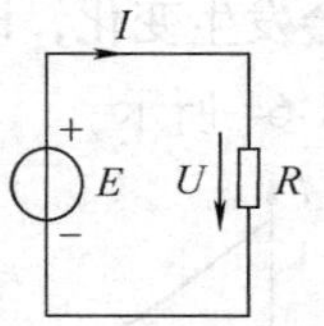
基本物理量	磁动势 F 磁通 Φ 磁通密度 B 磁阻 R_m 磁导率 μ	电动势 E 电流 I 电流密度 J 电阻 R 电导率 γ
基本关系	磁阻：$R_m=\frac{l}{\mu S}$ 磁路的欧姆定律： $\Phi=\frac{F=4B_0^2S_0N\times10^5}{R_mB_0}$	电阻：$R=\frac{l}{\gamma S}$ 电路的欧姆定律： $I=\frac{E}{R}$

（六）直流电磁铁与交流电磁铁

内部带有铁心，利用通有电流的线圈使其像磁铁一样具有磁性的装置叫做电磁铁。电磁铁由线圈、铁心和衔铁三部分组成，如图 1-62 所示。

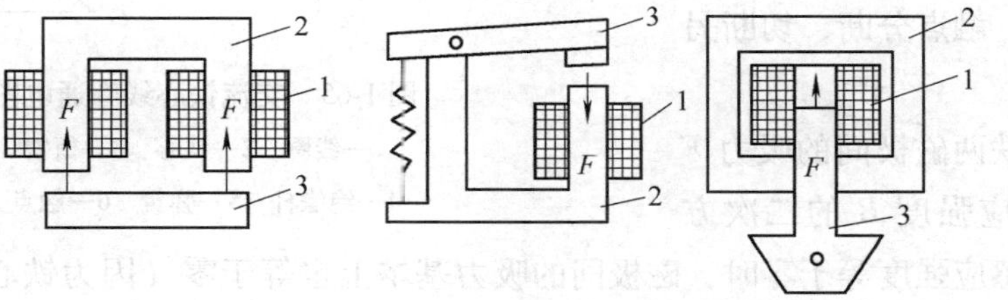

图 1-62　电磁铁的结构图

1—线圈　2—铁心　3—衔铁

当在通电线圈内部插入铁心后，铁心被线圈的磁场磁化，磁化后的铁心也变成了一个磁体，这样由于两个磁场互相叠加，从而使线圈的磁性大大增强。为了使电磁铁的磁性更强，通常将铁心制成蹄形。铁心要用容易磁化、又容易消磁的软铁或硅钢来制作，这样的电磁铁在通电时有磁性，断电后磁性消失。

（1）直流铁心线圈及直流电磁铁　电磁铁的吸力 F 与空气隙的关系和电磁铁的励磁电流 I 与空气隙的关系，称为电磁铁的工作特性，它可由实验得出，如图 1-63 所示。由图 1-63 可知，直流电磁铁线圈励磁电流 I 的大小与衔铁的运动过程无关，即与 δ 的大小无关。

直流电磁铁工作原理：通电的铁心线圈对衔铁会产生吸力，吸力大小为

$$F=4B_0^2S_0N\times10^5$$

式中，B_0 为电磁感应强度；S_0 为铁心截面积；N 为线圈匝数。

直流铁心线圈特点：衔铁吸合前、后的两个稳定运行状态（不考虑衔铁吸合过程），励磁电流不会发生变化，即磁路的改变对直流铁心线圈的励磁电流没有影响。直流铁心线圈通电图如图 1-64 所示。

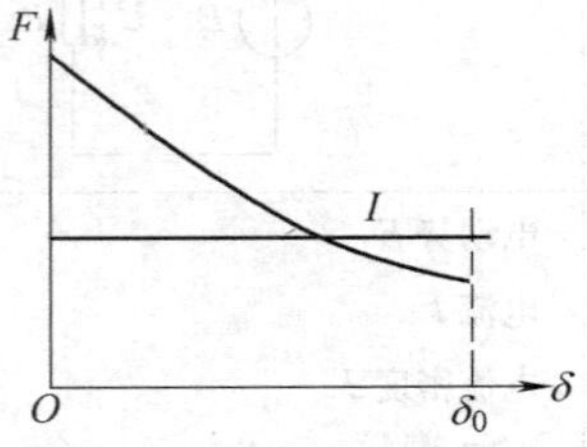

图 1-63 电磁铁的工作特性

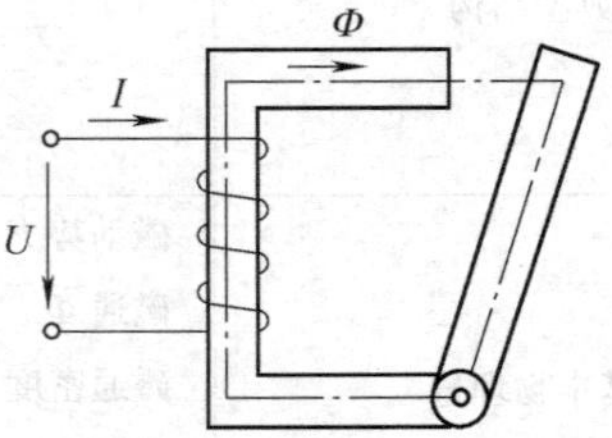

图 1-64 直流铁心线圈通电图

（2）交流铁心线圈与交流电磁铁 如图 1-65 所示，当交流继电器的线圈 1（即交流电磁铁的线圈）通过交变电流时，虽然电流的方向不断改变，但铁心 2 中的磁通方向以及两个磁极也随之改变，因此磁极之间始终能互相吸引。于是衔铁 3 被吸下，带动绝缘杆 4，使触点 6 闭合，接通另一电路。反之，当线圈断电时，在弹簧 5 的作用下，触点分断，切断另一电路。

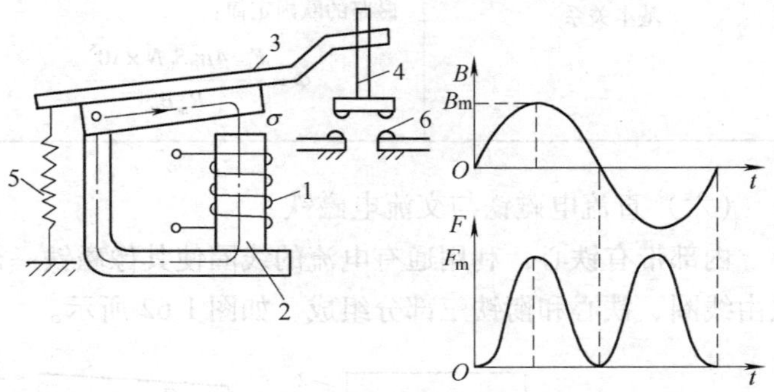

图 1-65 交流铁心线圈通电图
1—线圈 2—铁心 3—衔铁
4—绝缘杆 5—弹簧 6—触点

交流电磁铁两磁极间的吸力 F 与两极间磁感应强度 B 的二次方成正比。当磁感应强度等于零时，磁极间的吸力基本上也等于零（因为铁心选用软磁材料，剩磁很小），当磁感应强度为最大值时，吸力也为最大。由此可见，交流电磁铁的吸力在零和最大值之间脉动，如图 1-65 所示。

二、变压器

（一）变压器的用途、种类和结构

（1）变压器的用途 变压器是根据电磁感应原理工作的一种常见的电气设备，在电力系统和电子线路中应用广泛。

变压器的主要功能有变电压（电力系统）、变电流（电流互感器）、变阻抗（电子线路中的阻抗匹配）。

（2）变压器的种类 变压器按相数可分为单相变压器、三相变压器、多相变压器。单相变压器、三相变压器和三相自耦变压器如图 1-66 所示。变压器按用途可分为电压互感器、电流互感器，焊接变压器；按升、降压可分为升压变压器和降压变压器；按绕组数量分为双绕组变压器、三绕组变压器、多绕组变压器、自耦变压器；按铁心结构形式分为壳式、心式。

a)　　b)　　c)

图 1-66　变压器的种类

a）单相变压器　b）三相变压器　c）三相自耦变压器

（3）变压器的结构　变压器基本组成部分均为闭合铁心和绕组，如图 1-67 所示，绕组分为：一次绕组、二次绕组、变压器的电路。铁心由高导磁硅钢片叠成，硅钢片厚度一般为 0. 35 ~0. 55mm。

（二）变压器的工作原理

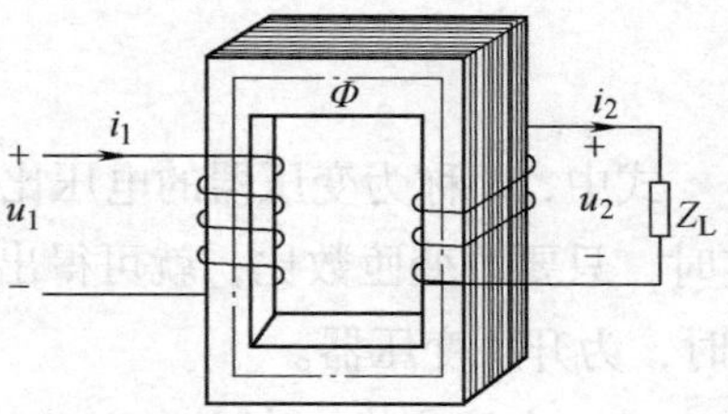

图 1-67　变压器的结构示意图

图 1-68 所示为变压器的结构和符号。变压器的基本工作原理是电磁感应原理，以单相变压器为例，在变压器一次绕组上接入交流电压 u 时，一次绕组中便有电流 i_1 通过。一次绕组的磁动势 i_1N_1 产生的磁通绝大部分通过铁心而闭合，从而在二次绕组中感应出电动势。如果二次绕组接有负载，那么二次绕组中就有电流 i_2 通过，二次绕组的磁动势 i_2N_2 也产生磁通，其绝大部分也通过铁心而闭合。因此，铁心中的磁通是一个由一、二次绕组的磁动势共同产生的合成磁通，它称为主磁通，用 Φ 表示，主磁通穿过一次绕组和二次绕组而在其中感应出的电动势分别为 e_1、e_2，对一、二次绕组产生的漏磁通忽略不计。

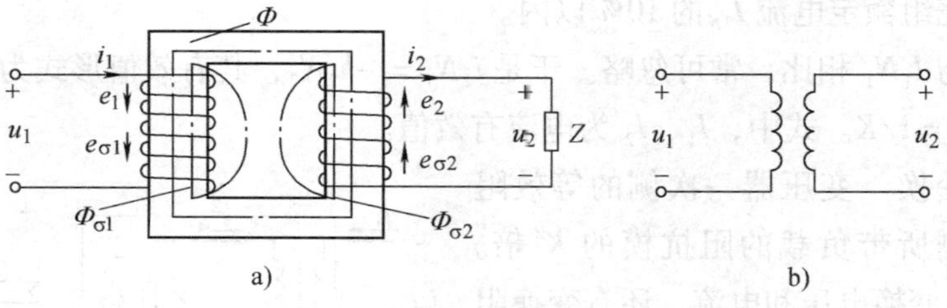

图 1-68　变压器的结构和符号

a）结构示意图　b）符号

一次绕组匝数为 N_1，电压为 u_1，电流为 i_1，主磁电动势为 e_1，漏磁电动势为 $e_{\sigma1}$；二次绕组匝数为 N_2，电压为 u_2，电流为 i_2，主磁电动势为 e_2，漏磁电动势为 $e_{\sigma2}$。

空载运行：一次绕组接交流电源，二次绕组开路。

（1）电压变换　一、二次绕组同受主磁通作用，所以在两个绕组中产生的感应电动势为

$$e_1 = -N_1\frac{\mathrm{d}\Phi}{\mathrm{d}t} \qquad e_2 = -N_2\frac{\mathrm{d}\Phi}{\mathrm{d}t}$$

一、二次绕组上产生的感应电动势的有效值为

$$E_1 = 4.44fN_1\Phi_m \qquad E_2 = 4.44fN_2\Phi_m$$

式中，E_1、E_2 为感应电动势有效值；f 为工作频率；N 为匝数；Φ_m 为主磁通最大值。忽略电阻 R_1 和漏抗 $X_{\sigma1}$ 的电压，则 $U_1 \approx E_1$。

变压器空载时，有

$$I_2 = 0, \ U_2 \approx E_2$$

式中，I_2 为二次电路的电流；U_2 是空载时二次绕组的端电压。

以上几式说明，由于一、二次绕组的匝数 N_1、N_2 不相等，故 E_1 和 E_2 的大小也不等，因而输入电压 U_1（电源电压）和输出电压 U_2（负载电压）的大小也是不等的。

一、二次绕组的电压之比为

$$\frac{U_1}{U_2} \approx \frac{E_1}{E_2} = \frac{N_1}{N_2} = K$$

式中，K 称为变压器的电压比，亦即一、二次绕组的匝数比。可见，当电源电压 U_1 一定时，只要改变匝数比，就可得出不同的输出电压 U_2。当 $K>1$ 时，为降压变压器；当 $K<1$ 时，为升压变压器。

（2）电流变换　由 $U_1 = E_1 = -4.44fN_1\Phi_m$ 可见，当电源电压 U_1 和工作频率 f 不变时，E_1 和 Φ_m 也都近于常数，就是说，铁心中主磁通的最大值在变压器空载或有负载时差不多是恒定的。因此有负载时产生主磁通的一、二次绕组的合成磁动势（$i_1N_1 + i_2N_2$）应该和空载时产生主磁通的一次绕组的磁动势 i_0N_1 相等，即

$$i_1N_1 + i_2N_2 = i_0N_1$$

变压器的空载电流 i_0 是励磁用的。由于铁心的磁导率高，空载电流是很小的。它的有效值 I_0 在一次绕组额定电流 I_{1N} 的 10% 以内。

因此 I_0N_1 与 I_1N_1 相比，常可忽略。于是 $i_1N_1 = -i_2N_2$，其有效值形式为 $I_1N_1 = I_2N_2$，所以 $I_1/I_2 = N_2/N_1 = 1/K$。式中，I_1、I_2 为电流有效值。

（3）阻抗变换　变压器一次侧的等效阻抗模，为二次侧所带负载的阻抗模的 K^2 倍。变压器不但可以变换电压和电流，还有变换阻抗的作用，以实现“匹配”。负载阻抗 Z_1 接在变压器二次侧，所谓等效，就是输入电路的电压、电流和功率不变，就是说，直接接在电源上的阻抗和接在变压器二次侧的负载阻抗是等效的。阻抗等效变换图如图 1-69 所示。

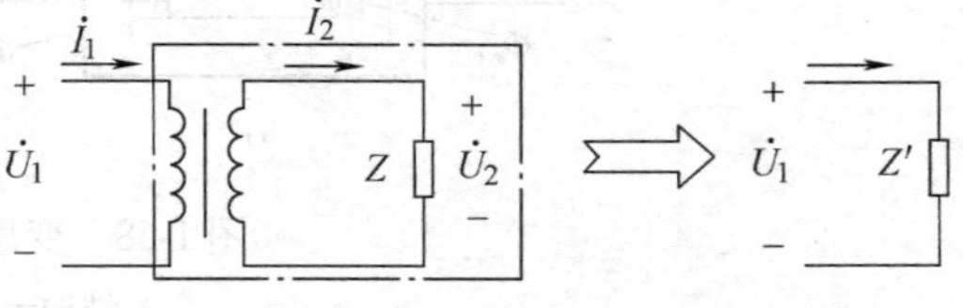

图 1-69　阻抗等效变换图

$$|Z| = \frac{U_2}{I_2} \quad |Z'| = \frac{U_1}{I_1}$$

$$|Z'| = \frac{U_1}{I_1} = \frac{KU_2}{\frac{I_2}{K}} = K^2 \frac{U_2}{I_2} = K^2 |Z|$$

$$|Z'| = K^2 |Z|$$

匝数比不同，负载阻抗折算到（反映到）一次侧的等效阻抗也不同。可以采用不同的匝数比，把负载阻抗变换为所需要的、比较合适的数值。这种做法通常称为阻抗匹配。

（三）变压器的主要参数

（1）工作频率 f（Hz） 变压器铁心损耗与频率关系很大，故应根据使用频率来设计和使用，这种频率称为工作频率。我国使用的标准工作频率为50Hz。

（2）额定电压（kV） 变压器长时间运行时一、二次绕组所能承受的工作电压为 U_{1N}、U_{2N}。在变压器的铭牌上，通常以“U_{1N}/U_{2N}”的形式表示一、二次绕组的额定电压。

（3）额定电流（A） 变压器的额定电流 I_{1N} 和 I_{2N} 是指变压器长时间连续工作时一、二次绕组允许通过的最大电流，它们是根据绝缘材料允许的温度确定的，在三相变压器中均代表线电流。

单相

$$I_{1N} = \frac{S_N}{U_{1N}}$$

$$I_{2N} = \frac{S_N}{U_{2N}}$$

三相

$$I_{1N} = \frac{S_N}{\sqrt{3}U_{1N}}$$

$$I_{2N} = \frac{S_N}{\sqrt{3}U_{2N}}$$

式中，S_N 为变压器的额定容量；U_{1N}、U_{2N} 为变压器一、二次绕组额定电压。

（4）额定容量（kV · A） 变压器在额定电压、额定电流下连续运行时能输送的容量。它是视在功率。视在功率可表示为

$$S_N = U_{2N}I_{2N}\ （单相），S_N = \sqrt{3}U_{2N}I_{2N}\ （三相）$$

（5）空载电流（%） 变压器二次侧开路时，一次侧仍有一定的电流，这部分电流称为空载电流，一般以额定电流的百分数表示。变压器的空载电流 i_0 是励磁用的。空载电流由磁化电流（产生磁通）和铁损电流（由铁心损耗引起）组成。对于50Hz电源变压器而言，空载电流基本上等于磁化电流。

（6）空载损耗（kW） 空载损耗指变压器二次侧开路时，在一次侧测得的功率损耗。主要损耗是铁心损耗 P_{Fe}，其次是空载电流在一次绕组上产生的铜损 P_{Cu}，这部分损耗很小。铁损即铁心的磁滞损耗和涡流损耗；铜损是一、二次电流在绕组的导线电阻中引起的损耗。

（7）效率 变压器的输出功率 P_2 与输入功率 P_1 之比的百分数称为变压器的效率，用 η

表示。

$$\eta = \frac{P_2}{P_1} \times 100\% = \frac{P_2}{P_2 + \Delta P_{Fe} + \Delta P_{Cu}} \times 100\%$$

小型变压器的效率为70%～85%，大型变压器效率可达98%，通常变压器的额定功率越大，效率就越高。

（四）点火线圈

汽油机驱动的农机有点火线圈，它能将电源系统提供的低压变为高达几千伏甚至上万伏的高压，用于点燃发动机内的汽油混合气，点火线圈可以认为是一种特殊的脉冲变压器，主要是将通过一次绕组的电流作为磁场储存。当一次电流突然被切断（通过功率晶体管断开电路接地端）时，磁场衰减，使二次绕组产生感应电动势，该感应电动势的电压足以使火花塞放电。

（1）开磁路式点火线圈　开磁路式点火线圈的结构如图1-70所示，点火线圈的上端装有胶木盖，其中央突出部分为高压接线柱，其他的接线柱为低压接线柱。根据低压接线柱的数目不同，点火线圈有两接线柱式和三接线柱式之分。

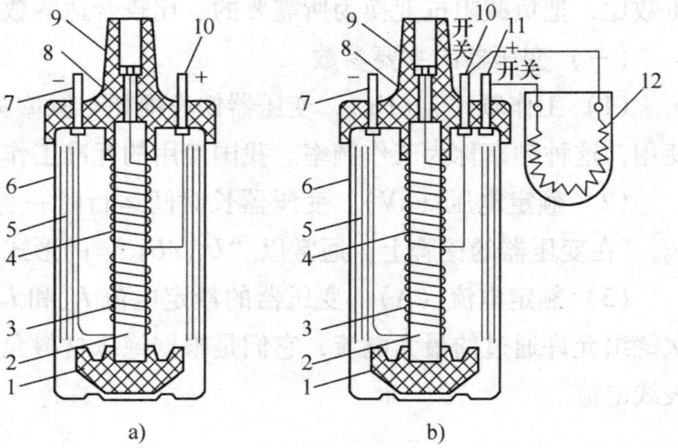

图1-70　开磁路式点火线圈的结构

a）两接线柱式　b）三接线柱式

1—瓷杯　2—铁心　3—一次绕组　4—二次绕组　5—钢片　6—外壳　7—“－”接线柱　8—胶木盖　9—高压接线柱　10—“＋”接线柱或开关接线柱　11—“＋”接线柱　12—附加电阻

开磁路式点火线圈采用柱形铁心，一次绕组在铁心中产生的磁通，通过导磁钢套构成磁回路，而铁心上部和下部的磁力线从空气中穿过，磁路的磁阻大，泄漏的磁通量多，转换效率低，一般只有60%左右，现已逐渐被淘汰。

（2）闭磁路式点火线圈　闭磁路式点火线圈的结构如图1-71所示，在“日”字形铁心内绕有一次绕组，在一次绕组外面绕有二次绕组，其磁路如图1-72所示。

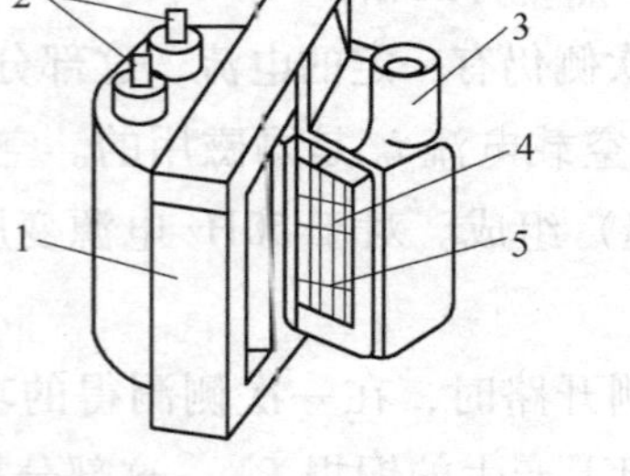

图1-71　闭磁路式点火线圈的结构

1—“日”字形铁心　2—一次绕组接线柱　3—高压接线柱　4—一次绕组　5—二次绕组

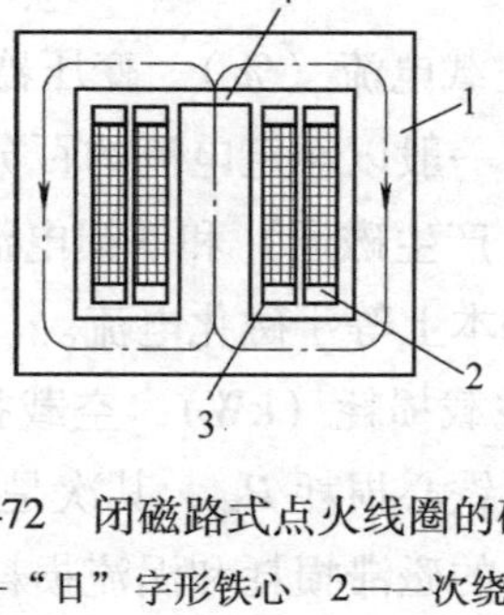

图1-72　闭磁路式点火线圈的磁路

1—“日”字形铁心　2—一次绕组　3—二次绕组　4—空气隙

由图可知，磁感线经铁心构成闭合磁路。闭磁路式点火线圈的优点是漏磁少，磁路的磁阻小，因而能量损失小，能量转换率高，可达75%。并且闭磁路式点火线圈采用热固性树脂作为绝缘填充物，外壳以热熔性塑料注塑成型，其绝缘性、密封性均优于开磁路式点火线圈。

闭磁路式点火线圈体积小，可直接装在分电器盖上，不仅结构紧凑，而且省去了点火线圈与分电器之间的高压导线，并可使二次电容减小，所以在电子点火系统中广泛使用。

除了点火线圈以外，很多农机上还安装有基于变压器原理的传感器。下面以可变电感式进气压力传感器来说明。

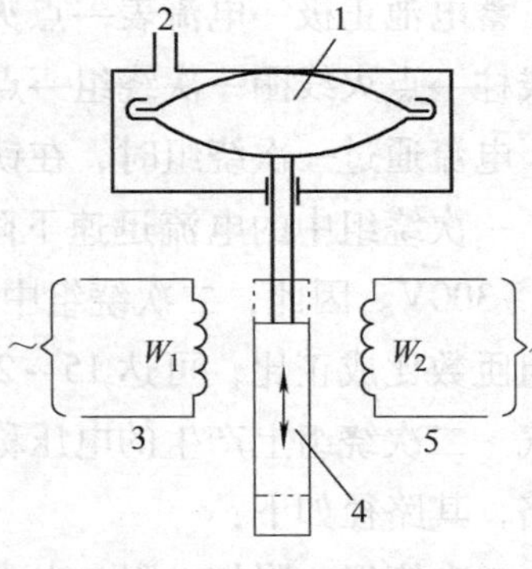

图1-73 可变电感式进气压力传感器示意图

1—膜盒 2—进气歧管 3—一次绕组 4—铁心 5—二次绕组

如图1-73所示，当振荡器输出的交流电通过一次绕组 W_1 时，由于互感作用，使二次绕组 W_2 产生输出电压，其大小取决于两线圈的耦合情况。耦合越紧，输出电压越大。因此，当铁心向两线圈中间移动时，输出信号就会增强。

在可变电感式进气压力传感器中，铁心与线圈的相对位置由膜盒控制。进气歧管绝对压力升高时，膜盒收缩，使铁心向线圈中部移动，这时输出信号增强。

任务实施

点火线圈及点火系电路的检测

（一）实验目的

1）掌握点火线圈的外部检验方法及一、二次绕组短路、断路、搭铁检验方法。

2）掌握点火线圈的发火强度检验方法。

3）掌握点火系统的电路工作原理及检修方法。

（二）主要实验仪器

1）被测试的点火线圈、良好的点火线圈各一个。

2）万能电气试验台，常用工具一套，万用表、试灯各一个。

3）点火系统电路板三套（不同系统）。

（三）点火系统工作原理

传统点火系由蓄电池、点火开关、分电器、点火线圈、高压导线和火花塞等组成，其工作原理如图1-74所示。

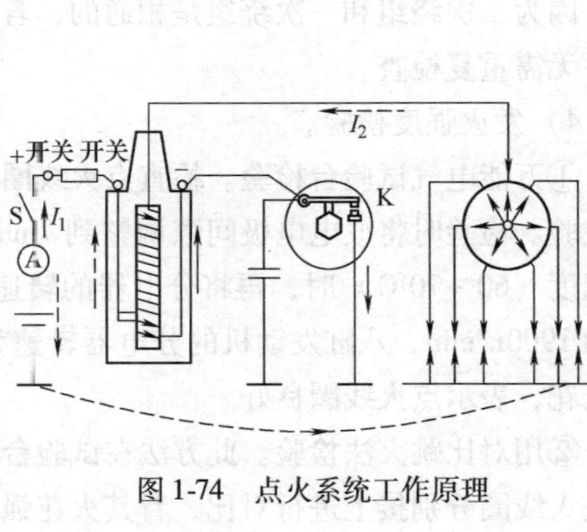

图1-74 点火系统工作原理

发动机工作时，分电器轴连同凸轮一起在发动机凸轮轴的驱动下旋转，凸轮旋转时交替地使分电器的断电器触点打开与闭合。在点火开关接通的情况下，当触点闭合时，点火线圈一次绕组中有电流流过，流过一次绕组的电流

称为一次电流 I_1，一次电流所流过的路径称为一次电路或低压电路，其路径如下：

蓄电池正极→电流表→点火开关→点火线圈“+开关”接线柱→附加电阻→“开关”接线柱→点火线圈一次绕组→点火线圈“-”接线柱→断电器触点→搭铁→蓄电池负极。

电流通过一次绕组时，在铁心中产生磁场。当断电器凸轮将触点打开时，一次电路被切断，一次绕组中的电流迅速下降到零，引起磁通突降，在一次绕组中产生自感电动势，达200~300V。因此，二次绕组中将在互感的作用下产生高压电动势，其值与二次绕组和一次绕组匝数比成正比，可达15~20kV。该电动势能够击穿火花塞间隙，产生电火花，点燃混合气。二次绕组上产生的电压称为二次电压 U_2，二次绕组所在的电路称为二次电路或高压电路，其路径如下：

二次绕组→附加电阻→点火开关→蓄电池正极→蓄电池负极→高压导线→配电器旁电极→分火头→高压导线→二次绕组。

发动机工作期间，断电器凸轮每转一周，各缸按点火顺序轮流点火一次。

（四）实验步骤

（1）点火线圈检测

1）外部检验。目测点火线圈，若有绝缘盖破裂或外壳碰裂，点火线圈就会因受潮而失去点火能力，应予以更换。

2）一、二次绕组断路、短路和搭铁检验。

①测量电阻法。用万用表测量点火线圈的一次绕组、二次绕组以及附加电阻的电阻值，应符合技术标准，否则说明有故障，应予以更换。

②试灯检验法。用试灯接在一次绕组的两接线柱上，若灯不亮则是断路；当检查绕组是否有搭铁故障时，可将试灯的一端与一次绕组相连，一端接外壳，如灯亮，便表示有搭铁故障；短路故障用试灯不易查出。

3）二次绕组的检验。

因为二次绕组的一端接高压插孔，另一端与一次绕组相连，所以检验中，当试灯的一个触针接高压插孔，另一个触针接低压接线柱时，若试灯发出亮光，说明有短路故障；若试灯暗红，说明无短路故障；若试灯无反应，则应注意观察，当将触针从接线柱上移开时，看有无火花发生，如没有火花，说明绕组已断路。

因为二次绕组和一次绕组是相通的，若二次绕组有搭铁故障，在检查一次绕组时就可查出，无需重复检查。

4）发火强度检验。

①万能电气试验台检验。检查点火线圈产生的高电压时，可与分电器配合在试验台上进行试验。检验时将放电电极间隙调整到7mm，先以低速运转，待点火线圈的温度升高到工作温度（60~70℃）时，再将分电器的转速调至规定值（一般四、六缸发动机的分电器转速为1900r/min，八缸发动机的分电器转速为2500r/min），在0.5 min内，若能连续发出蓝色火花，表示点火线圈良好。

②用对比跳火法检验。此方法在试验台上或车上均可进行，将被检验的点火线圈与良好的点火线圈分别接上进行对比，看其火花强度是否一样。

点火线圈经过检验，如内部有短路、断路、搭铁等故障，或发火强度不符合要求时，一般应更换为新品。

（2）点火系统检测

1）接线检查。在实验前应检查点火系统的接线情况，有无接错、漏接、接触不良的现象，如有应处理后方可进行下面的检测。

2）供电电压的检测。用万用表检测点火线圈正极与接地之间的电压降，其值应与供电电池的电压降相等（无附加电阻的类型），如果差值大于0.5V，应检查电路中是否有断路、短路或接触不良。

3）发火性能的检测。接好系统后，运转检测发火性能，正常点火为白色。如果无火则进入下面的检修。如果有火但呈黄色则检查电容本身和其线路，或点火线圈（方法如（1）点火线圈检测），或高压线、分火头的情况。

4）传感器检测。如果是无触点的点火系统，没有点火可先查传感器。无论是电磁式、霍尔式还是光电式都需要来自控制器的供电电压，所以先检查此电压是否正常（电磁式为0.4～0.8V，霍尔式为3～6V，光电式为2～3V），正常则检查控制器；不正常则检测传感器的输出信号（由于电磁式点火系统传感器不需供电电源，故可直接检测传感器），信号会随发动机运转有相应的变化，如果转速不低于1500r/min，且不符合要求，则更换传感器。

5）控制器检测。如果上述检测都没问题，则可能是控制器的故障，可采用替换法检测。

任务四　半导体器件及其应用

任务分析

半导体材料由于具有独特的导电特性，可制作成不同的半导体器件，已被广泛应用在不同领域，如收音机、电视机、汽车、计算机等，半导体材料已成为现代工业中不可缺少的重要材料之一。本任务将对半导体及各种半导体器件的基础理论知识做详细介绍。学生学习各种半导体器件的特征和工作原理后，应能够分析由它们构成的各种基本电路，从而了解各电路的基本作用和功能，最后，完成二极管、晶体管的识别与检测、整流器的检测工作任务。

相关知识

一、半导体的基本知识

（一）本征半导体及导电特性

（1）本征半导体　自然界中的各种物质就其导电性能来区分，可以分为导体、绝缘体和半导体三大类。导体具有良好的导电特性，常温下，其内部存在着大量的自由电子，它们在外电场的作用下做定向运动形成电流，如铜、铝、银等。绝缘体几乎不导电，在这类材料中，几乎没有自由电子，即使有外电场作用也不会形成电流，如橡胶、陶瓷、塑料等。

半导体的导电能力介于导体和绝缘体之间。这种导电特性是由它的内部结构和导电机理决定的。常用的半导体材料是硅和锗，都是4价元素。纯净的半导体具有晶体结构。当单晶硅和单晶锗的结晶纯度高于99.9999999999%时，此时的半导体叫做本征半导体。

(2) 本征半导体的导电原理　当半导体中只有一种元素的时候，就会有价电子之间的轨道交叠，形成共价键结构，图1-75是硅（Si）本征半导体共价键的结构示意图。在半导体共价键结构中，原子的最外层电子被束缚得很紧，所以在热力学温度是零时，本征半导体没有导电能力。在获得一定能量（如光照、升温、电磁场激发等）之后，电子受到激发，即可摆脱原子核的束缚，成为自由电子，同时共价键中留下对应的空位置，这个空位置称为空穴。

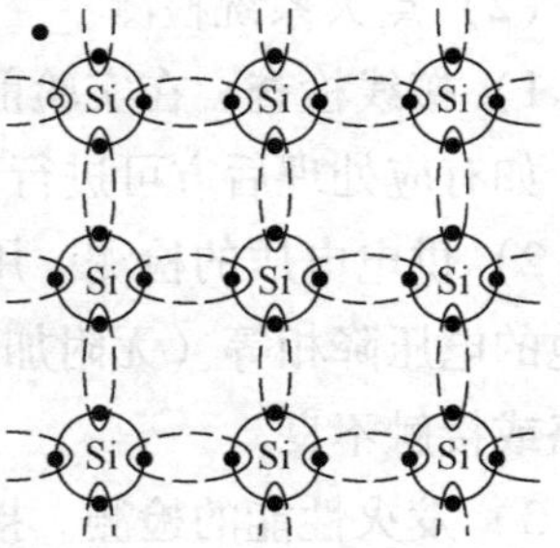

图1-75　硅（Si）本征半导体共价键的结构示意图

●电子　○空穴

当空穴出现时，相邻原子的价电子比较容易离开它所在的共价键而填补到这个空穴中来，使该价电子原来所在共价键中出现一个新的空穴，这个新的空穴又可能被其他相邻原子的价电子填补，再次出现新的空穴。价电子填补空穴的这种运动无论在形式上还是效果上都相当于空穴在运动，且运动方向与价电子运动方向相反。为了区别于自由电子的运动，把这种运动称为空穴运动，并把空穴看成是一种带正电荷的粒子。此时半导体中将出现两种电流：一种是自由电子运动形成的电子电流；另一种是仍被原子核束缚的价电子递补空穴形成的空穴电流。也就是说，在半导体中存在自由电子和空穴两种运载电荷的粒子，称其为载流子。本征半导体中的自由电子和空穴总是成对出现的，同时又不断复合，本征半导体的导电能力就决定于载流子的数目和速度。

(3) 本征半导体的导电特性　一般来说，本征半导体相邻原子间存在稳固的共价键，导电能力并不强。但在不同条件下的导电能力却有很大差别。

有些半导体在温度升高的条件下，导电能力大大增强，这种特性称为半导体材料的热敏性。利用这种特性可将其制成热敏电阻等电气元件。

有些半导体在光照的条件下，导电能力大大增强，这种特性称为半导体材料的光敏性。利用这种特性可将其制成光敏电阻、光敏二极管、光电池等电气元件。

在本征半导体中掺入微量杂质元素后，其导电能力就可增加几十万乃至几百万倍，利用这种特性可以制成杂质半导体，由此制成了二极管、三极管等重要的半导体器件。

(二) N型半导体和P型半导体的形成

实际应用中的半导体基本都是杂质半导体，它分N型和P型两种。

N型半导体是在本征半导体中掺入微量5价元素（如磷、砷、锑等）。这样它的活性大大地得到提高，在室温时，由于在构成的共价键中存在多余的价电子，从而产生大量的自由电子，图1-76所示为掺入5价的磷（P）元素构成的N型半导体。因此，在N型半导体中多数载流子为电子，少数载流子为空穴。

P型半导体是在本征半导体中掺入微量3价元素（如硼、镓、铝、铟等）。由于在构成的共价键中剩余出很多的空位置，从而产生大量的空穴，图1-77所示为掺入3价的硼（B）元素构成的P型半导体。因此，在P型半导体中多数载流子是空穴，少数载流子是电子，与N型恰恰相反。

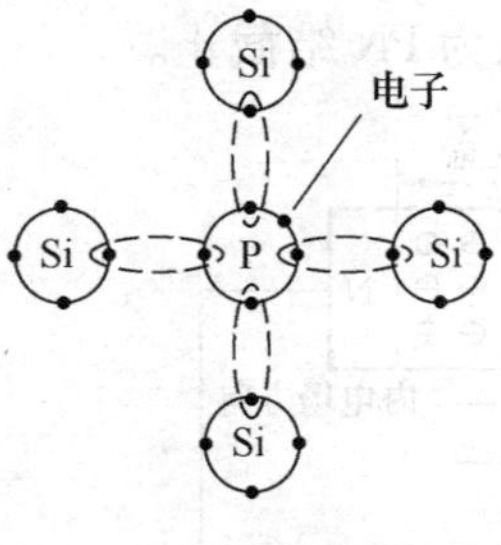

图1-76　N型半导体的分子结构

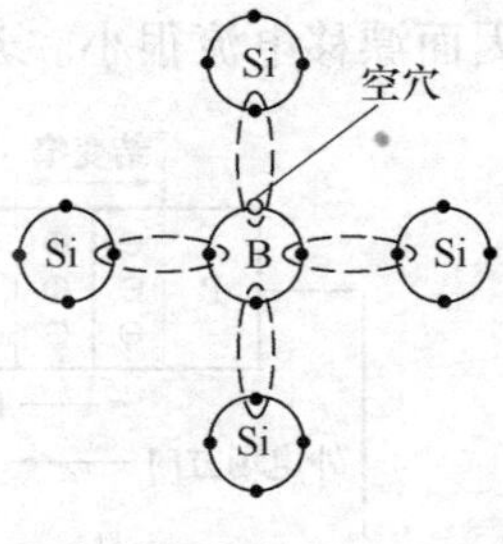

图1-77　P型半导体的分子结构

（三）PN结的形成及单向导电特性

（1）PN结的形成　在同一块半导体基片的两边分别形成N型半导体和P型半导体，它们的交界区域会形成一个很薄的空间电荷区，称为PN结。PN结的形成过程如图1-78所示。

由图1-78a可见，界面两边存在着载流子的浓度差，N区的多子（多数载流子）是电子，P区的多子是空穴，在它们的交界区域会发生扩散的现象，N区的电子向P区移动，P区的空穴向N区移动，在中间的交界区复合而消失，使P区留下不能移动的负电荷离子，N区留下不能移动的正电荷离子。扩散的结果使交界区域出现了空间电荷区，即形成了一个由N区指向P区的内电场，如图1-78b所示。内电场的存在阻碍了扩散运动，但却使P区少子（电子）向N区漂移，N区的少子（空穴）向P区漂移。多子的扩散运动使空间电荷区加厚，而少子的漂移运动使空间电荷区变薄。当扩散与漂移达到动态平衡时，便形成了一定厚度的空间电荷区，即为PN结。由于空间电荷区缺少能移动的载流子，故又称PN结为耗尽层或阻挡层，整体对外还是显电中性。

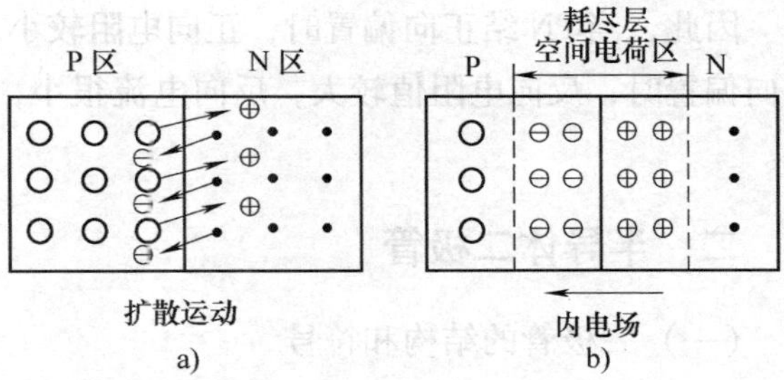

图1-78　PN结的形成过程

a）多子扩散示意图　b）扩散结果出现的空间电荷区

（2）PN结的单向导电性

1）PN结正向导通。将电源的正极接PN结的P区，负极接PN结的N区（即正向连接或正向偏置），如图1-79a所示。由于PN结为耗尽层高阻区，而P区与N区电阻很小，因而外加电压几乎全部落在PN结上。由图可见，外电场方向与内电场方向相反，外电场将推动P区多子（空穴）向右扩散，与原空间电荷区的负离子中和，同时也推动N区的多子（电子）向左扩散与原空间电荷区的正离子中和，使空间电荷区变薄，打破了原来的动态平衡。电源不断地向P区补充正电荷，向N区补充负电荷，结果使电路中形成较大的正向电流，由P区流向N区。这时PN结对外呈现较小的阻值，处于正向导通状态。

2）PN结反向截止。将电源的正极接PN结的N区，负极接PN结的P区（即PN结反向偏置），如图1-79b所示。外电场方向与内电场方向一致，它将N区的少子（空穴）向左侧拉进PN结，同时将P区的少子（电子）向右侧拉进PN结，使原空间电荷区电荷增多，

PN 结变宽，呈现大的阻值，且打破了原来的动态平衡，使漂移运动增强。由于漂移运动是少子运动，因而漂移电流很小。若忽略漂移电流，则可以认为 PN 结截止。

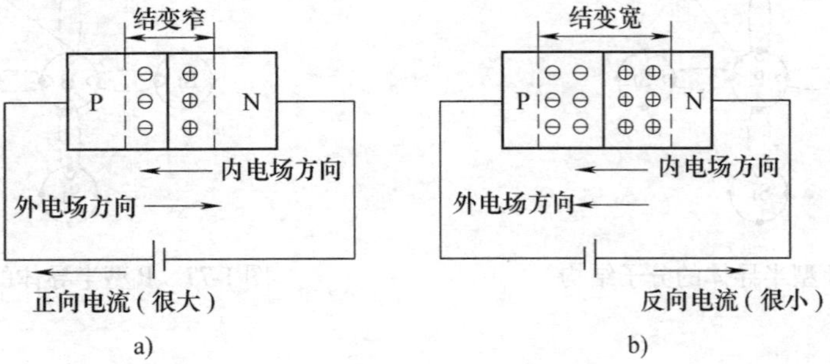

图 1-79　PN 结的单向导电性
a）正连接结示意图　b）反向连接示意图

因此，当 PN 结正向偏置时，正向电阻较小，正向电流很大，此时 PN 结导通；当 PN 结反向偏置时，反向电阻值较大，反向电流很小，此时 PN 结截止。这就是 PN 结的单向导电性。

二、半导体二极管

（一）二极管的结构和符号

半导体二极管是由一个 PN 结、相应的电极引线和管壳构成的电子器件。P 区的引出线称为正极或阳极，N 区的引出线称为负极或阴极，如图 1-80 所示。二极管按所用材料分，有硅管、锗管和砷化镓管等；按其不同的结构，可分为点接触型二极管和面接触型二极管。

点接触型二极管的结构如图 1-80a 所示。它的特点是 PN 结的面积非常小，因此不能通过较大电流；但高频性能好，故适用于高频和小功率工作，一般用作高频检波管和数字电路里的开关元件。

面接触型二极管的结构如图 1-80b 所示。它的主要特点是 PN 结的结面积很大，故可通过较大的电流；但工作频率较低，一般用于整流电路。

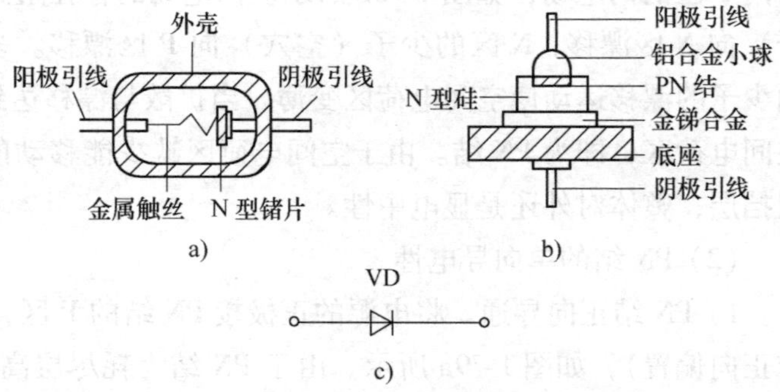

图 1-80　半导体二极管的结构与图形符号
a）点接触型　b）面接触型　c）图形符号

二极管的文字符号为 VD，图形符号如图 1-80c 所示。二极管的型号命名方法可参见有关资料。

（二）二极管的伏安特性

二极管两端电压与通过电流的关系称为二极管的伏安特性。二极管的电压与电流的关系曲线称为伏安特性曲线，如图 1-81 所示。

(1) 正向特性　正向特性如图1-81中的①段所示。当加在二极管两端的正向偏置电压很小时，二极管不能导通，流过二极管的正向电流十分微弱。只有当正向电压超过某一数值后，才出现明显的正向电流，该电压称为门槛电压（又称死区电压）。在室温下，硅管的门槛电压约为0.5V，锗管约为0.1V。正向导通后，硅管的电压降约为0.7V，锗管约为0.3V，称为二极管的“正向压降”。

(2) 反向特性　反向特性如图1-81中的②段所示。当二极管处于反向偏置时，仍然会有微弱的反向电流流过二极管，称为漏电流。因为反向电流极小，可以认为二极管基本不导通。反向电流越小，二极管的反向截止性能越好。但温度升高时，反向电流将随之增加。

当反向电压增加到一定数值时，反向电流会突然剧增，二极管失去单向导电性，这种现象称为“反向击穿”，此时所加的反向电压称为“反向击穿电压”，如图1-81中的③段所示。反向击穿电压因材料和结构的不同，一般在几十伏以上，有的甚至可达几千伏。

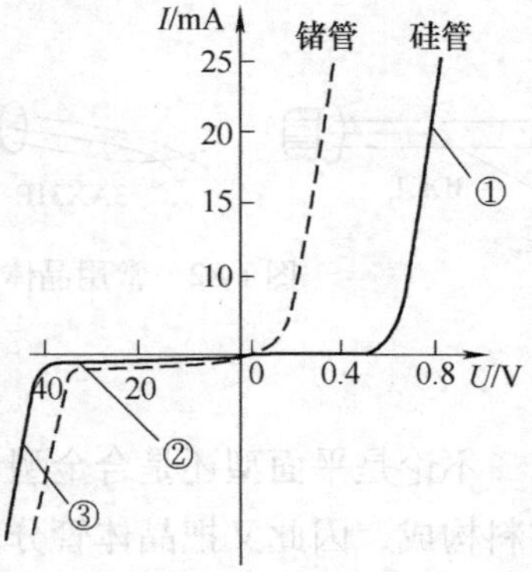

图1-81　二极管伏安特性曲线

（三）二极管的主要参数

(1) 最大整流电流 I_F　最大整流电流是指二极管长期运行时允许通过的最大正向平均电流。超过这一数值时二极管将因过热而烧坏。工作电流较大的大功率二极管还必须按规定安装散热装置。

(2) 最高反向工作电压 U_{RM}　最高反向工作电压是指二极管在使用时所允许加的反向电压峰值。加在二极管两端的反向电压高于最高反向工作电压时，会有被反向击穿的危险，从而失去单向导电能力。一般手册上给出的最高反向工作电压约为反向击穿电压的一半，以保证二极管安全运行。

(3) 反向电流 I_R　反向电流是指在规定的温度和最高反向电压作用下，二极管未被击穿时流过二极管的反向电流。反向电流越小，二极管的单方向导电性能越好。值得注意的是反向电流与温度有着密切的关系，当温度增加时，反向电流会急剧增加，所以在使用二极管时要注意温度的影响。

二极管的参数还有最高工作频率、极间电容等，均在半导体器件手册中可查到。

三、半导体晶体管

在生产和测量中，电信号放大电路的应用十分广泛，经常需要将微弱的电信号（电压、电流或电功率）进行放大，以便有效进行观察、测量、控制或调节。例如收音机和电视机，它们天线收到的包含声音和图像信息的微弱电信号，只有通过电信号放大电路变换来推动扬声器和显像管工作，而这样的电路可以用晶体管、运算放大器等电子元器件组成。

（一）半导体晶体管

(1) 晶体管的基本结构和符号　晶体管是最重要的一种半导体器件，常用的一些晶体管外形如图1-82所示。

晶体管最常见的结构有平面型和合金型两类，如图 1-83 所示。图 1-83a 为平面型（主要为硅管），图 1-83b 为合金型（主要为锗管）。

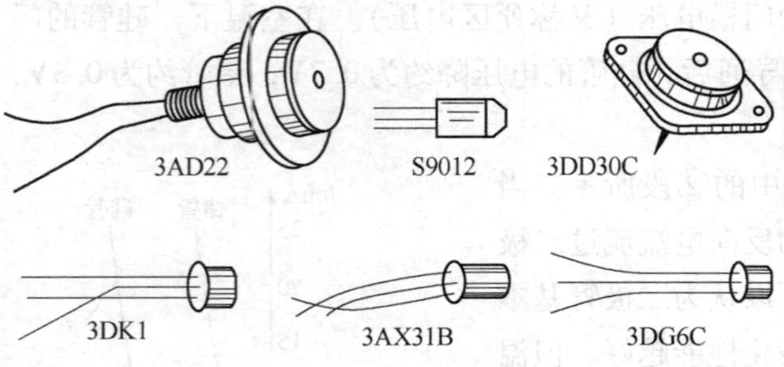

图 1-82 常用晶体管外形

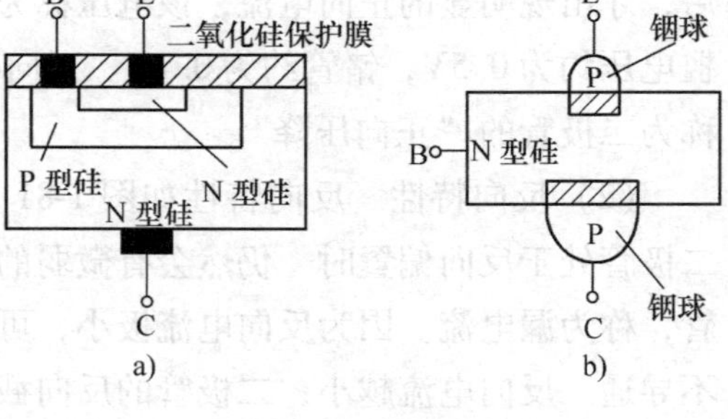

图 1-83 晶体管结构
a）平面型晶体管 b）合金型晶体管

不论是平面型还是合金型，内部都由三层 N、P、N 型半导体或三层 P、N、P 型半导体材料构成，因此又把晶体管分为 NPN 型和 PNP 型两类。晶体管的结构及电路符号如图 1-84 所示。图 1-84a 为 NPN 型，图 1-84b 为 PNP 型。

每一类晶体管都由基区（B）、发射区（E）、集电区（C）组成，每个区分别引出一个电极，即基极 B、发射极 E、集电极 C。晶体管有两个 PN 结，基区和集电区之间的 PN 结称为集电结，基区和发射区之间的 PN 结称为发射结。电路符号中的箭头表示发射极电流的方向。

晶体管结构有一种重要的特点，那就是 E 区的掺杂浓度高，B 区掺杂浓度低且很薄，C 区面积较大，因此 E 区和 C 区不可调换使用。

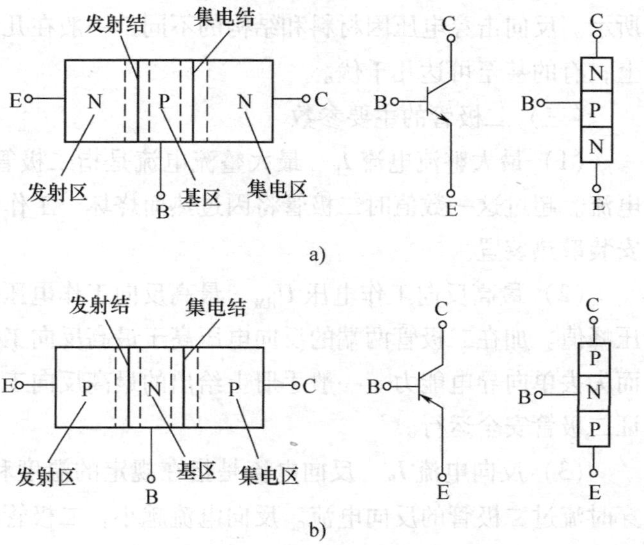

图 1-84 晶体管的结构及电路符号
a）NPN 型晶体管结构与符号 b）PNP 型晶体管结构与符号

（2）晶体管的放大原理 为了解晶体管的电流放大作用，我们先做一个实验，实验电路如图 1-85 所示，基极电源 U_B、基极电阻 R_B、基极 B 和发射极 E 组成输入回路。集电极电源 U_C、集电极电阻 R_C、集电极 C 和发射极 E 组成输出回路。发射极是公共电极。这种电路称为共发射极电路。

如图 1-85 所示，在 B、E 两端接电源 U_B，在 C、E 两端接电源 U_C，并且使 $U_B < U_C$，这样就保证了发射结加的是正向电压（正向偏置），集电结加的是反向电压（反向偏置），这是晶体管实现电流放大作用的外部条件。此时，在电路中就会形成三个电流 I_B、I_C 和 I_E。

此时，晶体管内部载流子的运动过程如下：

1）电子从发射区向基区扩散的过程：当发射结处于正向偏置时，发射结阻挡层变薄，发射区的多数载流子（自由电子）不断扩散到基区，由于发射区的掺杂浓度较大，发射区的电子更容易扩散入基区，形成发射极电流 I_E。

2）电子在基区复合及扩散的过程：由于基区很薄，多数载流子（空穴）浓度很低，所以从发射极扩散过来的电子只有极少部分可以和基区空穴复合，形成比较小的基极电流 I_B，而剩下的绝大部分电子都能扩散到集电结边缘。

3）电子被集电区收集的过程：由于集电结反向偏置，从发射区扩散到基区并到达集电区边缘的电子会在其作用下，被拉动至集电区，从而形成较大的集电极电流 I_C。

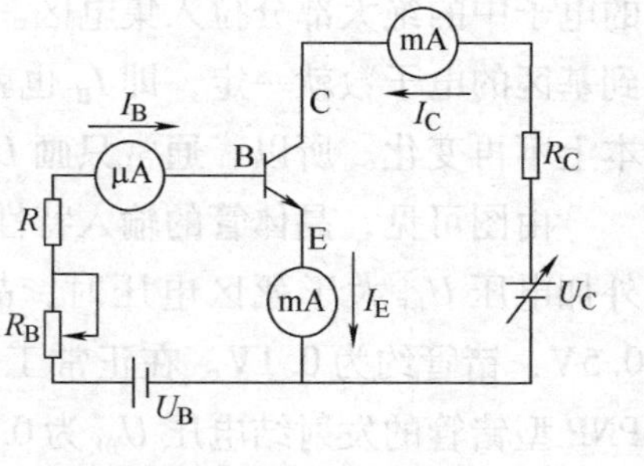

图 1-85　晶体管内部载流子运动与外部电流图

当调整电阻 R_B 时，基极电流 I_B、集电极电流 I_C 和发射极电流 I_E 都会发生变化。通过以上实验得出表 1-5 所示的测量结果。

表 1-5　晶体管电流测量结果

I_B/mA	0	0.01	0.02	0.03	0.04	0.05
I_C/mA	<0.001	0.50	1.00	1.60	2.20	2.90
I_E/mA	<0.001	0.51	1.02	1.63	2.24	2.95
I_C/I_B		50	50	53	55	58
$\Delta I_C/\Delta I_B$			50	60	60	70

由实验测量结果分析可得出下面的结论：

1）发射极电流等于基极电流和集电极电流之和。此结果符合基尔霍夫电流定律，即

$$I_E = I_B + I_C$$

2）I_C 比 I_B 大得多。从第二列以后的 I_C/I_B 数据可看出这点，即 I_C 要比 I_B 大数十倍。

3）很小的 I_B 变化可以引起很大的 I_C 变化。比较第二列以后，后一列与前一列数据的基极电流和集电极电流的相对变化，即 $\Delta I_C/\Delta I_B$，当基极电流发生较小的变化时，集电极电流的变化却较大。也就是说，基极电流对集电极电流具有控制作用，这就是晶体管的电流放大作用。

（3）晶体管的特性曲线　晶体管的伏安特性曲线反映了晶体管的性能和各电极的电流和电压之间的关系，实际上是其内部特性的外部表现，是分析放大电路的重要依据。这些特性曲线可用晶体管特性图示仪直观地显示出来，也可以通过图 1-86 所示的实验电路进行测绘。

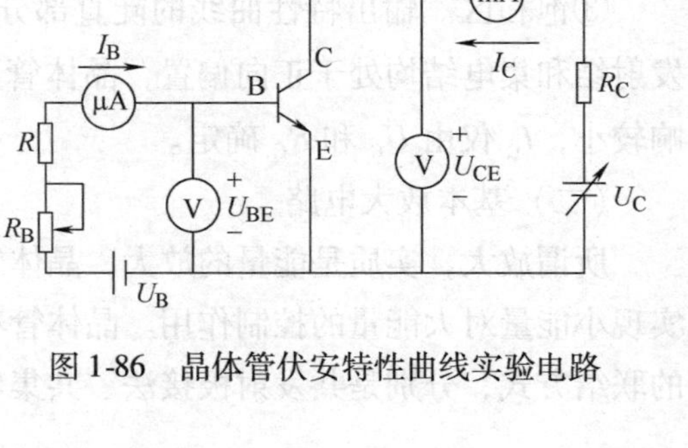

图 1-86　晶体管伏安特性曲线实验电路

1）输入特性曲线。晶体管的输入特性是指当集电极-发射极电压 U_{CE} 为常数时，基极电流 I_B 与基极-发射极电压 U_{BE} 之间的关系曲线，如

图 1-87 所示。

$$i_B = f(u_{BE})\big|_{U_{CE}=常数}$$

对硅管而言，当 U_{CE}超过 1V 时，集电结已达到足够反偏，可以把从发射区扩散到基区的电子中的绝大部分拉入集电区。如果此时再增大 U_{CE}，只要 U_{BE}保持不变，从发射区发射到基区的电子数就一定，即 I_B 也就基本不变。就是说，U_{CE}超过 1V 后，其输入特性曲线基本上不再变化。所以，通常只画 $U_{CE}\geqslant$1V 的一条输入特性曲线，如图 1-87 所示。

由图可见，晶体管的输入特性与二极管的正向特性相似，也有一段死区，只有当发射结外加电压 U_{BE} 大于死区电压时，晶体管才会出现基极电流 I_B。通常硅管的死区电压约为 0.5V，锗管约为 0.1V。在正常工作情况下，NPN 型硅管的发射结电压 U_{BE} 为 0.6～0.7V，PNP 型锗管的发射结电压 U_{BE} 为 0.2～0.3V。

2）输出特性曲线。输出特性曲线是指当基极电流一定时，集电极电流与集电极-发射极电压之间的关系曲线，即

$$I_C = f(U_{CE})\big|_{I_B=常数}$$

给定一个基极电流 I_B，就对应一条特性曲线，所以晶体管的输出特性曲线是一组曲线，如图 1-88 所示。从曲线上看，它大致可以分出以下三个区域：

①放大区。输出特性曲线近于水平的部分是放大区。在此区域内，I_C/mA 和 I_B 成正比关系。晶体管工作在放大状态时，发射结处于正向偏置，集电结处于反向偏置，即对 NPN 型管而言，应使 $U_{BE}>0$，$U_{BC}<0$。

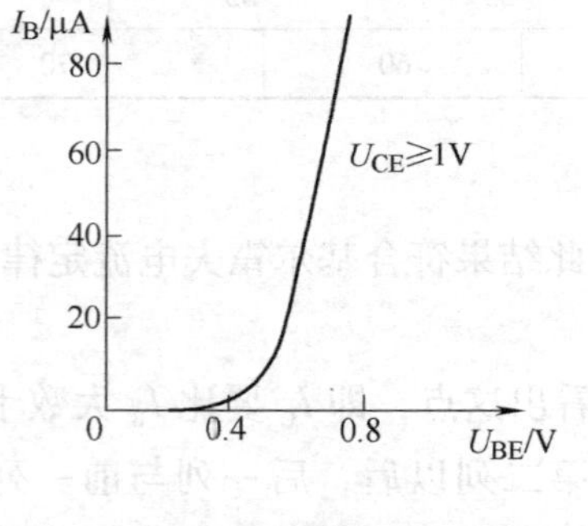

图 1-87 晶体管输入特性曲线

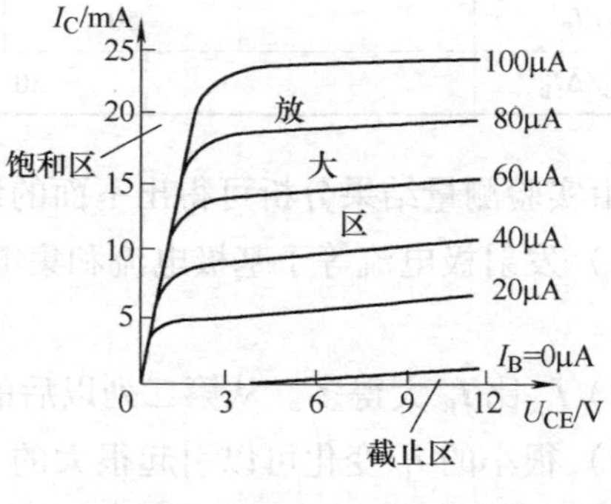

图 1-88 晶体管输出特性曲线

②截止区。$I_B=0$ 曲线以下的区域称为截止区。为了使晶体管可靠截止，常使 $U_{BE}\leqslant 0$。因此，晶体管在截止工作状态时，发射结和集电结均处于反向偏置。

③饱和区。输出特性曲线的陡直部分是饱和区。当 $U_{BC}>0$、$U_{BE}>0$ 时，且 $U_{CE}<U_{BE}$，发射结和集电结均处于正向偏置，晶体管工作于饱和状态。在饱和区，I_B 的变化对 I_C 的影响较小，I_C 仅由 U_C 和 R_C 确定。

（二）基本放大电路

所谓放大，实质是能量的放大，晶体管是能量控制元件，利用晶体管构成的放大电路能实现小能量对大能量的控制作用。晶体管有三个电极，根据公共端的不同，可以有三种不同的联结方式，分别是共发射极接法、共集电极接法和共基极接法。

放大电路的交流信号从基极输入，从集电极输出，是共发射极接法，本节以共发射极放大电路为例，学习基本放大电路的分析方法。

（1）基本放大电路的组成　如图1-89所示，各元器件及作用如下：

晶体管VT：电路采用NPN型晶体管，利用晶体管的电流放大作用，在集电极获得放大的电流i_C。

集电极电源U_{CC}：其作用是为整个电路提供能源，并且保证晶体管的发射结正向偏置，集电结反向偏置，晶体管工作于放大状态。

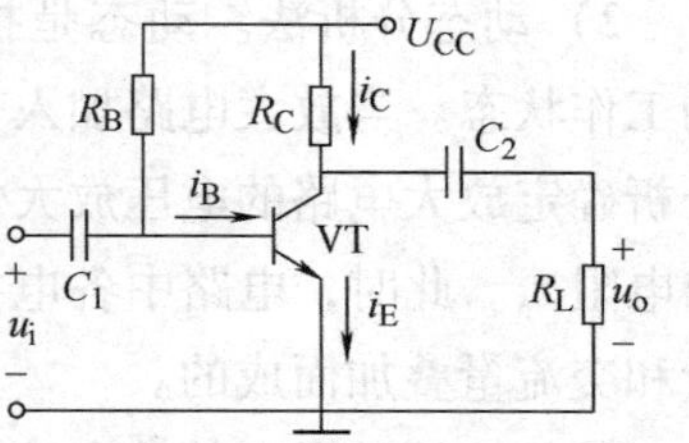

图1-89　共发射极交流放大电路

基极偏置电阻R_B：其作用是和U_{CC}一起为基极提供一个合适的基极电流i_B，这个电流也称基极偏置电流。

集电极负载电阻R_C：其作用是将集电极电流的变化转换为集电极-发射极之间电压的变化。

耦合电容C_1、C_2：其作用是隔直流，通交流。

符号“⊥”：接地符号，电路中的零参考电位。

为分析方便，电压的方向以输入、输出回路的公共端为负，其他各点为正；电流方向以晶体管各电极电流的实际方向为正方向。

（2）放大电路的基本分析方法　放大电路可分为静态和动态两种情况来分析。

1）静态分析法。静态是当放大电路没有输入信号时的（直流）工作状态。静态分析是要确定放大电路中晶体管的静态电流I_{BQ}、I_{CQ}和静态电压U_{BEQ}、U_{CEQ}的值，这四个值在晶体管输入特性曲线和输出特性曲线上确定一个点，称为静态工作点Q。对于放大电路来说，具有合适的静态工作点，才能够保证信号的放大。

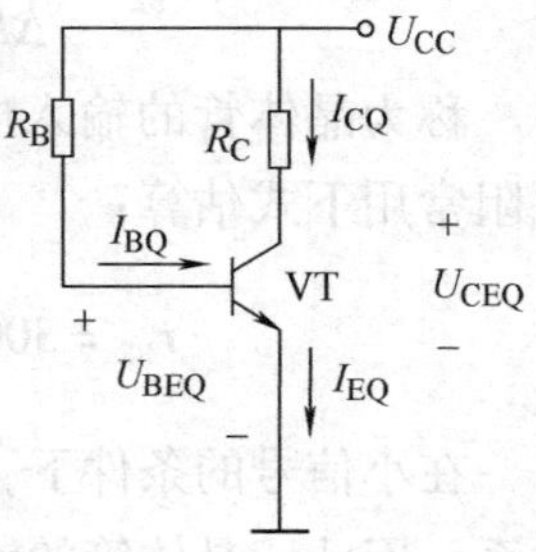

图1-90　基本放大电路的直流通路

静态工作点的确定可以通过估算法和图解法来实现。

估算法：静态值是直流量，可以用放大电路的直流通路来确定。图1-90所示为基本放大电路的直流通路。即指当输入信号$u_i=0$时，在直流电压U_{CC}的作用下，电容开路时对应的电路图。

由图1-90的直流通路得出基极电流为

$$I_{BQ}=\frac{U_{CC}-U_{BEQ}}{R_B}$$

其中U_{BEQ}为发射结正向偏置电压，一般硅管为0.7 V（锗管为0.3V），远小于U_{CC}，故忽略不计。则

$$I_{BQ}=\frac{U_{CC}}{R_B}$$

由晶体管电流放大特性可得

$$I_{CQ}=\bar{\beta}I_{BQ}$$

因此，集电极-发射极电压为

$$U_{CEQ}=U_{CC}-I_{CQ}R_C$$

图解法：在晶体管的输出特性曲线上作直流负载线，直流负载线关系式由方程 $U_{CE}=U_{CC}-I_CR_C$ 确定，负载线与晶体管的某条输出特性曲线（由 I_B 确定）相交于一点，这点就是 Q 点，如图 1-91 所示。

2）动态分析法。动态是指放大电路有输入信号时的工作状态。当放大电路加入交流信号 u_i 时，利用动态分析确定放大电路的电压放大倍数 A_u、输入电阻 r_i 和输出电阻 r_o。此时，电路中各电极的电压、电流都是直流量和交流量叠加而成的。

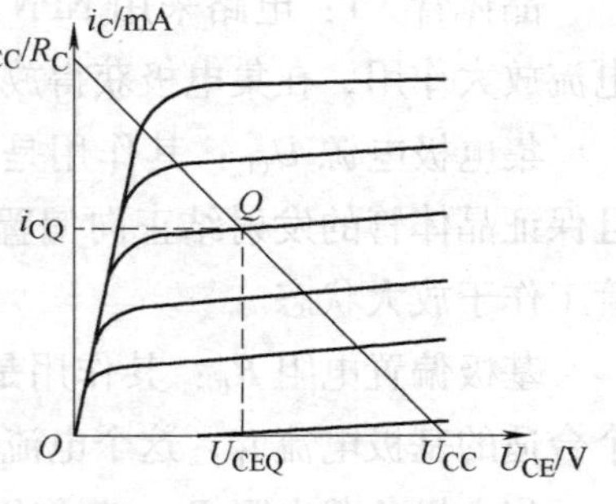

图 1-91　图解法确定基本放大电路的静态工作点

①晶体管的微变等效电路。由于放大电路中存在的晶体管为非线性器件，直接计算较为复杂，通常我们认为在输入信号为微小信号时，晶体管上的电压和电流可以近似是线性的，由此将晶体管进行微变等效变化，这样的放大电路称为微变等效电路。

晶体管的电路图如图 1-93a 所示，根据晶体管的输入特性（图 1-92）可知，当输入信号 u_i 很小时，在静态工作点 Q 附近的工作段可认为是直线。当 U_{CE} 为常数时，ΔU_{BE} 与 ΔI_B 之比

$$r_{BE}=\frac{\Delta U_{BE}}{\Delta I_B}\bigg|_{U_{CE}}=\frac{u_{BE}}{i_B}\bigg|_{U_{CE}}$$

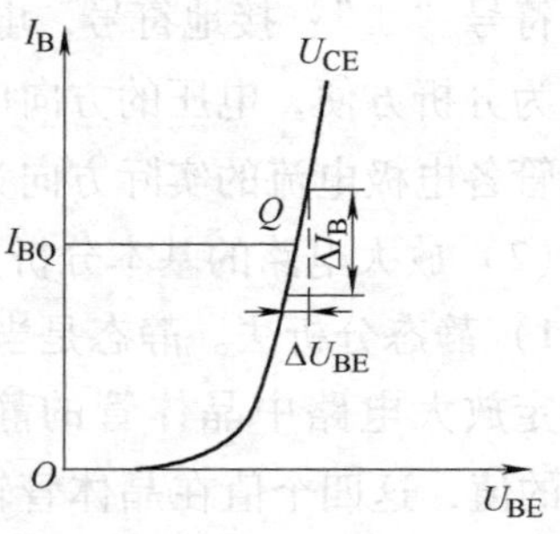

图 1-92　从晶体管的输入特性曲线求 r_{BE}

称为晶体管的输入电阻。低频小功率晶体管的输入电阻常用下式估算：

$$r_{BE}=300+(1+\beta)\frac{26}{I_{BQ}}$$

在小信号的条件下，r_{BE} 是一个常数，由 r_{BE} 可确定输入回路的电压 u_{BE}、电流 i_B 之间的关系。因此，晶体管的输入回路基极与发射极之间的电阻可用等效电阻 r_{BE} 代替。

当晶体管工作于放大区，输入回路的 i_B 给定时，晶体管输出回路（集电极与发射极间）可用一个大小为 βi_B 的理想受控电流源来等效。

如图 1-93b 所示，得到晶体管的微变等效电路。

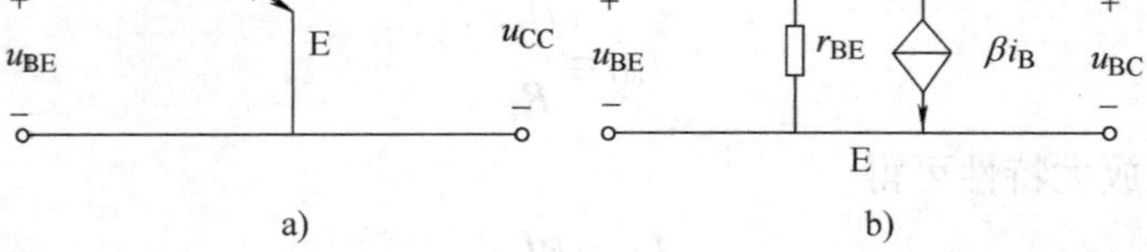

图 1-93　晶体管的微变等效电路

a）电路图　b）晶体管等效电路

②共射极放大电路的微变等效电路。放大电路的微变等效电路是在放大电路的交流通路和晶体管的微变等效电路的基础上得出的。交流通路就是在信号源的作用下，只有交流电流流过的路径，画交流通路时，电容短路，直流电源 U_{CC} 相当于导线接地处理，图 1-94 就是图 1-89 共发射极放大电路所对应的交流通路。

在共发射极放大电路的交流通路的基础上将晶体管变化为微变等效电路，我们就得到共发射极放大电路的微变等效电路，如图 1-95 所示。

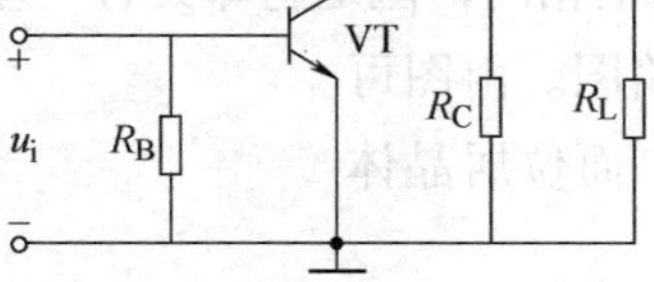

图 1-94　放大电路的交流通路

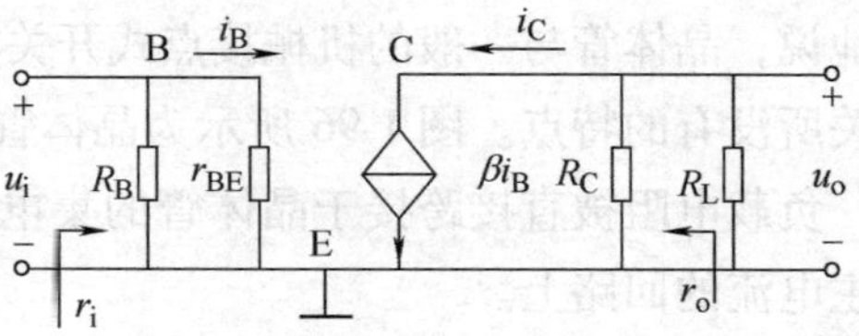

图 1-95　共发射极放大电路的微变等效电路

a. 电压放大倍数 A_u。电压放大倍数是衡量放大电路放大能力的指标，它是输出电压与输入电压之比。即

$$A_u = \frac{u_o}{u_i}$$

图 1-95 所示电路中，$u_o = -i_C R_L' = -\beta i_B R_L'$

$$u_i = i_B r_{BE}$$

$$A_u = \frac{u_o}{u_i} = -\frac{\beta i_B R_L'}{i_B r_{BE}} = -\frac{\beta R_L'}{r_{BE}}$$

式中，$R_L' = R_C /\!/ R_L$，“－”表示输入信号与输出信号相位相反。

b. 输入电阻 r_i。根据戴维南定理可知，输入电阻 r_i 就是从放大电路输入端往里看进去的等效电阻。图 1-95 所示电路中，$r_i = r_{BE} /\!/ R_B$。

c. 输出电阻 r_o。根据戴维南定理可知，放大电路对于负载 R_L 而言，相当于一个具有等效电阻和等效电动势的信号源，这个信号源的内阻就是放大电路的输出电阻。在图 1-95 所示电路中，$r_o = R_C$。

【例 1-14】　电路如图 1-89 所示，$\beta = 50$，$U_{BEQ} = 0.7\text{V}$，$R_B = 560\text{k}\Omega$，$R_C = 5\text{k}\Omega$，$R_L = 5\text{k}\Omega$，$U_{CC} = 12\text{V}$，试求：

(1) 静态工作点 Q。

(2) 电路的电压放大倍数 A_u、输入电阻 r_i 和输出电阻 r_o。

解：(1)

$$I_{BQ} = \frac{U_{CC} - U_{BEQ}}{R_B} = \frac{12\text{V} - 0.7\text{V}}{560\text{k}\Omega} = 0.02\text{mA}$$

$$I_{CQ} = \beta I_{BQ} = 50 \times 0.02\text{mA} = 1\text{mA}$$

$$U_{CEQ} = U_{CC} - I_{CQ} R_C = 12\text{V} - 1\text{mA} \times 5\text{k}\Omega = 7\text{V}$$

(2)

$$I_{EQ} \approx I_{CQ} = 1\text{mA}$$

$$r_{BE} = 300 + (1+\beta)\frac{26}{I_{EQ}} = 300\Omega + (1+50)\frac{26}{1}\Omega = 1626\Omega \approx 1.6\text{k}\Omega$$

$$A_u = \frac{u_o}{u_i} = -\frac{\beta R_L'}{r_{BE}} = -\frac{50 \times 2.5}{1.6} = -78.125 \approx -78.1$$

$$r_i = r_{BE} /\!/ R_B \approx 1.6\ \text{k}\Omega$$

$$r_o = R_C = 5\text{k}\Omega$$

（三）晶体管开关电路

（1）基本原理　晶体管除了可以当做交流信号放大器之外，也可以作为开关使用。严格地说，晶体管与一般的机械接点式开关在动作上并不完全相同，但是它却具有一些机械式开关所没有的特点。图 1-96 所示为晶体管开关的基本电路图。由图可知，负载电阻被直接跨接于晶体管的集电极与电源之间，而位居晶体管主电流的回路上。

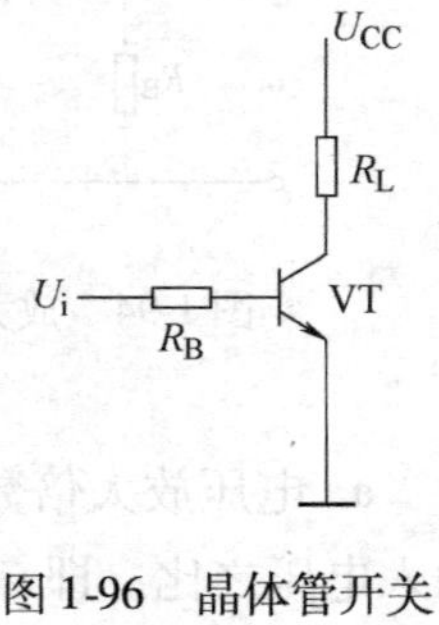

图 1-96　晶体管开关的基本电路图

输入电压 U_i 则控制晶体管开关的开启与闭合动作，当晶体管呈开启状态时，负载电流便被阻断，反之，当晶体管呈闭合状态时，电流便可以流通。详细地说，当 U_i 为低电压时，由于基极没有电流，因此集电极也无电流，致使联结于集电极端的负载也没有电流，而相当于开关的开启，此时晶体管工作于截止区。

同理，当 U_i 为高电压时，由于有基极电流流动，因此使集电极流过更大的放大电流，因此负载回路便被导通，而相当于开关的闭合，此时晶体管工作于饱和区。

（2）汽车常用开关电路的应用

1）点火电路。汽油发动机工作的前提是汽油与空气的混合气燃烧。混合气的燃烧必须由电火花点燃，那么电火花是怎样产生的呢？当高压电施加在气缸内的火花塞上时，使火花塞的两个电极（两电极之间的间隙很小，为 0.6 ~ 1.2mm）之间放电，从而产生电火花。混合气被点燃后，对外做功，发动机开始了正常工作。

点火电路可分为触点式点火电路（传统点火电路）和电子点火电路等。我们以晶体管点火电路为例，来介绍点火过程。

①晶体管点火电路的构成。晶体管点火电路是由点火开关 S、断电器触点 S_1、电子点火组件、点火线圈、火花塞等组成的，如图 1-97 所示。其中，电子点火组件由两级直接耦合式开关电路构成；小功率晶体管 VT_1 的工作会受到点火开关 S 的控制；而大功率晶体管 VT_2 又会受到 VT_1 的制约，来接通或切断低压电路。

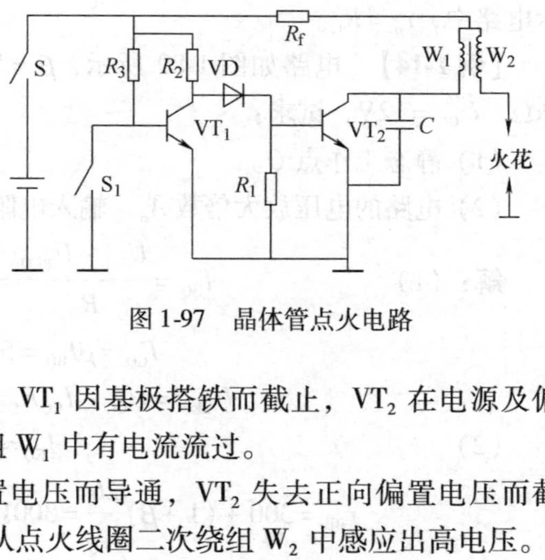

图 1-97　晶体管点火电路

②电路的工作过程。接通点火开关 S，当分电器在凸轮轴驱动下转动，使触点 S_1 闭合时，VT_1 因基极搭铁而截止，VT_2 在电源及偏置电阻 R_1、R_2 作用下而导通，点火线圈一次绕组 W_1 中有电流流过。

当分电器触点 S_1 断开时，VT_1 获得正向偏置电压而导通，VT_2 失去正向偏置电压而截止，点火线圈一次绕组 W_1 中的电流迅速减小，从点火线圈二次绕组 W_2 中感应出高电压。

这种晶体管点火系统的优点是分电器触点 S_1 通过的是 VT_1 的基极电流，由于电流较小，延长了触点的使用寿命；并且适当增加了低压电流，增大了二次电压，改善了点火性能。

对于由微机控制的点火电路，微机根据发动机曲轴转速传感器等输入信号和相关控制程序，发出高电平或低电平控制信号，直接控制 VT_1 的基极进行点火控制，可以实现更精确的控制。现代农机都采用微机控制的点火系统。

2）农机电压调节电路。农机硅整流交流发电机由发动机带动，其转速由发动机转速来决定，而发电机的输出电压又与其转速成正比。农机行驶时发动机的转速变化范围很大，这对发电机的输出电压有很大影响。为使发电机输出电压在不同的转速下均能保持在某一允许的范围内，这就必须要有电压调节装置，当发电机的转速变化时，能够自动调节输出电压。

农机电压调节器可分为触点式电压调节器和电子电压调节器。电子电压调节器又包括晶体管调节器和集成电路调节器。下面，我们以晶体管调节器为例，说明其工作过程。

①晶体管调节器的组成。晶体管调节器一般由晶体管、稳压管、二极管以及电阻、电容等组成。如图 1-98 所示，调节电路由左至右依次分为信号检测部分、开关控制部分和电子开关部分。

信号检测部分的作用是检测出供电电压的高低，并将其变为一个信号电压；开关控制部分的作用是把这个信号电压变为控制电子开关通断的控制电压；而电子开关则是一个按照控制电压变化来通断发电机励磁绕组电路的开关装置。

②晶体管调节器的工作过程。如图 1-98 所示，L 为发电机的转子绕组，e_1、e_2、e_3 分别为发电机的定子绕组，U 为蓄电池。晶体管 VT_3 接在发电机的励磁电路中，当发电机电压低于规定的供电电压时，VT_3 截止，电子开关使励磁电路断开，发电机输出的电压下降。当发电机输出的电压下降到低于规定值后，VT_3 又导通，开关又接通励磁电路，使发电机输出的电压又重新升高。

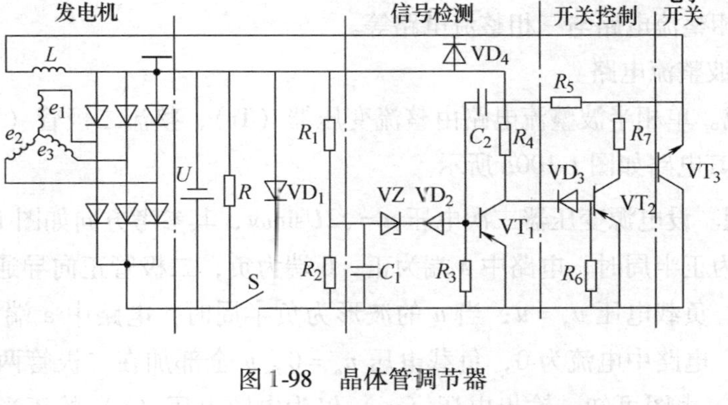

图 1-98 晶体管调节器

闭合点火开关 S，蓄电池电压加在 R_1 和 R_2 两端。R_2 分得的电压 U_2 通过晶体管 VT_1 的发射极和二极管 VD_2 加到稳压管 VZ 上，VZ 承受反向偏置电压。当该反向电压小于它的击穿电压时，稳压管截止。VT_1 由于无基极电流而截止。VT_2 在 R_4 的偏置作用下，有基极电流通过，所以 VT_2 导通；由于 VT_2 和 VT_3 是复合管，因此 VT_3 也导通，于是蓄电池通过 VT_3

供给励磁绕组电流，其电路为：蓄电池正极→S→VT_3→励磁绕组→搭铁。于是，发电机的输出电压上升。

当发电机电压随转速升高而超过规定值时，U_2 通过 VT_1 和 VD_2 加在 VZ 上的反向电压达到其击穿电压，稳压管 VZ 导通。于是 VT_1 由于有基极电流通过而导通，VT_2 被短路而截止，同时 VT_3 也截止，切断了励磁电路，使发电机的输出电压下降。

如此往复工作，发电机输出的电压就被保持在规定值。

四、直流稳压电源

常用的直流稳压电源由电源变压器、整流、滤波以及稳压电路组成，如图 1-99 所示。

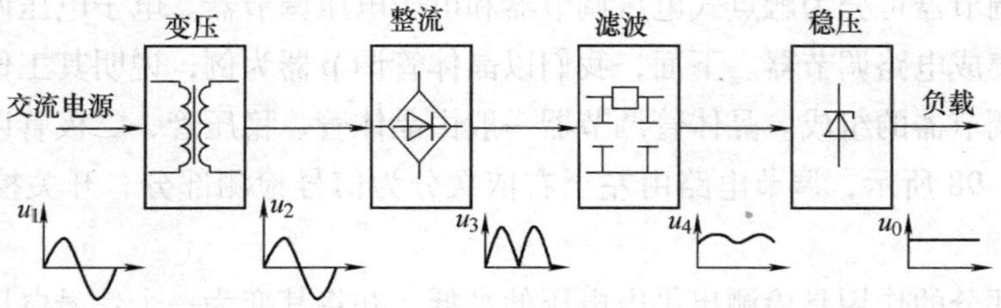

图 1-99 直流电源电路组成框图

电源变压器（又称整流变压器）的作用是改变电网上的交流电压值，为整流电路提供所需的交流输入电压；整流的作用是将交流电压转变为脉动的直流电压；而滤波的作用则是减少整流后的直流电的脉动成分；稳压电路使输出直流电压保持恒定。

（一）整流电路

整流电路是利用二极管的单向导电性将交流电变换为脉动直流电的电路。根据输出脉动直流电的波形，整流电路可分为半波整流电路和全波整流电路；根据输入交流电的相数，整流电路可分为单相整流电路与三相整流电路等。

（1）单相半波整流电路

1）电路组成。单相半波整流电路由整流变压器（Tr）、整流二极管（VD）以及负载电阻（R_L）组成，其电路如图 1-100a 所示。

2）工作原理。设电源变压器二次电压 $u=\sqrt{2}U\sin\omega t$，其参考方向如图 1-100a 所示。

当 u 的波形为正半周时，电路中 a 端为正，b 端为负，二极管正向导通，忽略二极管的正向导通电压降，负载电压 $u_o=u$；当 u 的波形为负半周时，电路中 a 端为负，b 端为正，二极管反向截止，电路中电流为 0，负载电压 $u_o=0$，u 全部加在二极管两端。各电压波形如图 1-100b 所示，由图可知，输出电压（u_o）仅为电源电压（u）的正半波，所以称为半波整流。

3）参数计算。

整流电压平均值 U_o 为

$$U_o = \frac{1}{2\pi}\int_0^{\pi}\sqrt{2}U\sin\omega t\,d(\omega t) = 0.45U$$

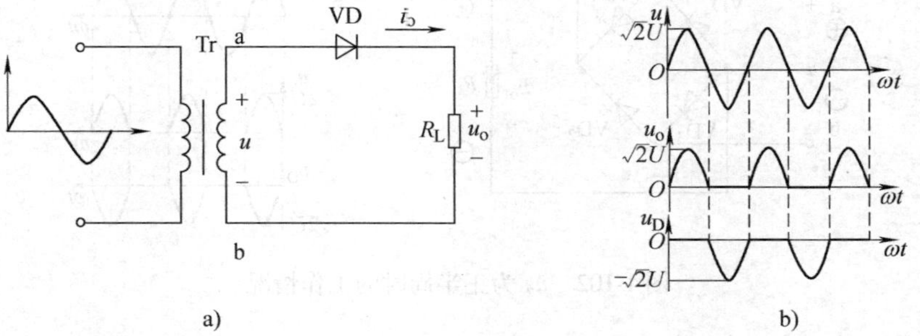

图 1-100　单相半波整流电路
a）电路图　b）波形图

整流电流平均值 I_o 为

$$I_o=\frac{U_o}{R_L}=0.45\frac{U}{R_L}$$

流过每管的电流平均值 I_D 为

$$I_D=I_o$$

每管承受的最高反向电压 U_{DRM} 为

$$U_{DRM}=\sqrt{2}U$$

变压器二次电流有效值 I 为

$$I=\sqrt{\frac{1}{2\pi}\int_0^{\pi}(I_m\sin\omega t)^2\mathrm{d}(\omega t)}=1.57I_o$$

4）整流二极管的选择。平均电流 I_D 与最高反向电压 U_{DRM} 是选择整流二极管的主要依据。选管时应满足：

$$I_{oM}>I_D,\ U_{RWM}>U_{DRM}$$

式中，I_{oM} 是最大整流电流，U_{RWM} 是反向工作峰值电压。

5）特点及应用。单相半波整流电路的优点是结构简单，缺点是输出电压脉动大、利用率低，一般用于电流较小、脉动要求不高的场合。

（2）单相桥式整流电路

1）电路组成。如图 1-101 所示，单相桥式整流电路由 4 个整流二极管（VD_1 ~ VD_4）按桥式的形式联结而成。电路中，VD_1 和 VD_2 的负极接在一起作为输出端的正极，VD_3 和 VD_4 的正极接在一起作为输出端的负极。

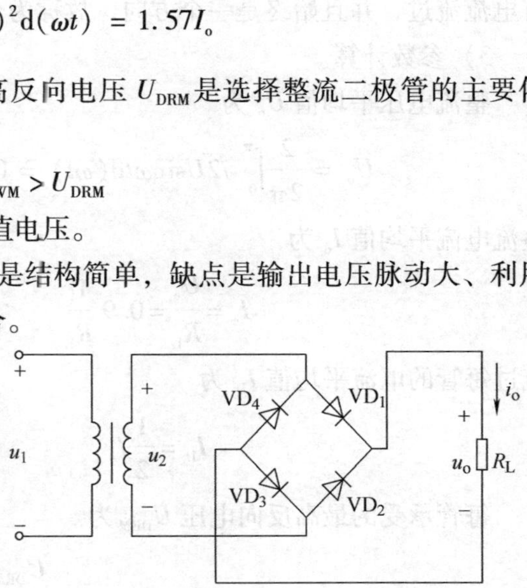

图 1-101　单相桥式整流电路

2）工作原理。电路中，当 u_2 的波形为正半周时，a 点电位高于 b 点电位，VD_1、VD_3 正向导通，VD_2、VD_4 反向截止。电流的流向为 a→VD_1→R_L→VD_3→b，如图 1-102 所示。

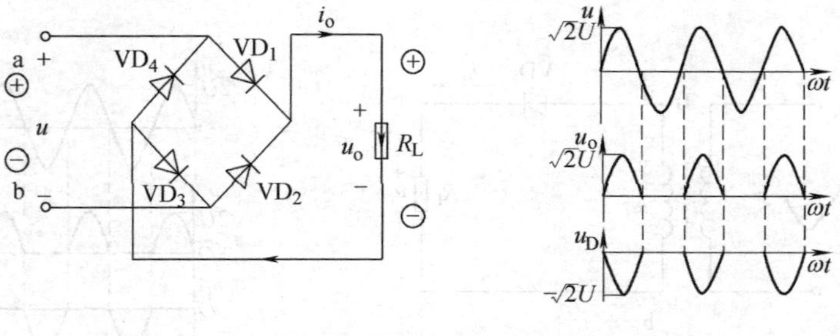

图 1-102 u_2 为正半周时的工作情况

当 u_2 的波形为负半周时，VD_2、VD_4 正向导通，VD_1、VD_3 反向截止，电流的流向为 b→VD_2→R_L→VD_4→a，如图 1-103 所示。

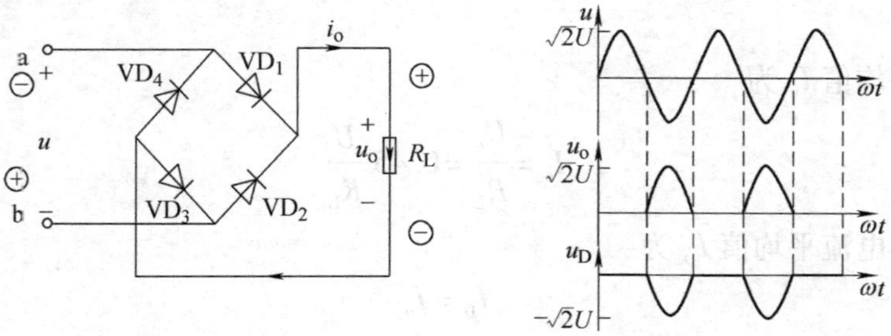

图 1-103 u_2 为负半周时的工作情况

由此可见，VD_1、VD_3 与 VD_2、VD_4 轮流导通半个周期，但在整个周期内，负载 R_L 上均有电流流过，并且始终是一个方向，故称为全波整流，其电压波形如图 1-104 所示。

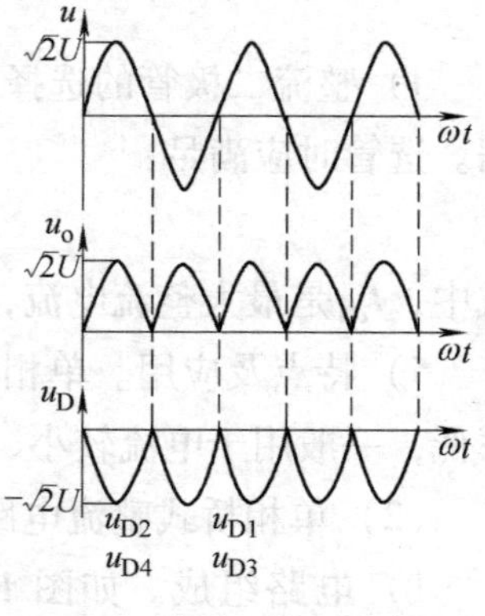

图 1-104 单相桥式整流电路波形

3）参数计算。

整流电压平均值 U_o 为

$$U_o = \frac{2}{2\pi}\int_0^{\pi} \sqrt{2}U\sin\omega t\mathrm{d}(\omega t) = 0.9U$$

整流电流平均值 I_o 为

$$I_o = \frac{U_o}{R_L} = 0.9\frac{U}{R_L}$$

流过每管的电流平均值 I_D 为

$$I_D = \frac{1}{2}I_o$$

每管承受的最高反向电压 U_{DRM} 为

$$U_{DRM} = \sqrt{2}U$$

变压器二次电流有效值 I 为

$$I = \sqrt{\frac{2}{2\pi}\int_0^{\pi}(I_m\sin\omega t)^2\mathrm{d}(\omega t)} = 1.11I_o$$

4）整流二极管的选择。同半波整流一样，选管时应满足：

$$I_{OM} > I_D,\ U_{RWM} > U_{DRM}$$

5）特点及应用。变压器利用率高，输出脉动小，但元器件多，二极管的管压降大。单相桥式电路用于中、小功率的整流电路。

（3）车用整流电路　整流电路在农机发电机中也有重要的应用。农机上装有蓄电池，但蓄电池存储的电能非常有限，远远不能满足农机上不断增多的用电设备的需要。因此，发电机是农机电气设备的主要电源。为了将发电机产生的交流电整流成直流电，农机上普遍采用的是由六只整流二极管组成的车用整流器。

车用整流器的二极管分为正极管和负极管两种类型，其外形和符号如图 1-105 所示，引线和外壳分别是它们的两个电极。其中，正极管的外壳为负极，引出极为正极，在管壳底上一般标有红色标记；负极管的外壳为正极，引出极为负极，在管壳底上一般标有黑色标记。

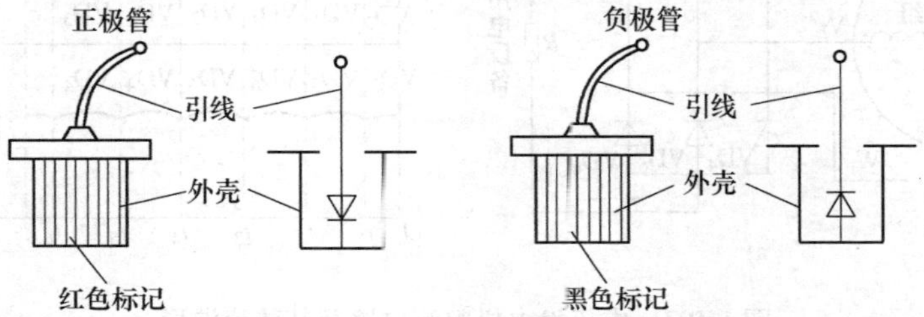

图 1-105　硅二极管的外形和符号

在负极搭铁的硅整流发电机中，3 个正极管的外壳压装在散热板的 3 个座孔内，共同组成发电机的正极，由一个与发电机后端盖绝缘的整流板固定螺栓通至机壳外，作为发电机的相线接线柱“B”（“+”、“A”或“电枢”接线柱）。3 个负极管的外壳压装在后端盖的 3 个孔内，和发电机外壳一起成为发电机的负极。农机发电机整流二极管安装示意图如图 1-106 所示。

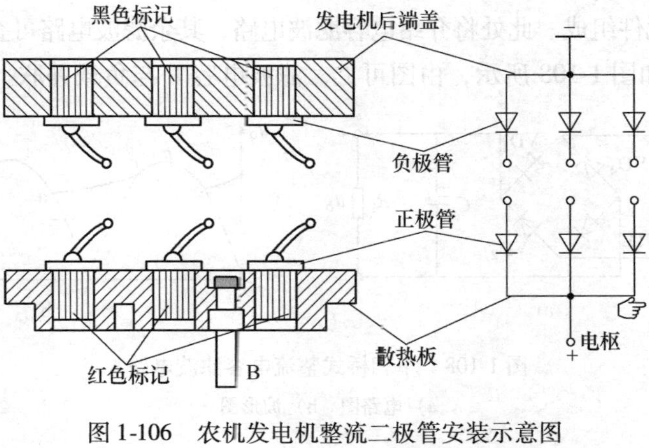

图 1-106　农机发电机整流二极管安装示意图

3 个正极管和 3 个负极管构成的整流电路称为三相桥式整流电路，它将发电机的交流电整流成 12V 的直流电。农机发电机整流电路及其整流波形如图 1-107 所示。

图 1-107 中，整流板上的 3 个正极管 VD_1、VD_2、VD_3 的正极分别接在发电机三相绕组

的首端 U_1、V_1、W_1。VD_1、VD_2、VD_3 分别在三相交流电的正半周导通，哪相电压最高，该相绕组的正极管先导通，其余正极管截止；后端盖上 3 个负极管 VD_4、VD_5、VD_6 的负极分别接在发电机三相绕组的 U_1、V_1、W_1。VD_4、VD_5、VD_6 分别在三相交流电的负半周导通，哪相电压最低，该相绕组的负极管先导通，其余负极管截止。由上面分析可知，同时导通的二极管有两个（正、负极管各一个），它们总是将发电机的线电压加在负载 R 两端，使负载两端得到一个比较平稳的脉动直流电压 u，该电压一个周期内有 6 个波纹，如图 1-107 所示。

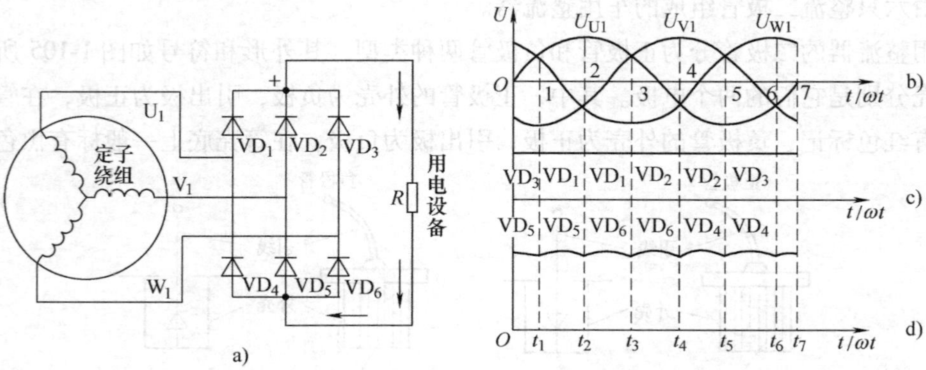

图 1-107　农机发电机整流电路及其整流波形

需要说明的是，有些农机交流发电机为了实现提高发电功率、提高电压调节精度等功能，采用的整流方式有 8 管电路、9 管电路和 11 管电路等，这几种电路将在后续有关课程中讲授。

（二）电容滤波电路

整流电路输出的脉动直流电压含有多种频率的交流成分，为减少交流分量对负载的影响，还应在负载与整流电路之间接入滤波电路。滤波电路能滤除交流成分，使输出电压变得平稳，通常由电容、电感元件组成。此处将介绍电容滤波电路，其余滤波电路可查阅相关资料。

电容滤波电路如图 1-108 所示，由图可见，滤波电容 C 与负载并联。

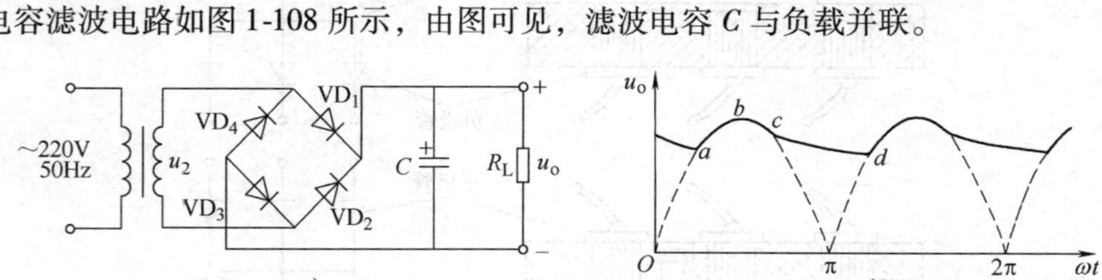

图 1-108　单相桥式整流电容滤波电路

a）电路图　b）波形图

图 1-108 中，虚线为变压器二次电压 u_2 经桥式整流后输出电压的波形。当 u_2 为正半周上升时，VD_1、VD_3 导通，u_2 一方面经 VD_1、VD_3 对电容 C 充电，另一方面向负载 R_L 提供电流，忽略二极管的正向导通电压，有 $u_o = u_C = u_2$。u_2 的增大，使得负载电压逐渐上升，直至接近 u_2 的最大值，如图所示的 b 点。当 u_2 从 b 点开始下降时，$u_2 < u_C$，VD_1、VD_3 受

反偏作用而截止，电容 C 向 R_L 放电。由于放电时间常数一般较大，因此电容电压 u_C 缓慢下降。与此同时，u_2 按照正弦规律变化，当 u_2 的电压值大于 u_C 时，如图中 d 点所示，VD_2、VD_4 导通，电容 C 再次被充电，输出电压也就随之增大，以后电容重复上述充、放电过程，得到如图 1-108b 所示的输出电压波形。可见，接入电容滤波后，负载上的电压不仅变得平滑，脉动程度大为减小，而输出电压的平均值也增大了。

根据以上分析可以看出，电容放电时间越慢，输出电压越平滑，其平均值 U_o 越大。工程上，为了获得良好的滤波效果，一般取

$$\tau = R_L C \geqslant (3-5)\frac{T}{2}$$

式中　T 为交流电源的周期。此时输出电压的平均值 U_o 近似为 $U_o \approx 1.2U_2$。

当负载（R_L）开路时，输出电压为 $U_o = \sqrt{2}U_2$。

选择滤波电容时，其电容量可以由式 $\tau = R_L C \geqslant (3-5)\frac{T}{2}$ 确定，耐压值则应大于实际工作时所承受的最大电压，一般取（1.5～2）U_2。

电容滤波电路的优点是可以得到脉动很小的直流电压，其缺点是输出电压受负载变化影响较大，所以电容滤波电路只适用于负载电流较小的场合。

（三）直流稳压电路

整流滤波后所得的直流电压虽然脉动较小，但电网电压的波动或负载的变化均会引起输出电压不稳定。由于电子设备大多要求有稳定的电源电压，这就需要在滤波电路与负载之间连接稳压电路。常见的稳压电路有稳压管并联稳压电路、晶体管串联稳压电路以及集成稳压电路等。

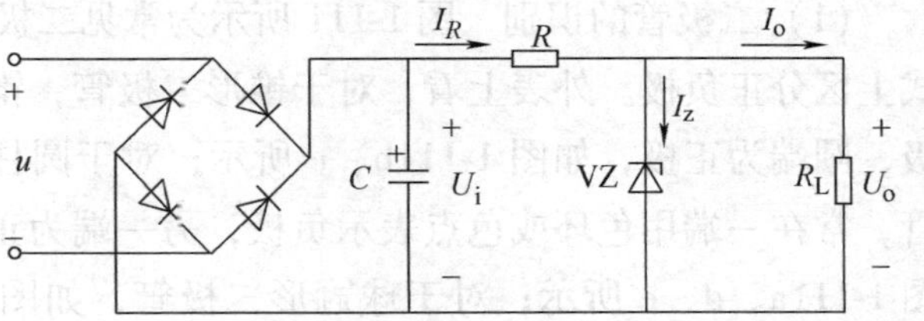

图 1-109　稳压管并联稳压电路

（1）稳压管并联稳压电路　稳压管并联稳压电路如图 1-109 所示，稳压管 VZ 与限流电阻 R 组成稳压电路，负载 R_L 与稳压管并联，输出电压 U_o 就是稳压管的稳定电压 U_Z。

当电网电压波动引起 u_2 增大时，电路的稳压过程如下：

$$U_2\uparrow \rightarrow U_i \rightarrow U_o(=U_i - I_R R)\uparrow \rightarrow I_Z\uparrow \rightarrow I_R(=I_Z + I_o)\uparrow \rightarrow U_R\uparrow \rightarrow U_o\downarrow$$

反之，当 u_2 下降时也维持输出电压 U_o 的稳定。

并联型稳定电路的优点是电路结构简单，负载电流变化较小时，稳压效果好；缺点是输出电压只能等于稳压管的稳定电压，允许电流的变化幅度也受到稳压管稳定电流的限制，因而只适用于功率较小和负载电流变化不大的场合。

（2）串联型稳压电路与集成稳压器　串联型稳压电路由调整管、取样电路、基准电压电路以及比较放大电路组成。

串联型稳压电路中，调整管为双极型晶体管，它与负载串联，因此成为串联型稳压电路。取样电路将输出电压取回一部分与基准电压进行比较，所得的误差电压经放大后加至调整管的基极，通过基极电位控制调整管的管压降，以达到稳定输出电压 U_o 的目的。

利用半导体工艺将上述串联型稳压电路做在一块芯片上，就成为一个集成稳压器。集成稳压器不仅体积小、价格低、使用方便，而且工作可靠、稳定精度高。集成稳压器的类型很多，按输出电压是否可调可分为固定和可调两种形式；按引出端子数可分为三端固定式、三端可调式、四端可调式和多端可调式等。

（3）应用电路　三端固定式集成稳压器的典型应用电路如图 1-110 所示。经过整流、滤波后的直流电压 U_i 加在稳压器的输入端和公共端之间，在输出端和公共端之间便可得到稳定的直流电压 U_o。输入端电容 C_i 的作用是防止自激振荡，一般取 0.33μF；输出端电容 C_o 的作用是改善输出特性，其典型取值约为 0.1μF。

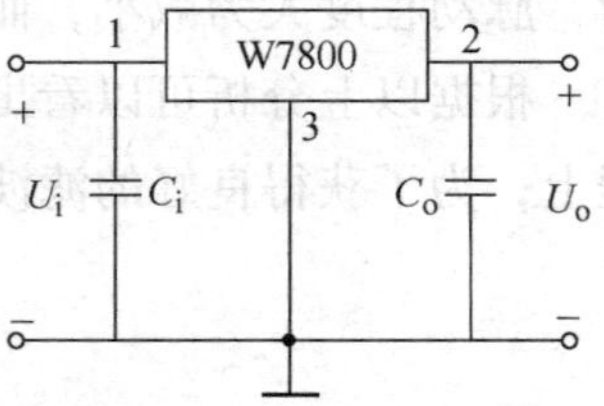

图 1-110　三端固定式集成稳压器的典型应用电路

任务实施

一、二极管、晶体管的识别与检测

（一）二极管的识别与检测

（1）二极管的识别　图 1-111 所示为常见二极管的外形。首先要注意的是如何从元件形式上区分正负极。外表上看，对于锥形二极管，锥端为负极，圆端为正极，如图 1-111b、c 所示；对于圆柱形二极管，常在一端用色环或色点表示负极，另一端为正极，如图 1-111a、d、e 所示；对于球冠形二极管，如图 1-111f、g 所示，长脚表示正极，短脚表示负极。

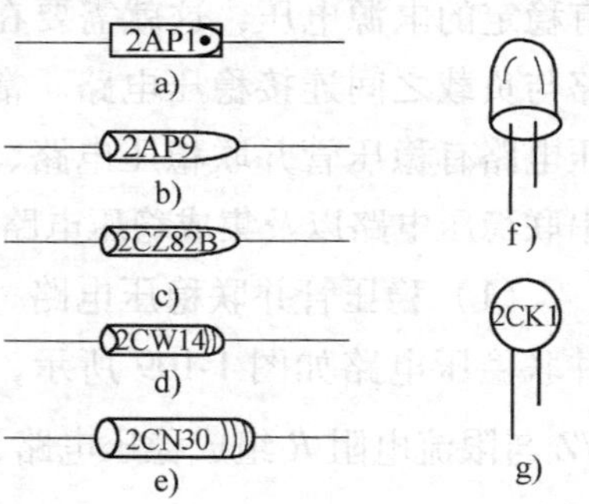

图 1-111　常见二极管的外形
a）普通二极管　b）检波二极管
c）整流二极管　d）稳压二极管
e）阻尼二极管　f）发光二极管
g）开关二极管

（2）普通二极管正、反向阻值　锗二极管的正向电阻为几百欧至一千欧，反向电阻应为几百千欧以上。硅二极管正向阻值为几千欧，反向电阻接近∞。不论何种材料的二极管，正、反向阻值相差越多，表明二极管的性能越好。若正、反向阻值相差不大，或正向电阻太大，表明二极管性能变质，此二极管不宜选用；若正向阻值为∞，表明二极管已经开路；若测得的反向电阻很小，甚至为零，说明二极管已被击穿。一般来说硅管正向阻值大于 6kΩ，锗管正向阻值大于 1kΩ 时即可判断为变质。实际测量中可参看表 1-6 所示阻值。

表 1-6　常见二极管正、反向阻值表（MF47 型万用表测得）

分类	材料	万用表档位	型号	正向阻值	反向阻值
整流管	硅	×1k	1N4007	4kΩ	∞

（续）

分类	材料	万用表档位	型号	正向阻值	反向阻值
整流管	锗	×1k	2AP15	1kΩ	550kΩ
稳压管	硅	×1k	2CW51	5kΩ	∞
变容管	硅	×1k	2CB33	5kΩ	∞
发光管	磷砷化镓	×10k	FG112003	10kΩ	800kΩ

在电路中出现二极管短路故障以后，不可盲目更换元器件，应先分析造成短路的原因，排除故障后再进行更换，否则将造成元器件再次短路或故障范围的扩大。同时为保险起见，新二极管参数（最高反向电压和最大整流电流）应高于原二极管参数。

（3）普通二极管的识别检测

1）直观识别。普通二极管的正负极都标在外壳上，标注形式有的是电路符号，有的用色点或色环来表示，有的借助二极管的外形特征来识别。

2）指针式万用表识别。通常用万用表的 $R\times100$ 或 $R\times1k$ 档，测试前要注意调零。用红、黑表笔同时接触二极管的两根引线，然后对调表笔重新测量，如图 1-112 所示。

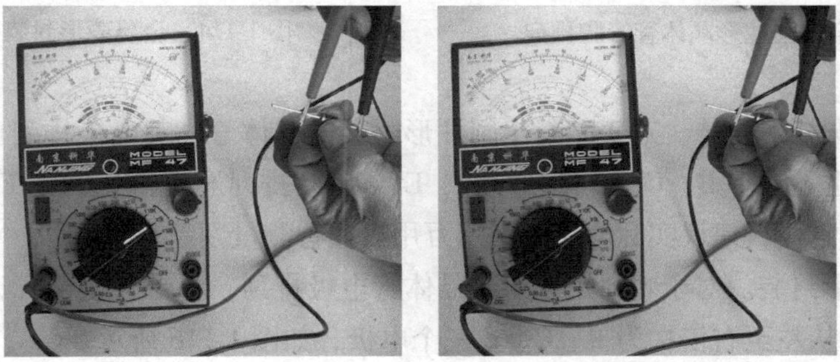

图 1-112　用万用表测量二极管极性

检测小功率二极管的正、反向电阻，不宜使用 $R\times1$ 或 $R\times10k$ 档，前者流过二极管的正向电流较大，可能烧坏二极管；后者加在二极管两端的反向电压太高，易将二极管击穿。在所测阻值小的那次测量中，黑表笔所接的是二极管的正极，红表笔所接的是二极管的负极。二极管正、反向电阻相差越大越好。两者相差越大，就表明二极管的单向导电特性越好。如果二极管的正、反向电阻值很相近，表明二极管已坏；若正、反向电阻都很大，则说明二极管内部已开路，不能使用。

3）数字式万用表识别。数字式万用表二极管档开路电压约为 2.8V，红表笔接正，黑表笔接负，测量时提供电流约为 1mA，显示值为二极管正向电压降近似值，单位是 mV 或 V。硅二极管正向导通电压降为 0.3～0.8V。锗二极管正向导通电压降为 0.1～0.3V。并且功率大一些的二极管正向电压降要小一些。如果测量值小于 0.1V，说明二极管已被击穿，此时正、反向都导通。如果正、反向均开路，说明二极管 PN 结开路。对于发光二极管，正向测量时二极管发光，管压降为 1.7V 左右。

（二）晶体管的识别与检测

（1）晶体管管脚的辨识　晶体管有E、B、C（或e、b、c）三个管脚（或电极）。在三个管脚的排列上，由于不同国家和地区生产封装形式的不同，在排列上有B、C、E排列形式，E、B、C排列形式和C、B、E排列形式。在使用过程中我们可以根据其封装形式的不同加以区别。

1）金属圆柱形封装。图1-113所示为常见金属圆柱形封装晶体管引脚排列的一般规律，在引出电极的平面上有一个管耳，是辨认电极的标记，将电极正对自己，由管耳处顺时针方向排列的就是E、B、C三个电极。

2）金属菱形封装。金属菱形封装晶体管多为大、中功率管，如图1-114所示。将管脚面正对自己，与金属封装外壳相连的电极为C极，按图中位置左电极为B极，右电极为C极。

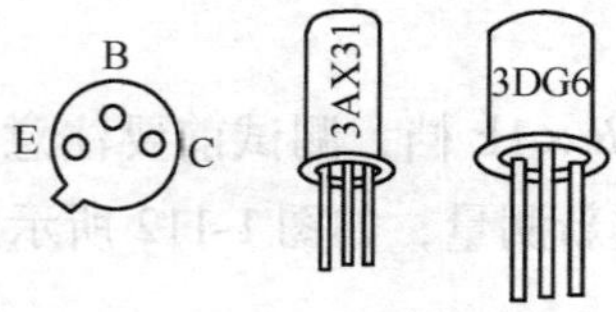

图1-113　金属圆柱形晶体管管脚排列

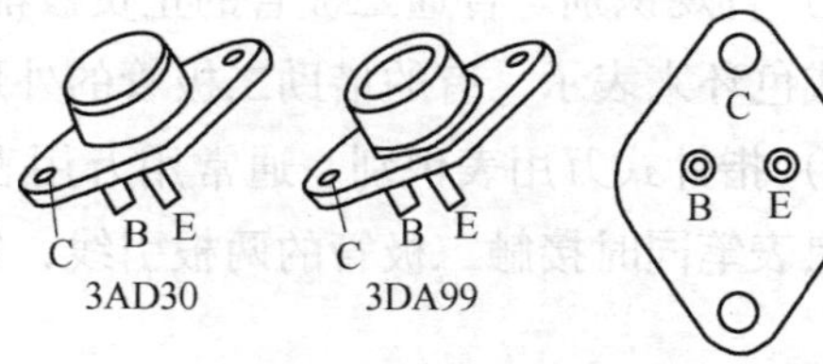

图1-114　金属菱形封装电极排列

3）塑料半圆柱形封装。对于塑料半圆柱形封装的晶体管，其电极排列比较杂乱，如图1-115所示。但也不外乎B、C、E排列形式，E、B、C排列形式和C、B、E排列形式三种，为准确定位三个电极，建议实际应用时利用万用表进行测量判断。

4）塑料矩形封装。对于塑料矩形封装晶体管电极排列，将带有型号标记的一面正对自己，电极向下，从左至右依次为B、C、E三个电极，如图1-116所示。

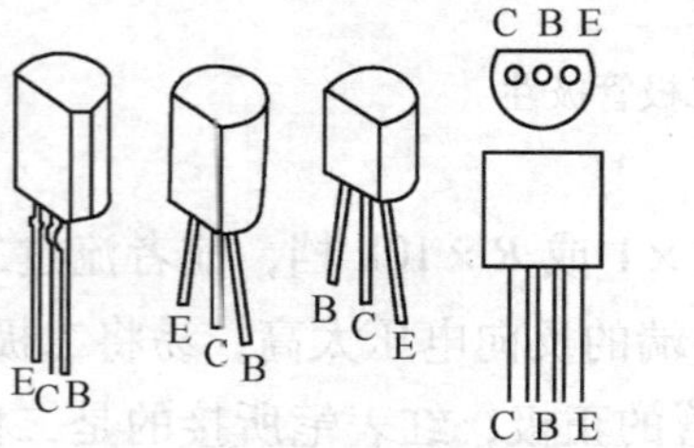

图1-115　塑料半圆柱形封装电极排列

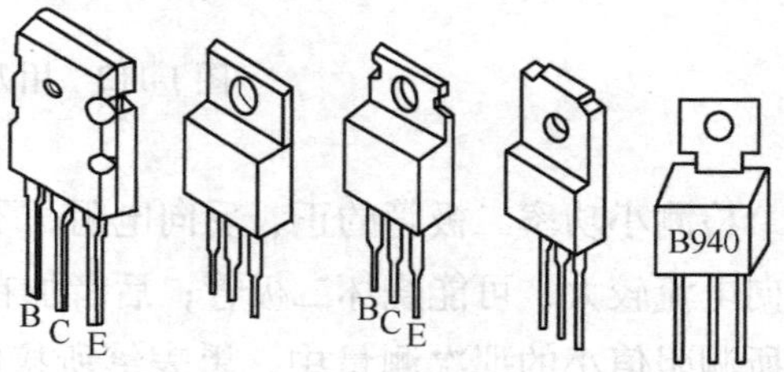

图1-116　塑料矩形封装电极排列

（2）晶体管的检测及电极判断

1）管型判别。判别晶体管管型时可将其看成是两个二极管。将万用表拨在$R\times100$或$R\times1k$档，先找基极。用黑表笔接触晶体管的一根管脚，红表笔分别接触另外两根管脚，测得一组（两个）电阻值；黑表笔依次换接晶体管其余两个管脚，重复上述操作，又测得两组电阻值。将所测的电阻值进行比较，当某一组中的两个电阻值基本相同时，黑表笔所接的管脚为晶体管的基极B。若该组两个阻值为三组中的最小，则说明被测管为NPN型；若该组两个阻值为三组中的最大，则说明被测管为PNP型。

2）晶体管的电极判别。判别晶体管的电极即是要准确辨别出 E、B、C 三个电极与管脚的对应关系。

①采用外观识别法。如图 1-117 所示，利用晶体管的三根管脚分布规律来识别晶体管管脚，图 1-117a 外壳为集电极；图 1-117b 靠近标记处为发射极；图 1-117c E、B、C 组成等腰三角形。

②用指针式万用表（以 MF47 型为例）进行测量判断。对待测二极管，可先用前述方法确定二极管的基极 B，然后置万用表为 $R\times1k$ 档，再测剩余两个电极的阻值。先假设某电极为 C 极，并用一阻值较大的电阻（列如 100kΩ）接在 B 极与假设的 C 极端，如图 1-118 所示。对调表笔各测一次，在阻值较小的一次测量中，对 PNP 型管红表笔所接为集电极，黑表笔所接为发射极，对于 NPN 型管红表笔所接为发射极，黑表笔所接为集电极。

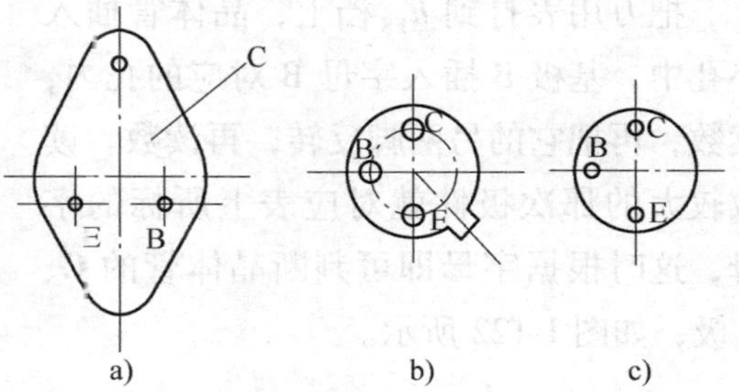

图 1-117　管脚外观识别法

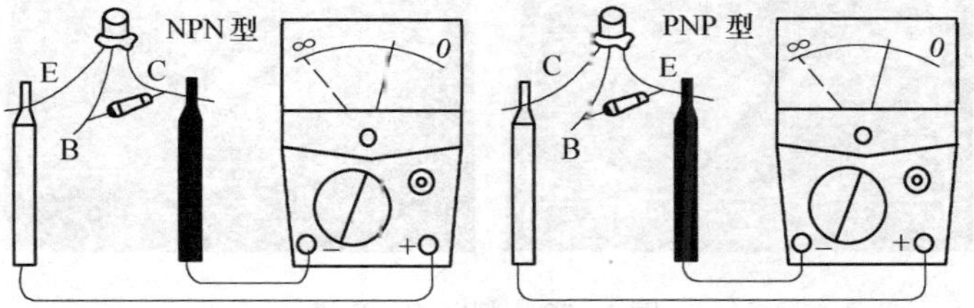

图 1-118　集电极与发射极的判别

③用数字式万用表进行测量判断。首先我们要先找到基极并判断是 PNP 管还是 NPN 管。由图 1-118 可知，PNP 管的基极是两个负极的共同点，NPN 管的基极是两个正极的共同点。这时我们可以用数字式万用表的二极管档去测基极，如图 1-119 所示。对于 PNP 管，当黑表笔（接表内电池负极）在基极上，红表笔去测另两个极时一般为相差不大的较小读数（一般 0.5～0.8），如表笔反过来接则为一个较大的读数（一般为 1）。对于 NPN 管来说则是红表笔（接表内电池正极）连在基极上。由图 1-120 所示读数即可判断晶体管是 PNP 型还是 NPN 型的。

图 1-119　万用表的二极管测量档

图 1-120　判断晶体管的 B 极和管型

找到基极并判断二极管类型后，就可以进一步判断发射极和集电极了——利用数字式万用表的晶体管 h_{FE} 档（h_{FE} 档测量晶体管直流放大倍数）测量。当然也可以省去上面的步骤直接用 h_{FE} 档测出晶体管的管脚极性，如图 1-121 所示。

图 1-121 万用表上的 h_{FE} 档

把万用表打到 h_{FE} 档上，晶体管插入小孔中，基极 B 插入字母 B 对应的孔内，读数，再把它的另两脚反转，再读数。读数较大的那次极性就对应表上所标的字母，这时根据字母即可判断晶体管的 C、E 极，如图 1-122 所示。

图 1-122 判断 C、E 极

3）电流放大系数的测量。在没有晶体管参数手册的情况下，电流放大系数可通过万用表进行测量。一般指针式万用表和数字式万用表都有专门测量放大倍数 h_{FE} 的功能。在确定好晶体管的三个电极以后，可直接进行测量。但一定要按照万用表的“使用说明书”做好校正工作。先将万用表打到 $R\times1k$ 档，表笔短接使指针调零，再把档位打到 h_{FE} 档，即可测量。

（3）晶体管常见故障 晶体管常见故障主要有极间短路、开路和管子变质。短路故障常表现为 C-E 极短路和 B-E 极短路，无论哪两个电极间短路，通过万用表测量都会呈现出很小的电阻，甚至极间电阻为零。出现短路后只能更换管子，但应先排除电路自身的故障才可更换，以免造成故障扩大。开路故障主要指 C-E 极、B-C 极、B-E 极间无导通电流，用万用表测量极间阻值为∞。例如电路所加电流或电压超过极限参数时，造成管子被烧坏而形成开路。晶体管的变质主要指各种参数发生变化而偏离了正常值，此时将造成电路噪声系数变大、放大系数减小、穿透电流变大、耐压值变小等。

二、整流器的检测

交流发电机的整流器多数是由 6 只硅整流二极管组成的，其作用是将三相绕组产生的交流电变为直流电，它的特点是工作电流大，反向电压高。对整流器的检修，主要是对整流二极管的检修。当二极管的引出端头与定子绕组的引线端子拆开后，即可用万用表对每只二极管进行检测。由于二极管的阻值会随外加电压的高低不同而发生变化，因此在检测时，指针式万用表应置于“$R\times1$k”档，数字式万用表应置于OHM200档位，否则检测结果会出现较大的偏差。

（一）二极管性能的检测

将万用表的2只表笔分别接在被测二极管的两极上检测1次，然后交换两表笔的位置再检测1次。若2次检测的阻值为一大（10kΩ）一小（8～10Ω），说明该二极管性能良好；若2次检测的阻值均为∞，则说明该二极管断路；若2次检测的阻值均为0，则说明该二极管短路。

（二）二极管极性的检测与判断

当二极管或整流板总成上无任何标记时，可用万用表检测判断其极性。常用的万用表有指针式和数字式2种，其电阻档内部电路为：指针式万用表的正极接在表内电源的负极上；数字式万用表的正极接在表内电源的正极上。这一点一定要记清楚，否则二极管极性的判断结果正好相反。

下面以指针式万用表为例，说明其检测方法。先将万用表的正极（红表笔）接二极管的一个引出电极，负极（黑表笔）接二极管的另一个引出电极。读取万用表读数，若阻值大于10kΩ，则被测二极管为正极管；若阻值为8～10Ω，则被测二极管为负极管。

目前农机上常用的硅整流二极管的安装方式有焊接式和压装式2种，对于二极管为焊接式（即二极管焊接在整流板上）的整流器，只要有1只二极管短路或断路，该二极管所在的整流板总成（正或负）就需要更换新品；对于二极管为压装式（即二极管压装在整流板或后端盖上）的整流器，当二极管短路或断路后，更换为新二极管即可。

注意：在更换整流板总成或二极管之前，应首先检测判别其极性，否则会造成交流发电机报废。

练习与思考题

1. 叙述电路基本元件的伏安特性。
2. 叙述正弦量的相量表示法。
3. 解释磁路及磁路基本定律。
4. 解释电磁铁的电磁关系。
5. 解释变压器的工作原理。
6. 解释二极管和晶体管的特性曲线。
7. 识读本书附录中的电路。

项目二　农机电气系统认知

【项目描述】

本项目要求学生在认识农机电气系统、掌握农机电气系统故障诊断基础等知识后，完成农机电气系统电路图识读、电路工作状况检查等工作任务。

【项目目标】

1. 掌握农机电气系统的组成、作用、特点和工作原理，能够熟练识读并拆画农机电路图。

2. 了解农机电气系统常见故障类型与特点，掌握农机电路故障诊断常用工具的正确使用方法，熟悉农机电气故障诊断方法。

任务一　认识农机电气系统

任务分析

农机电气系统是农业机械的重要组成部分，学习和了解农机电气系统的组成、作用、特点和工作原理，对于从事农机使用与维修等方面的工作具有重要意义。农机电路图是表现农机电气系统中各组成元器件的存在形式和相互之间物理关系的图样，能够熟练识读并拆画农机电路图是从事农机电气系统维护工作的重要前提。学生在学习理论知识后，应能够完成农机电气系统电路图识读等工作任务。

相关知识

一、农机电气系统的组成与特点

（一）农机电气系统的组成

农业机械虽然种类繁多，但其电气系统的构成相似。农机电气系统一般由农机电源系统，农机起动系统，农机点火系统，农机照明、信号、仪表、警报系统，农机作业部分电气系统等组成。

农机电源系统——用来向用电设备供电，并将多余的电能储存起来。该系统主要由发电机、调节器、电流表、电源开关、蓄电池、工作状况指示装置（电流表、充电指示灯）等组成。

农机起动系统——用来控制直流电动机及预热发动机，完成发动机的起动任务。该系统主要由蓄电池、起动电动机、起动继电器、电源开关、预热起动开关、预热器等组成。

农机点火系统——用来完成汽油发动机的点火任务，保证发动机正常工作。该系统由蓄电池（或磁电动机）、点火线圈、点火控制器、火花塞、点火开关等组成。

农机照明、信号、仪表、警报系统——用来实现农机的照明、信号指示、整车工作状况显示和危险报警等任务。该系统由前照灯电路、转向灯电路、制动灯电路、倒车灯电路、音响信号电路、仪表电路、发动机警报电路、作业部分警报电路等组成。

农机作业部分电气系统——用来实现农机作业部分的控制任务。该系统由作业部分（如插秧、收割等）控制电路和警报控制电路组成。

（二）农机电气系统的特点

现代农机上所装的电器元件与电子设备虽然种类繁多，功能各异，但从总体上来说，农机电路具有以下几大特点：

低压特点——农机电气系统的额定电压有6V、12V和24V三种，其中以12V为主。

直流特点——农机电气系统使用的是直流电，向农机供电的是直流电源，使发动机完成起动任务的是串励直流电动机，所有的用电设备是直流电器。

单线并联特点——农机上从电源到用电设备只用一根导线连接，而用金属机件作为另一根公共回路线。农机上的绝大部分用电设备都是并联在电源上的。由于采用单线并联，所以在使用中，当某一支路用电设备损坏时，并不影响其他支路用电设备的正常工作。

负极搭铁特点——农机采用单线制时，蓄电池的负极需接至车架上，俗称“搭铁”。负极搭铁，有利于火花塞点火，对车架金属的化学腐蚀较轻，对无线电干扰小。

电路相对独立特点——农机电气系统由多个相对独立的电路组成，以避免在某个电路发生故障时影响其他电路的工作。

电路中有保护装置——农机电气系统设置有多重保护装置，是为了防止因短路或搭铁而烧坏线束和用电设备。保护装置包括熔丝、稳压器、安全继电器等。

二、农机电路识读基础

（一）电路图形符号

农机电路图是利用图形符号和文字符号，表示农机电路构成、连接关系和工作原理，而不考虑其实际安装位置的一种简图。为了使电路图具有通用性，便于进行技术交流，构成电路图的图形符号和文字符号一般都有统一的国家标准和国际标准。要看懂电路图，必须了解图形符号和文字符号的含义、标注原则和使用方法。

图形符号是用于电气图或其他文件中的表示项目或概念的一种图形、标记或字符，是电气技术领域中最基本的工程语言。因此，为了看懂农机电路图，我们要掌握和熟练地运用它。

图形符号分为基本符号、一般符号和明细符号三种。

(1) 基本符号　基本符号不能单独使用，不表示独立的电器元件，只说明电路的某些特征。如：“—”表示直流，“~”表示交流，“+”表示电源的正极，“-”表示电源的负极，“N” 表示中性线。

（2）一般符号　一般符号用以表示一类产品和此类产品特征的一种简单符号。一般符号广义上代表各类元器件，另外，也可以表示没有附加信息或功能的具体元件，如：一般电阻、电容等。

（3）明细符号　明细符号表示某一种具体的电器元件。它是由基本符号、一般符号、物理量符号、文字符号等组合派生出来的。

常用的图形符号见表 2-1。

表 2-1　电气图常用图形及文字符号一览表

名　称	GB/T 4728—2005、2008 图形符号	GB 7159—1987 文字符号
直流电		
交流电		
交直流电	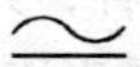	
正、负极	+　—	
三角形联结的三相绕组		
星形联结的三相绕组		
导线		
三根导线	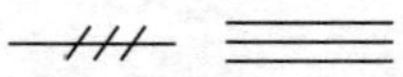	
导线连接	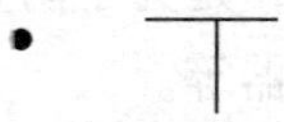	
端子		
可拆卸的端子		
端子板	1 2 3 4 5 6 7 8	X
接地		E
插座	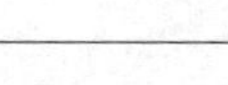	X
插头	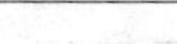	X
滑动（滚动）连接器		E
电阻器一般符号	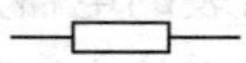	R
可变（可调）电阻器	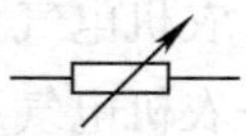	R
滑动触点电位器	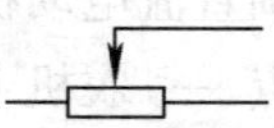	RP
电容器一般符号	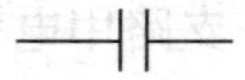	C
极性电容器	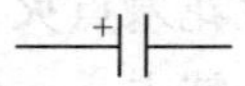	C
电感器、线圈、绕组、扼流图		L
带铁心的电感器	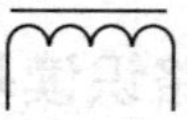	L
电抗器		L
可调压的单相自耦变压器	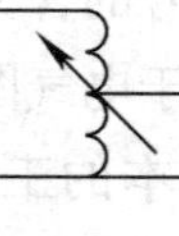	T
有铁心的双绕组变压器	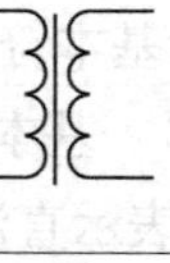	T

（续）

名称	GB/T 4728—2005、2008 图形符号	GB 7159—1987 文字符号
三相自耦变压器星形联结	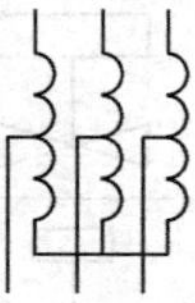	T
电流互感器	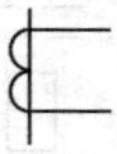	TA
电机扩大机	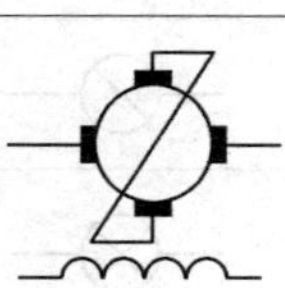	AR
串励直流电动机	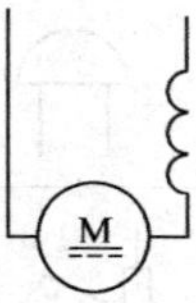	M
并励直流电动机	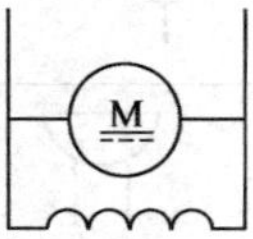	M
他励直流电动机	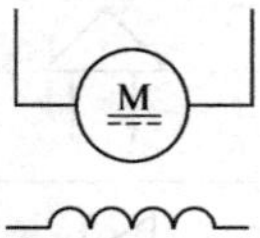	M
三相笼型异步电动机	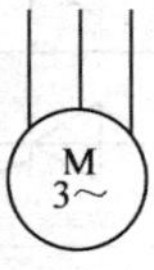	M3 ~
三相绕线转子异步电动机		M3 ~
永磁式直流测速发电机		BR
普通刀开关	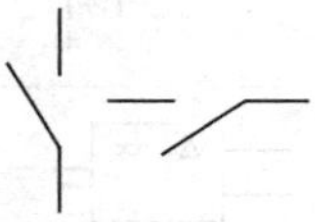	Q
普通三相刀开关	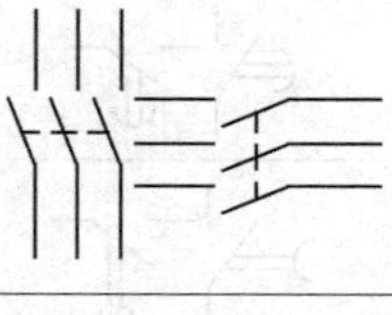	Q
按钮开关常开触点（起动按钮）	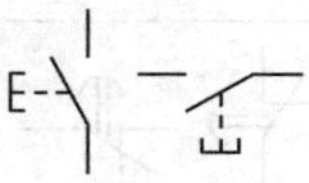	SB
按钮开关常闭触点（停止按钮）	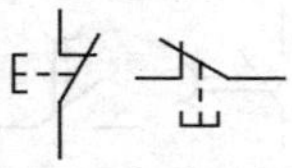	SB
位置开关常开触点	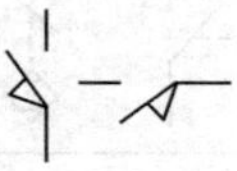	SQ
位置开关常闭触点	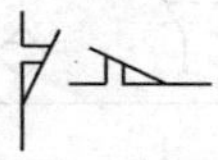	SQ
熔断器		KM
接触器常开主触点	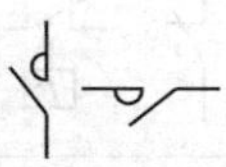	KM
接触器常开辅助触点	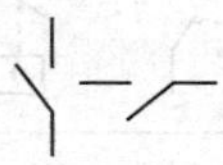	KM
接触器常闭主触点	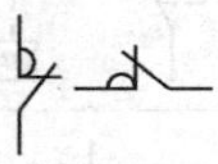	KM
接触器常闭辅助触点	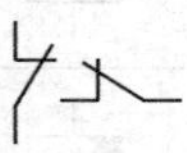	KM
继电器常开触点	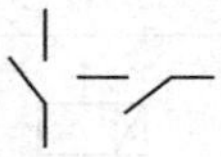	KA
继电器常闭触点	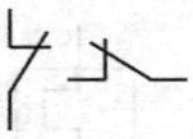	KA
热继电器常闭触点	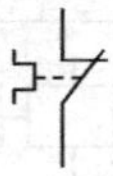	FR

（续）

名　称	GB/T 4728—2005、2008 图形符号	GB 7159—1987 文字符号
延时闭合的动合触点	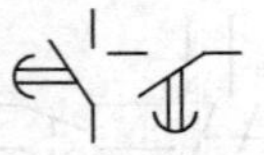	KT
延时断开的动合触点	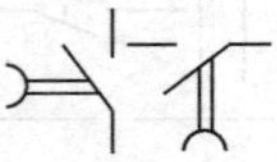	KT
延时闭合的动断触点	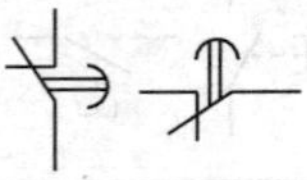	KT
延时断开的动断触点	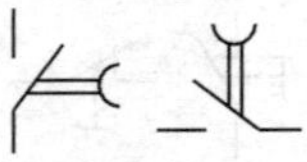	KT
接近开关动合触点	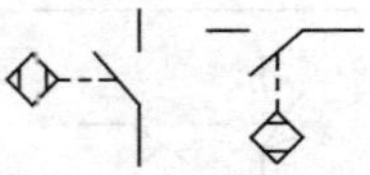	SQ
接近开关动断触点	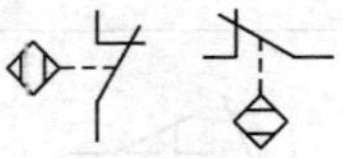	SQ
气压式液压继电器动合触点	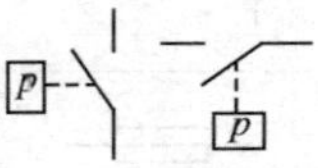	SP
气压式液压继电器动断触点	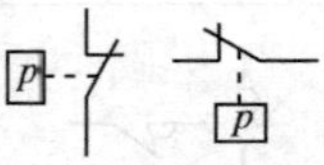	SP
速度继电器动合触点	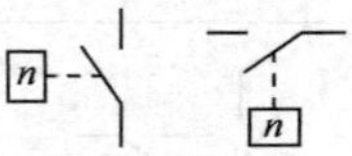	KS
速度继电器动断触点	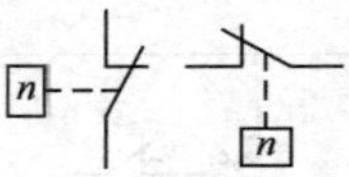	KS
操作器件一般符号接触器线圈	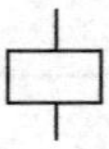	KM
缓慢释放继电器的线圈	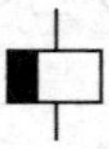	KT
缓慢吸合继电器的线圈	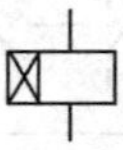	KT
热继电器的驱动器件	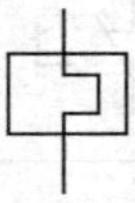	FR
电磁离合器	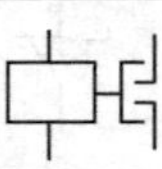	YC
电磁阀	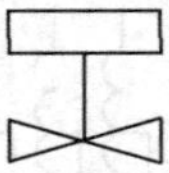	YV
电磁制动器		YB
电磁铁	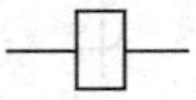	YA
照明灯一般符号	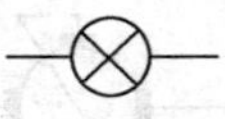	EL
指示灯、信号灯一般符号	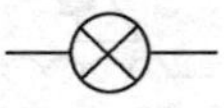	HL
电铃		HA
电喇叭	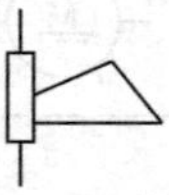	HA
蜂鸣器		HA
电警笛、报警器	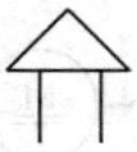	HA
普通二极管	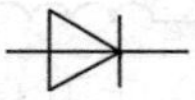	VD
普通晶闸管	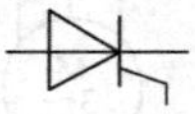	VTH
稳压二极管	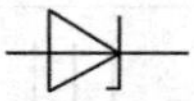	VS
PNP 晶体管	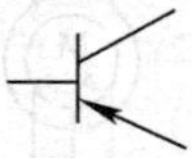	VT
NPN 晶体管	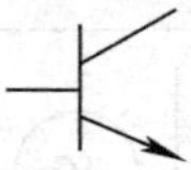	VT
单结晶体管	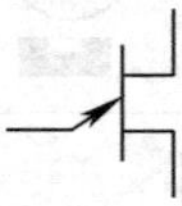	VU
运算放大器	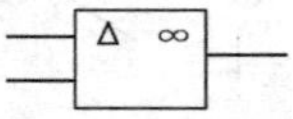	N

(二) 农机电路基础元件

农机电路的基础元件主要是指导线、熔断器、连接器、各种开关和继电器等，它们是农机电路的基本组成部分。

(1) 导线　农机用导线有高压导线和低压导线两种，二者均采用铜质多芯软线。

1) 低压导线。导线的截面积：导线截面积主要根据其工作电流选择。但是对于一些工作电流较小的电器，为保证其具有一定的机械强度，导线截面积不得小于0.5mm²。低压导线允许载流量见表2-2。

表2-2　低压导线允许载流量

导线标称截面积/mm²	0.5	0.8	1.0	1.5	2.5	3.0	4.0	6.0	10	13
允许载流量/A			11	14	20	22	25	35	50	60

所谓标称截面积是经过换算而统一规定的线芯截面积，不是实际线芯的几何面积，也不是各股线芯几何面积之和。12V电系主要电路导线截面积推荐值见表2-3。

表2-3　12V电系主要电路导线截面积推荐值

电路名称	标称截面积/mm²	电路名称	标称截面积/mm²
尾灯、指示灯、仪表灯、牌照灯	0.5	其他5A以上的电路	1.5~4
转向灯、制动灯、停车灯	0.8	电热塞	4~6
前照灯的近光、电喇叭(3A以下)	1.0	电源线	4~25
前照灯的近光、电喇叭(3A以上)	1.5	起动电路	16~95

导线颜色：农机电路图上多以字母（主要是英文字母）来表示电线外皮的颜色及其条纹的颜色。电路图中导线表面颜色代号见表2-4。

表2-4　电路图中导线表面颜色代号

颜色	黑	白	红	绿	黄	棕	蓝	灰	紫	粉	橙	浅蓝	浅绿	深绿
英文代号	B	W	R	G	Y	Br	Bl	Gr	V	P	O	L	Lg	Dg
德文代号	Sw	Ws	Ro	Gn	Ge	Br	Bl	Gr	—	Li	—	Hb	—	—

随着电器元件的增多，导线数量也不断增加，为了便于维修，低压导线常以不同的颜色加以区分。其中截面积在4mm²以上的导线采用单色，而4mm²以下的导线均采用双色。搭铁线均用黑色导线。

线束：农机用低压导线除蓄电池导线外，都用绝缘材料如薄聚氯乙烯带缠绕包扎成束，以避免水、油的侵蚀及磨损。线束如图2-1所示。

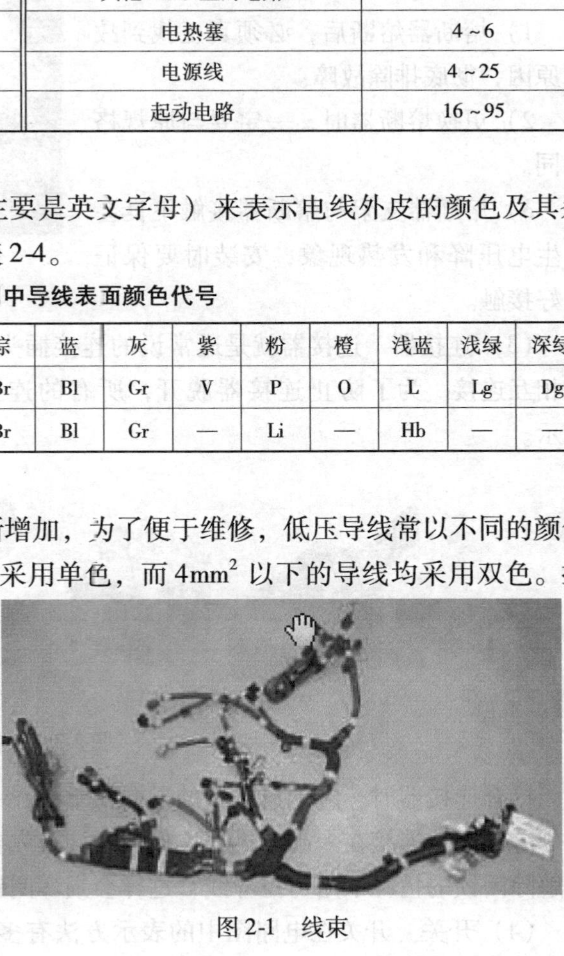

图2-1　线束

安装线束时，通常先将仪表板、各种开关等连接好，然后往农机上安装。根据导线的颜色分别连接到相应的电器元件上，每个线头连接都必须牢固、可靠、接触良好。线束穿过洞口或绕过锐角处都应有套管保护。在线束布线过程中不得拉得太紧，线束位置确定后，应用卡簧或绊钉固定，以免松动损坏。

2）高压导线。它用来传送高电压，由于工作电压很高（一般在 15kV 以上），电流较小，因此高压导线的绝缘包层很厚，耐压性能好，但线芯截面积很小。在农机发动机点火系中，为了衰减火花塞产生的电磁波干扰，高压导线已广泛使用了高压阻尼点火线。

（2）熔断器　熔断器也称熔丝，在电路中起保护作用。当电路中流过超过规定的过大电流时，熔断器的熔丝将自身发热而熔断，切断电路，防止烧坏电路连接导线和用电设备，并把故障限制在最小范围内。通常情况下，将很多熔断器组合在一起安装在熔断器盒内，并在熔断器盒盖上注明各熔断器的名称、额定容量和位置，并用不同的颜色来区别熔断器的容量。

一般情况下，若环境温度在 18～32℃，流过熔断器的电流为额定电流的 1.1 倍时，熔丝不熔断；达到 1.35 倍时，熔丝在 60s 内熔断；达到 1.5 倍时，20A 以内的熔丝，15s 以内熔断，30A 的熔丝，在 30s 以内熔断。熔断器如图 2-2 所示。

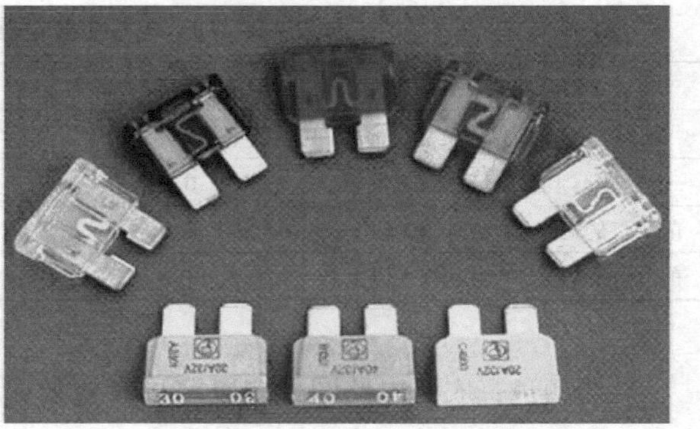

图 2-2　熔断器

熔断器在使用中应注意以下几点：

1）熔断器熔断后，必须真正找到故障原因，彻底排除故障。

2）更换熔断器时，一定要与原规格相同。

3）熔断器支架与熔断器接触不良会产生电压降和发热现象，安装时要保证良好接触。

（3）连接器　连接器就是通常说的连接插头和插座，用于线束与线束或导线与导线间的相互连接。为了防止连接器脱开，所有的连接器均采用了闭锁装置。连接器如图 2-3 所示。

图 2-3　连接器

接合连接器时，应把连接器的导向槽重叠在一起，使插头和插孔对准，然后平行插入即可十分牢固地连接在一起。拆开连接器时，首先要解除闭锁，然后把连接器拉开，不允许在未解除闭锁的情况下用力拉导线，这样会损坏闭锁装置或连接导线。

（4）开关　开关在电路图中的表示方法有多种，常见的有结构示意图表示法、表格表示法和图形符号表示法等。下面以农机主开关为例介绍电路中开关的表示方法。起动开关的位置如图 2-4 所示。

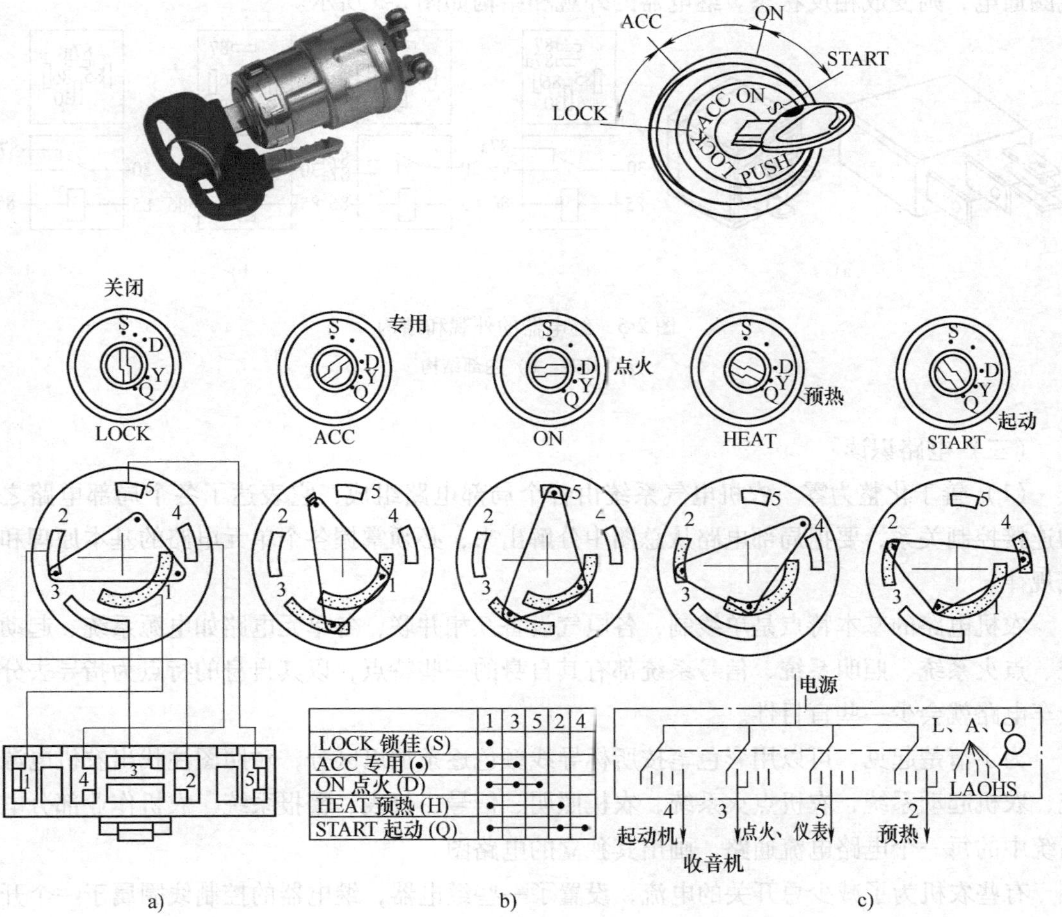

	1	3	5	2	4
LOCK 锁住 (S)	•				
ACC 专用 (⊙)	•	•			
ON 点火 (D)	•	•	•		
HEAT 预热 (H)	•			•	
START 起动 (Q)	•			•	•

图 2-4　起动开关的位置

a）结构示意图表示法　b）表格表示法　c）图形符号表示法

农机主开关用于控制点火电路和起动电路，停车时用钥匙锁住。主开关的功能主要有：锁住转向盘转轴（LOCK），接通点火仪表指示灯（ON 或 IG），起动（ST 或 START）档、附件档（ACC 主要是收放机专用），如果用于柴油车则增加预热（HEAT）档。其中起动、预热档因为消耗电流很大，开关不宜接通过久，所以这两档在操作时必须用手克服弹簧力，扳住钥匙，松手则弹回点火档，不能自行定位；其他档位如点火（ON）、附件（ACC）、锁定（LOCK）均可自行定位。

（5）继电器　对于操纵开关的触点容量较小，不能直接控制，工作电流较大的用电设备，常采用继电器来控制它的接通与断开。

继电器有很多类型，常见的有三类：常开继电器，常闭继电器和常开、常闭混合型继电器。

常开继电器平时触点是断开的，继电器动作后触点才接通；常闭继电器平时触点是闭合的，继电器动作后触点断开；混合型继电器平时常闭触点接通，常开触点断开。如果继电器线圈通电，则变成相反状态。继电器的外观和结构如图 2-5 所示。

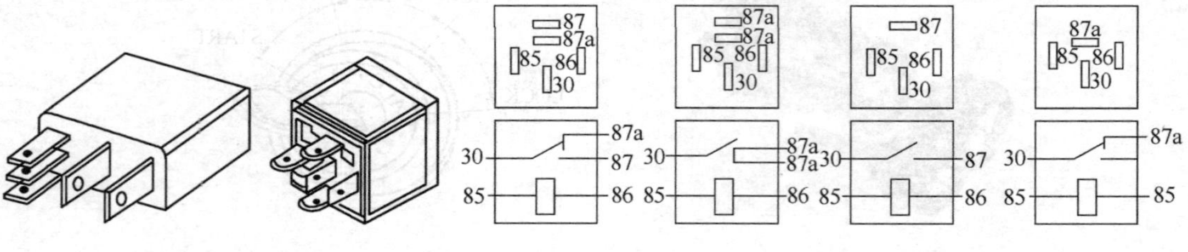

a)　　b)

图 2-5　继电器的外观和结构

a）外观　b）内部结构

（三）电路识读

（1）善于化整为零　农机电气系统由各个局部电路组成，它表达了各个局部电路之间的连接控制关系，要把局部电路从总图中分解出来，必须掌握各个单元电路的基本原理和接线规律。

农机电路的基本特点是单线制，各电气设备互相并联，各单元电路如电源系统、起动系统、点火系统、照明系统、信号系统都有其自身的一些特点，以其自身的特点为指导去分解全车电路就会少一些盲目性。

为了清楚起见，可以用彩色笔按所标导线颜色逐条加以区分，对照图注找出农机电源系统，农机起动系统，农机点火系统，农机照明、信号、仪表、警报系统，农机作业部分电气系统中的每一个电路电流通路，画出其独立的电路图。

有些农机为了减少总开关的电流，设置了一些继电器，继电器的控制线圈属于一个开关控制，而其触点所控制的电气可能属于另一个电路，在查线和改画原理图时要加以注意。

（2）认真阅读图注　在阅读局部电路图时，首先必须认真地阅读图注，清楚该部分电路所包含的电气设备种类、数量、用途等，以便在读图时抓住重点。熟练掌握一定的农机电气知识，对提高读图速度大有帮助。

（3）熟悉电器元件及配线　农机电气系统的线路如同人的神经一样分布在各个区域，其复杂程度与日俱增，而线路中的配线连接器、接线盒、继电器、接地点等如同神经的“节点”。所以熟悉这些电器元件在电路图中的表示符号、位置、连接方式、内部电路，对读懂农机电路图会有很大帮助。

（4）牢记回路原则　回路是最简单的电学概念。无论什么电器，要想正常工作（将电能转换为其他形式的能），必须与电源（发电机或蓄电池）的正负两极构成通路。即从电源的正极出发→通过用电器→回到同一电源的负极。这个简单而重要的原则无论在读什么电路图时都必须牢记。

农机电路的主要特点是单线制、各用电器相互并联，因此回路原则在农机电路上的具体形式就是：电源正极→导线→开关→用电器→搭铁→同一电源的负极。

任务实施

一、了解农机电器元件分布

图 2-6 为某型号拖拉机的电路图。

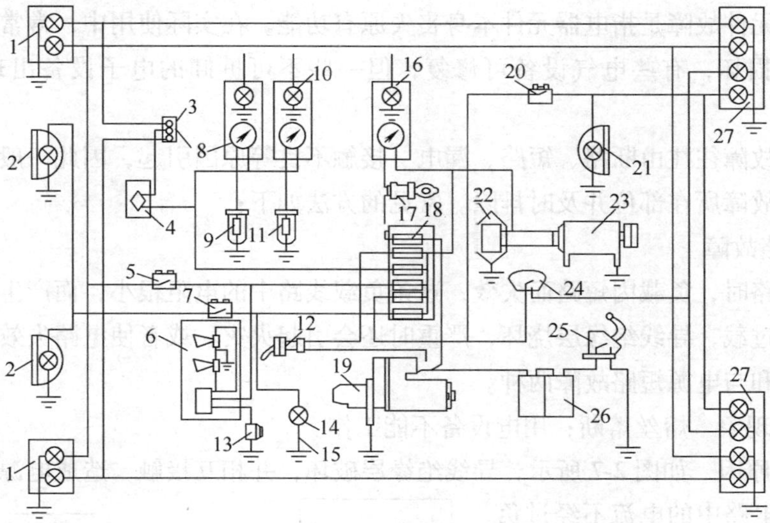

图 2-6　拖拉机电路图

1—转向灯和小灯　2—前照灯　3—转向灯开关　4—闪光器　5—小灯开关　6—喇叭　7—前照灯开关　8—水温表　9—水温传感器　10—油量表　11—油量传感器　12—预热塞　13—喇叭按钮　14—照明灯　15—导线　16—电流表　17—点火开关　18—熔断器　19—起动机　20—灯光开关　21—照明灯　22—电压调节器　23—发电机　24—灯光开关　25—电源总开关　26—蓄电池　27—组合灯光

其中，电源系统、起动系统的大部分部件都安装在发动机舱内，仪表系统安装在驾驶室内，照明系统、信号系统安装在车身的前后部位。

二、识读农机电气系统电路图

为了加强对农机电路的识读，本书提供了清拖 750 拖拉机、久保田 M704 拖拉机、久保田 PRO488 联合收割机等典型农机产品的配线图和电路图。请读者根据识图方法，识读附录中的配线图和电路图。

任务二　农机电气系统故障诊断基础

任务分析

完成本任务的学习后，学生应了解农机电气系统常见故障类型与特点，学会农机电路故障诊断常用工具的正确使用方法，掌握农机电气系统故障诊断流程与注意事项，熟悉农机电气系统故障诊断方法。学习理论知识后，应能完成使用测试灯检查电路、使用跨接线检查电路工作任务。

相关知识

一、农机电气系统常见故障类型及诊断方法

农业机械电气系统故障总体上可分为两种类型：一种是电器元件故障；另一种是控制电路故障。电器元件故障是指电器元件本身丧失原有功能。在实际使用中，常常因电路故障而造成电器元件损坏，有些电气设备可修复，但一些不可拆卸的电子设备出现故障后只能更换。

控制电路故障往往由断路、短路、漏电、接触不良等原因引起，因此一般采用简便方法即可迅速查出故障所在部位并及时排除。常见的方法如下：

（一）短路故障

当局部短路时，负载因短路而失效，这条负载线路中的电阻很小，而产生极大的短路电流，导致电源过载，导线绝缘层烧坏，严重时还会引起火灾，或者使电路失效。短路故障有搭铁短路故障和与电源短路故障两种。

（1）故障现象　熔丝熔断；用电设备不能工作。

（2）故障原因　如图 2-7 所示，导线绝缘层破坏，并相互接触，造成电源“＋”、“－”极直接接通；电路中的电流不经过负载直接接通或绝缘导线搭铁等；开关、接线盒、灯座等外接线螺钉松脱，造成线头相碰；接线时不慎使两线头相碰；导线接头碰触金属部分等。

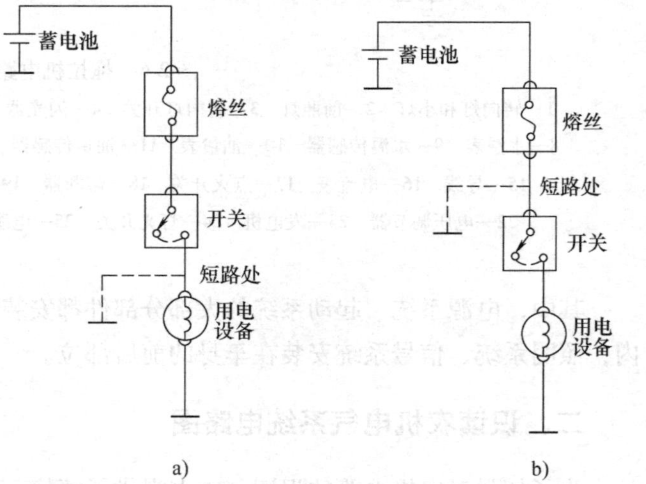

图 2-7　搭铁短路故障示意图

a）从开关后短路　b）从开关前短路

如图 2-8 所示，图 2-8a 中右边电路用电设备上游的导线和左边电路的用电设备与开关之间的导线短接，造成左边的电路失效，而右边的电路正常工作。图 2-8b 中两个独立的支路在开关上游短路，使两个电路都不能单独控制。

（3）故障检查　直接观察法：电气设备发生短路故障时，由于发热，有时会出现冒烟、火花、焦臭、发烫等异常现象。这些现象可通过人体的眼、鼻、耳等感官感觉到，从而可以直接判断电气设备的故障部位和原因。

观察机械式电流表：凡用电设备通过电流表，电流表指示的电流值就可作为判断依据。若接通用电设备后，电流表指针迅速由“0”摆到满刻度处，表明电路中某处短路。

断路试验法：将怀疑有短路故障的那段电路断开，以判断断开的那段电路是否短路。例如，若电路中某处有短路就会使该电路中的熔断器熔丝熔断，这时可找一只试灯，将试灯两端引线跨接于断开的熔断器两端的接线柱上，此时试灯应亮。然后再将怀疑有短路或搭铁故障的电路断开，若试灯不亮，表明该段电路短路；若试灯亮再逐段对其余相关电路做断路

试验。

万用表检测法：测量电气部件中线圈或绕组的电阻值，判断其有无短路现象。万用表检测是检测电路或元器件较为准确迅速的一种方法。

（二）断路故障

断路故障是一种不连续的、有中断的电路故障，表现为电源到负载电路中的某一点中断，电流不通。

（1）故障现象 照明灯不亮、电动机停转、用电设备不工作等。

（2）故障原因 导线折断，导线连接段松脱，接触不良等。

（3）故障检查 观察电流表：当工作电压一定时，接通用电设备后，电流表指示“0”或所指的放电电流值小于正常值，表明用电设备电路的某处断路或导线接触不良。

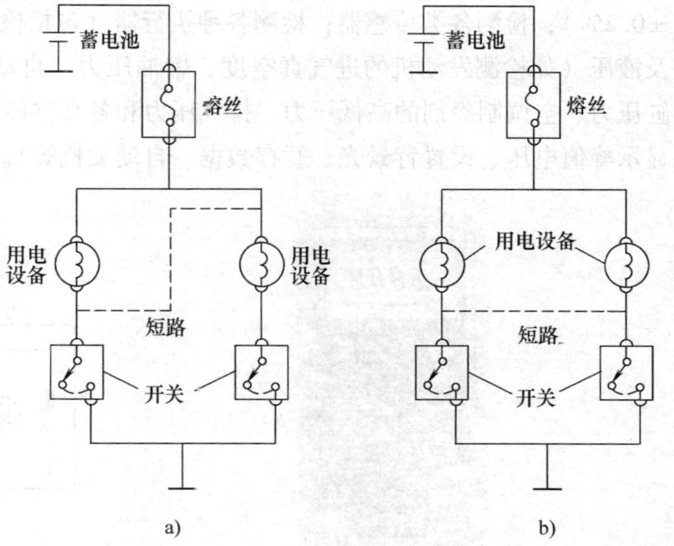

图 2-8 与电源短路故障示意图
a）单电路失效 b）双电路失效

短接试验法：用螺钉旋具或导线将某段电路或某一电器短接，观察电流表或电器的反应，以判定断路故障的发生部位。通常用一根导线的一端接用电设备的相线，另一端通过与各点相接触之后，根据用电设备的反应判定故障部位。

搭铁试火法：将一根导线的一端与用电设备相线搭接，另一端与机体试火。顺序试火即可找出断路所在。同时也可试验其他路线的有火或无火来判断断路位置。

万用表检测法：用万用表取代搭铁试火导线测量各点直流电压，如果电压为正值或负值，说明该测试点至电源间的电路畅通；若电压为“0”，说明该测试点至电源电路为断路，也可达到同样的目的。另外，通过万用表对电路或元器件的各项参数进行测试，并与正常技术状态的参数对比，来判断故障部位所在。

试灯法：可用试灯的一端和交流发电机的“电枢”接线柱连接，另一端接搭铁。如果灯不亮，说明蓄电池搭铁端至交流发电机“电枢”接线柱间有断路故障存在；若灯亮，说明该段电路良好。

二、农机电气故障诊断工具

（一）万用表

万用表（见图 2-9）是检测电路故障最常用的仪表之一，它具有携带及使用方便、可测参数多等特点。通过万用表，可以判别故障的具体部位和检测元件的状态，如图 2-10 所示。

汽车万用表的测量项目、范围和精度：检测直流电压（0～400V 时 ±0.5%，1000V 时 ±1%）；检测交流电压（0～400V 时 ±1.2%，750V 时 ±1.5%）；检测直流电流（400mA 时 ±1%，20A 时 ±2 %）；检测交流电流（400mA 时 ±1 %，20A 时 ±2.5%）；检测电阻

（400Ω、4kΩ～4MΩ时±1%，400MΩ时±2%）；检测频率（4kHz～4MHz时±0.05%，最低输入频率为10Hz）；检测二极管电路通断；检测转速（150～3999r/min时±0.3%，4000～10000r/min时±0.6%）；检测闭合角（±0.50°）；检测频率/脉冲宽度比（如占空比等，±0.2%）；检测各类传感器；检测各种执行器（包括检测电磁阀和电动机等）；检测真空度及液压（如检测发动机的进气真空度、燃油压力、自动变速器油压、发动机机油压力、气缸压力、空调制冷剂的高低压力、排气压力和各真空控制元件的真空度等）；其他功能（如显示峰值电压、设置背景光、暂存数据、自动关机等）。

图2-9 万用表

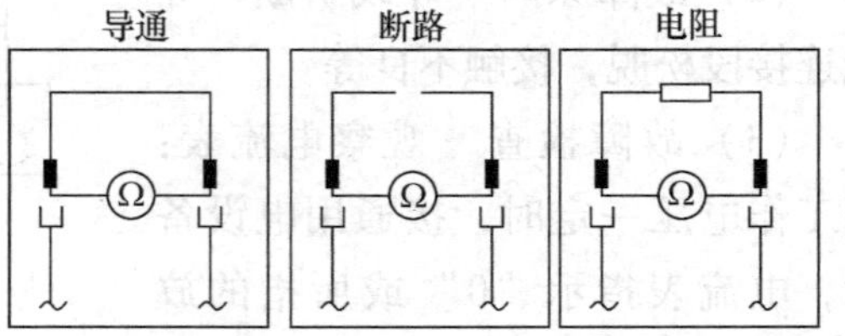

图2-10 测定要确定的三个问题

下面以KM300型多功能万用表为例，讲述万用表的基本使用方法。其外形面板和液晶显示屏示意图如图2-11所示。

使用前的注意事项：首先检查电表内部电池电压，当电压不足时，显示屏右上方会出现蓄电池的符号；注意仪表笔插孔旁的符号，不要将正负极接反；另外，要注意测试电压或电流不要超出指示数字的最大范围；使用前要先将“转换开关”旋至要测量的档位上。

（1）测量直流电压

1）将万用表的“转换开关”旋转到直流电压（DCV）位置。此时万用表进入自动选择量程测量方式，能自动选择最佳测量量程。也可以按下【RANGE】（量程）键，使万用表进入手动选择测量量程方式。每按一次【RANGE】键，即可选择到下一个高一点的量程。

2）将红表笔插入面板上的电压/欧姆插座中，黑表笔插入面板上的COM插座中。将红、黑表笔与被测电路上的测试点连接。

3）注意万用表上的“+”、“-”表笔必须和电路测试点的极性一致。

4）读取直流电压值。

注意：测量时，不要检测高于750V的电压，否则，可能会损坏万用表的内部线路；在不知被测电压的范围时，应将“转换开关”置于最大量程，并视情况逐渐旋转至适当量程；如液晶显示屏显示“1”，表示过量程，应将转换开关置于更高量程。

（2）测量直流电流

1）按下【DC/AC】（直流/交流）键，选择直流。

2）将“转换开关”旋转到15A档或者mA挡或者μA档位置。

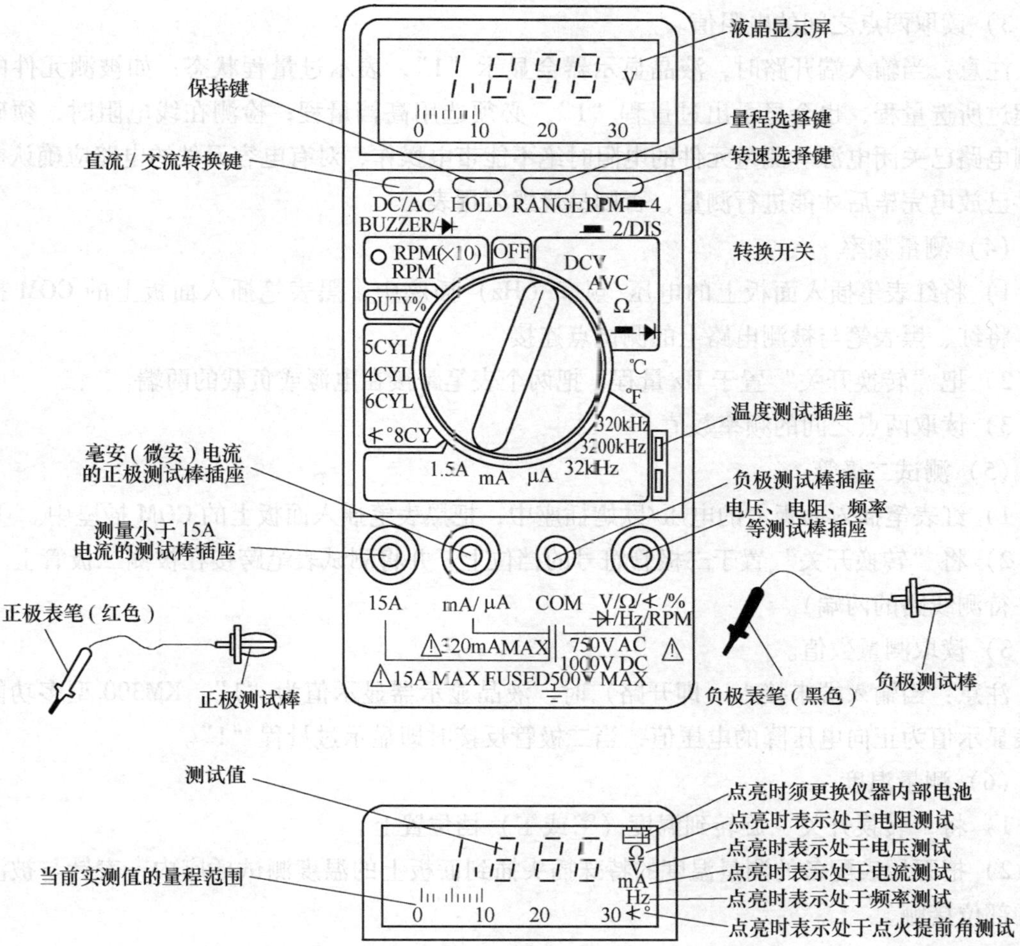

图 2-11　KM300 型万用表外形面板和液晶显示屏的示意图

3）将红表笔插入面板上的 15A 或 mA/μA 插座内，如果不能估计出被测电流值，应先将其插入到 15A 插座内。把黑表笔插入面板上的 COM 插座内。将红、黑表笔串联连接到被测电路上，并注意万用表上的“+”、“-”表笔必须和电路测试点中的极性一致。

4）接通被测电路的电源。

5）读取直流电流值。

注意：检测直流电流（DC）时，不得检测高于 15 A 的电流。虽然万用表能显示更高的电流值，但有可能损坏其内部线路。

（3）测量电阻

1）将“转换开关”旋转到欧姆档（Ω）位置上，此时万用表进入自动选择量程方式，能自动选择最佳测量量程。也可按下【RANGE】（量程）键，使万用表进入手动选择量程测量方式。每按一次【RANGE】键，即可选择到下一个高一点的量程。

2）将红表笔插入面板上的电压/欧姆插座中，黑表笔插入面板上的 COM 插座中。红、黑表笔连接到被测电路上。

3）读取两点之间的电阻值。

注意：当输入端开路时，液晶显示器会显示“1”，表示过量程状态；如被测元件的阻值超过所选量程，也会显示出过量程“1”，必须选用高档量程；检测在线电阻时，须确认被测电路已关闭电源。测量元件的电阻时绝不能带电操作，对有电容元件的电路应确认电容元件已放电完毕后才能进行测量，否则易烧毁万用表。

（4）测量频率

1）将红表笔插入面板上的电压/频率（Hz）插座中，黑表笔插入面板上的 COM 插座中。将红、黑表笔与被测电路上的测试点连接。

2）把“转换开关”置于 Hz 量程，把两个表笔跨接在电源或负载的两端。

3）读取两点之间的频率数值。

（5）测试二极管

1）红表笔插入面板上的电压/欧姆插座中，把黑表笔插入面板上的 COM 插座中。

2）将“转换开关”置于二极管符号的档位上，并将测试表笔跨接在被测二极管上（或接在待测线路的两端）。

3）读取测量数值。

注意：当输入端未接入（即开路）时，液晶显示器显示值为“1”。KM300 型多功能万用表显示值为正向电压降的电压值，当二极管反接时即显示过量程“1”。

（6）测量温度

1）将“转换开关”旋转到温度（℃或℉）档位置上。

2）把万用表配备的测量温度的特殊插头插到面板上的温度测试插座内，表针与被测温度的部位接触。

3）温度稳定后，读取测量值。

（二）跨接线

跨接线俗称“短接线”“位跳线”。使用跨接线诊断电路故障，就是越过怀疑断路的导线，并通过跨接线形成回路，然后进行测试的方法（被称为“跨接法”）。如果故障不再存在，说明被跨接的导线已经损坏。跨接线如图 2-12 所示。

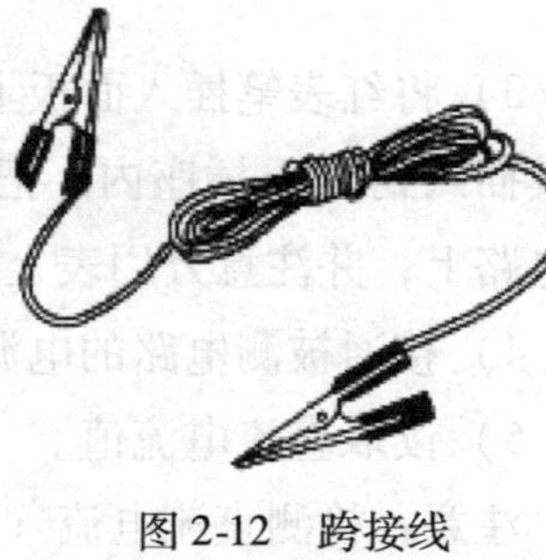

图 2-12 跨接线

跨接线的使用方法如图 2-13 所示。在电路故障诊断中，跨接线具有以下几种功能：

1）替代被怀疑断路的导线，起鉴别通、断的作用。

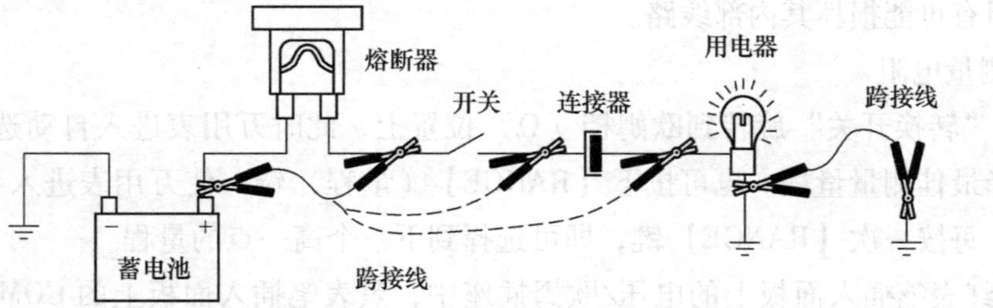

图 2-13 跨接线的使用方法

2）在不需要某器件工作时，用跨接线将它隔离开来。

3）使用导线截面积在 $16mm^2$ 以上的鳄鱼夹式跨接线，可以借助其他车辆上的蓄电池电能，起动故障车的发动机。

4）使用30A熔丝式跨接线，跨接在电器前后的电路上，对电器直接施加蓄电池电压，以便检测其性能。

在使用跨接线的过程中，需要注意以下两个问题：

1）必须确认被跨接的两个电器的工作电压相同。

2）绝对禁止将电源正极线与接地线跨接，即跨接线不能连接在试验部件的“+”接头与搭铁之间，因为这样会造成电源短路，并产生严重后果。

（三）测试灯

测试灯用于进行有负荷动态测试，对于判别“虚电”特别有效。所谓“虚电”，是指电路某处因插头氧化或者连接松动等原因引起接触不良，在这种情况下，小电流可以通过，所以使用万用表测量电压时，显示正常，但是大电流过不去，其结果是，要么造成起动机不能运转，要么造成接触处发热。

（1）测试灯类型

1）无源测试灯。无源测试灯如图2-14所示。这种测试灯主要用来检查电源电路是否给电气部件提供电源。使用时将试灯一端搭铁，另一端接电气部件电源接头。如灯亮，说明电气部件的电源电路无故障；如灯不亮，再接向电源方向的第二个接线点或该线路的某一处，如灯亮，则故障在第一接点与第二接点之间，电路出现的是断路故障；如试灯仍不亮，则再接第三个接点……直至灯亮为止。故障发生在最后的被测点与上一个被测点之间的电路上，多为断路故障。

2）有源测试灯。有源测试灯的使用方法如图2-15所示。它主要用来检查电气系统断路和短路故障。断路检查时，拆开与电气部件相连接的电源电路，将试灯一端搭铁，另一端从被测部件的“+”极测起。如果灯不亮，则断路出现在被测点与搭铁之间；如灯亮，则断路出现在此时被测点与上一被测点之间。短路检查时，将被测部件的电源线和搭铁线都拆开（拆开的线头悬空），试灯一端搭铁，另一端与余下的被测部件及线路相连接。如灯亮，表示有短路故障，然后逐步将电路中的接插件拔开、开关断开，拆下被测部件等，直到灯灭为止，则短路出现在最后开路部件与上一个开路部件之间。

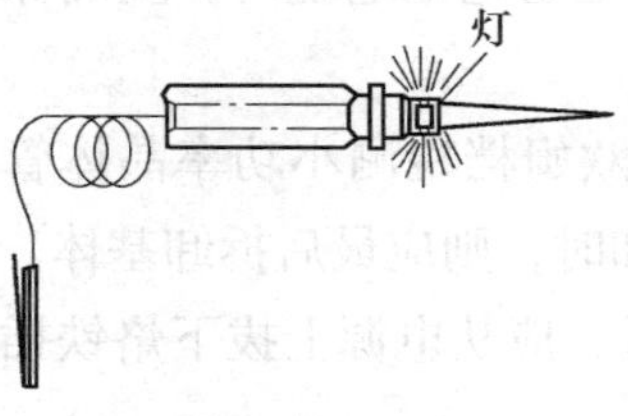

图2-14　无源测试灯

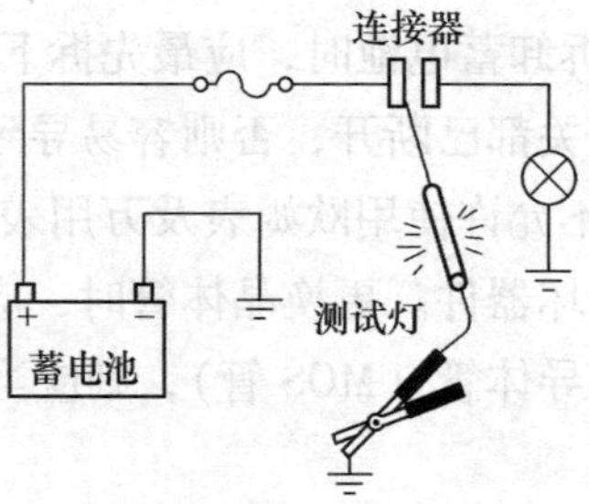

图2-15　有源测试灯的使用方法

（2）测试灯的主要功用及检测方法

1）检测电器的电源电路是否有电，其检查方法是：将测试灯的一端接地，另一端接触电器的电源端，如果测试灯亮起，说明电源电压正常；如果测试灯不亮，说明电源不可靠，再朝着电源方向寻找下一个故障点。

2）具有跨接线和指示灯的双重作用。

3）能够发现某些电路接触不良的故障。

4）可以检测汽油机高压线是否漏电，其检查方法是：起动发动机，让测试灯的负极搭铁，将正极在高压线之间晃动（需要保持一定的距离），如果测试灯连续闪烁，说明距离测试灯正极最近的那根高压线漏电。

5）检测点火触发信号。将测试灯连接在点火线圈或者某一缸点火线上，如果在起动时测试灯快速闪烁，说明点火触发信号基本正常。

三、农机电气系统故障诊断流程与检修注意事项

（一）农机电气系统故障诊断流程

1）验证车主（用户）所反映的情况，并注意通电后的各种现象。再动手拆检之前，应尽量缩小故障产生的范围，重点了解以下内容：

故障发生时机械的状态，是作业中自行停车，还是发现异常情况后由操作者主动停下来的？发生故障时听到了什么异常声音？是否闻到了焦煳味？是否拨动了什么开关、按钮？仪表及指示灯发生了什么情况？以前是否出现过类似故障，是如何处理的？

操作者的陈述可能不完整，有些情况可能陈述不出来，甚至有些陈述内容是错误片面的，因为有些故障是由于操作者粗心大意、对农业机械的性能不熟悉、采用不正确的操作方法造成的，但仍要仔细询问，为故障的判断提供参考。在进行检查时应验证操作者的陈述，找到故障原因。

2）分析电路原理图，弄清电路的工作原理，对故障所在的范围作出推断。

3）重点检查故障集中的线路或部件，验证作出的推断。

4）进一步进行诊断与检修，确定故障并分析故障产生原因。

5）排除故障并验证电路是否恢复正常。

6）填写维修记录，向机械操作者说明故障情况及注意事项。

（二）农机电气系统故障检修注意事项

1）拆卸蓄电池时，应最先拆下负极电缆。拆下或装上蓄电池电缆时，应确保点火开关和其他开关都已断开，否则容易导致半导体器件的损坏。

2）不允许使用欧姆表及万用表的 $R\times100$ 以下低阻欧姆档检测小功率晶体管，以免电流过载损坏器件。更换晶体管时，应首先接入基体，拆卸时，则应最后拆卸基体。对于金属氧化物半导体管（MOS 管），则应当心静电击穿，焊接时，应从电源上拔下烙铁插头或可靠接地。

3）拆卸和安装元器件时，应切断电源。如无特殊说明，元器件引脚距焊点应在 10mm 以上，以免烫坏元器件，且宜使用恒温或功率小于 75W 的电烙铁。

4）更换烧坏的熔断器时，应使用相同规格的熔断器。使用比规定容量大的熔断器可能会导致电器损坏或产生火灾。

5）靠近振动部件（如发动机）的线束部分应用卡子固定，将松弛部分拉紧，以免由于振动造成线束与其他部件接触。

6）不要粗暴地对待元器件，也不能随意乱扔。无论好坏，都应轻拿轻放。

7）与尖锐边缘磨碰的线束部分应用胶带缠起来，以免损坏。安装固定零件时，应确保导线不要被夹住或被损坏。安装时，应确保接插头接插牢固。

8）进行保养或维修时，若工作温度超过 80°C（如进行焊接时），应先拆下对温度敏感的零部件（如继电器和传感器等）。

此外，现代农业机械的许多电子电路，出于性能要求和技术保护等多种原因，往往采用不可拆卸的封装方式，如厚膜封装调节器、固封电子电路等，当电路故障可能涉及其内部时，则往往难以判断。在这种情况下，一般先从其外围逐一检查排除，最后确定其是否损坏。有些进口机械上的电子电路，虽然可以拆卸，但往往缺少同型号元器件代替，这就涉及用国产元器件或其他进口元器件替代的可行性问题，需要认真研究，切忌盲目代用。

任务实施

一、用测试灯检查电路

（一）用无源测试灯查找短路位置

发现熔丝已熔断，则说明电路已发生过短路，这时可用测试灯进行检查。接线方法如图 2-16 所示。

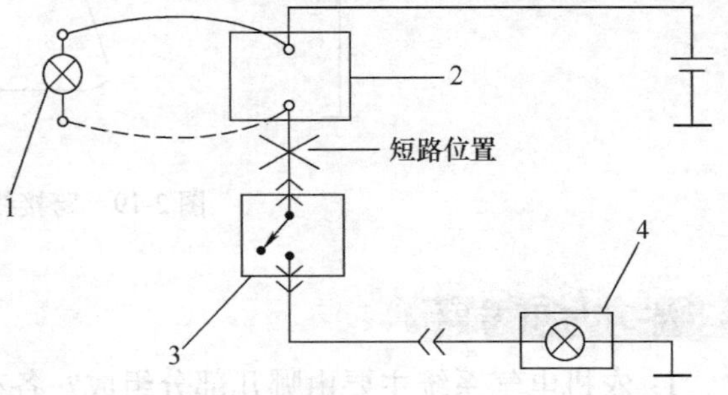

图 2-16　短路位置的检查

1—测试灯　2—熔断器　3—开关　4—前照灯

首先将开关打开，拆下熔断器的熔丝，并将测试灯跨接到熔丝端子上，观察测试灯是否点亮。如果测试灯点亮，说明熔断器盒与开关之间出现短路，应该修理熔断器盒与开关之间的线束；如果测试灯不亮，再将开关闭合，断开前照灯插接器，观察测试灯是否点亮，如果灯亮，说明开关与插接器之间出现短路，应该修理开关与插接器之间的线束，如果灯不亮，说明插接器与照明灯之间出现短路，应该修理照明灯与插接器之间的线束。

（二）用有源测试灯检查开关性能

用有源测试灯检查开关性能时，接线方法如图 2-17 所示。当开关打开时，测试灯应不亮；当开关闭合时，测试灯应亮，否则说明开关有故障。

（三）用测试灯查找断路位置

将测试灯的一根引线搭铁，另一根引线连接到开关插接器电源侧端子上，即图 2-18 中 a 点位置，测试灯应该点亮。再将测试灯连接到电动机插接器上，即图 2-18 中 b 点位置，若将开关打开，测试灯应该不亮，若将开关闭合，测试灯应该点亮，否则开关及开关到电动机插接器之间的线路断路。

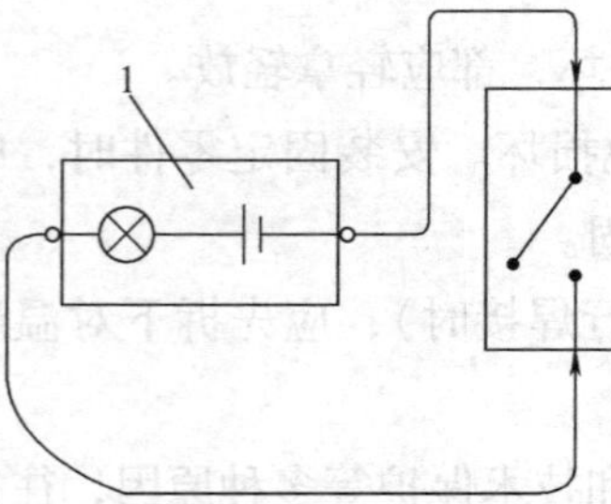

图 2-17　检查开关导通性

1—有源测试灯　2—开关

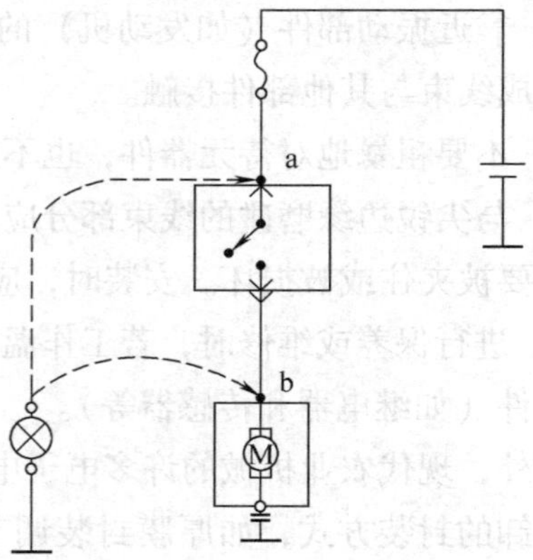

图 2-18　测试灯检查断路位置

二、用跨接线检查电路

若怀疑某条线路断路，如图 2-19 中的开关故障，用跨接线将开关的 a、b 两端短接，若电动机工作，即可断定开关断路。

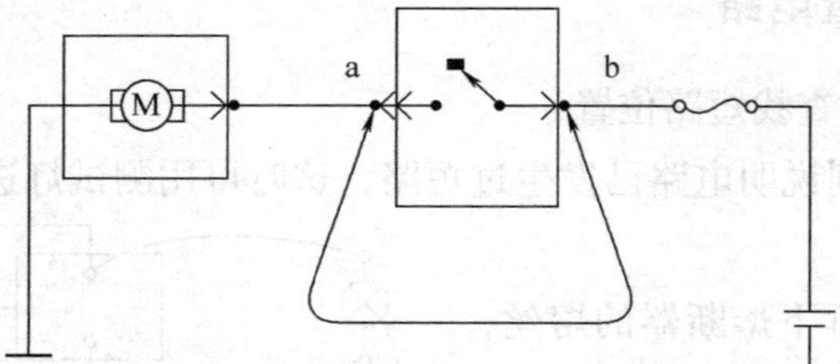

图 2-19　跨接线法检查断路

练习与思考题

1. 农机电气系统主要由哪几部分组成？各有什么作用？
2. 农机电气系统有什么特点？
3. 农机电气的故障可分为哪几种类型？
4. 农机电气常见故障的诊断与排除程序是什么？
5. 农机电气故障诊断常用的方法有哪些？

项目三　农机电源系统的维护与检修

【项目描述】

本项目要求学生在学习蓄电池的维护与检修、交流发电机的维护与检修、充电系统的维护与检修等知识后，完成蓄电池的拆装、蓄电池的性能检测、蓄电池的充电、三相交流发电机的拆装、三相交流发电机元件性能检测、三相交流发电机整体性能测试、磁电动机交流发电机的性能检测、充电系统故障排除等工作任务。

【项目目标】

1. 掌握蓄电池的结构与工作原理，能对蓄电池的技术性能进行正确评价，并进行维护。

2. 掌握交流发电机的构造与工作原理，掌握交流发电机的整机检测及解体后主要部件的检测方法，能对交流发电机的技术性能进行正确评价，并进行维护。

3. 掌握三相同步交流发电机和单相磁电动机充电系统故障诊断方法，能对充电系统进行维护。

任务一　蓄电池的维护与检修

任务分析

农机上的蓄电池必须满足发动机起动的需要。如果蓄电池维护使用不当，会导致发动机不能起动或起动困难，直接影响车辆的正常使用。因此在农机维修过程中，对蓄电池应经常进行检查、维护等作业。学生在学习蓄电池的维护与检测等相关知识后，应能对蓄电池的技术性能进行正确评价。

相关知识

一、蓄电池的功能

蓄电池是一种将化学能转变为电能的装置，属于可逆的直流电源。

农业机械上一般采用铅酸蓄电池，可分为4种类型：湿荷电蓄电池、干荷电蓄电池、少维护蓄电池和免维护蓄电池。

蓄电池的功能是，①发动机起动时，向起动机和点火系统供电（起动电流一般为200 ~

1000A)；②发动机低速运转时，向用电设备和发电机磁场绕组供电（应用中应避免）；③发动机运转时，将发电机剩余电能转化为化学能储存起来；④发电机过载时，协助发电机向用电设备供电；⑤蓄电池相当于一个大电容器，能吸收电路中出现的瞬时过电压，保护电子元件，保持电器系统电压稳定。

二、蓄电池的构造与原理

（一）蓄电池的构造

铅蓄电池主要由正/负极板、隔板、壳体、电解液、铅连接条、极柱等部分组成，如图3-1 所示。壳体一般分隔为3 个或6 个单格，每个单格均盛装有电解液，插入正/负极板组便成为单体电池。每个单体电池的标称电压为2V，将3 个或6 个单体电池串联后便成为一只6V 或12V 蓄电池总成。

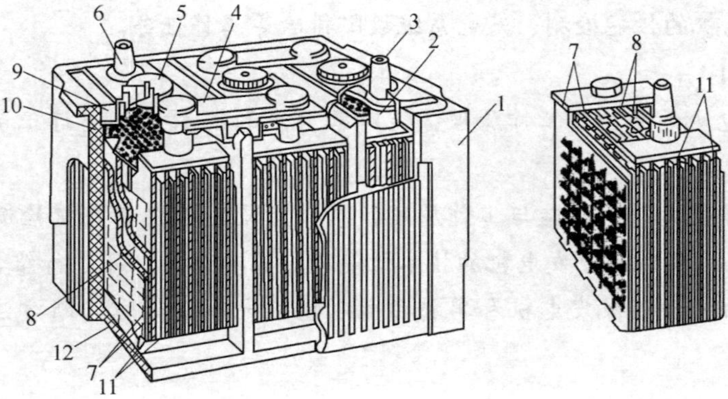

图 3-1 蓄电池的构造

1—蓄电池外壳 2—电极衬套 3—正极柱 4—连接条 5—加液孔螺塞 6—负极柱 7—负极板 8—隔板 9—封料 10—护板 11—正极板 12—肋条

（1）极板组 极板由栅架与活性物质组成。蓄电池的极板分为正极板和负极板。蓄电池的充放电过程是靠极板上的活性物质与电解液的电化学反应来实现的。极板由栅架及铅膏涂料组成，其形状如图3-2 所示。

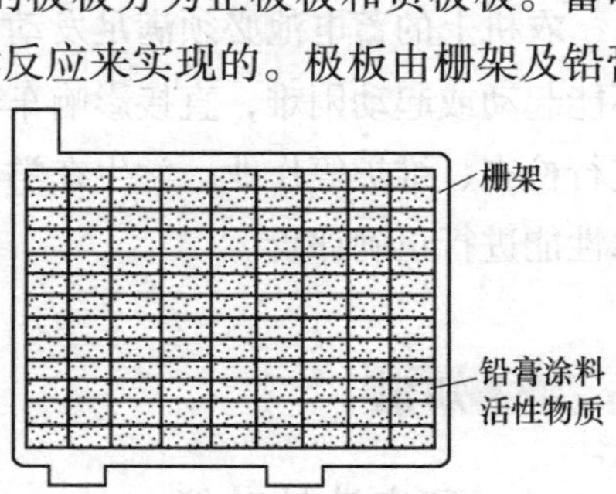

图 3-2 极板

正极板上的活性物质是深褐色的二氧化铅，负极板上的活性物质是深灰色的海绵状纯铅。正极板通过汇流条焊接在一起，组成正极板组，负极板通过汇流条焊接在一起组成负极板组。正、负极板组交叉组装在一起，之间用隔板隔开。负极板比正极板多一片，使得每片正极板均处于两片负极板之间，可使正极板两侧放电均匀，防止极板拱曲，导致活性物质脱落。

栅架的作用是容纳活性物质并使极板成形，一般由铅锑合金浇注而成。铅锑合金中，含锑6% ~85%，加入锑是为了提高栅架的力学性能并改善浇注性能，但易引起蓄电池的自放电和栅架的膨胀、溃烂。因此，栅架的生产材料将向低锑（含锑量小于3%）、甚至不含锑的铅钙合金发展。栅架如图3-3所示。

国产正极板的厚度为2.2mm，负极板的厚度为1.8mm。国外大多采用薄型极板，厚度为1~1.5mm。薄型极板可以提高蓄电池的体积比能量、重量比能量，改善蓄电池的起动性能。

（2）隔板　为了减小蓄电池的内阻和尺寸，蓄电池内部正、负极板应尽可能地靠近；为了避免彼此接触而短路，正、负极板之间要用隔板隔开。隔板材料应具有多孔性和渗透性，且化学性能要稳定，即具有良好的耐酸性和抗氧化性。厚度一般不超过1mm，成形隔板的一面有特制的纵向沟槽，另一面则为平面，如图3-4所示。

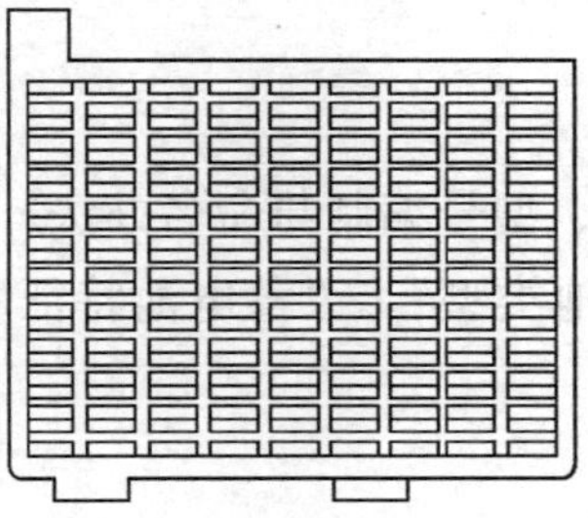

图3-3　栅架

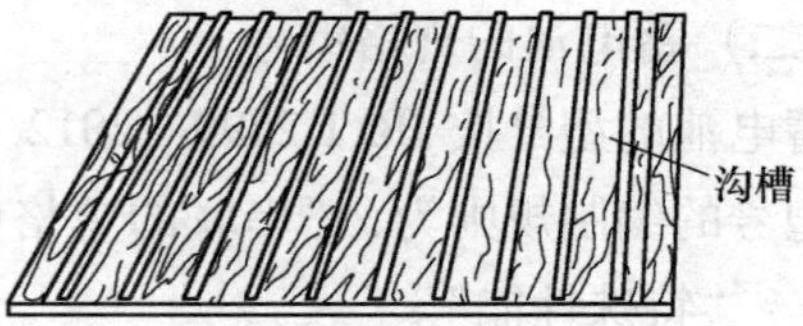

图3-4　隔板

（3）联条　蓄电池一般由3个或6个单格电池组成，各单格电池之间靠铅质联条串联起来。联条的安装有传统的外露式，还有较先进的穿壁式，如图3-5所示。

（4）壳体　蓄电池的壳体用来盛放电解液和极板组，应由耐酸、耐热、耐振、绝缘性好并且有一定力学性能的材料制成。蓄电池大都采用聚丙烯塑料壳体。壳体为整体式结构，壳体内部由间壁分隔成3个或6个互不相通的单格，底部有突起的肋条以搁置极板组，如图3-6所示。

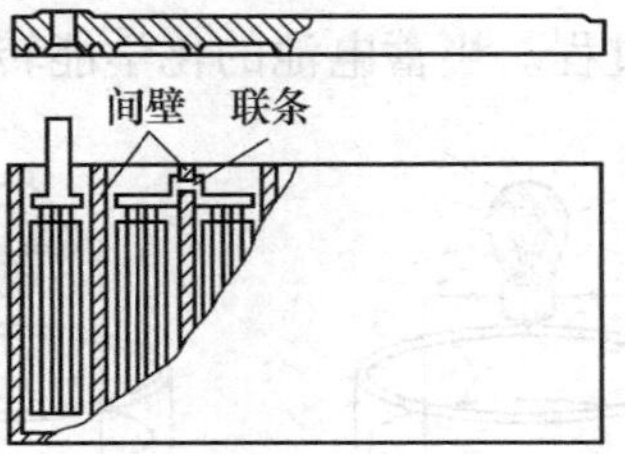

图3-5　联条

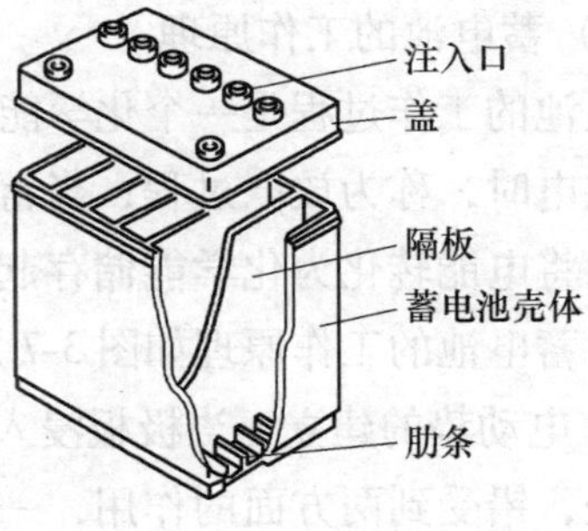

图3-6　壳体

（5）电解液　电解液又称电解质。它的作用是形成电离，促使极板活性物质电离产生电化学反应。电解液在电能和化学能的转换过程即充电和放电的电化学反应中起离子间的导电作用并参与化学反应。它由密度为1.84g/cm^{3}的纯硫酸和蒸馏水按一定比例配制而成，而其密度一般为1.24~1.30g/cm^3。配制电解液必须使用耐酸的器皿，切记只能将硫酸慢慢地倒入蒸馏水中并不断搅拌。不同地区和气候条件下电解液的密度见表3-1。

表 3-1 不同地区和气候条件下电解液的密度 （单位：g/cm^3）

使用地区最低温度	充足电的蓄电池在25℃时的电解液密度	
	冬 季	夏 季
< -40℃	1.3	1.26
-40 ~ -30℃	1.28	1.24
-30 ~ -20℃	1.27	1.24
-20 ~ 0℃	1.26	1.23
>0℃	1.23	1.23

（二）蓄电池的规格型号

蓄电池的型号按 JB/T 2599—2012《铅酸蓄电池名称、型号编制与命名办法》规定，其产品型号的编制规则为，“串联的单格电池数”-“蓄电池类型”-“蓄电池特征”-“额定容量”-“特殊性能”。

如：6-QA-105D

“6”——阿拉伯数字表示串联的单格电池数；

“QA”——汉语拼音字母表示蓄电池的主要用途和类型，其含义如下：

“Q”表示起动用蓄电池；“M”表示摩托车用蓄电池；“JC”表示船用蓄电池；“HK”表示飞机用蓄电池；“A”用汉语拼音字母表示蓄电池的特征（无字为干封普通铅蓄电池、“A”为干式荷蓄电池、“B”为薄型极板；“W”为无需维护）；

“105”——数字表示 20h 放电率额定容量为 105A·h；

“D”——汉语拼音字母表示蓄电池的特殊性能（G 表示高起动率蓄电池；S 表示塑料壳体；D 表示低温起动性能好）。

（三）蓄电池的工作原理

蓄电池的工作过程是一个化学能与电能相互转化的过程。当蓄电池的化学能转化为电能而向外供电时，称为放电过程；当蓄电池与外界电源相连而将电能转化为化学能储存起来时，称为充电过程。蓄电池的工作原理如图 3-7 所示。

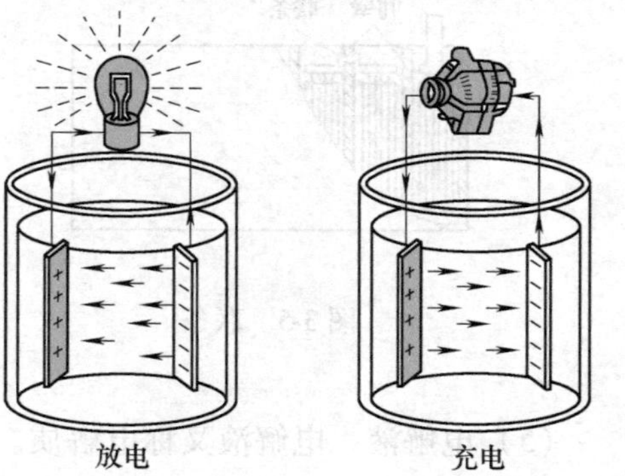

图 3-7 蓄电池的工作原理

（1）电动势的建立 当极板浸入电解液时，在负极板处，铅受到两方面的作用，一方面它具有溶解于电解液的倾向，少量铅溶于电解液，生成 Pb^{2+}，在极板上留下两个电子，使极板带负电；另一方面，由于正、负电荷的吸引，Pb^{2+} 有沉附于极板表面的倾向。当两者达到平衡时，溶解停止，使负极板具有负电位，约为 -0.1V。

正极板上，少量的 PbO_2 溶于电解液，与水生成 $Pb(OH)_4$，再离解成四价铅离子和氢氧根离子，即

$$PbO_2 + 2H_2O \rightarrow Pb(OH)_4 ; Pb(OH)_4 \leftrightarrow Pb^{4+} + 4OH^-$$

Pb^{4+}有沉附于极板的倾向且大于溶解的倾向，因而在正极板上使极板呈正电位，当达到平衡时，约为2.0V。因此，当外电路未接通，反应达到相对平衡时，蓄电池的静止电动势 E_0 约为

$$E_0 = 2.0\text{V} - (-0.1)\text{V} = 2.1\text{V}$$

（2）铅蓄电池的放电过程　铅蓄电池的放电过程就是化学能转变为电能的过程。蓄电池接上负载，在电动势的作用下，电流从正极经负载流向负极，即电子从负极到正极，使正极电位降低，负极电位升高。蓄电池正极板上的 PbO_2 和负极板上的 Pb 都变成 $PbSO_4$，电解液中的 H_2SO_4 减少，相对密度下降。

放电时的化学反应过程如图3-8所示。

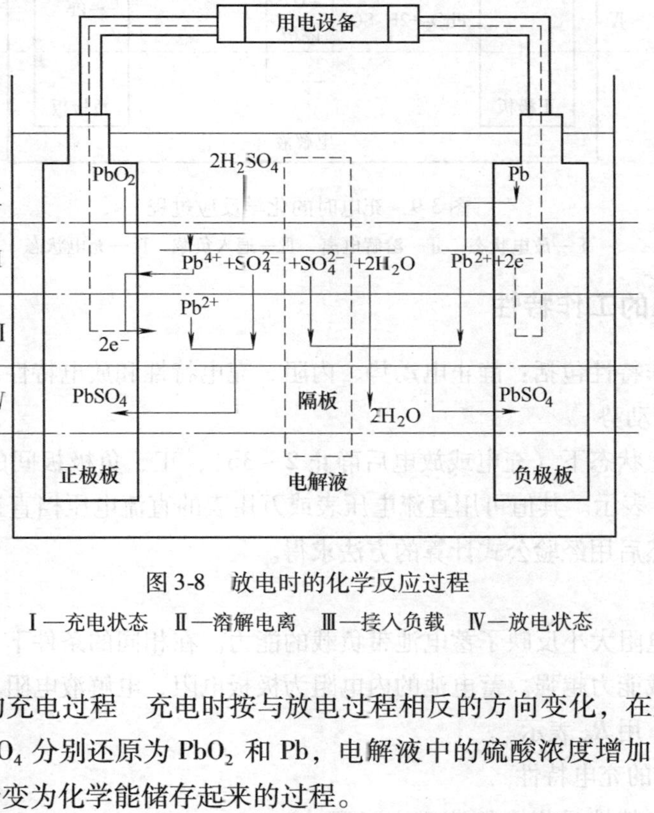

图3-8　放电时的化学反应过程

Ⅰ—充电状态　Ⅱ—溶解电离　Ⅲ—接入负载　Ⅳ—放电状态

（3）铅蓄电池的充电过程　充电时按与放电过程相反的方向变化，在外加电场作用下，正、负极板上的 $PbSO_4$ 分别还原为 PbO_2 和 Pb，电解液中的硫酸浓度增加，相对密度变大。即充电过程为电能转变为化学能储存起来的过程。

充电时，应将蓄电池接直流电源。当电源电压高于蓄电池的电动势时，在电场力的作用下，充电电流流入蓄电池正极，再从负极流出，即驱使电子从正极经外电路流入负极，此时，正、负极板发生的反应正好与放电过程相反，其充电时的化学反应过程如图3-9所示。

如略去中间的化学反应过程，可用下式表示：

$$\underset{\text{正极板}}{PbO_2} + \underset{\text{负极板}}{Pb} + \underset{\text{电解液}}{2H_2SO_4} \Leftrightarrow \underset{\text{正极板}}{PbSO_4} + \underset{\text{电解液}}{2H_2O} + \underset{\text{负极板}}{PbSO_4}$$

由式中看出，放电时，电解液中的部分硫酸发生化学反应生成水，故电解液的浓度与放电的程度直接有关，即可以用测量电解液密度的方法判断蓄电池放电程度。

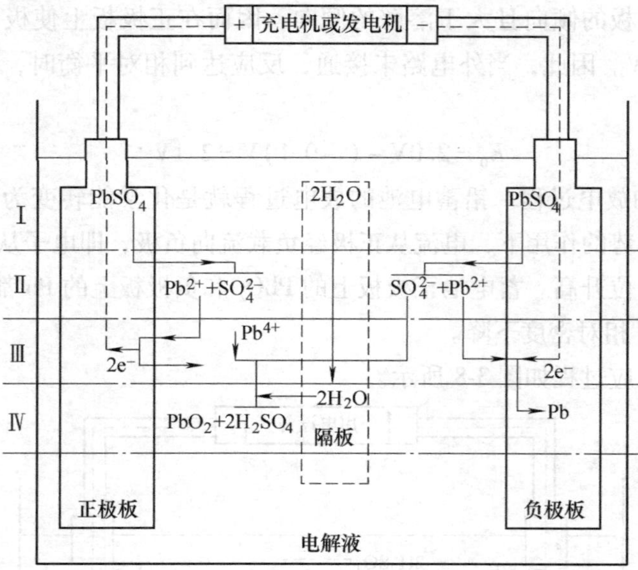

图 3-9　充电时的化学反应过程

Ⅰ—放电状态　Ⅱ—溶解电离　Ⅲ—通入负载　Ⅳ—充电状态

三、蓄电池的工作特性

蓄电池的工作特性包括：静止电动势、内阻、充电特性和放电特性。

（一）静止电动势

蓄电池在静止状态下（充电或放电后静止 2 ~ 3h），正、负极板间的电位差称为静止电动势，用 $E_0(E_j)$ 表示。其值可用直流电压表或万用表的直流电压档直接测得，也可通过测量电解液密度，然后用经验公式计算的方法求得。

（二）内电阻

蓄电池的内电阻大小反映了蓄电池带负载的能力。在相同的条件下，内电阻越小，输出电流越大，带负载能力越强。蓄电池的内电阻为极板电阻、电解液电阻、隔板电阻、联条和极柱电阻的总和，用 R_0 表示。

（三）蓄电池的充电特性

蓄电池的充电特性是指在恒流充电过程中，蓄电池的端电压 U、电动势 E 和电解液密度随时间变化的规律。

蓄电池的充电过程可分为以下 4 个阶段，如图 3-10 所示。

迅速上升阶段：充电开始，在极板的孔隙表层中首先形成硫酸，且来不及向外扩散，致使孔隙中的电解液密度增大。此阶段蓄电池的端电压和电动势迅速增大。

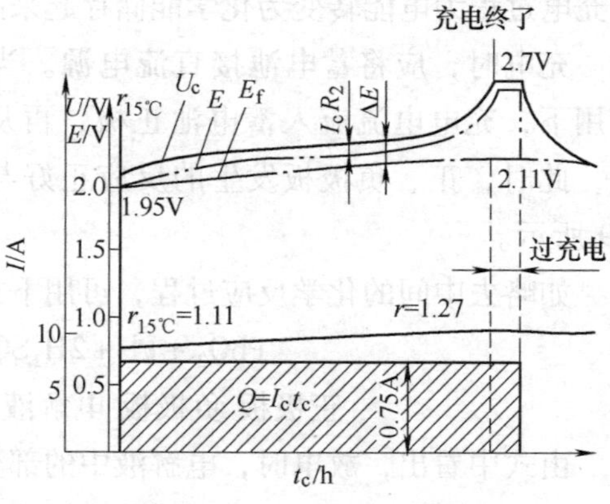

图 3-10　充电特性曲线

稳定上升阶段：充电至孔隙中产生硫酸的速

度和向外扩散硫酸的速度相同时，蓄电池的端电压和电动势随整个容器内电解液密度的上升而缓慢上升。

急剧上升阶段：端电压上升至2.3～2.4V时，极板上可参加反应的活性物质大多恢复为二氧化铅和铅，若继续充电，则电解液中的水被电解成氢气和氧气，以气泡形式放出，形成"沸腾"。但是氢离子在负极板处与电子的结合不是瞬时完成的，于是在负极板处就积聚了大量的氢离子，使电解液与极板间产生了附加电位差（0.33V），因而端电压上升到了2.7V。

急剧下降阶段：端电压上升到2.7V后应停止充电。若继续充电，则称为过充电。过充电会产生大量的气泡从极板孔隙中冲出，导致活性物质脱落，蓄电池的容量下降。

停止充电后，电源电压消失，积聚在负极板周围的氢离子形成氢气逸出，孔隙内的硫酸向外扩散，电解液混合均匀，端电压迅速下降到稳定值。

充电终了的标志是，电解液呈沸腾状（氢气和氧气的溢出）；电解液密度上升至最大值，且2～3h内不再上升；单格电池的端电压上升至最大值（2.7V），且2～3h内不再上升。

（四）蓄电池放电特性

蓄电池的放电特性是指恒流放电时，蓄电池的端电压、电动势和电解液密度随时间变化的规律。

蓄电池的整个放电过程可分为以下4个阶段，如图3-11所示。

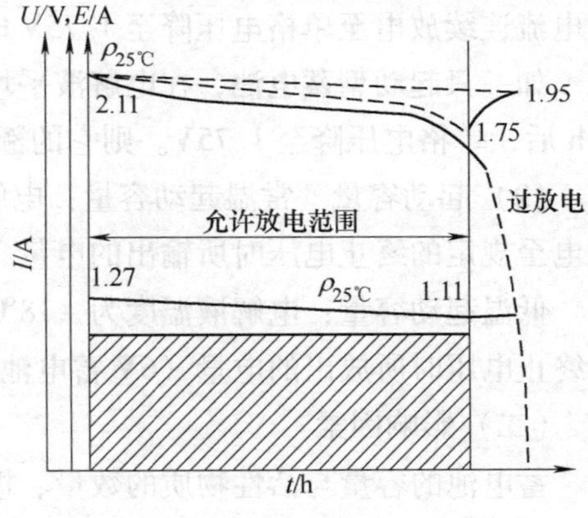

图3-11　放电特性曲线

开始放电阶段：开始放电时，化学反应在极板孔内进行，首先消耗的是极板孔内的硫酸，而该范围内硫酸很有限，此时外围硫酸来不及向内补充，所以极板孔内电解液密度迅速下降（电动势迅速下降），端电压迅速下降。

相对稳定阶段：随着极板孔隙内电解液密度的不断下降，孔隙内、外电解液的密度差不断增大，在密度差的作用下，硫酸向孔隙内的扩散速度也随之加快，从而使放电电压和放电电流得以维持。当孔隙外补充的硫酸和孔隙内部消耗的硫酸基本相等时，极板孔隙内、外的密度差将基本保持一定。此时孔隙内电解液密度将随着孔隙外电解液密度一起下降，端电压也按近似直线规律缓慢下降。

迅速下降阶段：以下3个方面的原因导致了端电压迅速下降。

1）当放电接近终了时，孔隙外电解液密度已大大下降，孔隙外硫酸向孔隙内补充的速度减慢，离子的扩散速度下降。

2）随着放电时间的延长，极板表面硫酸铅的数量增多，使孔隙变小，将极板活性物质与电解液隔开。

3）硫酸铅本身的导电性能差。放电时间越长，硫酸铅越多，内阻越大。通常把端电压急剧下降的临界点（端电压约为1.17V）称为放电终了。若此时仍继续放电，端电压会很快下降到0V，所以必须停止放电。

电压回升阶段：停止放电后，由于放电电流为0A，故内阻上的电压降为0V；且因有足够时间让硫酸渗入到极板孔隙内，使电解液混合均匀，所以端电压回升到由此时电解液密度相对应的电动势数值。

蓄电池放电终了，停止放电后，端电压会出现回升，但这是一种表面现象，在没有充电前，若重新接通电路继续放电，电压急剧下降到0V的现象又会出现。

放电终了的特征是，单格电池电压下降到放电终止电压值（20h放电率放电时，此值为1.75V）；电解液的相对密度下降到最小许可值，约为1.11g/cm^3。

四、蓄电池的容量及其影响因素

（一）蓄电池的容量

蓄电池在完全充足电的情况下，在允许放电的范围内对外输出的电量，称为蓄电池的容量，单位为安培小时（A·h）。

为了准确地表示出蓄电池容量，要规定蓄电池的放电条件。在一定放电条件下，蓄电池的容量分为额定容量和起动容量。

（1）额定容量　完全充足电的蓄电池在电解液平均温度为25℃的情况下，以20h率放电电流连续放电至单格电压降至1.75V时所输出的电量。

如一只起动型蓄电池，在电解液平均温度为25℃的情况下，以4.5A放电电流连续放电20h后，单格电压降至1.75V。则它的额定容量为$Q=4.5A\times20h=90A\cdot h$。

（2）起动容量　常温起动容量：电解液温度为25℃的情况下，以5min率放电电流连续放电至规定的终止电压时所输出的电量（6V蓄电池为4.5V，12V蓄电池为9V）。

低温起动容量：电解液温度为-18℃的情况下，以3倍额定容量的电流连续放电至规定的终止电压时所放出的电量（6V蓄电池为3V，12V蓄电池为6V）。

（二）影响因素

蓄电池的容量与活性物质的数量、极板的厚薄、活性物质的孔率、极板的结构、生产工艺、放电电流、电解液温度、电解液密度等因素有关。

（1）极板的构造对容量的影响　极板面积越大，片数越多，则参加反应的活性物质也越多，容量越大。提高表面积的方法有两条：一是增多极板的片数，二是提高活性物质的孔率。

极板越薄，活性物质的多孔性越好，电解液渗透容易，活性物质的利用率高，增加了反应深度，容量也就越大。

（2）放电电流对容量的影响　放电电流越大，蓄电池的容量就越低，如图3-12所示。

放电电流过大，则单位时间内参加反应的活性物质及硫酸量增多，由于极板孔隙内硫酸消耗量过快，极板外部的硫酸来不及渗入到极板的内部，使得极板孔隙内的电解液密度下降过快，蓄电池的端电压下降过快，提前到达终止电压；由于硫酸来不及渗入到极板的内部，反应在极板的表面进行，生成的硫酸铅也附着在极板的表面，阻碍硫酸渗入极板，则极板内部的活性物质得不到充分利用，蓄电池的容量减小。

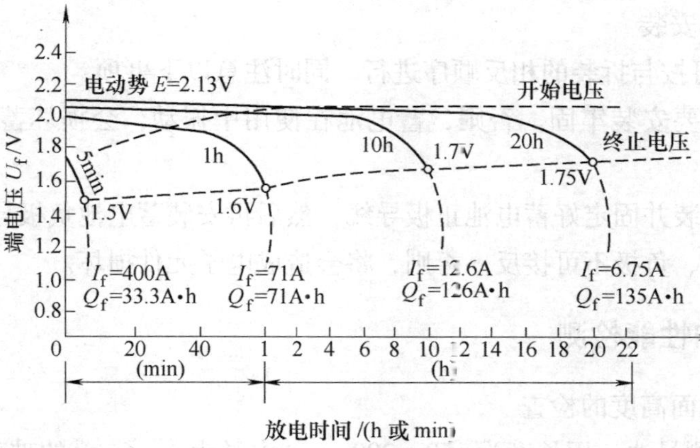

图 3-12　放电电流对蓄电池容量的影响

使用注意事项：使用起动机起动发动机时，蓄电池会大电流放电，端电压会急剧下降，输出容量会减小，且容易损坏。因此，起动时应注意，一次起动时间不应超过 5s，连续两次起动应间隔 15s。

（3）电解液温度对容量的影响　电解液温度降低，则容量减小，如图 3-13 所示。电解液温度降低，电解液黏度增大，渗入极板的能力降低。同时电解液内电阻增大，蓄电池内阻增加，使端电压下降，因此容量减小。在冬季应注意铅蓄电池的保温工作。

（4）电解液密度对容量的影响　适当增加电解液的相对密度，可以提高电解液的渗透速度和蓄电池的电动势，并减小内阻，使蓄电池的容量增大。但相对密度超过一定数值时，由于电解液黏度增大，使渗透速度降低，内阻和极板硫化增加，又会使蓄电池的容量减小。图 3-14 所示为电解液的相对密度与蓄电池容量的关系。

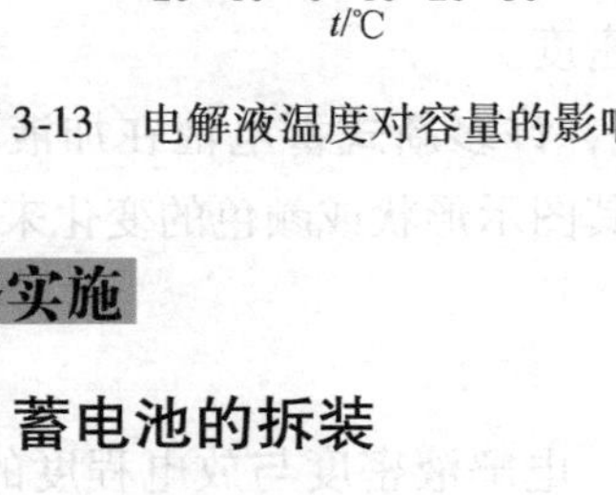

图 3-13　电解液温度对容量的影响

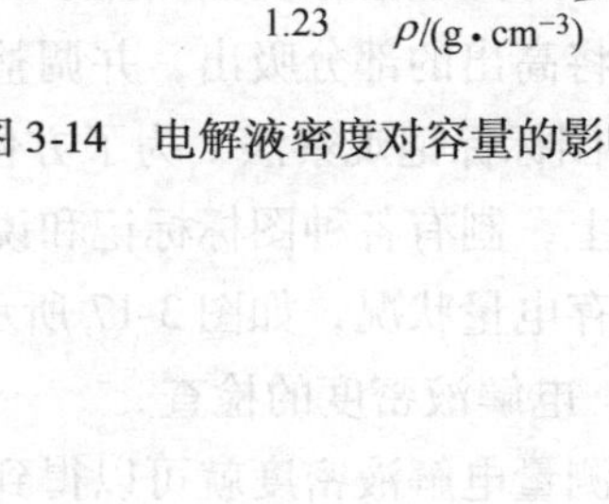

图 3-14　电解液密度对容量的影响

任务实施

一、蓄电池的拆装

（一）蓄电池的拆卸

1）在拆卸蓄电池之前，从点火开关处取下钥匙，先将蓄电池搭铁线（极柱处标注“－”记号）拆下，再将蓄电池正极（极柱处标注“＋”记号）端子上的导线拆下。

2）取下蓄电池固定座上的固定压杆，取下蓄电池。

（二）蓄电池的安装

蓄电池的安装可按与拆装的相反顺序进行，同时注意以下事项：

1）蓄电池一定要安装牢固。否则，蓄电池在使用中振动，会损坏蓄电池栅架和壳体，造成蓄电池报废。

2）一定要先安装并固定好蓄电池正极导线，然后再安装蓄电池负极导线。

3）蓄电池的正、负极不可接反，否则，将会造成电子元件损坏。

二、蓄电池的性能检测

（一）电解液液面高度的检查

（1）玻璃试管测量法　用长度为150～200mm、内径为4～6mm的玻璃试管，对蓄电池所有单格的液面高度进行测量，如图3-15所示。

将试管插至蓄电池单格内极板的上平面上，用拇指压住玻璃管上端，使管口密封后提起试管，此时试管中液体的高度即蓄电池电解液液面的高度，其标准高度值应为10～15mm。低于此值时，应加注蒸馏水并使其符合标准值。

（2）液面高度示线观察法　透明塑料外壳的蓄电池上均刻有（或印有）两条指示线，即上限指示线和下限指示线，如图3-16所示。

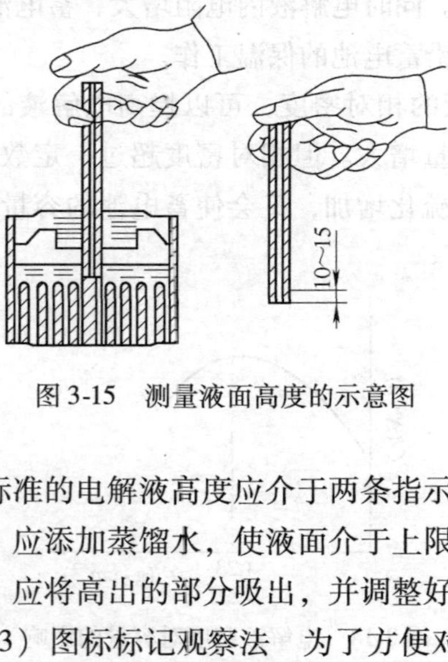

图3-15　测量液面高度的示意图

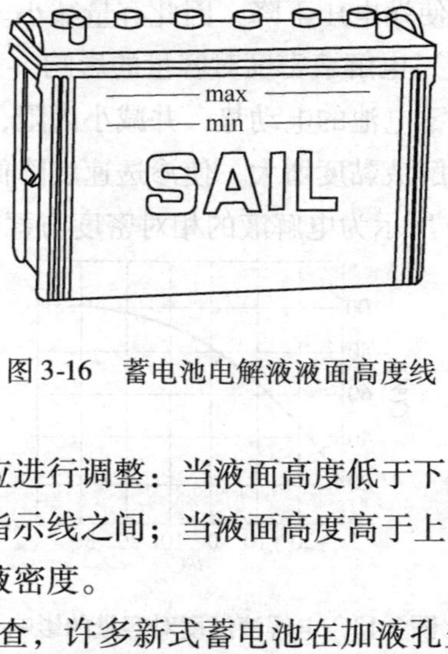

图3-16　蓄电池电解液液面高度线

标准的电解液高度应介于两条指示线之间，否则应进行调整：当液面高度低于下限指示线时，应添加蒸馏水，使液面介于上限指示线与下限指示线之间；当液面高度高于上限指示线时，应将高出的部分吸出，并调整好单格中的电解液密度。

（3）图标标记观察法　为了方便对蓄电池进行检查，许多新式蓄电池在加液孔盖或蓄电池壳体上，制有各种图标标记和说明，检查时可根据其图示形状或颜色的变化来判断液体的多少和存电量状况，如图3-17所示。

（二）电解液密度的检查

通过测量电解液密度就可以得到蓄电池的放电程度。电解液密度与放电程度的关系是：电解液相对密度每下降0.01g/cm^3，相当于蓄电池放电6%。

电解液的密度可用专用的密度计测量，测量时将液体比重计管垂直放置在电解液中，管中吸入适量电解液，让浮子自由移动并将液体比重计保持在视平线高度，在最高的电解液液位读取液体比重计。测量方法如图3-18所示。

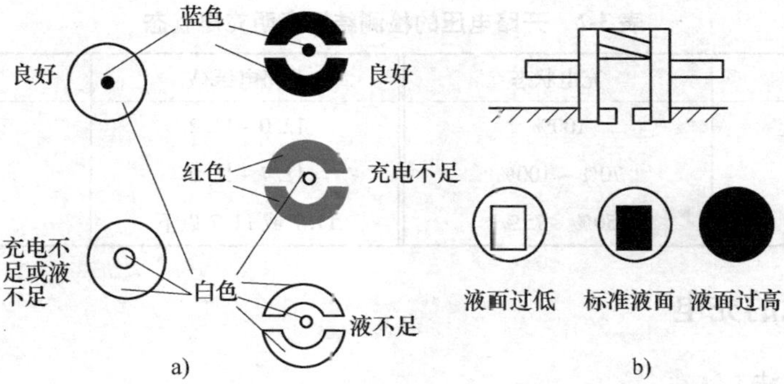

图 3-17　蓄电池电量指示图标

如果电解液密度小于 1.215g/cm³（进行温度校正后），请对蓄电池充电或将其更换。如果任意两个电池电解液之间的密度差大于 0.05g/cm³，请更换蓄电池。

（三）放电电压的测量

对于装有分体式容器盖的蓄电池，由于单格电池的极柱外露，还可以用高率放电计测量蓄电池各个单格在大电流放电时的电压值，即模拟接入起动机负荷，测量蓄电池在接近起动机起动电流放电时的端电压，用以判断蓄电池的放电程度和起动能力，测量方法如图 3-19 所示。

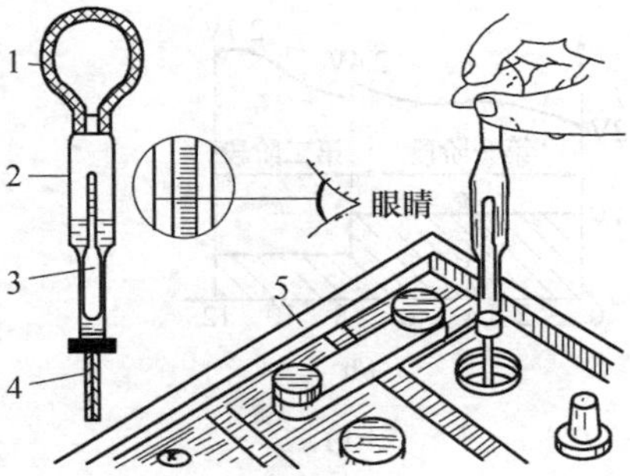

图 3-18　电解液密度的检查示意图

1—橡皮球　2—玻璃管　3—浮子

4—橡皮吸管　5—被测电池

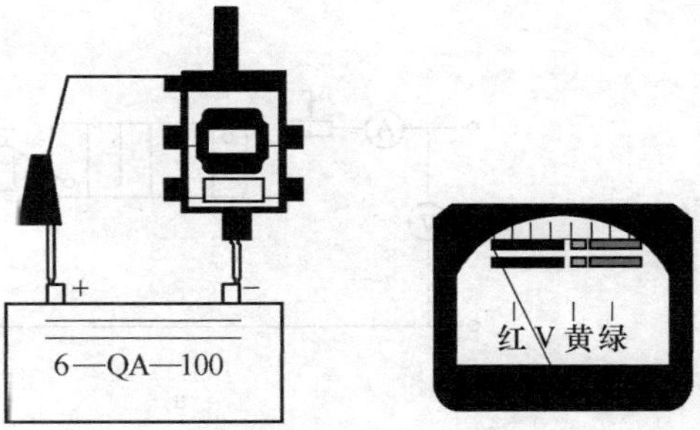

图 3-19　用高率放电计测量放电电压示意图

这种放电计的正面表盘上设有红、黄、绿色的条形，分别表明蓄电池的不同放电程度，其中红色区域表示亏电或有故障；黄色区域表示亏电较少或技术状况较好；绿色区域则表示电充足或技术状况良好。

（四）开路电压的检查

检查开路电压用来确定蓄电池的充电状态。检查时，蓄电池必须是稳定的，若蓄电池刚补充完电，至少应等待 10min，让蓄电池的电压稳定后，再进行测量。测量时把电压表接在蓄电池两极柱上，跨接时应认准极性。测量开路电压，读数要精确到 0.1V。

一般来说，蓄电池在 25℃时处于较佳状态的读数应为 12.4V 左右，若充电状态达 75% 或 75% 以上，就可认为蓄电池充足了电，其对应关系见表 3-2。

表 3-2 开路电压的检测结果表明充电状态

开路电压/V	充电状态	开路电压/V	充电状态
12.6 或 12.6 以上	100%	12.0 ~ 12.2	25% ~ 50%
12.4 ~ 12.6	70% ~ 100%	11.7 ~ 12.0	0 ~ 25%
12.2 ~ 12.4	50% ~ 75%	11.7 或 11.7 以下	0

三、蓄电池的充电

(一) 充电方法

蓄电池的充电方法可分为定流充电、定压充电和脉冲快速充电。

(1) 定流充电　充电过程中，使充电电流保持恒定的充电方法，称为定流充电。它具有以下特点：

1) 充电过程中，充电电流恒定，但充电电压是变化的（充电过程中，蓄电池的端电压不断升高，为保证充电电流的恒定，充电电源电压或调节负载应随时变化）。

2) 充电电流大小可根据充电类型及蓄电池的容量确定。

3) 不同端电压的蓄电池可以串联充电。

4) 充电时间长。

定流充电的接线方法和充电特性曲线如图 3-20 所示。

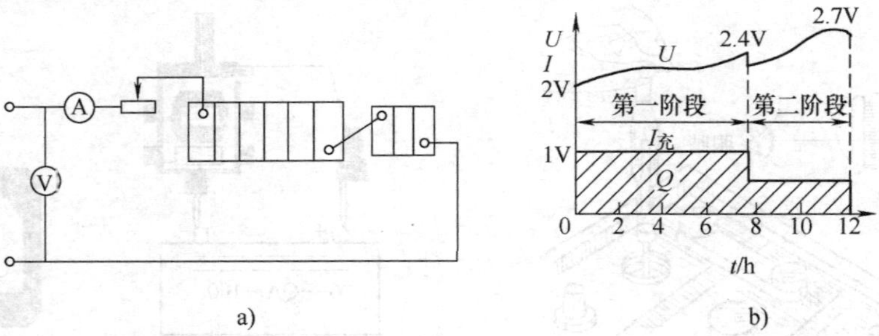

图 3-20 定流充电的接线方法和充电特性曲线

a) 定流充电的接线方法　b) 充电特性曲线

为缩短充电时间，充电过程通常分为两个阶段。第一阶段采用较大的充电电流，使蓄电池的容量得到迅速恢复，当蓄电池电量基本充足，单格电池电压达到 2.4V，开始电解水产生气泡时，转入第二阶段，将充电电流减小一半，直到电解液密度和蓄电池端电压达到最大值且在 2 ~ 3h 内不再上升，蓄电池内部剧烈冒出气泡时为止。

(2) 定压充电　充电过程中，加在蓄电池两端的电压保持不变的充电方法，称为定压充电。它具有以下特点：

1) 充电过程中，充电电压保持不变（充电开始时，充电电流很大，随着蓄电池电动势的不断升高，充电电流逐渐减小，直至为零）。

2) 充电电压的选择：一般单格电池的充电电压选择 2.5V（若充电电压低，则蓄电池出现充电不足的现象；若充电电压选择过高，则蓄电池充足电后还会继续充电，此时的充电则为过充电）。

定压充电的接线方法和充电特性曲线如图3-21所示。

（3）脉冲快速充电　脉冲快速充电是充电技术的一次重大改革，是充电技术的新发展。

脉冲快速充电的特点是先用0.8～1倍额定容量的大电流进行定流充电，使蓄电池在短时间内充至额定容量的50%～60%。当蓄电池单格电压升到2.4V，开始冒气泡时，由控制电路控制，开始进行脉冲充电。即先停止充电25～40ms（称前停充），接着再放电或反充电，使蓄电池反向通过一个较大的脉冲电流（脉冲深度为充电电流的1.5～3倍，脉冲宽度为150～1000μs），然后再停止充电25ms（称后停充）。以后的充电一直按“正脉冲充电—前停充—负脉冲瞬间放电—后停充—再正脉冲充电”的循环过程进行，直至充足。脉冲快速充电电流的波形如图3-22所示。

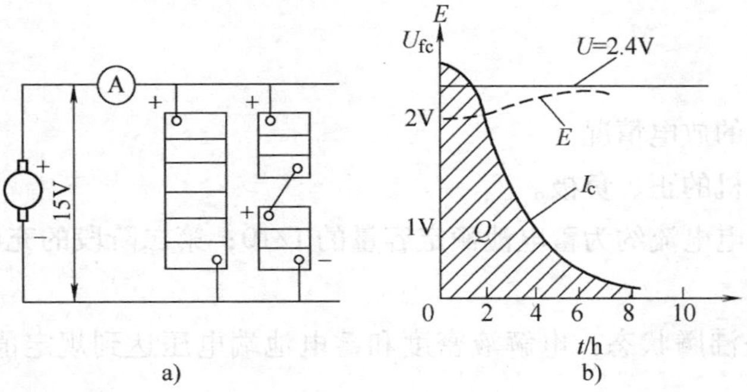

图3-21　定压充电的接线方法和充电特性曲线

a）定压充电的接线方法　b）充电特性曲线

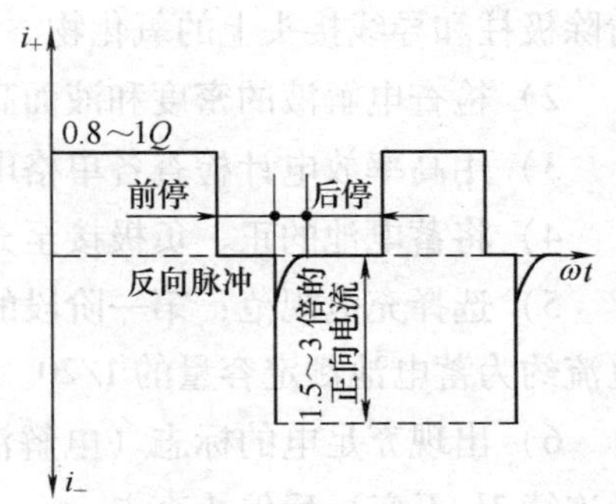

图3-22　脉冲快速充电电流的波形

（二）充电种类

（1）初充电　新蓄电池或修复后的蓄电池（更换极板）在使用前的首次充电为初充电。操作步骤如下：

1）检查蓄电池的外壳，拧下加液口盖。

2）按照不同的季节和气温选择电解液密度，将选择好的电解液从加液孔处缓慢加入蓄电池内，液面要高出极板上沿15mm。

3）静止6～8h，让电解液充分浸渍极板（由于电解液浸入极板后，液面会有所下降，应再加入电解液将液面调整到规定值）。

4）待电解液温度下降到30℃以下后，将充电机的正极接到蓄电池的正极，充电机的负极接到蓄电池的负极，准备充电。

5）第一阶段的充电电流约为蓄电池容量的1/15，充电至电解液中有气泡析出，单格端电压达到2.4V。第二阶段的充电电流约为蓄电池容量的1/30。

6）充电过程中要经常测量电解液的密度和温度。如果电解液的温度超过40℃，则应将电流减小；如果温度继续上升至45℃，则应停止充电。适当采取冷却措施以降低电解液的温度。充电接近终了时，如果电解液的密度不符合规定，应用蒸馏水或相对密度为1.4g/cm³的电解液调整，调整后再充电2h。

7）蓄电池电解液产生大量气泡，呈沸腾状态；蓄电池电解液的密度及单格端电压达到规定值，并连续3h不变，标志着已充足电。

8）新蓄电池充足电后，应以20h率放电。

放电的步骤是，使充足电的蓄电池休息1～2h，然后以20h率放电。放电开始后每隔2h测量一次单格电压，当单格电压下降至1.8V时，每隔20min测量一次电压，单格电压下降至1.75V时，立即停止放电。

9）进行补充充电至蓄电池充足。

（2）补充充电　蓄电池在使用过程中，若符合起动机运转无力、灯光比平时暗淡；电解液密度下降至1.15g/cm^{3}以下；单格电池电压下降至1.75V以下；储存不用近一个月的蓄电池等情况应进行补充充电。补充充电的操作步骤如下：

1）清洁。从农机上拆下蓄电池，清除蓄电池盖上的脏污，疏通加液孔盖上的通气孔，清除极柱和导线接头上的氧化物。

2）检查电解液的密度和液面高度。

3）用高率放电计检查各单格电池的放电情况。

4）将蓄电池的正、负极接至充电机的正、负极。

5）选择充电规范：第一阶段的充电电流约为蓄电池额定容量的1/10；第二阶段的充电电流约为蓄电池额定容量的1/20。

6）出现充足电的标志（电解液呈沸腾状态；电解液密度和蓄电池端电压达到规定值，且连续3h不变）后停止充电。

7）将加液口盖拧紧，擦净蓄电池的表面。

（3）去硫化充电　蓄电池使用过程中可能发生极板硫化，导致内阻加大，充电时温度上升较快，蓄电池的容量降低。对于硫化较轻的蓄电池可以通过去硫化充电法加以消除。去硫化充电的操作步骤如下：

1）先倒出原有的电解液，并用蒸馏水清洗两次，然后加入蒸馏水。

2）接通充电电路，将电流调到初充电的第二阶段电流值充电，当密度上升到1.15g/cm^{3}时，倒出电解液，换加蒸馏水再进行充电，直到电解液密度不再增加为止。

3）以10h率放电，当单格电压下降到1.7V时，再以补充充电的电流进行充电、再放电、再充电，直到容量达到额定值80%以上。

（三）蓄电池充电注意事项

1）严格遵守各种充电方法的充电规范。

2）将充电机与蓄电池连接时，应注意极性，正接正，负接负，不可接错，以免损坏蓄电池。

3）在充电机工作时，不要连接或脱开充电机导线。

4）在充电过程中，要注意各个单格电池电压和电解液密度，及时判断充电程度。

5）在充电过程中，要注意各个单格电池的温升，以免温度过高，影响蓄电池的使用性能。

6）室内充电时，打开蓄电池加液孔盖，使气体顺利逸出，以免发生事故。

7）室内充电时要安装通风设备，严禁在蓄电池附近产生电火花、明火和吸烟。

8）充电时，导线必须连接牢固可靠。

四、蓄电池故障诊断与排除

（一）自放电故障诊断与排除

1. 故障现象

自放电是指充足电的蓄电池放置一段时间后，在无负荷的情况下逐渐失去电量的现象。由于蓄电池本身的结构原因，会产生一定程度的自放电。如果自放电在一定的范围内，可视为正常现象。一般自放电的允许范围在每昼夜1%。如果每昼夜放电超过2%，就应视为故障。

2. 故障原因

1）电解液中有杂质，杂质与极板之间形成电位差，通过电解液产生局部放电。

2）蓄电池表面脏污，造成轻微短路。

3）极板活性物质脱落，下部沉积物过多使极板短路。

4）蓄电池长期放置不用，硫酸下沉，从而造成下部密度比上部密度大，极板上、下部发生电位差引起自放电。

3. 排除方法

将蓄电池全部放电或过放电，使极板上的杂质进入电解液；倒出电解液，清洗几次；最后加入新配制的电解液。

（二）极板硫化故障诊断与排除

极板上附着有硬化的硫酸铅，正常充电时不能转化成二氧化铅和铅的现象称为极板硫化。

1. 故障现象

1）蓄电池电解液的密度下降到低于规定值。

2）用高率放电计检测时，蓄电池端电压下降过快。

3）蓄电池充电时过早地产生气泡，甚至一开始就有气泡。

4）充电时电解液温度上升过快，易超过45℃。

2. 故障原因

1）蓄电池在放电或半放电状态下长期放置，硫酸铅在昼夜温差作用下，溶解与结晶不能保持平衡，结晶量大于溶解量，结晶的硫酸铅附着在极板上。

2）蓄电池经常过量放电或深度小电流放电，在极板的深层小孔隙内形成硫酸铅，充电时不易恢复。

3）电解液液面过低，极板上部的活性物质暴露在空气中被氧化，之后与电解液接触生成硬化的硫酸铅。

4）电解液不纯或其他原因造成蓄电池的自放电，生成硫酸铅，从而为硫酸铅的再结晶提供物质基础。

3. 排除方法

硫化不严重时可通过去硫化充电方法解决；硫化严重时，应予以报废。

（三）蓄电池容量达不到规定要求故障诊断与排除

1. 故障现象

1）农机起动时，起动机转速很快地减慢，转动无力。

2）按喇叭声音弱、无力。

3）开启前照灯、灯光暗淡。

2. 故障原因

1）使用蓄电池前未按要求进行初充电。

2）发电机调节器电压调得太低，使蓄电池经常充电不足。

3）经常长时间起动起动机，造成大电流放电，致使极板损坏。

4）电解液的相对密度低于规定值，或在电解液渗漏后，只加注蒸馏水，未及时补充电解液，致使电解液相对密度降低。

5）电解液的相对密度过高或电解液液面过低，造成极板硫化。

3. 排除方法

1）首先检查蓄电池外部，检查外壳是否良好、表面是否清洁、极板上是否有腐蚀物或污物。

2）检查蓄电池搭铁线、极柱的连接夹是否松动，如果有则为输出电阻过大，电压低。

3）测量蓄电池的电解液密度。如果电解液密度过低，说明充电不足或新蓄电池未按要求经过充、放电循环，使蓄电池达到规定容量。

4）检查电解液液面高度。如果液面高度不足，且在极板上有白色结晶物质存在，则可能存在极板硫化故障。

5）蓄电池充电后检查电解液密度，如果出现两个相邻的单格电池中电解液的密度有明显差别，则说明该单格电池内部有短路，不能使用。

6）必要时，检查发电机电压调节器的调节电压。

任务二　交流发电机的维护与检修

任务分析

交流发电机及调节器是农机电源与充电系统的重要部件。在发动机正常工作时，由发电机向全车用电设备供电，同时发电机还要向蓄电池进行补充充电。

通过学习交流发电机的维护与检修相关知识，掌握交流发电机的拆装方法，掌握交流发电机的整机检测及解体后主要部件的检测方法，能对交流发电机的技术性能进行正确评价。

相关知识

一、三相同步交流发电机的分类

（一）三相同步交流发电机按磁场绕组搭铁方式分类

（1）内搭铁型交流发电机　即磁场绕组的一端引出来形成磁场接柱，而另一端与发电机壳相连接，如图 3-23a 所示。

（2）外搭铁型交流发电机　即磁场绕组的两个端子都和发电机外壳绝缘，引出来形成两个磁场接柱，磁场绕组是通过调节器搭铁的，如图 3-23b 所示。

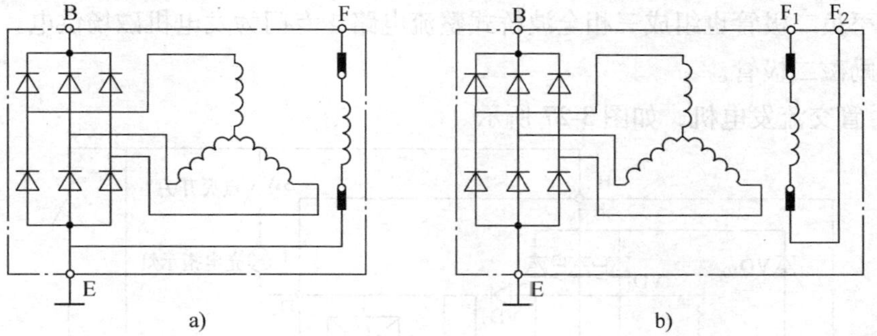

图 3-23　交流发电机的搭铁形式

a）内搭铁型交流发电机　b）外搭铁型交流发电机

（二）三相同步交流发电机按二极管数量分类

（1）6 管交流发电机　整流器有 6 只硅整流二极管，如图 3-24 所示。

（2）8 管交流发电机　8 管交流发电机和 6 管交流发电机的基本结构是相同的，所不同的是整流器有 8 只硅整流二极管，如图 3-25 所示。

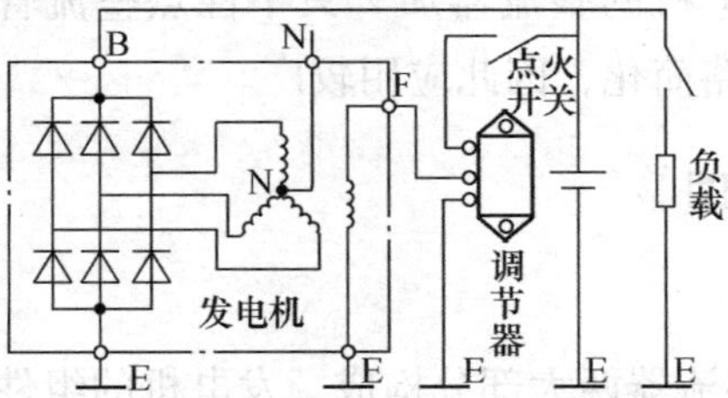

图 3-24　6 管交流发电机

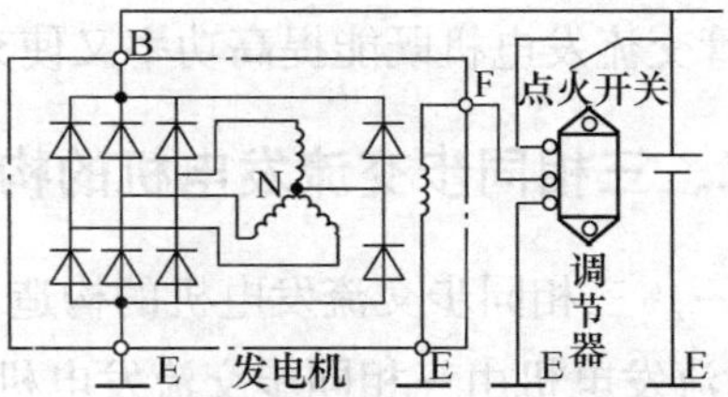

图 3-25　8 管交流发电机

其中 6 只组成三相全波桥式整流电路，另 2 只是中性点二极管，1 只正极管接在中性点和正极之间，1 只负极管接在中性点和负极之间，对中性点电压进行全波整流。

试验表明：加装中性点二极管的交流发电机在结构不变的情况下，可以将发电机的功率提高 10% ~15%。

（3）9 管交流发电机　9 管交流发电机的基本结构和 6 管交流发电机相同，所不同的是整流器，如图 3-26 所示。

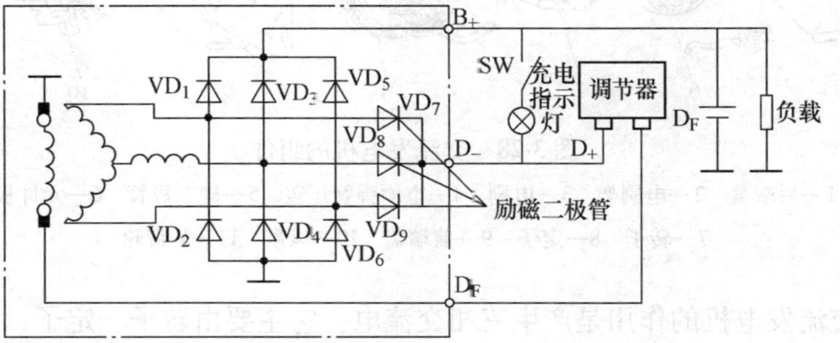

图 3-26　9 管交流发电机

9管交流发电机的整流器是由6只大功率整流二极管和3只小功率励磁二极管组成的。其中6只大功率整流二极管组成三相全波桥式整流电路，对外负载供电，3只小功率二极管与三只大功率负二极管也组成三相全波桥式整流电路，专门为发电机磁场供电。所以称3只小功率管为励磁二极管。

（4）11管交流发电机，如图3-27所示。

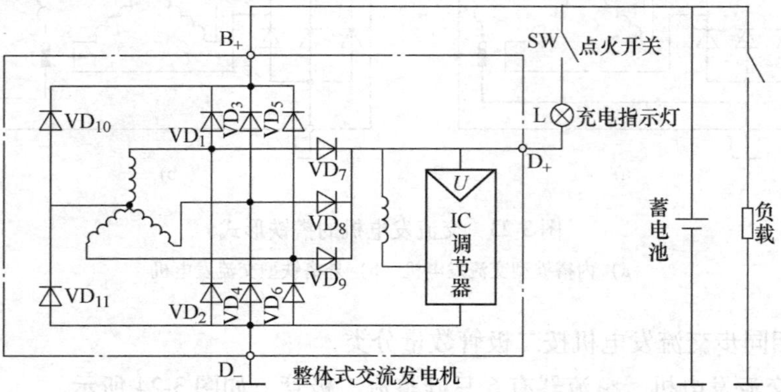

图3-27　11管交流发电机

11管交流发电机的整流器，相当于9管交流发电机的整流器加2只中性点整流管。由于11管交流发电机既能提高功率又使充电指示灯电路简化，因此应用较广。

二、三相同步交流发电机的构造与工作原理

（一）三相同步交流发电机的构造

交流发电机由三相同步交流发电机和硅二极管整流器两大部分构成，发电机的组件如图3-28所示。

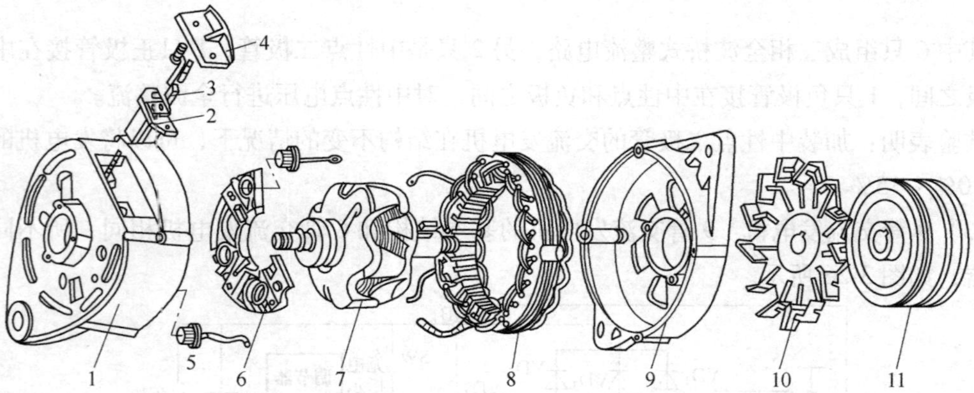

图3-28　交流发电机的组件

1—后端盖　2—电刷架　3—电刷　4—电刷弹簧压盖　5—硅二极管　6—元件板
7—转子　8—定子　9—前端盖　10—风扇　11—V带轮

三相同步交流发电机的作用是产生三相交流电。它主要由转子、定子、前后端盖、风扇及V带轮等组成。

（1）转子　转子是三相同步交流发电机的旋转磁场部分。它由转轴、两块爪形磁极、磁轭、励磁绕组、集电环等部件构成，如图3-29所示。

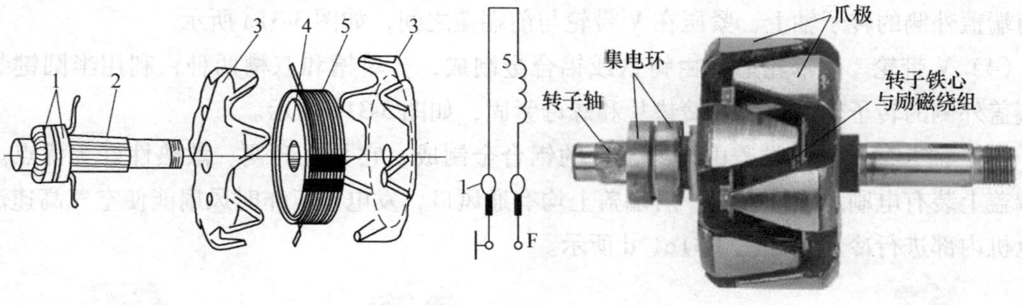

图3-29　发电机转子

1—集电环　2—转轴　3—爪形磁极　4—磁轭　5—励磁绕组

励磁绕组用高强度漆包线绕一定匝数而成，套装在磁轭上，两个线头分别穿过一块磁极的小孔与两个集电环焊固。

磁极为爪形，用低碳钢板冲压或用精密铸造浇注而成。两块磁极各具数目相等的爪极，一般为六对。爪极相互交错压装在励磁绕组和磁轭的外面。

当电刷与直流电源接通时，励磁绕组中便有励磁电流通过，产生磁场，使得一块爪极被磁化为N极，另一块爪极被磁化为S极，从而形成了六对相互交错的磁极。

（2）定子　定子又称为电枢，是三相同步交流发电机产生三相交流电的部件。它由铁心和三相绕组组成。

定子铁心由相互绝缘的内圆带槽的环状硅钢片叠成，硅钢片厚度为0.5~1mm。定子槽内置有三相绕组，绕组用的是高强度漆包线，作星形联结，如图3-30所示。为使三相绕组中产生大小相等、相位相差120°（电角度）的对称电动势，在三相绕组的绕法上需要遵循以下原则。

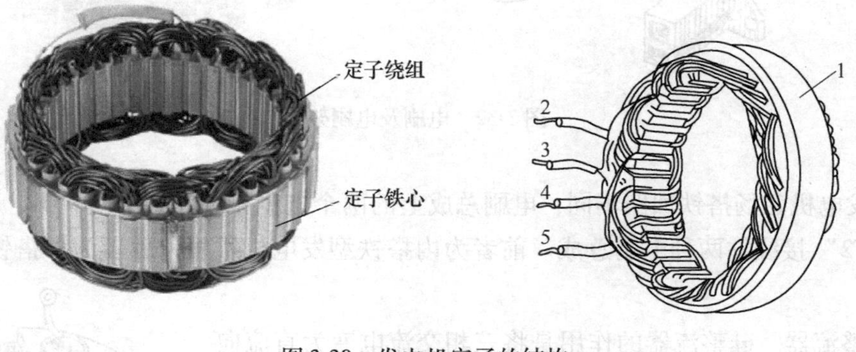

图3-30　发电机定子的结构

1—定子铁心　2、3、4、5—定子绕组引线端

1）为使三相电动势大小相等，每相绕组的线圈个数和每个线圈的节距与匝数都必须完全相等。

2）为使三相电动势在相位上互差120°，三相绕组的首端A、B、C（或末端X、Y、Z）

在定子槽内的排列，必须相隔120°电角度（即两个槽的宽度）。

（3）风扇　风扇一般用1.5mm厚的钢板冲压而成或用铝合金铸造制成，利用半圆键装在前端盖外侧的转子轴上，紧压在V带轮与前端盖之间，如图3-31a所示。

（4）V带轮　V带轮通常由铸铁或铝合金制成，分单槽和双槽两种，利用半圆键装在前端盖外侧的转子轴上，用弹簧垫片和螺母紧固，如图3-31b所示。

（5）前、后端盖　端盖由非导磁性的铝合金制成，它具有轻便、散热性好等优点。在后端盖上装有电刷总成。在前、后端盖上均有通风口，发电机工作时风扇能使空气高速流经发电机内部进行冷却，如图3-31c、d所示。

a)　b)　c)　d)

图3-31　发电机风扇、V带轮、前端盖及后端盖外观图

a）风扇　b）V带轮　c）前端盖　d）后端盖

（6）电刷总成　两只电刷装在电刷架的方孔内，并在其弹簧的压力推动下与转子集电环保持良好的接触。电刷的结构有外装式和内装式两种，如图3-32所示。

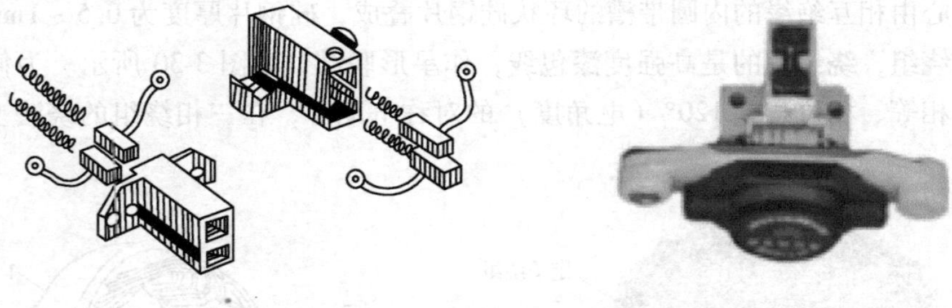

图3-32　电刷及电刷架

根据发电机磁场搭铁回路不同，电刷总成上的两个电刷接线柱可分为“B、F”接线柱或“F1、F2”接线柱两种电刷总成。前者为内搭铁型发电机所用，后者为外搭铁型发电机所用。

（7）整流器　硅整流器的作用是将三相交流电变为直流向外输出，并可阻止蓄电池的电流向发电机倒流。它由1块元件板和6只硅二极管组成。

1）元件板又称散热板，用铝合金制成月牙形，如图3-33所示。

图3-33　元件板

2）交流发电机的整流器，由6只硅二极管组成。二极管分

为正二极管和负二极管，内部结构、外形和表示符号如图 3-34 所示。其中，引线和外壳分别是它的两个电极。

正二极管中心引线为正极，外壳为负极，在管壳底部一般标有红色标记。在硅整流发电机中，3 个正二极管的外壳压装在元件板的座孔内，共同组成发电机的正极，并绝缘固定在发电机后端盖的内侧或外侧，元件板上的大接线柱（螺栓）就是发电机的相线接线柱，一般用符号“B”或“A”或“+”来表示。

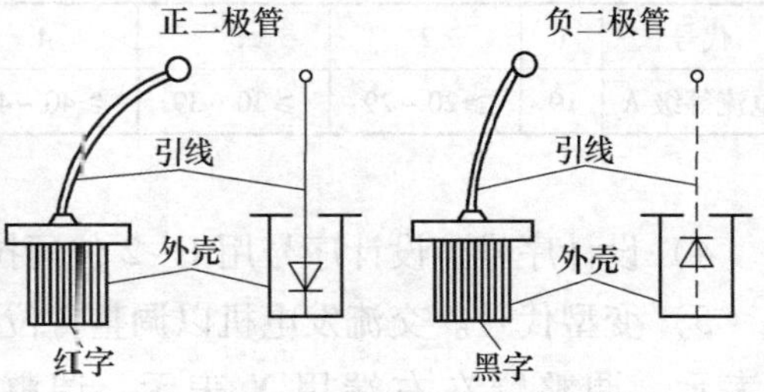

图 3-34　硅整流二极管

负二极管中心引线为负极，外壳为正极，在管壳底部一般标有黑色标记。在硅整流发电机中，3 个负二极管的外壳压装在后端盖的座孔内，共同组成发电机的负极。一般用符号“E”或“-”来表示。

整流器上的各元器件的安装位置如图 3-35 所示。

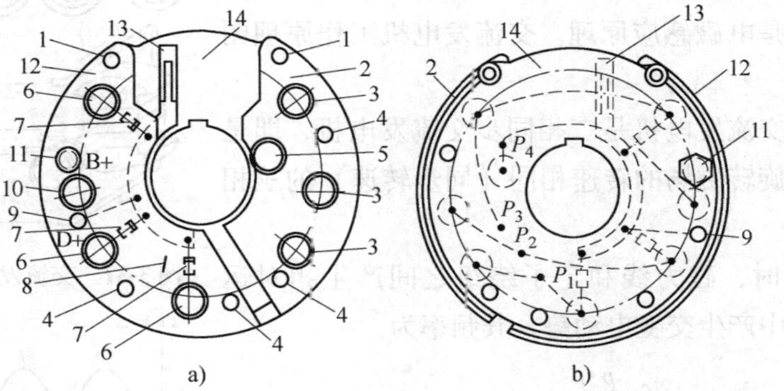

图 3-35　发电机整流元器件的安装位置

a）从后端盖一侧视　b）从前端盖一侧视

1—IC 调节器安装孔（2 个）　2—负整流板　3—负二极管　4—整流器总成安装孔（4 个）　5—中性点二极管（负二极管）　6—正二极管　7—磁场二极管　8—防干扰电容器连接　9—“D+”端子　10—中性点二极管（正二极管）　11—“B+”端子　12—正整流板　13—电刷架压紧弹簧　14—硬树脂绝缘板

（8）交流发电机的型号　根据中华人民共和国汽车行业标准 QC/T 73—1993《汽车电气设备产品型号编制方法》的规定，汽车交流发电机型号由产品代号、电压等级代号、电流等级代号、设计序号、变型代号五部分组成，如图 3-36 所示。

1）产品代号。产品代号用中文字母表示，例：JF——普通交流发电机；JFZ——整体式（调节器内置）交流发电机；JFB——带泵的交流发电机；JFW——无刷交流发电机。

2）电压等级代号。电压等级代号用 1 位阿拉伯数字表示，1 表示 12V 系统；2 表示 24V 系统；6 表示 6V 系统。

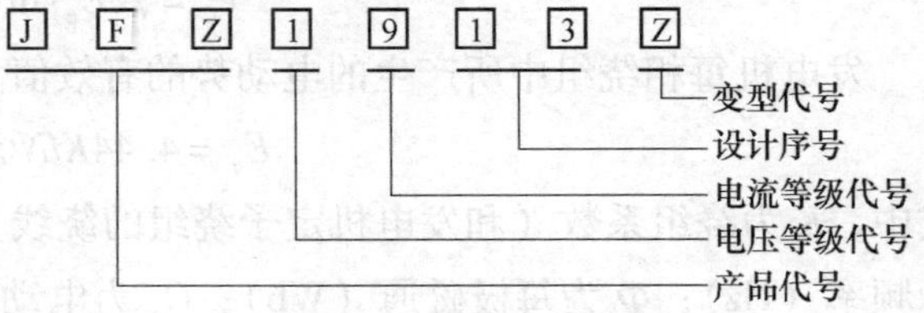

图 3-36　交流发电机型号

3）电流等级代号。电流等级代号也用1位阿拉伯数字表示，其含义见表3-3。

表3-3 电流等级代号

代号	1	2	3	4	5	6	7	8	9
电流等级A	19	≥20~29	≥30~39	≥40~49	≥50~59	≥60~69	≥70~79	≥80~89	≥90

4）设计序号。设计序号用1~2位阿拉伯数字表示，表示产品设计的先后顺序。

5）变型代号。交流发电机以调整臂位置作为变型代号，从驱动端看，调整臂在左边用Z表示，调整臂在右端用Y表示，调整臂在中间不加标记。

（二）三相同步交流发电机的工作原理

（1）交流电动势的产生　交流发电机就是把通电线圈所产生的磁场在发电机中旋转，使其磁力线切割定子线圈，在线圈内产生交变电动势。交流发电机产生交流电的基本原理，仍然是电磁感应原理。交流发电机工作原理图如图3-37所示。

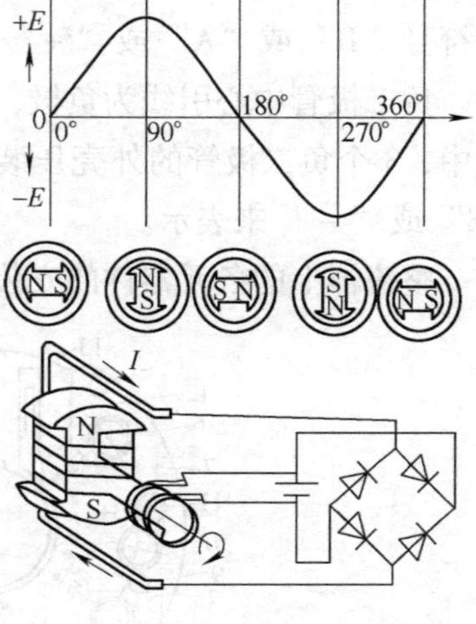

图3-37　交流发电机工作原理图

实际使用的交流发电机是三相同步交流发电机，即是指转子的转速与旋转磁场的转速相同（同步转速）的三相交流发电机。

当转子旋转时，磁力线和定子绕组之间产生相对运动，在三相绕组中产生交变电动势，其频率为

$$f=\frac{p\cdot n}{60}$$

由于转子磁极呈爪形，其磁场的分布近似正弦规律，所以交流电动势也近似正弦波形。三相绕组在定子槽中是对称绕制的，产生的三相电动势也是对称的。所以在三相绕组中产生频率相同、幅值相等、相位互差120°电角度的正弦电动势 e_A、e_B 和 e_C。三相电动势波形如图3-38所示。

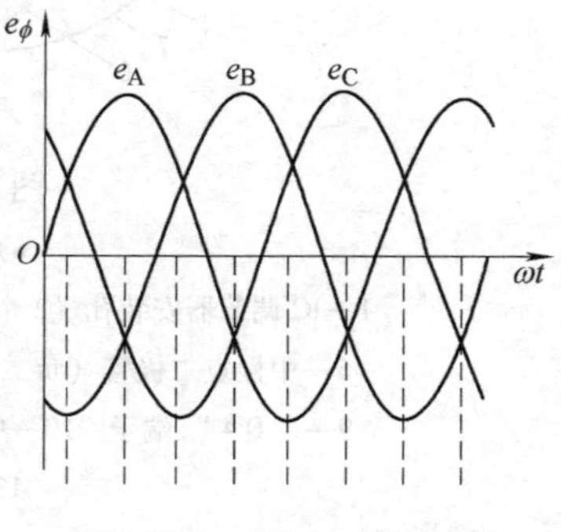

图3-38　三相电动势波形

三相绕组中电动势的瞬时值方程式为

$$e_A=\sqrt{2}E_\varphi\sin\omega t$$

$$e_B=\sqrt{2}E_\varphi\sin(\omega t-120°)$$

$$e_C=\sqrt{2}E_\varphi\sin(\omega t-240°)$$

发电机每相绕组中所产生的电动势的有效值为

$$E_\varphi=4.44KfN\Phi=C_e\Phi n$$

式中，K 为绕组系数（和发电机定子绕组的绕线方式有关）；N 为每相绕组的匝数（匝）；f 为频率（Hz）；Φ 为每极磁通（Wb）；C_e 为电动机结构常数；E_φ 为相电动势（V）；n 为转速（r/min）。

由此可见，当交流发电机结构一定时（结构常数 C_e 不变），相电动势 E_φ 和发电机的转速、磁通成正比。

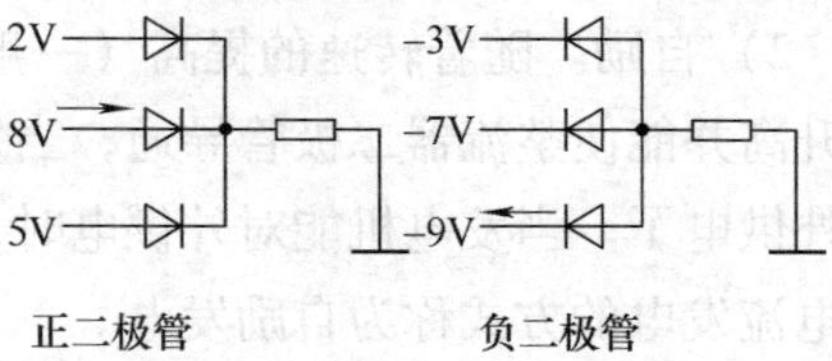

图 3-39　二极管的导通原则

（2）交流发电机的整流原理　发电机定子绕组中感应产生的是交流电，是靠 6 只二极管组成的三相桥式整流电路变为直流电的。

二极管具有单向导电性，当给二极管加上正向电压时，二极管导通，当给二极管加上反向电压时，二极管截止。整流时，3 只正二极管中，在某一瞬间正极电位（电压）最高者导通。3 只负二极管中，在某一瞬间负极电位（电压）最低者导通。二极管的导通原则如图 3-39 所示。

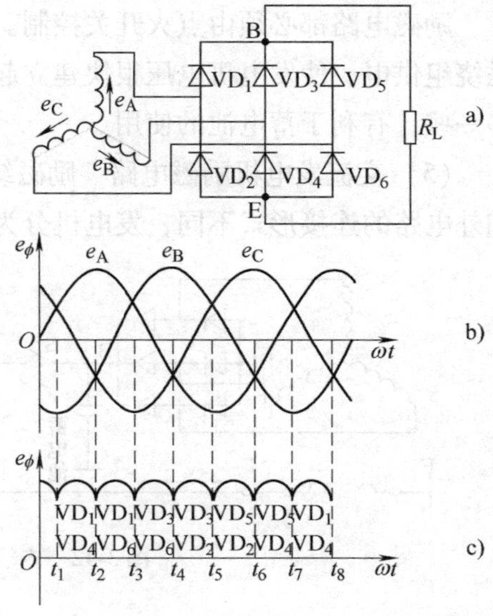

图 3-40　三相桥式整流电路及电压波形

a）整流电路　b）整流前电压波形

c）整流后电压波形

如图 3-40 所示，将定子的三相绕组和 6 只整流二极管按电路连接，三相桥式整流电路中二极管的依次循环导通，使得负载 R_L 两端得到一个比较平稳的脉动直流电压。对于三个正二极管（VD_1、VD_3、VD_5 正极和定子绕组始端相联），在某瞬时，电压最高一相的正二极管导通。对于三个负二吸管（VD_2、VD_4、VD_6 负极和定子绕组始端相联），在某瞬时，电压最低一相的负二极管导通。但同时导通的管子总是两个，正、负二极管各一个。发电机的输出端 B、E 上就输出一个脉动直流电压。

（3）中性点电压　在定子绕组为星形联结时，三相绕组的公共节点称为中性点。从三相绕组的中性点引一根导线到发电机外，标记为“N”。“N”点电压称为中性点电压。

中性点电压的瞬时值是一个三次谐波电压，如图 3-41 所示。平均值为发电机输出电压（平均值）的一半。

（4）发电机的励磁　除了永磁式交流发电机不需要励磁以外，其他形式的交流发电机都必须给励磁绕组通电才会有磁场产生而发电，否则发电机将不能发电。将电流引入到励磁绕组使之产生磁场称为励磁。交流发电机励磁方式有他励和自励两种。

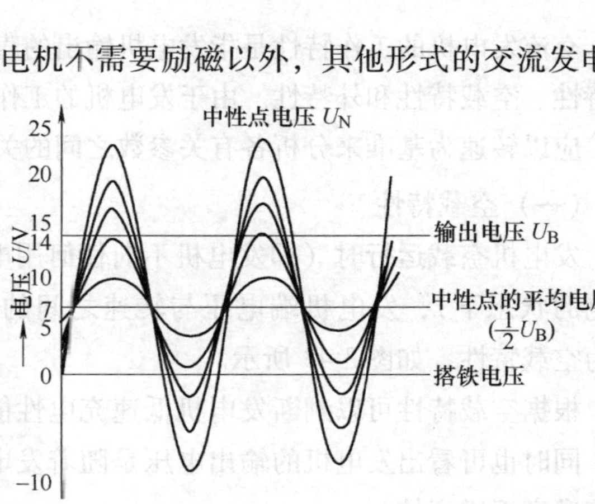

图 3-41　中性点电压的波形

1）他励。在发电机转速较低时（发动机未达到怠速转速），自身不能发电。单靠微弱的剩磁产生的很小的电动势，很难克服二极管的正向电阻，需要蓄电池供给发电机励磁绕组电流，使励磁绕组产生磁场来发电。这种由蓄电池供给磁场电流发电的方式称为他励发电。

2）自励。随着转速的提高（一般在发动机达到怠速时），发电机定子绕组的电动势逐渐升高并能使整流器二极管导通，当发电机的输出电压 U_B 大于蓄电池电压时，发电机就能对外供电了。当发电机能对外供电时，就可以把自身发的电供给励磁绕组，这种自身供给磁场电流发电的方式称为自励发电。

交流发电机励磁过程是先他励后自励。当发动机达到正常怠速转速时，发电机的输出电压一般高出蓄电池电压 1 ~2V 以便对蓄电池充电，此时，由发电机自励发电。

励磁电路都必须由点火开关控制。因此，发电机必须与蓄电池并联，开始由蓄电池向励磁绕组供电，使发电机电压很快建立起来，并迅速转变为自励状态，蓄电池被充电的机会也多一些，有利于蓄电池的使用。

（5）交流发电机励磁电路　励磁绕组通过两只电刷（F 和 E）和外电路相连，根据电刷和外电路的连接形式不同，发电机分为内搭铁型和外搭铁型两种，如图 3-42 所示。

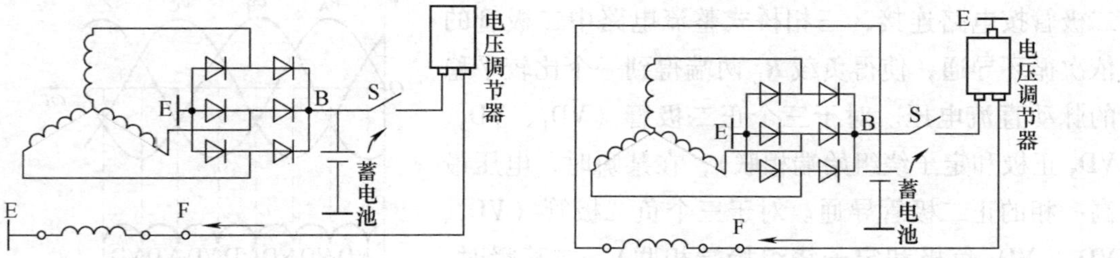

图 3-42　内、外搭铁型交流发电机励磁电路

1）内搭铁型交流发电机：励磁绕组的一端经负电刷（E）引出后和后端盖直接相连（直接搭铁）的发电机称为内搭铁型交流发电机。

2）外搭铁型交流发电机：励磁绕组的两端（F 和 E）均和端盖绝缘的发电机称为外搭铁型交流发电机。

三、三相同步交流发电机的工作特性

交流发电机的工作特性是指发电机输出的直流电压、电流与转速之间的关系。它包括输出特性、空载特性和外特性。由于发电机的工作转速在较大范围变化，所以，研究发电机特性，应以转速为基准来分析各有关参数之间的关系。

（一）空载特性

发电机空载运行时（即发电机不向任何用电设备供电的状态下），发电机端电压与转速之间的关系，称为空载特性，如图 3-43 所示。

根据空载特性可以判断发电机低速充电性能的好坏，同时也可看出发电机的输出电压是随着发电机的转速升高而增高的。

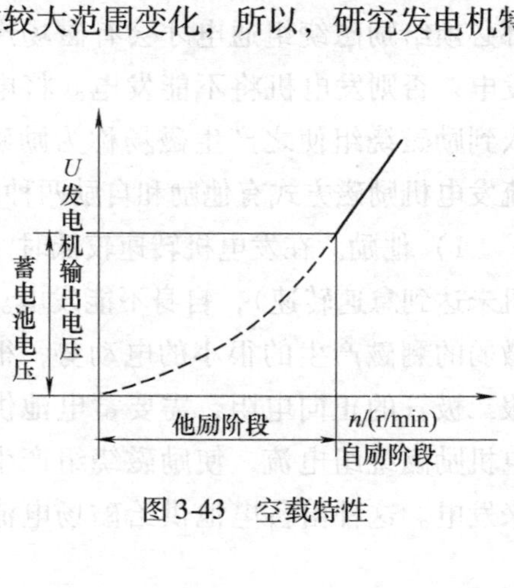

图 3-43　空载特性

（二）输出特性

发电机输出电压一定时，它的输出电流随着转速的变化规律，称为输出特性，如图3-44所示。12V的发电机的额定电压是14V，24V的发电机的额定电压是28V。

发电机不同转速下，输出功率情况如下：

1）发电机空载时，输出电压达到额定值的转速 n_1，称为空载转速。n_1 常用作选择发电机与发动机传动比的主要依据。

2）发电机输出电流达到额定值时的转速 n_2，称为满载转速，发电机的额定电流一般规定为70%～75%。

从曲线中可以看出，当转速达到一定值后，发电机的输出电流几乎不再继续增加，具有自动限制输出电流的能力。这是因为：

1）随着定子绕组中的感应电动势增加，其绕组的阻抗也随转速的升高而增大。

2）定子绕组电流的增加，其电枢反应的增强也使感应电动势下降。由于具有这种自我保护作用，硅整流发电机一般不需要设置限流器。

（三）外特性

当发电机转速一定时，发电机端电压与输出电流之间的关系，称为外特性，如图3-45所示。

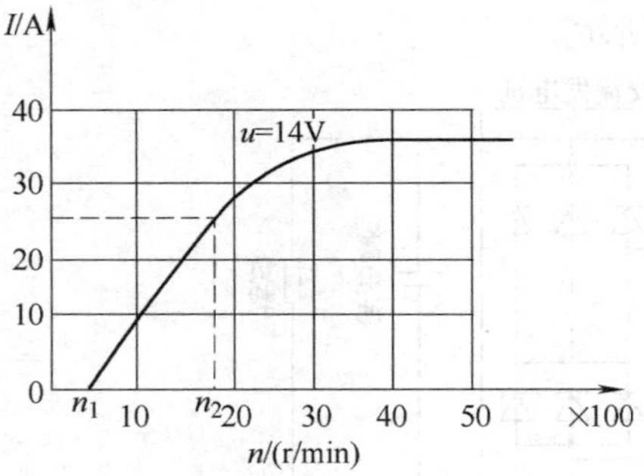

图3-44　输出特性

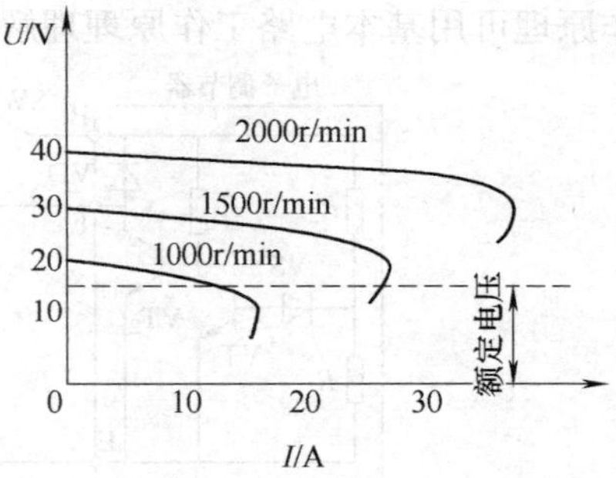

图3-45　外特性

从外特性曲线可以看出，在转速变化时，发电机端电压有较大变化；在转速恒定时，由于输出电流的变化，对端电压也有较大影响。因此，要使输出电流稳定，必须配用电压调节器；高速时，当发电机突然失去负载时，端电压会急剧升高，这时电气设备中的电子元器件将有被击穿的危险。

四、三相同步交流发电机的电压调节

由于交流发电机的转子是由发动机通过传动带驱动旋转的，且发动机和交流发电机的转速比为1.7～3，由于交流发电机转子的转速变化范围非常大，这样将引起发电机的输出电压发生较大变化，无法满足农机用电设备的工作要求。为了满足用电设备恒定电压的要求，交流发电机必须配用电压调节器才能工作。

电压调节器是把发电机输出电压控制在规定范围内的装置，其功用是在发电机转速变化时，自动控制发电机输出电压保持恒定，使其不因发电机转速高时，电压过高而烧坏用电器和导致蓄电池过充电；也不会因发电机转速低时，电压不足而导致用电器工作失常。

交流发电机电压调节器按工作原理不同分为触点式电压调节器、晶体管电压调节器、集成电路电压调节器等，现在电器的应用以后两种为主。

交流发电机电压调节器按所匹配的交流发电机搭铁类型不同分为内搭铁型电压调节器、外搭铁型电压调节器。

交流发电机三相绕组产生的相电动势有效值为 $E_{\varphi}=C_{e}\Phi n$（V），即交流发电机所产生的感应电动势与转子转速和磁极磁通成正比。

当转速 n 升高时，E_{φ} 增大，发电机输出端电压 U_B 升高。当转速升高到一定值时，输出端电压达到限定值，要想使发电机的输出电压 U_B 不再随转速的升高而上升，只能通过减小磁通 Φ 来实现。又因磁极磁通 Φ 与励磁电流 I_f 成正比，所以减小磁通 Φ 也就是减小励磁电流 I_f。

所以，交流发电机电压调节器的调压原理是：当发电机转速升高时，调节器通过减小发电机励磁电流 I_f 来减小磁通 Φ，使发电机的输出电压 U_B 保持不变；当发电机的转速降低时，调节器通过增大发电机的励磁电流 I_f 来增加磁通 Φ，使发电机的输出电压 U_B 保持不变。

（1）外搭铁型电压调节器工作原理　电压调节器有多种形式，其内部电路各不相同，但工作原理可用基本电路工作原理理解，如图 3-46 所示。

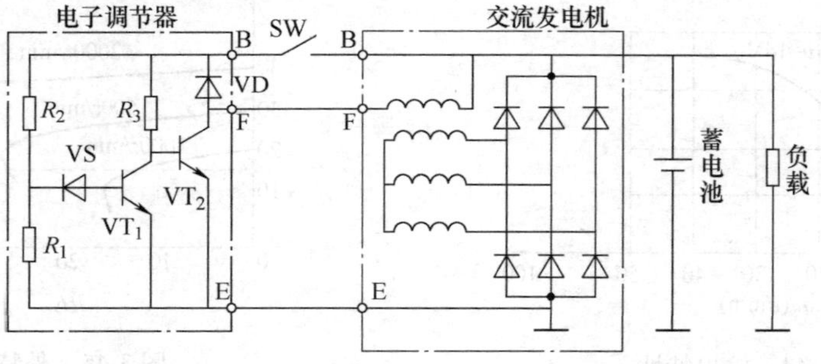

图 3-46　外搭铁型电压调节器原理

1）点火开关 SW 刚接通时，发动机不转。发电机不发电，蓄电池电压加在分压器 R_1、R_2 上，此时因 U_{R1} 较低，不能使稳压管 VS 反向击穿，VT_1 截止，使得 VT_2 导通，发电机磁场电路接通，此时由蓄电池供给磁场电流。随着发动机的起动，发电机转速升高，发电机他励发电，电压上升。

2）当发电机电压升高到大于蓄电池电压时，发电机自励发电并开始对外蓄电池充电，如果此时发电机输出电压 $U_B <$ 调节器调节电压的上限 U_{B2}，VT_1 继续截止，VT_2 继续导通，但此时的磁场电流由发电机供给，发电机电压随转速升高迅速升高。

3）当发电机电压升高到等于调节电压上限 U_{B2} 时，调节器对电压的调节开始。此时 VS 导通，VT_1 导通，VT_2 截止，发电机磁场电路被切断，由于磁场被断路，磁通下降，发电机输出电压下降。

4）当发电机电压下降到等于调节下限 U_{B1} 时，VS 截止，VT_1 截止，VT_2 重新导通，磁场电路重新被接通，发电机电压上升。

综上所述，调压电路由检测电路（电阻 R_1 和 R_2 组成一个分压器，检测发电机电压）、比较电路（检测的电压与稳压管电压比较）；开关电路（大于14V，VT_1 饱和导通，反之截止）组成。

周而复始，发电机输出电压 U_B 被控制在一定范围内。

（2）内搭铁型电压调节器工作原理　如图3-47所示，内搭铁型电子调节器基本电路的特点是晶体管 VT_1、VT_2 采用PNP型，发电机的励磁绕组连接在 VT_2 的集电极和搭铁端之间，与外搭铁型电路显著不同。电路工作原理和结构与外搭铁型电子调节器类似。

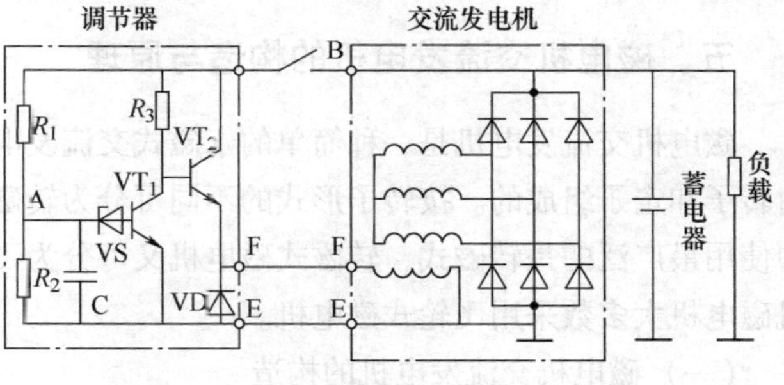

图3-47　内搭铁型电压调节器原理

（3）集成电路调节器工作原理　集成电路调节器也叫IC调节器，是根据使用要求，将电路中的若干元器件集成在同一基片上，制成一个独立的电子芯片。集成电路调节器装于发电机内部，构成整体式交流发电机。发电机外部有2个或3个接线柱。

集成电路调节器的工作原理与晶体管调节器的工作原理完全一样，如图3-48所示，都通过稳压管感应发电机的输出电压信号，利用晶体管的开关特性控制发电机的励磁电流，使发电机的输出电压保持恒定。集成电路调节器通常与整体式发电机相配。

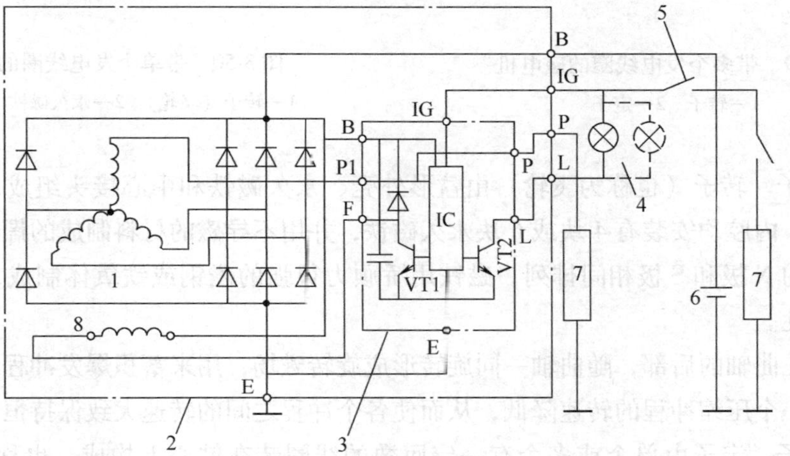

图3-48　集成电路调节器原理

1—定子线圈　2—带集成电路调节器的交流发电机　3—集成电路调节器
4—充电指示灯　5—主开关　6—蓄电池　7—负载　8—转子线圈

1）磁场电流控制。VT_1 是大功率晶体管，和磁场串联，由集成片IC（接收IG和P端子信号）控制 VT_1 的导通和截止，从而控制磁场电路通断，使发电机电压得到控制。

2）充电指示灯控制。充电指示灯串接在 VT_2 集电极上，VT_2 导通充电指示灯亮，VT_2 截止充电指示灯熄灭。在集成片IC中有控制 VT_2 导通和截止的电路，控制信号由P点提供，P点提供的是发电机单相电压的交流信号，其信号幅值大小可反映发电机输出电压高低。

当发电机输出电压低于蓄电池电压时，IC 中控制电路使 VT_2 导通，充电指示灯亮，当发电机输出电压高于蓄电池电压时，IC 中控制电路使 VT_1 截止，充电指示灯熄灭。

五、磁电机交流发电机的构造与原理

磁电机交流发电机是一种简单的永磁式交流发电机，它和三相同步交流发电机一样也是由转子和定子组成的。按转子形式的不同可分为转磁式、转磁导子式、转圈式三种类型，其中使用最广泛的是转磁式，转磁式磁电机又可分为飞轮式和转子式。插秧机等小型农用汽油机磁电机大多数采用飞轮式磁电机。

（一）磁电机交流发电机的构造

飞轮式磁电机有很多种，但都是由转子和定子组成的，其结构如图 3-49 和图 3-50 所示。

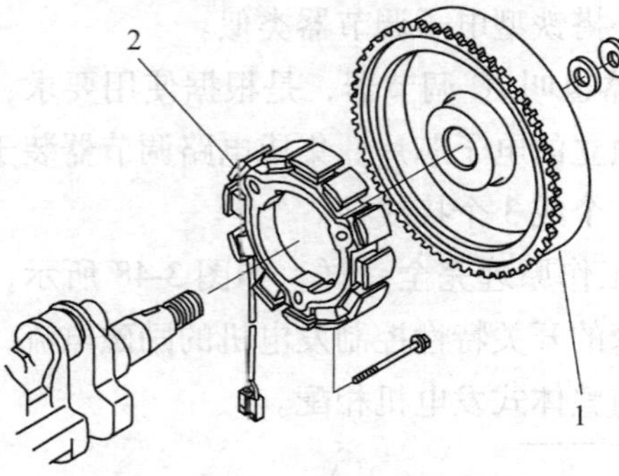

图 3-49　带多个发电线圈的磁电机

1—转子　2—定子

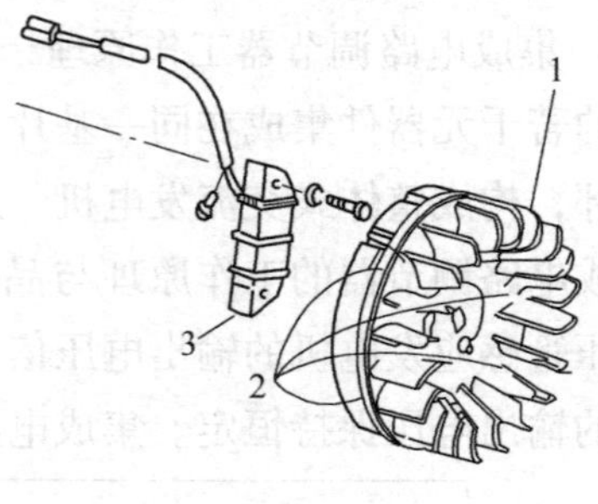

图 3-50　带单个发电线圈的磁电机

1—转子（飞轮）　2—永久磁铁　3—定子

（1）转子　转子（也称为飞轮）由盆形外壳、永久磁铁和中心接头组成，外壳用钢板冲压成盆形，内腔均安装有 4 块或 6 块永久磁铁，并用不导磁的材料制成的螺钉或用树脂胶固牢。磁铁的 N 极和 S 极相间排列，磁铁用矫顽力很强的磁钢或铁氧体制成，充磁后可保持很强的磁性。

转子装在曲轴的后部，随曲轴一同旋转形成旋转磁场，用来蓄积爆发冲程中产生的爆发力，以免下一个压缩冲程的转速降低，从而使各个冲程之间的转速大致保持恒定。

（2）定子　定子由单个或多个有一定匝数的线圈装在铁心上构成，也称为发电线圈。定子固定在曲轴箱上。

在发电机的驱动下，组装着永久磁铁的飞轮（转子）旋转时，定子线圈上将产生感应电动势。

（3）整流器与电压调节器　带多个发电线圈的磁电动机配有整流器与电压调节器，如图 3-51 和图 3-52 所示。图 3-52 中左侧是由 4 个二极管组成的整流电路，右侧标有“Unit”单元的是集成电路调节器。

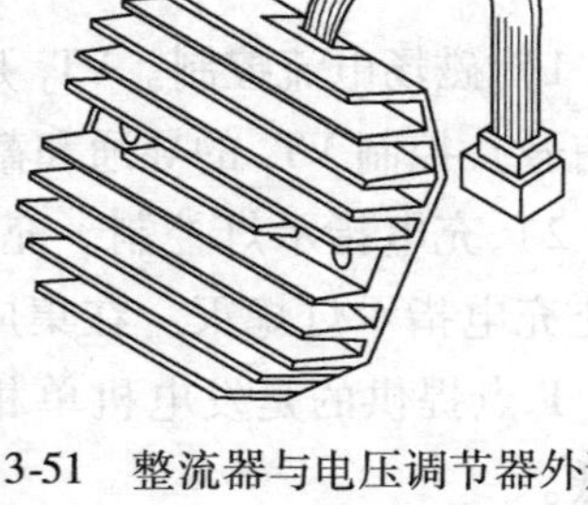

图 3-51　整流器与电压调节器外形

整流器的作用是利用由二极管组成的桥式整流电路将交流电变为直流电。电压调节器的作用是使发电线圈的输出电压控制在规定范围。

（二）磁电机交流发电机的工作原理

（1）交流电动势的产生　磁电机转子上的 4 块永久磁铁 N 极和 S 极相间均匀布置，当飞轮旋转时，永久磁铁形成的磁场也随之转动，如图 3-53 所示。

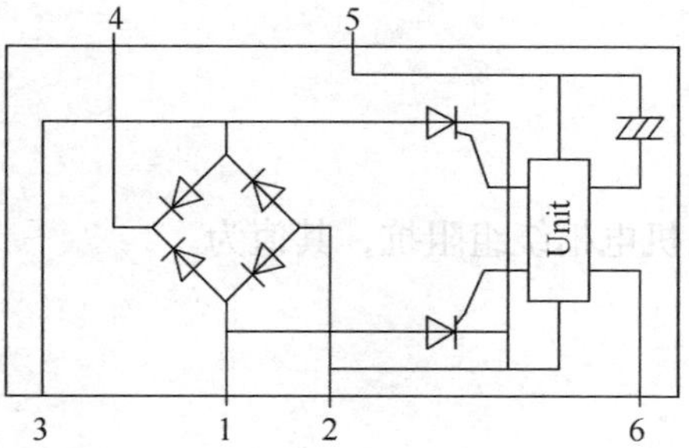

图 3-52　整流器与电压调节器内部结构

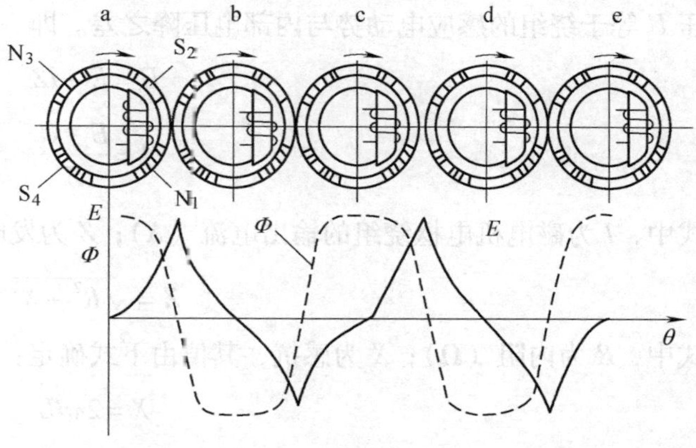

图 3-53　飞轮式磁电机的工作原理

当相邻的两块永久磁铁 1、2 与定子铁心对齐时，永久磁铁的磁力线由 N 极出发穿过铁心到 S 极，所以穿过铁心的磁通为最大（通常设计成达到饱和），但它随时间的变化率为零。随着转子的转动永久磁铁 1、2 又逐渐离开铁心，使穿过铁心的磁通逐渐减小。

当转子转过 45°时，永久磁铁 1、2 完全离开铁心，永久磁铁 1、2 之间的磁回路被切断，穿过铁心的磁通为零，但它随时间的变化率为最大。若再转动，磁铁 2、3 又逐渐靠近铁心两端，穿过铁心的磁通又在反方向上逐渐增大，再转过 45°时穿过铁心的磁通又在反方向上达到最大值。

转子再转动 45°时，永久磁铁又完全离开铁心，永久磁铁 2、3 之间的磁回路被切断，穿过铁心的磁通又变为零，转子就这样不断地转动，穿过电枢铁心的磁通总是在不断地由最大值变化到 0，再由 0 变化到最大值。

由法拉第电磁感应定律可知穿过线圈的磁通量发生变化时，线圈中便产生感应电动势，其大小与磁通的变化率成正比，即 $E = \mathrm{d}\Phi/\mathrm{d}t$，其方向由右手定则判定。

若外电路闭合，电路中便有感应电流，感应电流产生的磁场总是阻碍原来磁通的变化。

磁电机转子上安装有四块永久磁铁，所以转子旋转 180°，交流电动势变化一个周波，转子每转一周，交流电动势变化两次。

对于采用 4 块两对永久磁铁的磁电机，电枢绕组中产生感应电动势的频率与磁电机转子转速 n 成正比，即

$$f = 2n/60 = n/30$$

如果已知穿过铁心的磁通，就可求出磁电机电枢绕组所产生的电动势 E，即

$$E = 4.44 f\Phi N$$

式中，N 为电枢绕组的匝数；Φ 为电枢铁心的磁通。

铁心中磁通大则产生的感应电动势大，铁心中磁通的大小与磁场强度及定子和飞轮之间的配合间隙（称为气隙，一般为0.15～0.45）有很大关系。在磁场强度一定的情况下气隙越大磁路中的磁阻越大，铁心中的磁通就越小。

（2）磁电动机的自身限流原理　同三相同步交流发电机一样，磁电机电枢绕组的端电压U等于绕组的感应电动势与内部电压降之差。即

$$U = E - IZ$$

$$I = \frac{E - U}{Z}$$

式中，I为磁电机电枢绕组的输出电流（A）；Z为发电机电枢绕组阻抗，其值为

$$Z = \sqrt{R^2 + X^2}$$

式中，R为内阻（Ω）；X为感抗，其值由下式确定：

$$X = 2\pi f L$$

式中，f为电压波动频率（Hz）；L为发电机输出端之间的电感（H）。

一般磁电机电枢绕组的感抗X比内阻R大得多，随着发电机转速的上升，X成比例地增大，因而感抗引起的内部电压降随转速的增大，会越来越多地抵消绕组产生的感应电动势，以至于端电压不再随转速的上升再增加。如果负载不变，那么输出电流就不会增大。因此磁电机不需要使用限制电流的装置。

（3）磁电机整理与电压调节　由于磁电机产生交流电的原理与三相同步交流电一致，磁电机发电线圈输出的电动势波形与正弦波形接近，所以磁电机整理和电压调节原理与三相同步交流电一样，这里不再重复叙述。

任务实施

一、三相交流发电机的拆装

按照表3-4的拆卸顺序和要求，逐步拆卸发电机元器件。

表3-4　三相交流发电机的拆卸

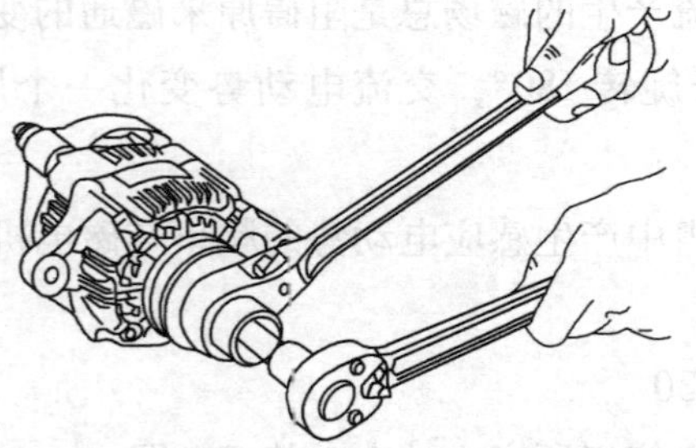 1. 用套筒扳手将轴的六角部固定，旋松V带轮螺母，拆下V带轮	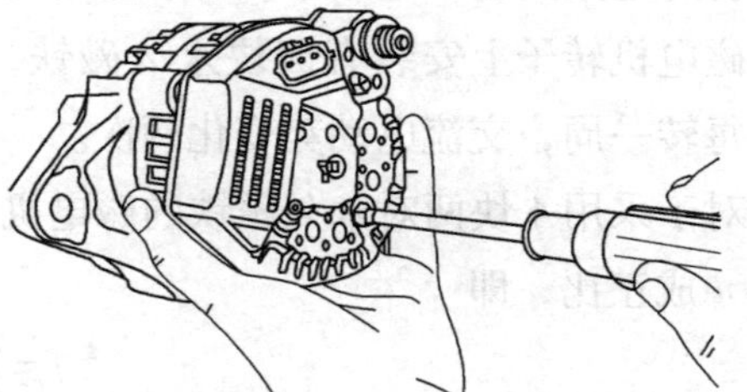 2. 拧下固定尾端盖的螺钉及B端子的螺母，拆下尾端盖

（续）

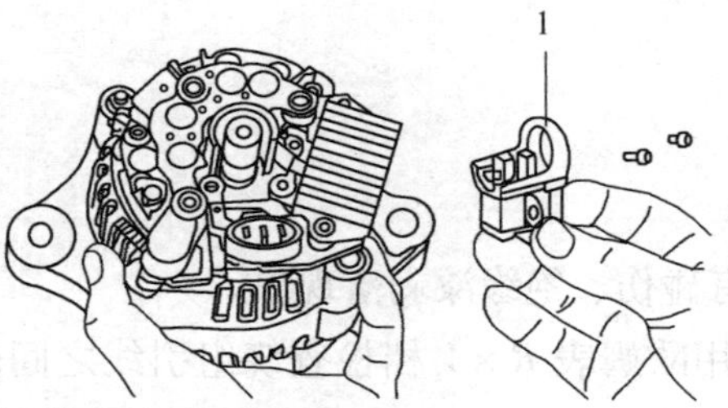 3. 拧下螺钉，拆下电刷支架 1	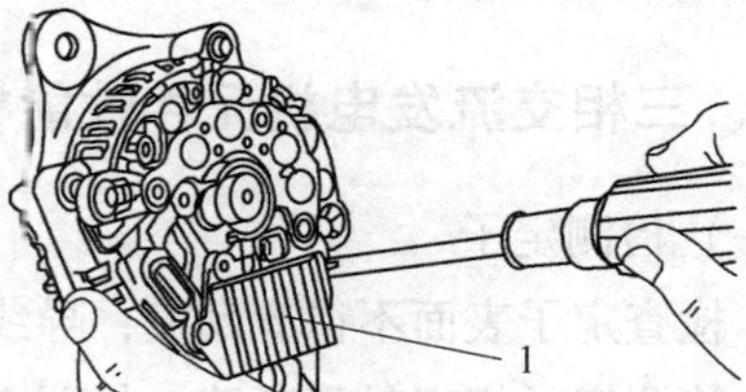 4. 拧下螺钉，拆下集成电路调节器 1
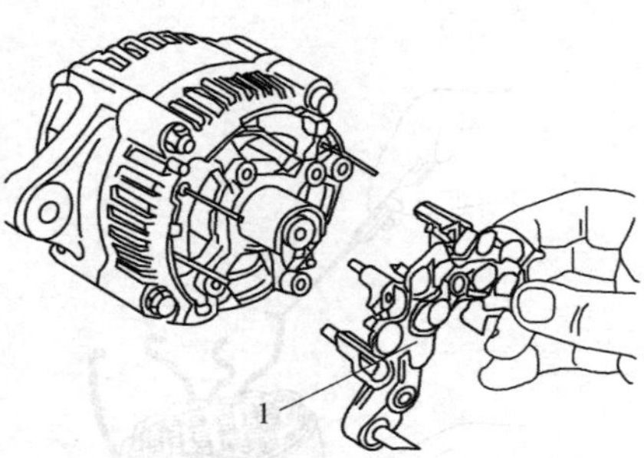 5. 拧下固定整流器 1 和定子引出线的螺钉，然后拆下整流器	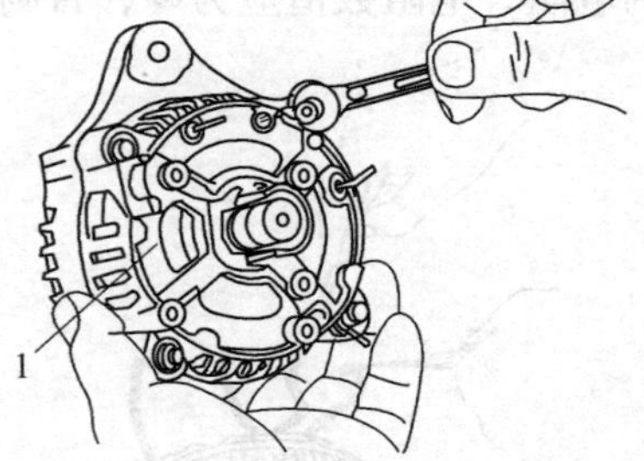 6. 拧下螺栓及螺母，拆下尾端架 1
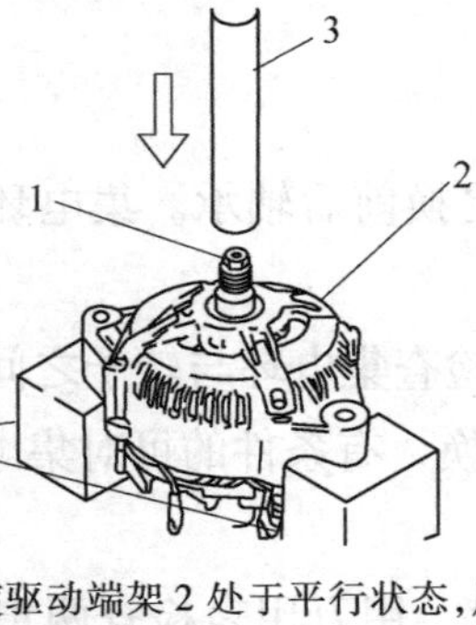 7. 使用垫块 4，使驱动端架 2 处于平行状态，用冲压器 3 拔出转子 1	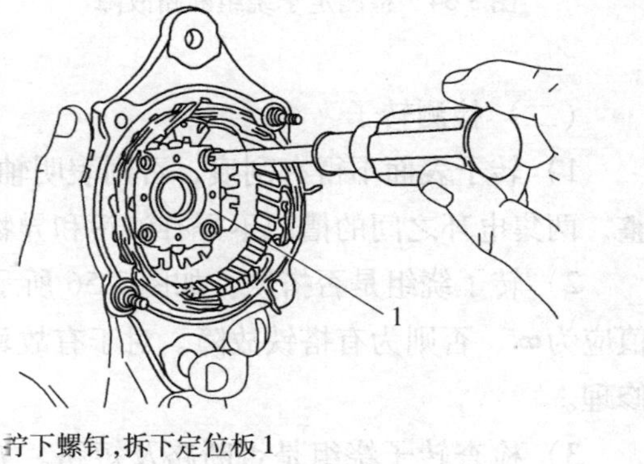 8. 拧下螺钉，拆下定位板 1
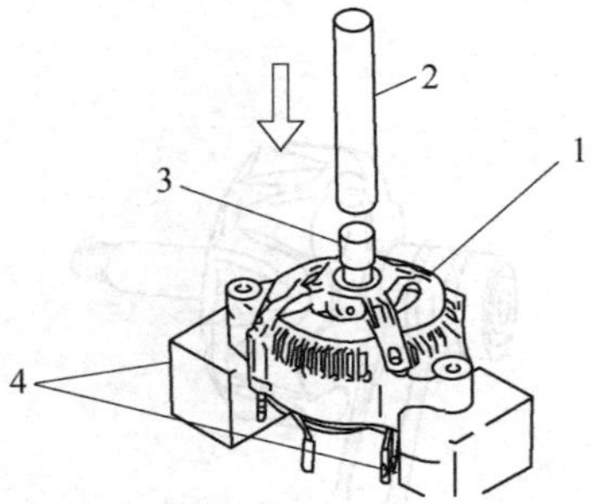 9. 使用垫块 4，使驱动端架 1 处于平行状态，用夹具顶住驱动端侧轴承，然后用冲压器 2 拔出轴承	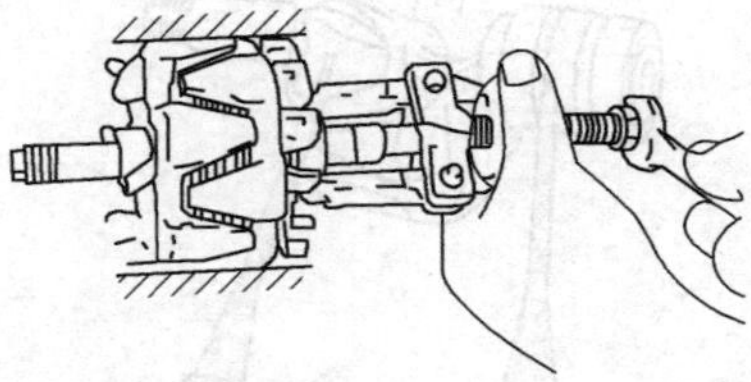 10. 使用顶拔器拔出集电环侧轴承

发电机的组装程序与分解顺序相反，但要注意：在组装起动机前，应将发电机的轴承和滑动部位涂以润滑脂。

二、三相交流发电机元件性能检测

（一）检测定子

1）检查定子表面不得有刮痕，导线表面不得有碰伤、绝缘漆剥落现象。

2）检测定子绕组是否断路。如图 3-54 所示，用欧姆表 $R\times1$ 档检查绕组引线之间的电阻，电阻数值应在 1Ω 以下，否则应更换定子。

3）检测定子绕组是否搭铁。如图 3-55 所示，用欧姆表 $R\times1$ 档检查绕组引线和定子铁心之间的电阻，电阻数值应为∞，否则应更换定子。

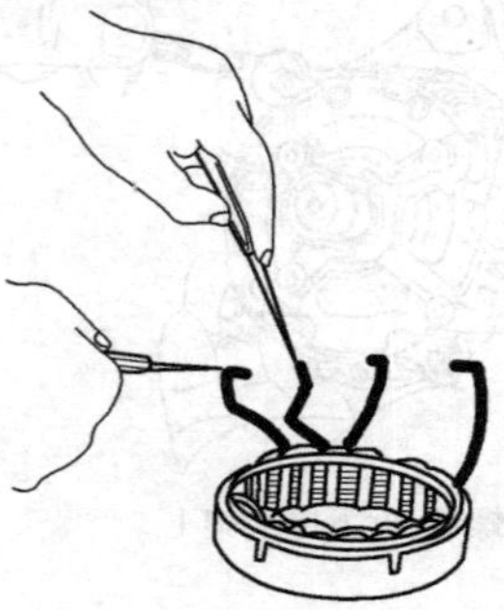

图 3-54 检测定子绕组断路故障

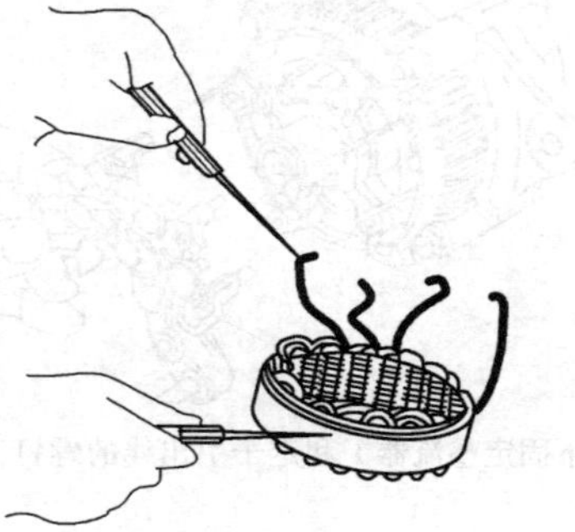

图 3-55 检测定子绕组搭铁故障

（二）检测转子

1）转子表面不得有刮痕，否则表明轴承松旷，应更换前后轴承。集电环表面应光洁平整，两集电环之间的槽内不得有油污和异物。

2）转子绕组是否搭铁。如图 3-56 所示，用万用表检查集电环与转子之间的电阻，其数值应为∞，否则为有搭铁故障。对于有故障的转子应更换，有条件的可对集电环或线圈进行修理。

3）检查转子绕组是否断路及短路。如图 3-57 所示，用万用表检查两集电环之间的电阻，其数值应为 2.8～3.3Ω。大于此值，表明有断路故障；小于此值时，说明有短路故障。

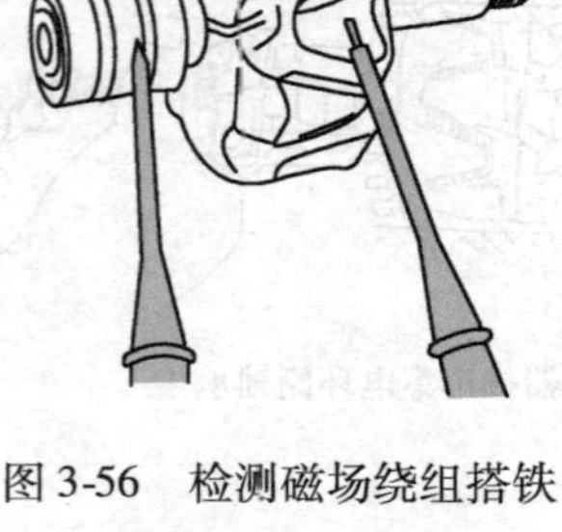

图 3-56 检测磁场绕组搭铁

图 3-57 检测磁场绕组导通

4）转子轴与集电环的检修。转子轴的径向圆跳动可用百分表检测，如图3-58所示，其径向圆跳动不得超过0.01mm，否则应予以校正。集电环表面如烧蚀严重或失圆，可用车床进行修整，其最大偏摆量应不超过0.05mm，最后用纽砂布抛光并吹净粉屑。

（三）检测电刷

（1）电刷长度的检查　如图3-59所示，测量伸出电刷支架外的电刷长度，标准值为10.5mm，使用限度为1.5mm。

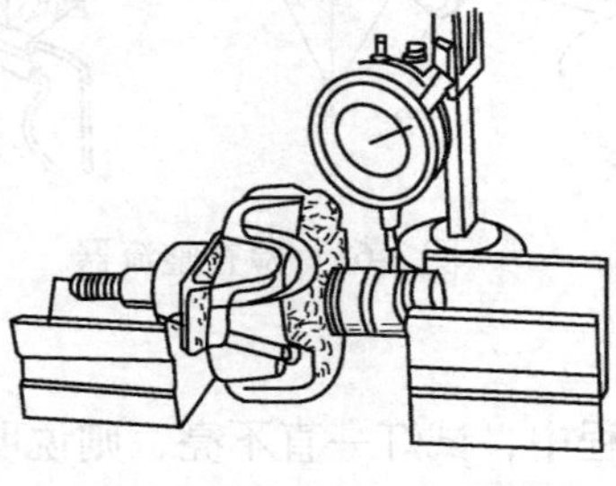

图3-58　检测转子轴的径向圆跳动

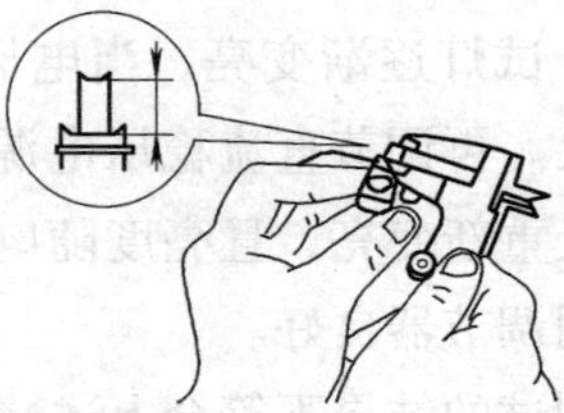

图3-59　检测电刷长度

（2）电刷弹簧压力的检测　电刷弹簧压力的检测方法如图3-60所示，当电刷从电刷架中露出长度为2mm时，天平秤上指示的读数即为电刷弹簧压力，应为200～300N，弹簧压力过小时，应更换新电刷。

（3）电刷的更换　更换电刷可按图3-61所示进行，先将电刷弹簧和新电刷装入电刷架内，然后用钳子夹住电刷引线，使电刷露出长度符合规定数值（10.5mm），再用电烙铁将电刷引线与电刷架焊牢即可。

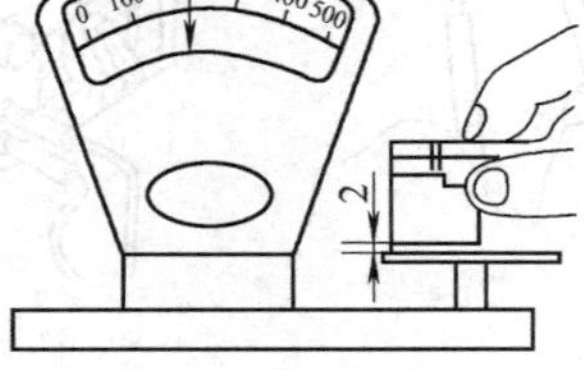

图3-60　检测电刷弹簧压力

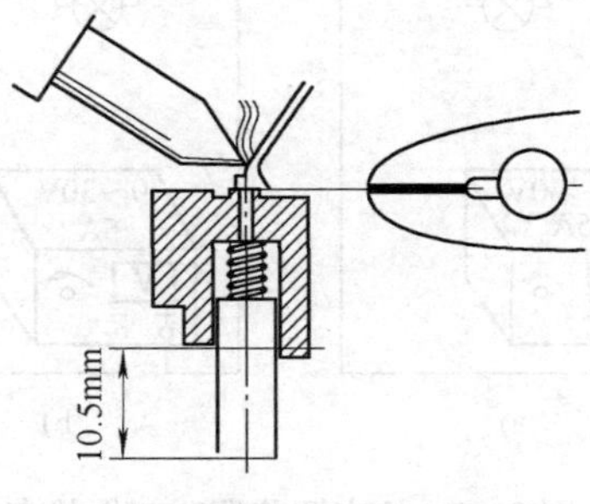

图3-61　电刷的更换方法

（四）检查轴承

如图3-62所示，用手按照图示方向转动轴承，检查是否有异常声音和卡滞现象。如有异常声音，应予以更换。

（五）检测整流器

如图3-63所示，选用万用表的kΩ量程，使负表笔搭B端子，正表笔分别搭P1、P2、P3、P4，反之再测一遍，检查整流器正二极管的导通情况；使正表笔搭E端子，负表笔分别搭P1、P2、P3、P4，反之再测一遍，检查整流器负二极管的导通情况。如果二极管在正方向导通，反方向不导通，则表示正常。

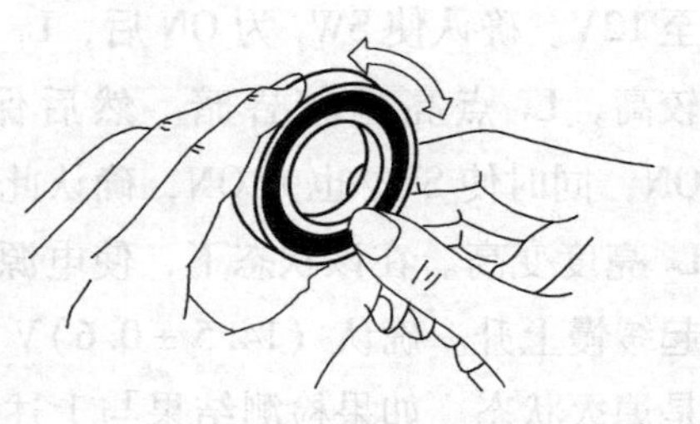

图3-62　检查轴承图

（六）检测调节器

（1）电子调节器的工作状态的检测　电子调节器的好坏可用可调直流稳压电源和试灯（用20W的灯泡替代发电动机励磁绕组）来检查。内搭铁型调节器的测试连接方式如图3-64a所示，外搭铁型调节器的测试连接方式如图3-64b所示。

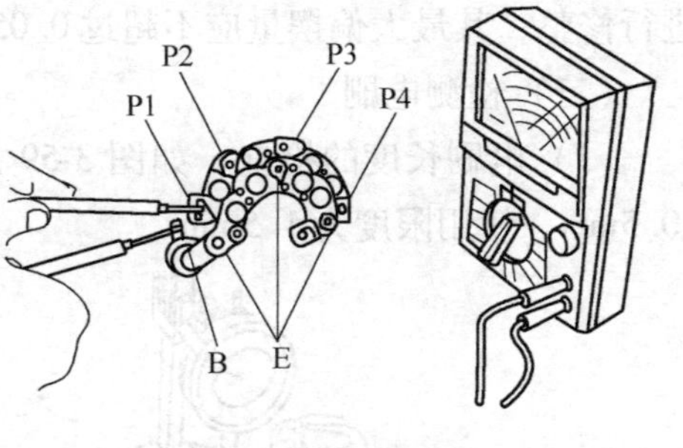

图3-63　检查整流器

调节直流稳压电源，使其输出电压从零逐渐升高，当电压升高到6V时，试灯点亮。随着电压的不断升高，试灯逐渐变亮，当电压升到14.1V时，试灯应熄灭。再调节直流稳压电源，使电压逐渐降低，试灯又重新变亮，且亮度随电压的降低逐渐减弱，则说明调节器良好。

如果测试的结果不符合上述情况，或在整个测试过程中，试灯一直不亮，则说明调节器有故障。

（2）集成电路调节器检测

1）二极管检测。用万用表的kΩ量程检查集成电路调节器B-F端子间的导通情况。如果在BF方向导通，反方向不导通，则表示正常，如图3-65所示。

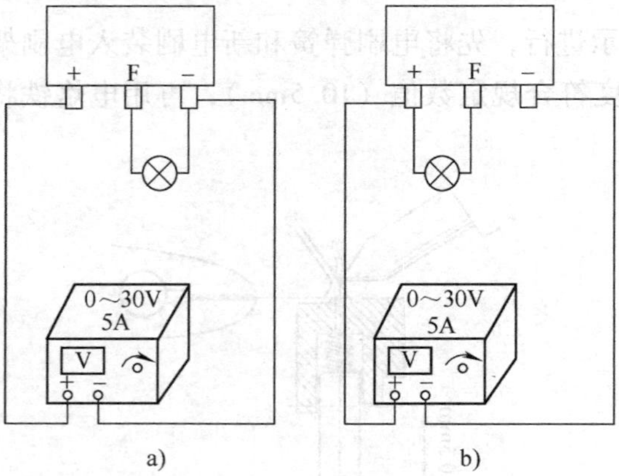

图3-64　检查调节器和工作状态
a）内搭铁型接线　b）外搭铁型接线

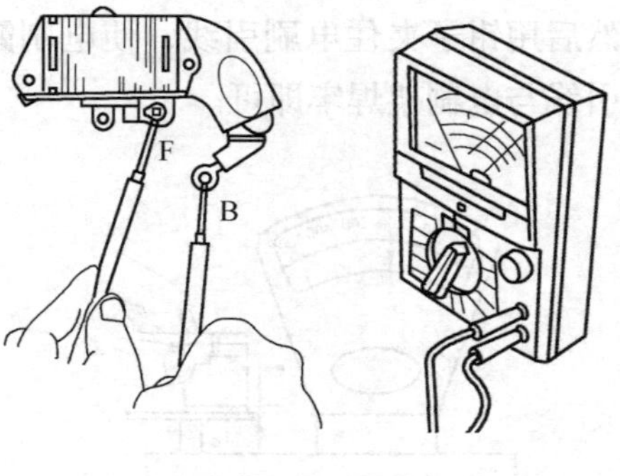

图3-65　二极管检测

2）工作状态的检测。连接集成电路调节器单体与稳压电源、电压表、灯泡等（此时SW_1、SW_2应处于OFF状态）。将电源电压调至12V。确认使SW_1为ON后，L_1点亮且亮度较高，L_2点亮但较昏暗。然后保持SW_1为ON，同时使SW_2也为ON，确认此时L_1熄灭，L_2亮度变高。在该状态下，使电源电压从12V起缓慢上升。确认（14.5±0.6）V左右时，L_2是熄灭状态。如果检测结果与上述相反，则说明调节器损坏，如图3-66所示。

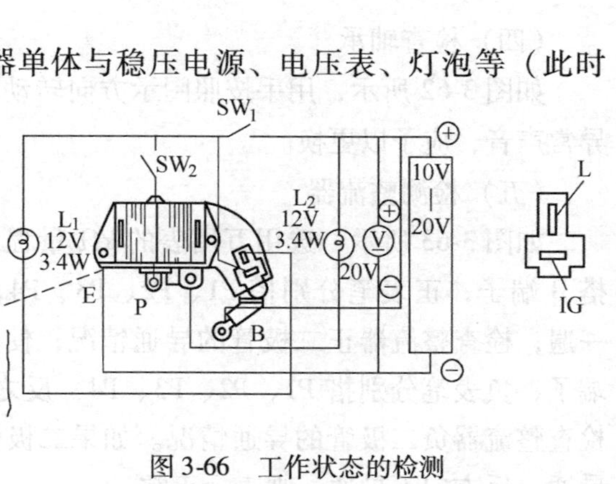

图3-66　工作状态的检测

三、三相交流发电机整体性能测试

（一）连接器电压检测

如图 3-67 所示，关闭点火开关，将 2P 连接器从交流发电机上断开。

测量端子 B 和底盘之间的电压，应接近蓄电池电压。

打开点火开关，测量端子 IG 和底盘之间的电压，应接近蓄电池电压。

（二）空载电压测试

如图 3-68 所示，关闭点火开关，将 2P 连接器连接到交流发电机上原来的位置。在端子 IG 和端子 B 之间连接跨接导线。起动发动机，将转速设为怠速。从蓄电池上断开负极电缆。测量端子 B 和底盘之间的电压。

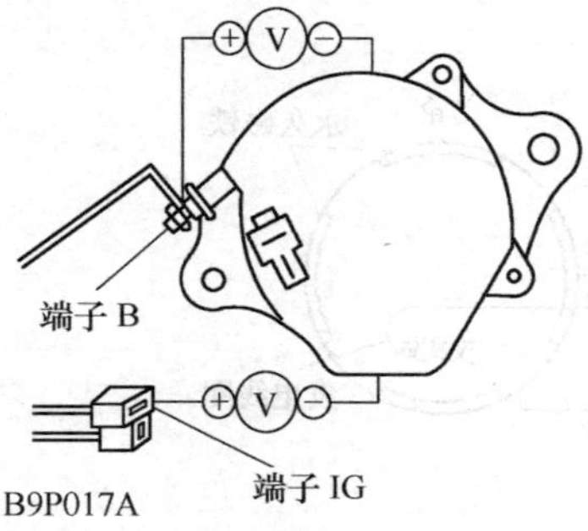

图 3-67　连接器电压检测

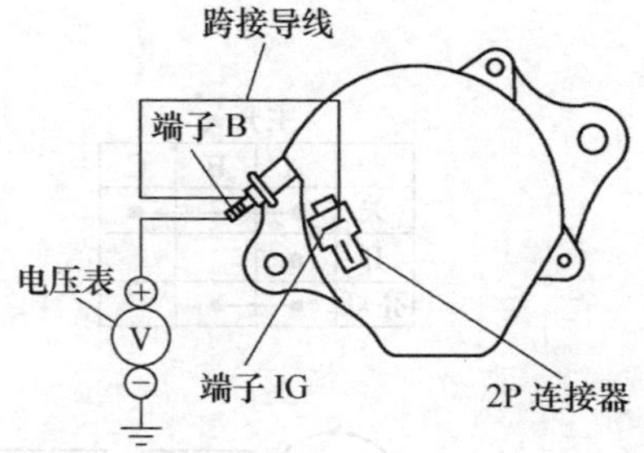

图 3-68　空载试验

如果测量结果小于 14V，分解并检查交流发电机，重点检查集成电路调节器。

（三）交流发电机发电性能检测

用交流发电机测试台检查交流发电机的调节电压、空载特性和输出特性。

（1）调节电压检测　按图 3-69 所示进行连接，并且开启开关 SW_1，将交流发电机速度提高至 2700r/min。开启开关 SW_2。调节负载电阻 R，使电流表显示 10A。检查电压表上的电压读数是否在 14.2～14.8V 范围内。

（2）空载特性检测　按图 3-69 所示进行连接，并且开启开关 SW_1，提高交流发电机的速度，使电流表的指针摆动到正侧。开启开关 SW_1 以降低速度，读出电压等于出厂规格时的速度。在 13.5V 时速度必须为 1150r/min 或以下。

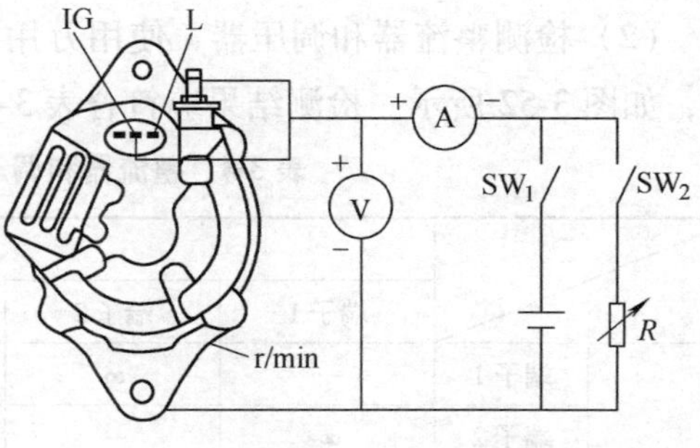

图 3-69　交流发电机发电性能检测

（3）输出特性检测　按图 3-69 所示进行连接，并且开启开关 SW_1 和 SW_2，在调节负载电阻的同时，增加交流发电机的速度，使电压达到标准值 13.5V，电流达 40A 或以上时的速度应小于或等于 5000r/min。

降低速度使电流接近 0，关闭开关 SW_1 和 SW_2。

四、磁电机交流发电机的性能检测

（一）带单个发电线圈的磁电机交流发电机性能检测

（1）检测磁电机定子线圈　使用万用表测量发电线圈（图3-50中的3）2个端子间的电阻值，标准值应为1.0Ω。如果在标准值以外，则原因可能是发电线圈不良，应更换。

（2）检测发电性能　带单个发电线圈的磁电机发的电主要用于照明。如图3-70所示，使发动机额定转速为3000r/min时，接通灯光主开关，使A、B端子导通，前照灯应明亮。测量A、B之间的电压和功率，标准值应为12V、25W。如果在标准值以外，则原因可能是磁电机损坏。

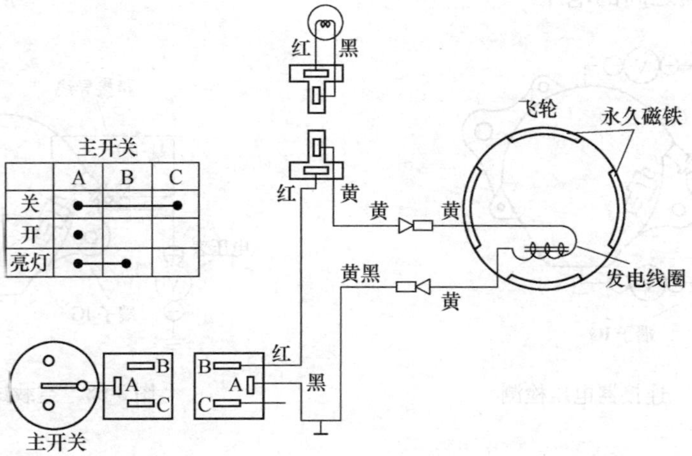

图3-70　磁电机照明电路

（二）带多个发电线圈的磁电机交流发电机性能检测

（1）检测磁电机定子线圈　使用万用表测量发电线圈（图3-49中的2）的2个端子间的电阻值，标准值应为0.15Ω。如果在标准值以外，则原因可能是发电线圈不良，应更换。

（2）检测整流器和调压器　使用万用表测量检测整流器和调压器各端子之间的导通情况，如图3-52所示。检测结果应符合表3-4列出的要求。

表3-4　整流器和调压器各端子之间的导通标准值

		万用表的正极端子					
		端子1	端子2	端子3	端子4	端子5	端子6
万用表的负极端子	端子1	—	∞	∞	≤30kΩ	∞	∞
	端子2	∞	—	∞	∞	∞	∞
	端子3	∞	∞	—	≤30kΩ	∞	∞
	端子4	∞	∞	∞	—	∞	∞
	端子5	30~70kΩ	30~70kΩ	30~70kΩ	30~70kΩ	—	∞
	端子6	∞	∞	∞	∞	∞	—

只要有一个项目异常，即为调节器不良，但所有项目都正常并不能确定，调节器一定正常。

（3）检测发电性能　起动发动机，使用万用表测量充电电压。当发动机转速达1000r/min时，发电线圈应产生9.5～12.3V交流电压；当发动机转速达2000r/min时，发电线圈应产生18.8～24.3V交流电压。

任务三　充电系统的维护与检修

任务分析

农业机械电源充电系统的作用是在发电机向用电设备提供电量外，向蓄电池充电，使蓄电池始终保持可使用状态。电源充电系统一般由发电机、蓄电池、点火开关、电流表（或充电指示灯）组成。

在本任务中学生要学习分析交流发电机控制电路的方法和交流发电机整机测试方法，掌握充电系统常见故障诊断与排除方法。

相关知识

一、三相同步交流发电机充电控制电路

图3-71所示为久保田704轮式拖拉机电源充电系统电路图，图3-72所示为久保田联合收割机电源充电系统电路图，它们由蓄电池、发电机、点火开关、充电指示灯等电器元件组成。

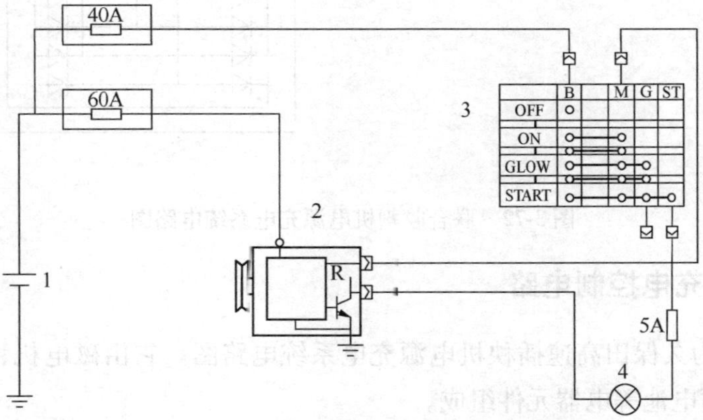

图3-71　拖拉机电源充电系统电路图
1—蓄电池　2—发电机　3—点火开关　4—充电指示灯

上述两种机型电路设计不同，但充电原理一样，都是利用充电指示灯来反馈发电机是否能给蓄电池充电，当点火开关打到“ON”、“GLOW”或“START”档时，充电指示灯由电源（蓄电池或发电机）通过点火开关供电。

当发动机正常运转后，如果发电机产生的电压达到标准值（必须高于蓄电池电压），能够向蓄电池充电，电压调节器中的集成电路检测到某相线的电压信号，使电子开关截止，充电指示灯熄灭；反之，如果发电机能产生的电压没有达到标准值（一般为14V），不能向蓄电池充电，使电子开关导通，充电指示灯点亮。

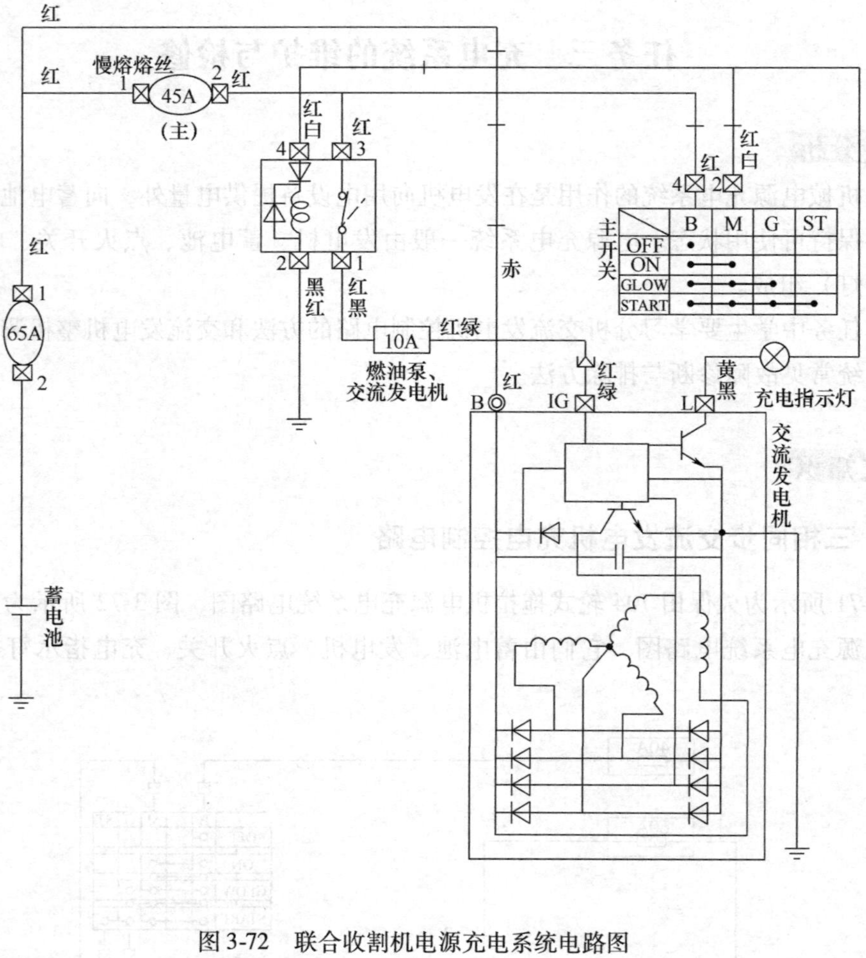

图3-72 联合收割机电源充电系统电路图

二、磁电机充电控制电路

图3-73所示为久保田高速插秧机电源充电系统电路图。它由磁电机、调节器、充电指示灯、主开关、蓄电池等电器元件组成。

该系统利用充电指示灯来反馈发电机是否能给蓄电池充电，当点火开关打到“ON”或“START”档时，充电指示灯由电源（蓄电池或磁电机）通过点火开关供电。

当发动机正常运转后，如果磁电机产生的电压达到标准值（必须高于蓄电池电压），能够向蓄电池充电，电压调节器中的集成电路（Unit）检测到主开关IG端子的电压信号，使电子开关截止，充电指示灯熄灭；反之，如果发电机能产生的电压没有达到标准值（一般为14V），不能向蓄电池充电，使电子开关导通，充电指示灯点亮。

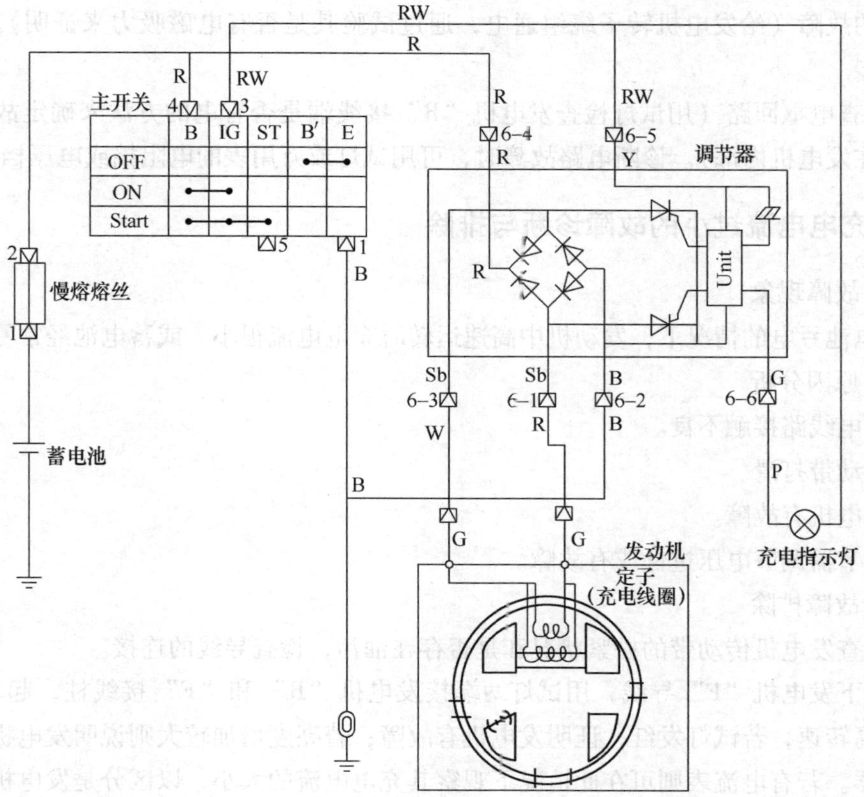

图 3-73　高速插秧机电源充电系统电路图

任务实施

一、不充电故障诊断与排除

（一）故障现象

发动机中速以上运转，电流表指示放电，充电指示灯不熄灭。测量发电机端电压为≤蓄电池电压。

（二）原因分析

1）发电机传动带断裂或打滑严重。

2）发电机励磁线路或充电线路断路。

3）发电机故障：电刷与集电环接触不良；二极管击穿、断路；转子绕组短路、断路或搭铁；定子绕组短路、断路、搭铁。

4）调节器故障：晶体管调节器的稳压管及小功率晶体管短路或到功率晶体管断路；调节器的搭铁方式与发电机不匹配。

（三）故障排除

1）依次检查传动带松紧、导线连接（松脱或接错）情况。若正常，进行下一步。

2）检查励磁电路

对发电机进行电磁吸力试验，若不正常，检查励磁电路。应首先区分是发电机的故障还是调节器的故障（给发电机转子绕组通电，通过试验其是否有电磁吸力来证明）。若正常，进行下一步。

3）检查电枢回路（用试灯检查发电机“B”接线端是否有电的方法来确定故障是在外线路还是在发电机内部）。诊断电路故障时，可用试灯或万用表的电阻档或电压档。

二、充电电流过小的故障诊断与排除

（一）故障现象

在蓄电池亏电的情况下，发动机中高速运转时充电电流很小，或蓄电池经常亏电。

（二）原因分析

1）充电线路接触不良。

2）传动带打滑。

3）发电机有故障。

4）调节器调节电压过低或有故障。

（三）故障排除

1）检查发电机传动带的松紧状况和是否存在油污，检查导线的连接。

2）拆下发电机“F”导线，用试灯两端接发电机“B”和“F”接线柱，起动发动机，并逐渐提高转速，若试灯发红，证明发电机有故障；若亮度增加较大则说明发电机正常，故障在调节器。若有电流表则可在此情况下观察其充电电流的大小，以区分是发电机故障还是调节器的故障。

三、充电电流过大故障诊断与排除

（一）故障现象

在蓄电池不亏电的情况下，电流表指示充电仍在10A以上，或电解液消耗过快。

（二）原因分析

1）调节器调节电压值过高。

2）晶体管调节器大功率晶体管不能有效截止或短路。

3）发电机的励磁线路与“B+”短接。

（三）故障排除

拆下调节器磁场接线，逐步提高发电机转速并观察电流表。若仍指示充电，即为发电机的故障；否则，为调节器的故障，应进行更换。

四、充电不稳故障诊断与排除

（一）故障现象

发动机在怠速以上运转时，电流表指示不稳或开灯后有闪亮现象。

（二）原因分析

1）传动带松动，有时打滑。

2）充电系导线接触不良。

3）发电机故障：转子或定子线圈有局部断路或短路故障；电刷与集电环间接触不良。

（三）故障排除

1）首先排除传动带打滑和导线接触不良等外在故障。

2）应先检查调节器的故障再检查发电机的故障。

3）发电机故障：轴承故障；转子与定子相碰；电刷磨损过大或与集电环接触不良；转子轴弯曲等。

练习与思考题

1. 叙述农机起动型铅蓄电池的工作原理。
2. 叙述蓄电池的充电特性和放电特性。
3. 叙述影响蓄电池容量的因素。
4. 叙述蓄电池常见的故障诊断与排除。
5. 叙述三相同步交流发电机的工作原理。
6. 叙述磁电机交流发电机的原理。
7. 叙述充电系统常见的故障诊断与排除方法。

项目四　农机起动系统的维护、检修与故障排除

【项目描述】

本项目要求学生在掌握起动系统的维护与检修、起动系统的故障诊断与排除等知识后，完成起动机的拆装、起动机元件性能检测等工作任务。

【项目目标】

1. 掌握起动系统的构造与工作原理，掌握起动机的整机检测方法及解体后主要部件的检测方法，能对起动系统的技术性能进行正确评价。

2. 掌握起动系统的控制原理，能够判断起动机的工作性能，能够正确分析故障原因，确定故障诊断流程，对起动系统的常见故障进行正确诊断。

任务一　起动系统的维护与检修

任务分析

农机发动机是靠外力起动的。电力起动系统操作简便，起动迅速可靠，重复起动能力强，在现代农机上广泛应用。

通过学习起动系统的维护与检测相关知识，学生应掌握起动机的整机检测及解体后主要部件的检测方法，能对起动系统的技术性能进行正确评价。

相关知识

一、起动系统的功用与组成

要使发动机由静止状态过渡到工作状态，必须用外力转动发动机的曲轴，使气缸内吸入（或形成）可燃混合气并燃烧膨胀，工作循环才能自动进行。曲轴在外力作用下开始转动到发动机开始自动地怠速运转的全过程，称为发动机的起动。

（一）起动系统有两个重要参数

（1）起动转矩　克服起动阻力所需的力矩称为起动转矩。起动阻力包括气缸内被压缩气体的阻力和发动机本身及其附件内相对运动的零件之间的摩擦阻力。

（2）起动转速　保证发动机顺利起动所需的曲轴转速称为起动转速。车用汽油机在0 ~

20℃的气温下，一般最低起动转速为30～40r/min。为使发动机能在更低气温下迅速起动，要求起动转速能达30～40r/min。车用柴油机所要求的起动转速较高，达150～300r/min。

（二）电力起动系统的组成

用电动机作机械动力，当电动机轴上的齿轮与发动机飞轮周缘的齿圈啮合时，动力就传到飞轮和曲轴，使之旋转。电动机本身又以蓄电池作为能源。

电力起动系由起动机和控制电路两大部分组成。具体地说包括：蓄电池、起动机、起动继电器和点火开关等，如图4-1所示。

它们的作用是：起动机产生力矩，通过小齿轮驱动发动机飞轮转动，使发动机起动；控制电路用来控制起动机的工作。

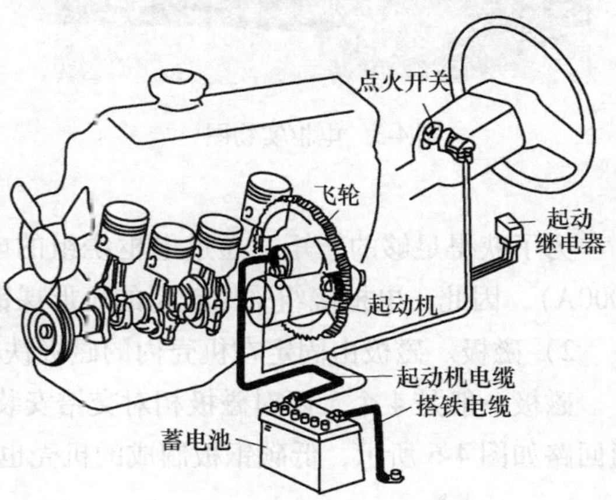

图4-1　电动起动系的组成

二、起动机的结构与工作原理

起动机由直流电动机、传动机构和操纵机构三部分组成，如图4-2所示。

直流电动机是将蓄电池输入的电能转换为机械能，产生电磁转矩。

传动机构由单向离合器与驱动齿轮、拨叉等组成，其作用是在起动发动机时使驱动齿轮与非轮齿圈相啮合，将起动机的转矩传递给发动机曲轴；在发动机起动后又能使驱动齿轮与飞轮自动脱离，在它们脱离过程中，发动机飞轮反拖驱动齿轮时，单向离合器使其形成空转，避免了飞轮带动起动机轴旋转。

操纵机构主要是指起动机的电磁开关，用来接通或断开电动机与蓄电池之间的电路。

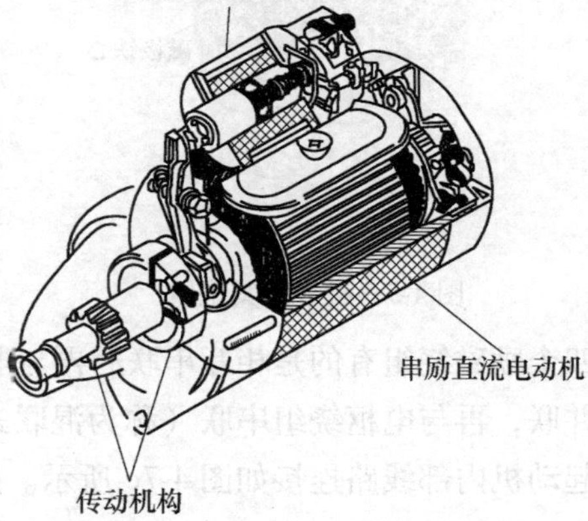

图4-2　起动机的组成

（一）直流电动机的结构

直流电动机分为永磁式和非永磁式两种，两者的区别是永磁式直流电动机的磁极是永久磁铁，而非永磁式直流电动机的磁极由磁极铁心和磁场绕组组成。除此之外，两种直流电动机的构造与工作原理几乎一样。永磁式直流电动机一般用于大功率农业机械，如拖拉机、联合收割机等。非永磁式直流电动机一般用于小功率农业机械，如插秧机等。

本教材主要介绍非永磁式直流电动机。

直流电动机由电枢（转子）、磁极（定子）、换向器和电刷等主要部件构成。

1）电枢。直流电动机的转动部分称为电枢，又称转子。转子由外圆带槽的硅钢片叠成的铁心、电枢绕组、电枢轴和换向器组成，如图4-3、图4-4所示。

图 4-3　电枢实物图

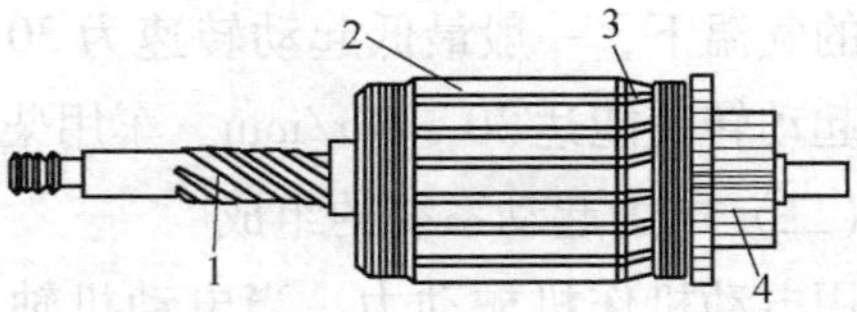

图 4-4　电枢示意图
1—电枢轴　2—电枢铁心　3—电枢绕组　4—换向器

为了获得足够的转矩，通过电枢绕组的电流较大（汽油机为 200～600A；柴油机可达 1000A），因此，电枢绕组采用较粗的矩形裸铜漆包线绕制为成形绕组。

2）磁极。磁极由固定在机壳内的磁极铁心和磁场绕组组成，如图 4-5 所示。

磁极一般是 4 个，两对磁极相对交错安装在电动机的壳体内，定子与转子铁心形成的磁通回路如图 4-6 所示，低碳钢板制成的机壳也是其中的一部分。

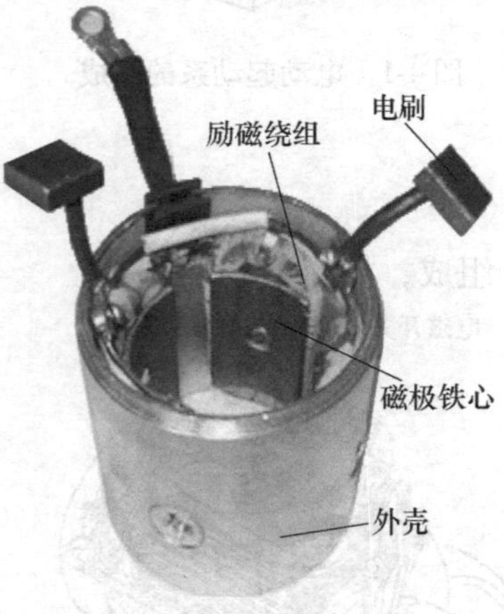

图 4-5　磁极及其绕组

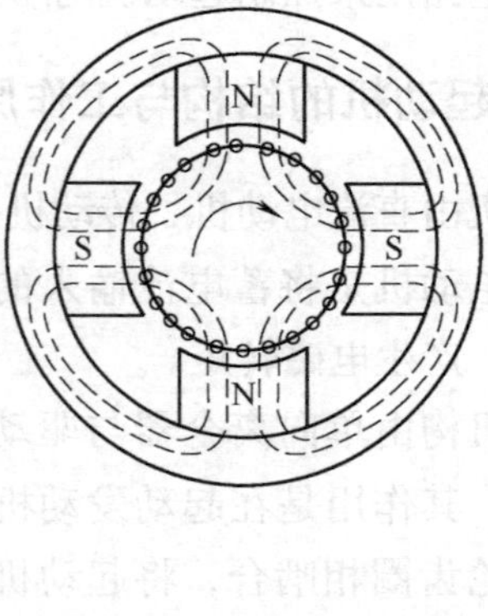

图 4-6　磁路

四个励磁绕组有的是相互串联后再与电枢绕组串联（称为串联式），有的则是两两相串后再并联，再与电枢绕组串联（称为混联式），分别如图 4-7a、b 所示。

起动机内部线路连接如图 4-7c 所示。励磁绕组一端接在外壳的绝缘接线柱上，另一端与两个非搭铁电刷相连接。

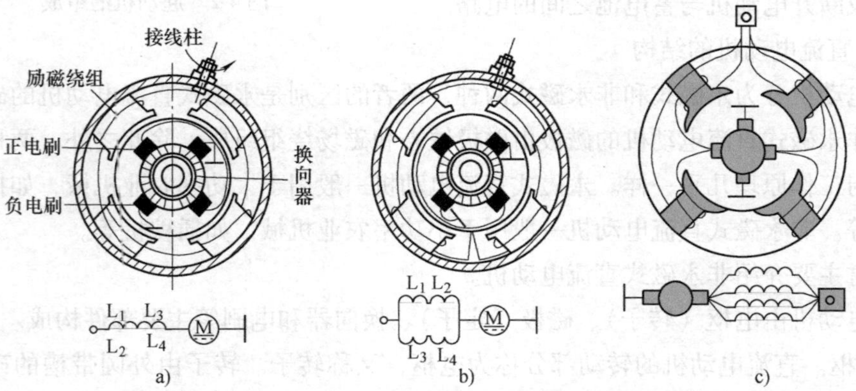

图 4-7　磁场绕组的连接
a）四个励磁绕组相互串联　b）2 个励磁绕组串联后再并联　c）4 个励磁绕组相互并联

当起动开关接通时，电动机的电路为蓄电池正极→接线柱→励磁绕组→电刷→换向器和电枢绕组→搭铁电刷→搭铁→蓄电池负极。

3）电刷与电刷架。电刷架一般为框式结构，其中正极电刷架绝缘地固定在端盖上，负极电刷架与端盖直接相连并搭铁。电刷置于电刷架中，电刷由铜粉与石墨粉压制而成，呈棕黑色。电刷架上有较强弹性的盘形弹簧，保证电刷与换向器可靠接触，如图 4-8、图 4-9 所示。

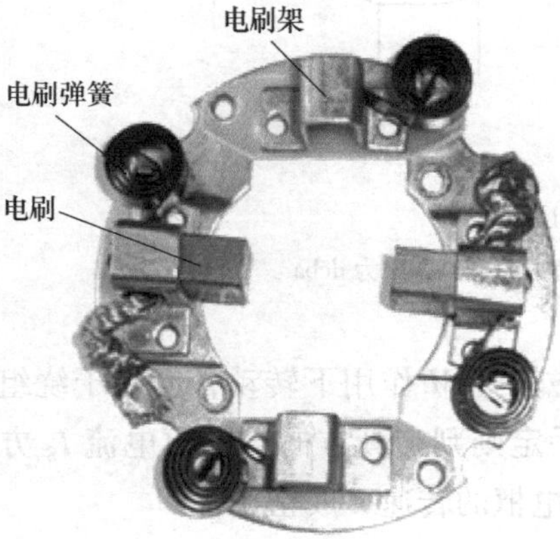

图 4-8　电刷与电刷架

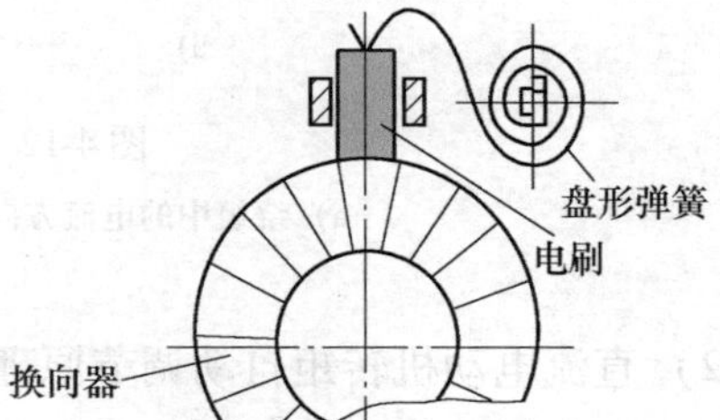

图 4-9　电刷与换向器

4）换向器。换向器用于实现向旋转的电枢绕组注入电流。它由许多截面呈燕尾形的铜片围合而成，如图 4-10、图 4-11 所示。铜片之间由云母绝缘。云母绝缘层应比换向器铜片外表面凹下 0. 8mm 左右，以免铜片磨损时，云母片很快突出。电枢绕组各线圈的端头均焊接在换向器的铜片上。

图 4-10　换向器实物图

图 4-11　换向器示意图

（二）直流电动机的工作原理

（1）电磁转矩的产生　它是根据载流导体在磁场中受到电磁力作用而发生运动的原理工作的。图 4-12a 所示为一台最简单的两极直流电动机模型。

根据左手定则判定 a b、c d 两边均受到电磁力 F 的作用，由此产生逆时针旋转方向的电磁转矩 M 使电枢转动。换向方法如图 4-12b 所示。实际的电枢上有很多线圈，换向器铜片也有相应的对数。

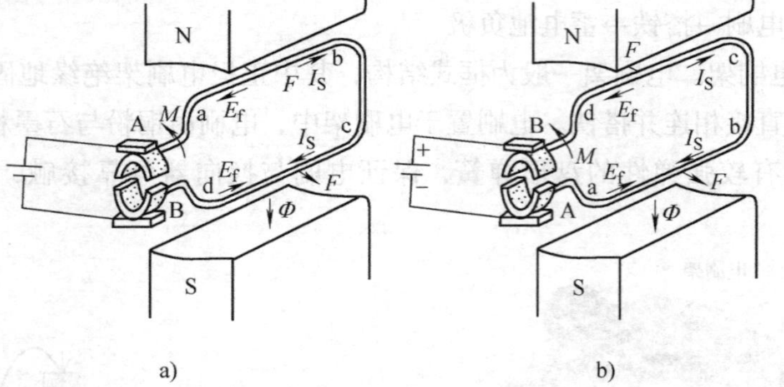

图 4-12 直流电动机的工作原理

a）绕组中的电流方向为 abcd b）绕组中的电流方向为 dcba

（2）直流电动机转矩自动调节原理 电枢在电磁转矩 M 作用下转动，但由于绕组在转动时同时也切割磁力线而产生感应电动势，根据右手定则判定其方向与电枢电流 I_S 方向相反，故称反电动势。反电动势 E_f 与磁极的磁通 Φ 和电枢的转速 n 成正比，即

$$E_f = C_e \Phi n$$

式中，C_e 为电动机结构常数。

由此可推出电枢回路的电压平衡方程式，即

$$U = E_f I_S R_S$$

式中，R_S 为电枢回路电阻，其中包括电枢绕组电阻以及电刷和换向器的接触电阻。

直流电动机在刚刚接通直流电源的瞬间，电枢转速、反电动势均为 0，此时，电枢绕组中的电流最大，即 $I_S = U/R_S$，将产生最大的电磁转矩，即 M_{max}，若此时的电磁转矩 M 大于电动机阻力转矩 M_z，电枢就开始加速运转起来。随着转速 n 的上升，E_f 增大，I_S 下降，M 也就随着下降。当 M 下降至与 M_z 相等时，电枢就以此转速运转。如果直流电动机在工作过程中负载发生变化，就会出现以下情况：

负载增大时，$M < M_z \to n\downarrow \to E_f\downarrow \to I_S\uparrow \to M\uparrow \to M = M_z$，达到新的稳定。

负载减小时，$M > M_z \to n\uparrow \to E_f\uparrow \to I_S\downarrow \to M\downarrow \to M = M_z$，达到新的稳定。

由此可见，当负载变化时，电动机能通过转速、电流和转矩的自动变化来满足负载的需要，使之能在新的转速下稳定工作。因此，直流电动机有自动调节转矩的功能。

（三）直流电动机的工作特性

起动机的转矩、转速、功率与电流的关系称为起动机的特性曲线。

串励直流电动机的特点是起动转矩大，机械特性软（电枢转速随其负载增大而降低，随其负载的减小而上升）。

（1）转矩特性 在磁路未饱和的情况下，串励直流电动机的转矩 M 与电枢电流的二次方 I_S^2 成正比。直流电动机的转矩特性如图 4-13 所示。

在发动机起动瞬间，发动机的内部阻力矩很大，起动机处于完全制动状态下，由于转速为电枢电流达到最大值（称为制动电流），电动机产生最大转矩（称为制动转矩），足以克服发动机的阻力矩使发动机起动。这就是起动机采用串励直流电动机的主要原因之一。

（2）转速特性（机械特性）　串励直流电动机转速 n 与电枢电流 I_S 的关系式为

$$n=\frac{U-I_S(R_S+R_J)}{C_1\Phi}$$

串励电动机在磁极未饱和时，由于 Φ 不为常数，当 I_S 增加时，电枢转矩增大，由于 Φ 与 $I_S(R_S+R_J)$ 也随之增加，因此，电枢转速 n 随 $I_S(M)$ 的增大下降较快，故具有较软的机械特性，如图 4-14 所示。

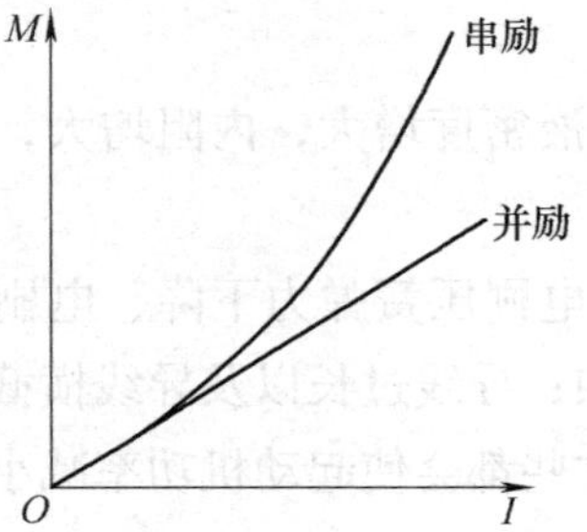

图 4-13　直流电动机的转矩特性

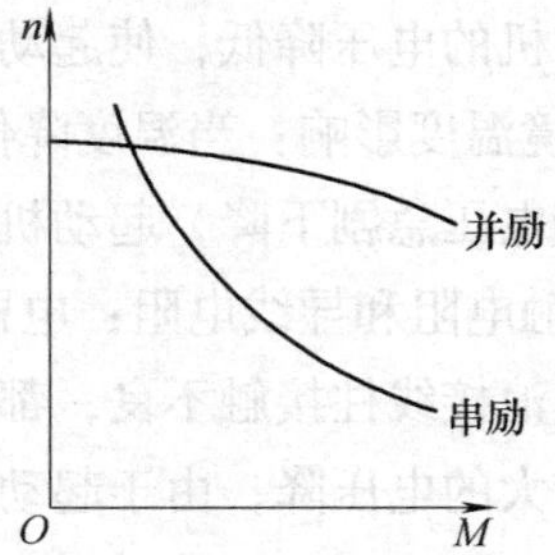

图 4-14　直流电动机的机械特性

即串励直流电动机具有在轻载时，电枢电流小，转速高；在重载时，电枢电流大，转速低的软机械特性，能保证发动机既安全又可靠地起动，这是农机起动机采用串励直流电动机的又一主要原因。

（3）功率特性　串励直流电动机的功率 P 可表示为

$$P=Mn/9550$$

式中，M 为电枢轴上的力矩（N·m）；n 为电枢转速（r/min）。

由此可以看出，在完全制动（$n=0$）和空转（$M=0$）两种情况下，起动机的功率都等于 0。因为起动机工作时间很短，可以允许在最大功率下工作，所以把起动机的最大输出功率称为起动机的额定功率。电动机的特性曲线如图 4-15a 所示。

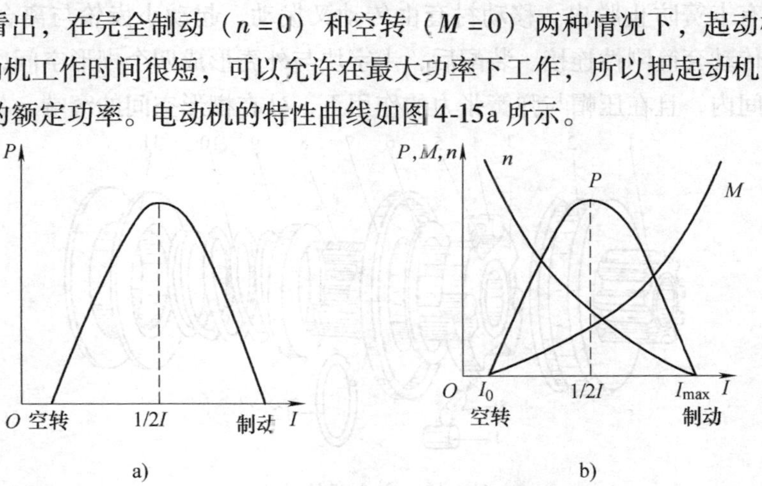

图 4-15　电动机的特性曲线

a）电动机功率特性　b）直流串励式电动机工作特性

串励直流电动机的转矩、转速、功率特性完全可以表述起动机的工作特性。图 4-15b 所示为三大特性曲线在同一坐标系的情况，由该图可以看出：

1）完全制动时，相当于起动机刚接通的瞬间，$n=0$，电枢电流最大（即制动电流 I_{max}），转矩也达到最大值（称为制动转矩），但输出功率为0。

2）起动机空转时电流最小（称为空载电流 I_0），转速达到最大值（称为空载转速），输出功率也为0。

3）在电流接近制动电流的一半时，起动机功率最大。将其最大功率作为额定功率。

（4）影响起动机功率的主要因素

1）蓄电池容量的影响：蓄电池容量越小，其内阻越大，放电时产生的电压降越大，因而供给起动机的电压降低，使起动机输出的功率减小。

2）环境温度影响：当温度降低时，由于蓄电池电解液密度增大，内阻增大，会使蓄电池容量和端电压急剧下降，起动机功率将会显著下降。

3）接触电阻和导线电阻：电刷与换向器接触不良、电刷压簧弹力下降、电刷过短以及导线与蓄电池接线柱接触不良，都会使工作线路电阻增加；导线过长以及导线横截面积过小也会造成较大的电压降，由于起动机工作电流特别大，这些都会使起动机功率减小。

三、传动机构的结构与工作原理

起动机的传动机构包括离合器和拨叉两部分。离合器起着传递转矩将发动机起动，同时又能在起动后自行脱离啮合保护起动机不致损坏的作用。拨叉的作用是使离合器做轴向移动。滚柱式离合器是目前国内外农机起动机中使用广泛的一种离合器。

（一）滚柱式离合器的构造

这种离合器的结构如图4-16所示。传动套筒8内具有内花键，与电枢轴上的外花键相配合。起动小齿轮1套在电枢轴的光滑部分上。在传动套筒的另一端，活络地套着缓冲弹簧压向右方，并有卡簧防止脱出。移动衬套由传动叉拨动。起动小齿轮与离合器外壳刚性连接，十字块与传动套筒刚性连接。装配后，十字块与外壳形成四个楔形空间，滚柱分别安装在四个楔形空间内，且在压帽与弹簧张力的作用下，处在楔形空间的窄端。

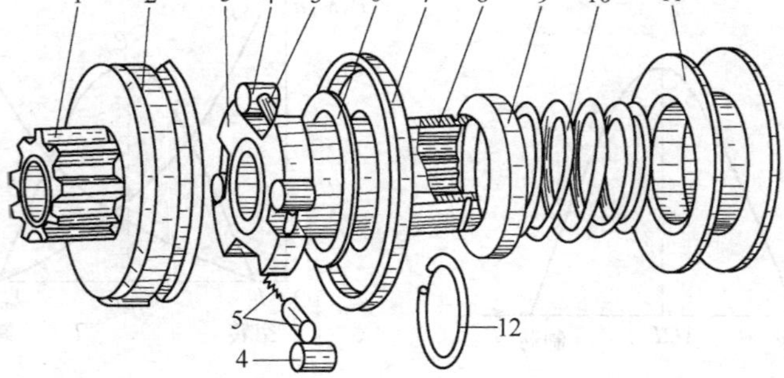

图4-16 离合器的结构

1—起动机驱动齿轮 2—外壳 3—十字块 4—滚柱 5—压帽与弹簧 6—垫圈 7—护盖 8—传动套筒 9—弹簧座 10—缓冲弹簧 11—移动衬套 12—卡簧

（二）滚柱式离合器的工作原理

离合器的外壳与十字块之间的间隙为宽窄不同的楔形槽。这种离合器就是通过改变滚柱在楔形槽中的位置来实现离合的。

起动发动机时，在电磁力的作用下，传动拨叉使移动衬套沿电枢轴轴向移动，从而压缩缓冲弹簧。在弹簧张力的作用下，离合器总成与起动小齿轮沿电枢轴轴向移动，实现起动小齿轮与发动机飞轮的啮合。与此同时，控制装置接通起动机主电路，起动机输出强大的电磁转矩。转矩由传动套筒传至十字块，十字块与电枢轴一同转动。此时，由于飞轮齿圈瞬间制动，就使滚柱在摩擦力的作用下，滚入楔形槽的窄端而卡死。于是起动小齿轮和传动套成为一体，带动飞轮起动发动机，如图 4-17a 所示。

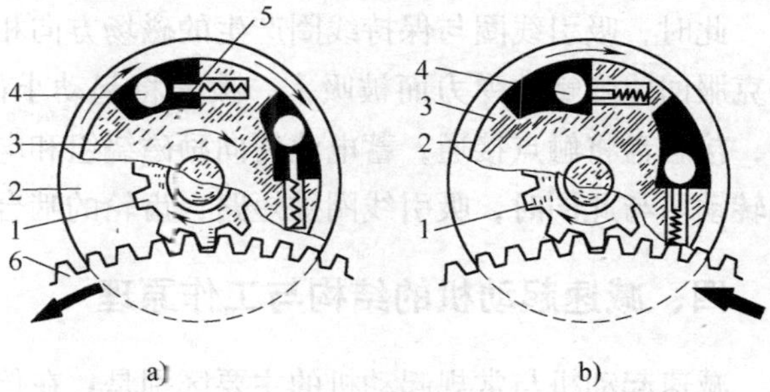

图 4-17 滚柱式离合器的工作原理

a）发动机起动时 b）发动机起动后

1—驱动齿轮 2—外壳 3—十字块 4—滚柱 5—压帽与弹簧 6—飞轮齿环

起动发动机后，由于飞轮齿环带动驱动齿轮高速旋转且比电枢轴转速高得多，驱动齿轮尾部的摩擦力带动滚柱克服弹簧张力，使滚柱滚向锲形腔室较宽的一端，于是滚柱将在驱动齿轮尾部与外座圈间发生滑动摩擦，发动机动力不能传给电枢轴，起到分离作用，电枢轴只按自己的转速空转，避免了电枢超速飞散的危险，如图 4-17b 所示。

起动完毕，则由拨叉回位弹簧作用，经拨环使离合器退回，驱动齿轮完全脱离飞轮齿环。

（三）操纵机构的结构与工作原理

起动机的控制装置均采用电磁式控制装置，即电磁开关，如图 4-18 所示。

（1）操纵机构的构造 电磁开关主要由吸引线圈、保持线圈、复位弹簧、活动铁心、接触片等组成。其中，电磁开关上的“30”端子接至蓄电池正极；“C”端子接起动机励磁绕组；吸引线圈一端接起动机主电路，如图 4-19 点画线框中所示。

图 4-18 起动机电磁开关实物图

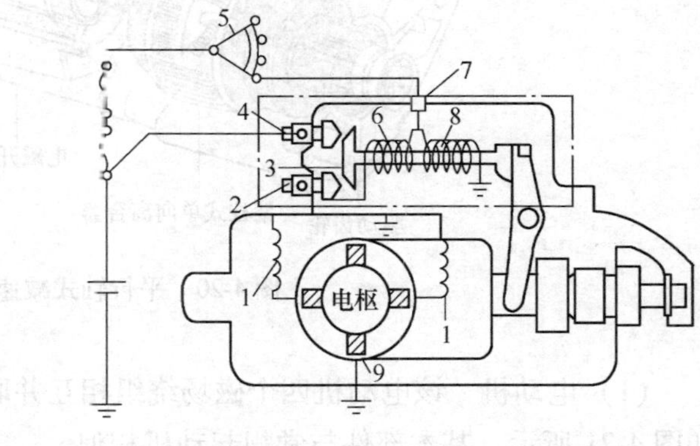

图 4-19 起动机电磁开关的构造

1—励磁绕组 2—“C”端子 3—旁通接柱 4—“30”端子 5—点火开关 6—吸引线圈 7—“50”端子 8—保持线圈 9—电刷

（2）操纵机构的工作原理　如图 4-19 所示，点火开关接至起动档时，接通吸引线圈和保持线圈，其电路为：蓄电池正极→熔断器→点火开关→“50”端子→分两路。一路经吸引线圈→主电路“C”端子→励磁绕组→电枢绕组→搭铁→蓄电池负极；另一路经保持线圈→搭铁→蓄电池负极。

此时，吸引线圈与保持线圈产生的磁场方向相同，在两线圈电磁吸力的作用下，活动铁心克服回位弹簧的弹力而被吸入。拨叉将起动小齿轮推出使其与飞轮齿圈啮合。齿轮啮合后，接触盘将触点接通，蓄电池便向励磁绕组和电枢绕组供电，产生正常的转矩，带动起动机转动。与此同时，吸引线圈被短路，齿轮的啮合位置由保持线圈的吸力来保持。

四、减速起动机的结构与工作原理

减速起动机与常规起动机的主要区别是：在传动机构和电枢轴之间安装了一套齿轮减速装置，通过减速装置把力矩传递给单向离合器，可以降低电动机的速度，增大输出力矩，减小起动机的体积和质量。齿轮减速装置主要有平行轴式外啮合减速齿轮装置和行星齿轮式减速装置两种形式。

（一）平行轴式减速起动机

平行轴式减速起动机主要由电动机、平行轴减速装置、传动机构和控制装置构成，如图 4-20 所示。

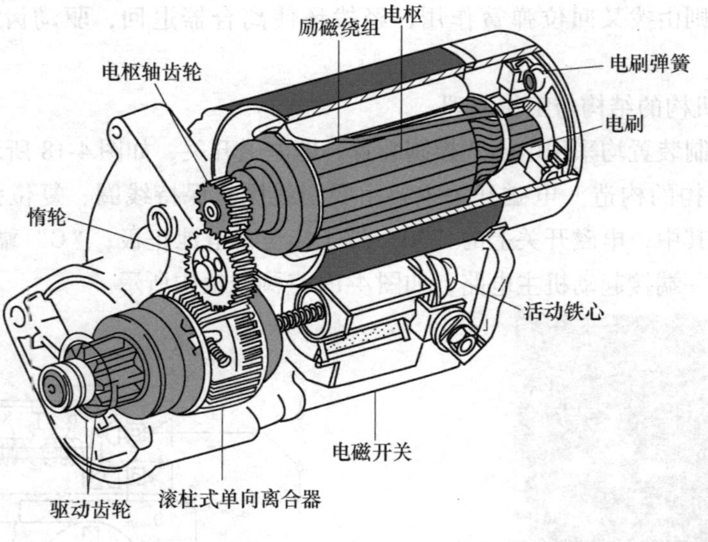

图 4-20　平行轴式减速起动机的构造

（1）电动机　该电动机四个磁场绕组相互并联后再与电枢绕组串联，仍为串励电动机，如图 4-21 所示。基本部件与常规起动机相似。

（2）传动机构及减速装置　传动机构和减速装置的位置关系如图 4-22 所示。滚柱式单向离合器设置在减速齿轮内毂，其内毂制成楔形空腔，传动导管装入时，将空腔分割成 5 个楔形腔室，腔室内放置滚柱和弹簧。平时在弹簧张力作用下，滚柱滚向楔形腔室窄端，传递动力时，由滚柱将传动导管和减速齿轮卡紧成一体。离合器的工作原理和常规起动机中的滚柱式单向离合器工作原理相同。

减速齿轮装置采用平行轴式外啮合减速齿轮装置，该装置中设有三个齿轮，即电枢轴齿轮、惰轮（中间齿轮）及减速齿轮。与常规起动机相比，该减速装置传动比较大，输出力矩也较大。

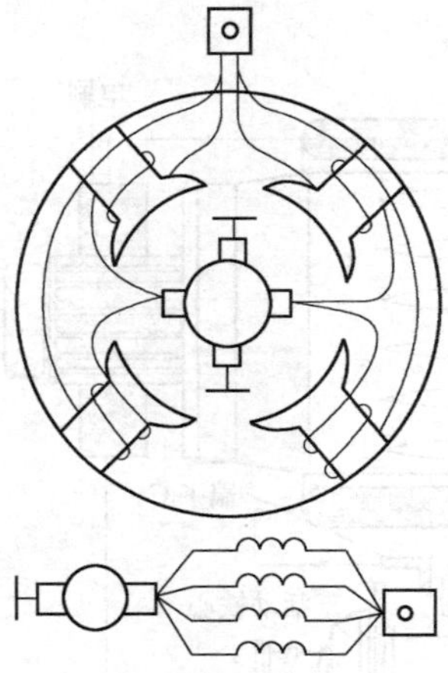

图 4-21　磁场绕组的连接

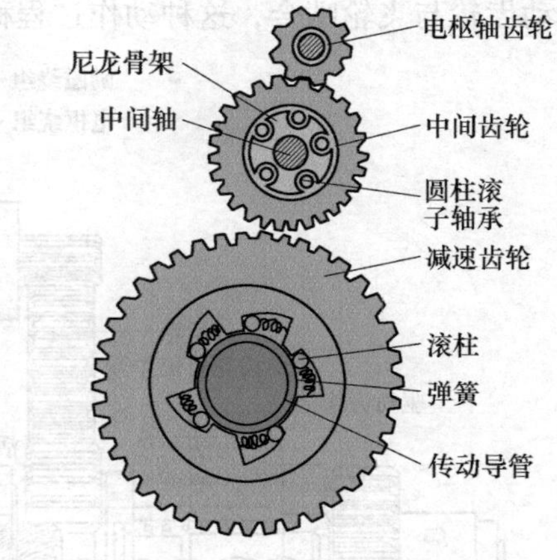

图 4-22　减速齿轮啮合关系和单向离合器

（3）控制装置及工作过程　下面结合电路图分析控制装置的工作原理。如图 4-23 所示，控制装置的结构与传统式电磁控制装置大致相同，不同之处在于活动铁心的左端固装的挺杆，经钢球推动驱动齿轮轴，活动铁心右端绝缘地固装着接触片。起动机不工作时，触盘与触点分开，驱动齿轮与飞轮分离。

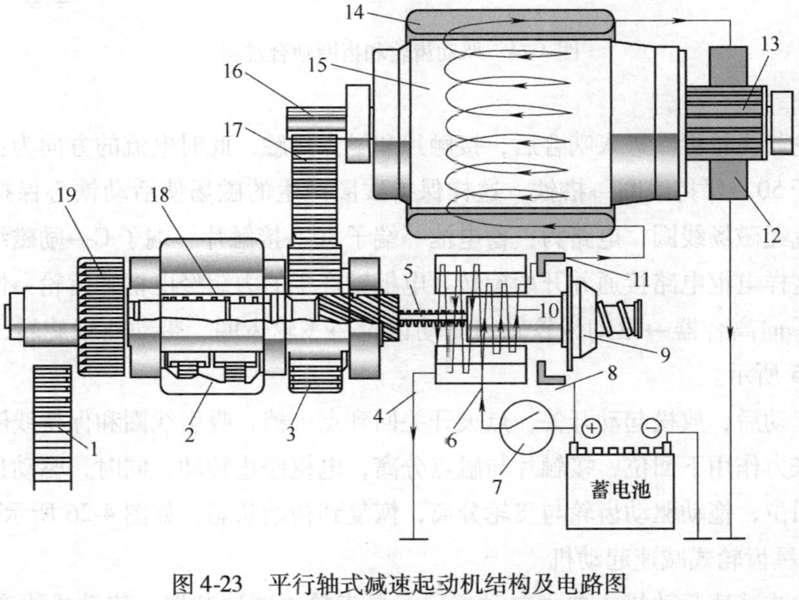

图 4-23　平行轴式减速起动机结构及电路图

1—飞轮齿圈　2—单向离合器　3—离合器（减速）齿轮　4—保持线圈　5—活动铁心回位弹簧　6—端子 50　7—点火开关　8—端子 30　9—活动铁心　10—吸引线圈　11—端子 C　12—电刷　13—换向器　14—励磁绕组　15—电枢　16—电枢轴齿轮　17—惰轮　18—驱动齿轮回位弹簧　19—驱动齿轮

其工作过程如下：接通起动开关，吸引线圈和保持线圈通电，此时的电流流向为：蓄电池→点火开关→端子50→保持线圈→搭铁，蓄电池→点火开关→端子50→吸引线圈→端子C→励磁绕组→电枢绕组→搭铁，此时电动机低速运转，如图4-23所示。

如图4-24所示，吸引线圈和保持线圈的电磁力吸引活动铁心左移，推动驱动齿轮轴，迫使驱动齿轮与飞轮啮合，这种动作过程称为直动齿轮式。

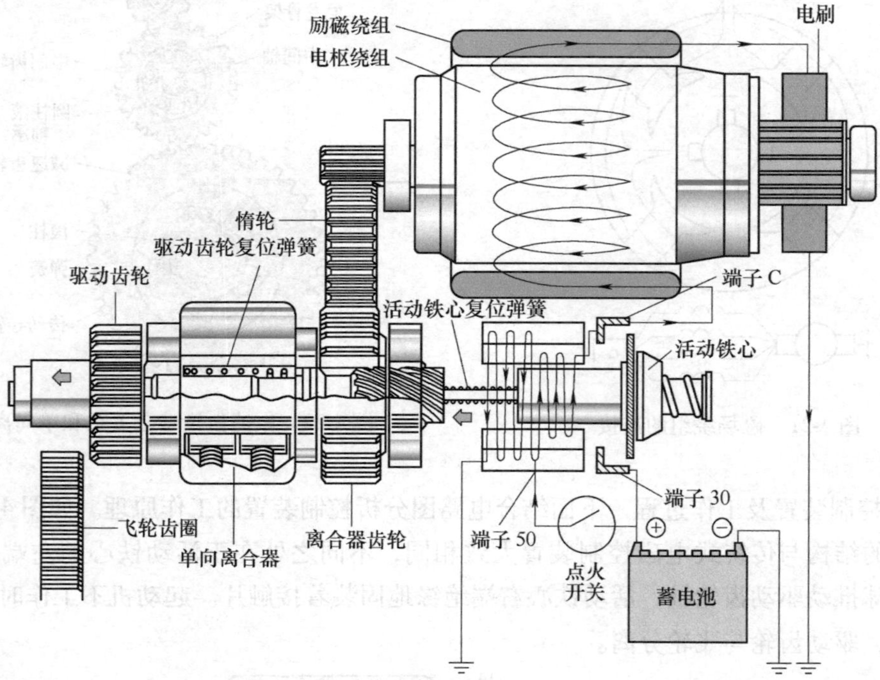

图4-24　驱动齿轮和齿圈啮合过程

驱动齿轮与飞轮齿圈进入啮合后，接触片和触点接触，此时电流的方向为：蓄电池→点火开关→端子50→保持线圈→搭铁，这样保持线圈产生的磁场使活动铁心保持在原位。同时，电流还流经磁场线圈，电路为：蓄电池→端子30→接触片→端子C→励磁绕组→电枢绕组→搭铁。这样电枢电路接通并开始旋转。电枢轴产生的力矩经电枢轴齿轮→惰轮→减速齿轮→滚柱式单向离合器→驱动齿轮轴→驱动齿轮→飞轮齿圈，带动曲轴旋转，使发动机起动。如图4-25所示。

发动机起动后，放松起动开关，点火开关回到点火档，吸引线圈和保持线圈断电，引铁在复位弹簧张力作用下回位，接触片与触点分离，电枢停止转动。同时，驱动齿轮轴在复位弹簧作用下回位，拖动驱动齿轮与飞轮分离，恢复到初始状态，如图4-26所示。

（二）行星齿轮式减速起动机

行星齿轮式减速起动机主要由电动机、行星齿轮式减速装置、传动机构和控制装置构成，如图4-27所示。

（1）电动机　该电动机的结构有两类：一类与常规起动机类似，采用励磁绕组产生磁场；另一类采用永久磁铁磁场代替励磁绕组，减小了起动机的体积，提高了起动性能。

（2）传动机构及减速齿轮装置　该起动机的传动机构采用滚柱式单向离合器，用拨叉拨动驱动齿轮使之移动，其结构和工作过程与传统式起动机类似。

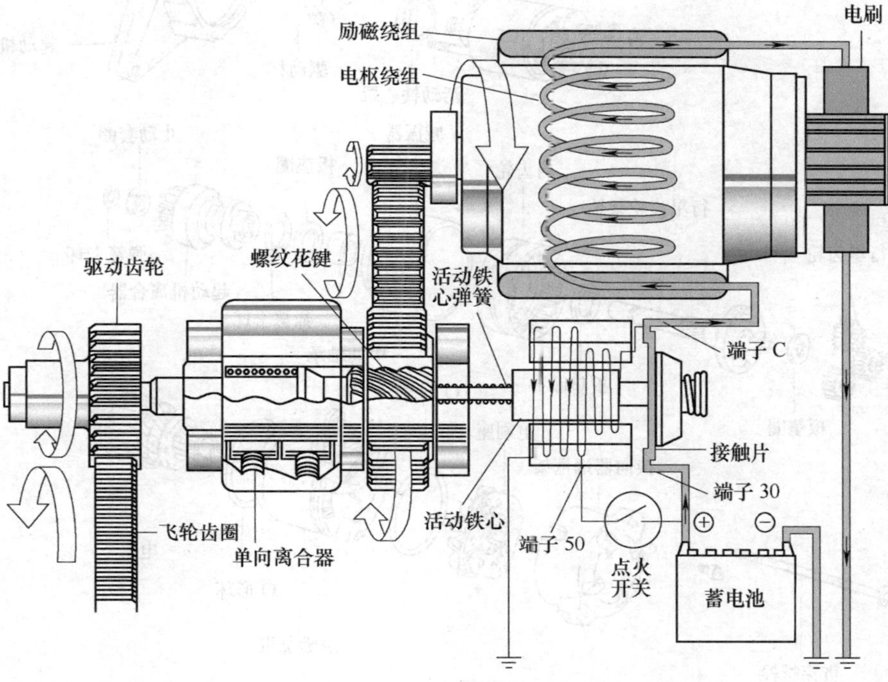

图4-25　驱动齿轮驱动齿圈旋转过程

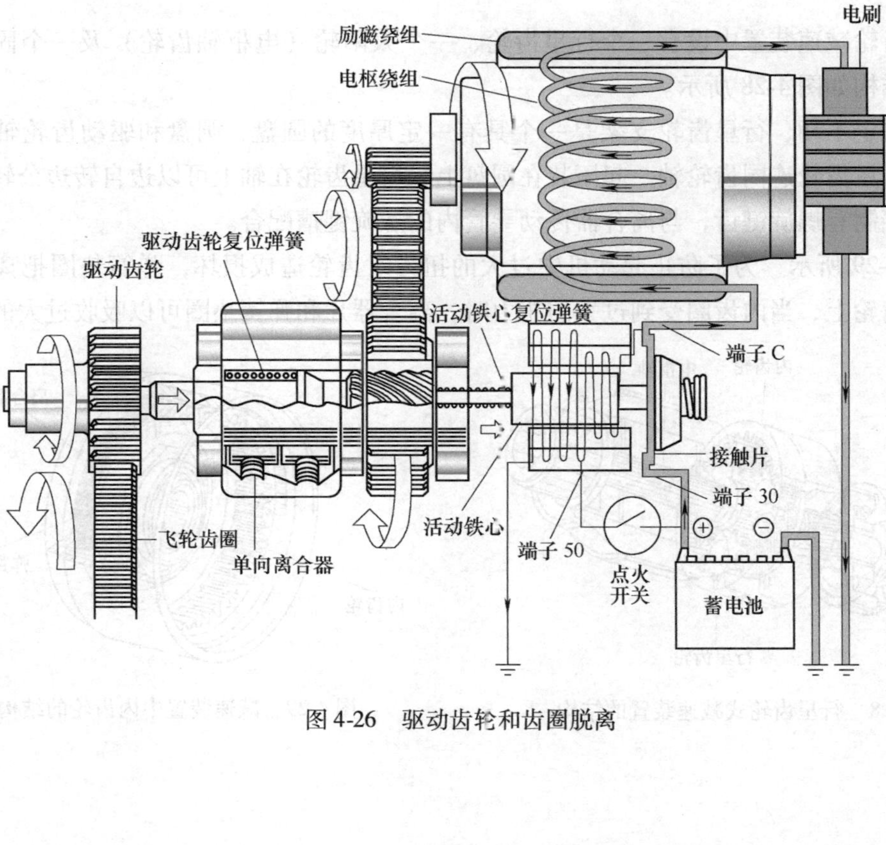

图4-26　驱动齿轮和齿圈脱离

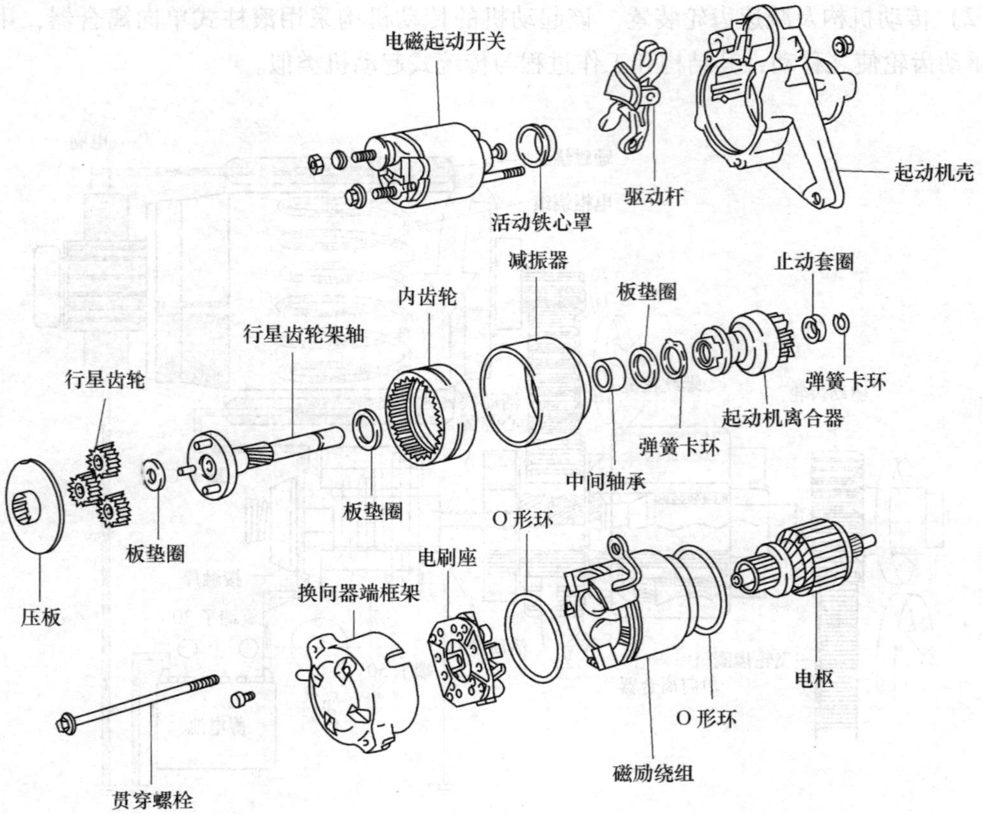

图 4-27　行星齿轮式减速起动机

行星齿轮减速装置中设有三个行星齿轮、一个太阳轮（电枢轴齿轮）及一个固定的内齿轮，其结构如图 4-28 所示。

齿轮固定不动，行星齿轮支架是一个具有一定厚度的圆盘，圆盘和驱动齿轮轴制成一体。三个行星齿轮连同齿轮轴一起压装在圆盘上，行星齿轮在轴上可以边自转边公转。驱动齿轮轴一端制有螺旋键齿，与离合器传动导管内的螺旋键槽配合。

如图 4-29 所示，为了防止起动机中过大的扭力对齿轮造成损坏，弹簧垫圈把离合器片压紧在内齿轮上，当内齿圈受到过大的扭力时，离合器片和弹簧垫圈可以吸收过大的扭力。

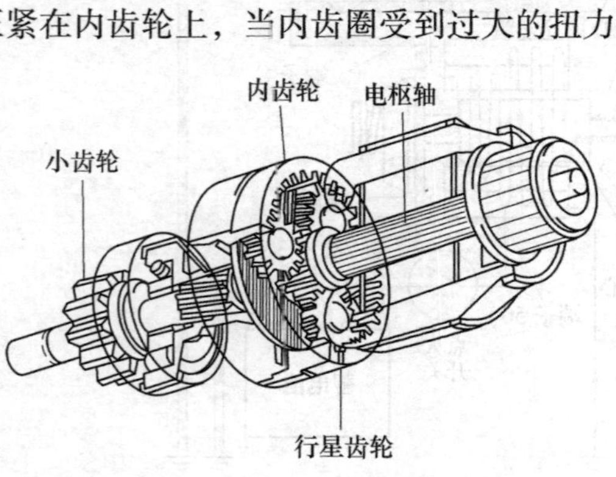

图 4-28　行星齿轮式减速装置的结构

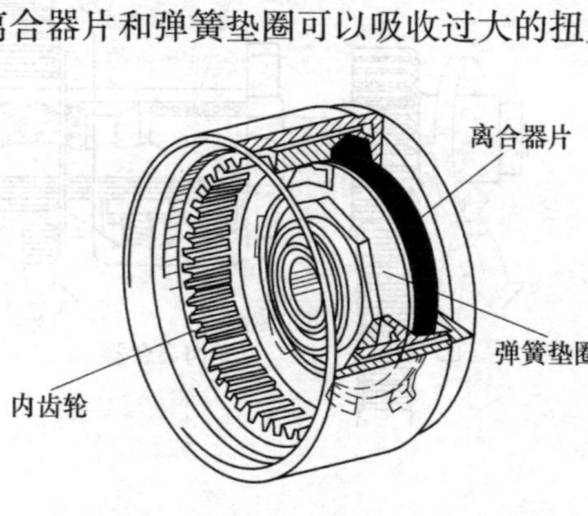

图 4-29　减速装置中内齿轮的结构

任务实施

一、起动机的拆装

起动机（以 QD124H 为例）的拆装步骤如下：

1）从电磁开关接线柱上拆开起动电动机与电磁开关之间的连接导线。

2）松开电磁开关总成的两个固定螺母。取下电磁开关总成，如图 4-30a 所示。

注意：在取出电磁开关总成时，应将其头部向上抬，使柱塞铁心端头的扁方与拨杆脱开后取出，如图 4-30b 所示。

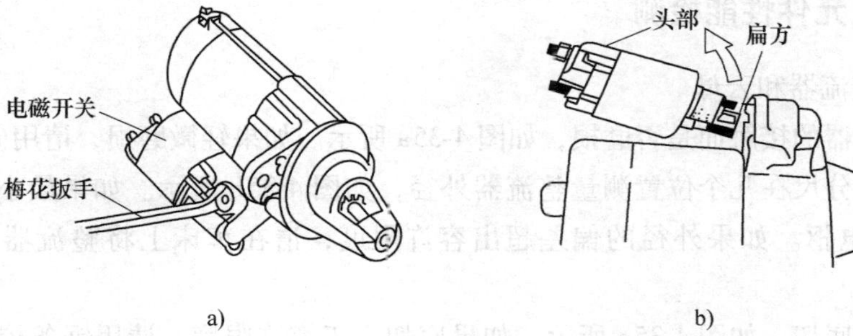

图 4-30　电磁开关拆卸

a）松开电磁开关固定螺母　b）取出电磁开关总成

3）拆下换向器的两个螺栓，取下换向端盖，如图 4-31 所示。

4）拆下电刷架及定子总成，如图 4-32 所示。

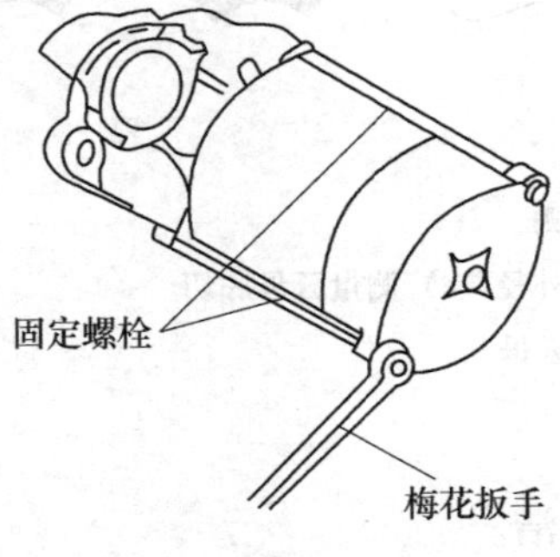

图 4-31　拆换向端盖图

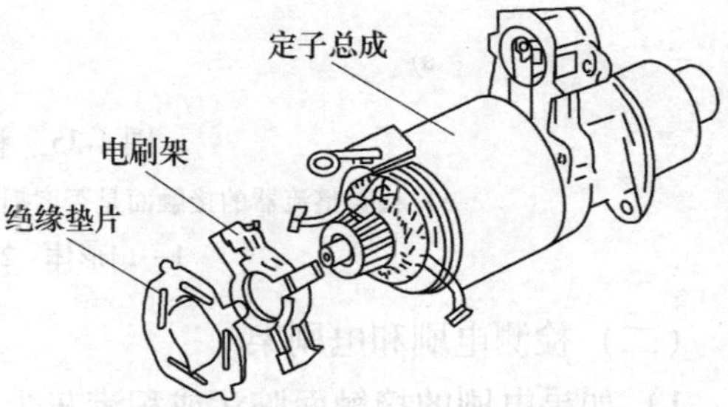

图 4-32　拆电刷架及定子总成

5）将起动机电枢总成及小齿轮拨杆一起从起动机机壳上拉出来，如图 4-33 所示。

6）从电枢轴上拆下电枢止推挡圈的右半环、卡环、电枢止推挡圈左半环，拆下超速离合器总成，如图 4-34 所示。

起动机的组装程序与分解相反，但要注意：在组装起动机前，应将起动机的轴承和滑动部位涂以润滑脂。

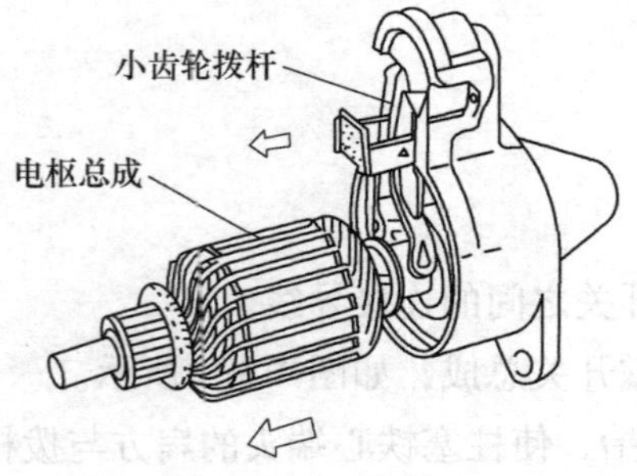

图 4-33　拆电枢总成

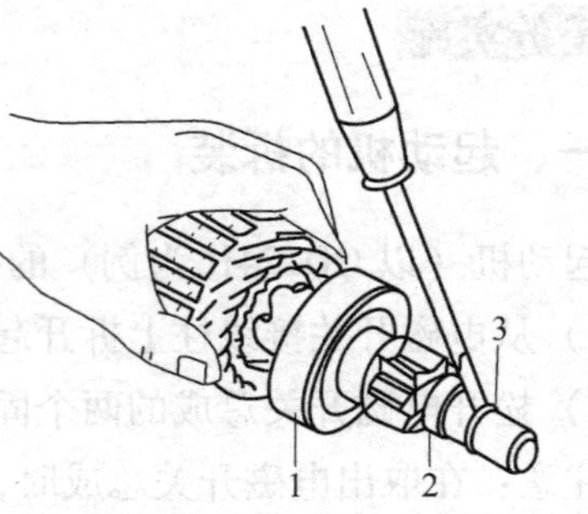

图 4-34　拆离合器总成

二、起动机元件性能检测

（一）检测整流器和云母

1）检查整流器的接触面是否磨损，如图 4-35a 所示。如果轻微磨损，请用砂纸研磨。

2）用外径千分尺在几个位置测量整流器外径，如图 4-35b 所示。如果最小外径小于容许限度，请更换电枢。如果外径的偏差超出容许限度，请在车床上将整流器校正到出厂设定。

3）测量云母底切，如图 4-35c 所示。如果底切小于容许限度，请用锯条校正并对整流器片边缘进行倒角。

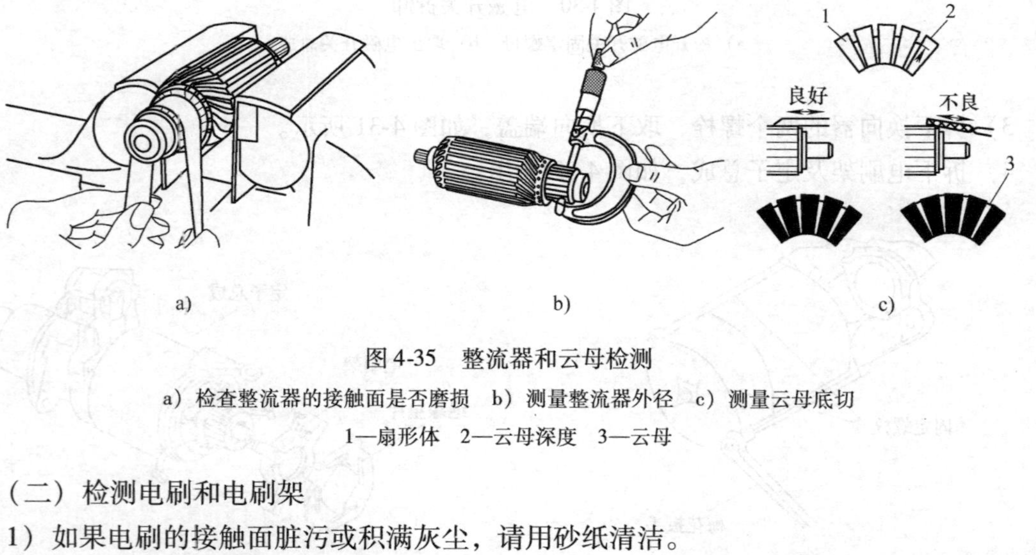

图 4-35　整流器和云母检测

a）检查整流器的接触面是否磨损　b）测量整流器外径　c）测量云母底切

1—扇形体　2—云母深度　3—云母

（二）检测电刷和电刷架

1）如果电刷的接触面脏污或积满灰尘，请用砂纸清洁。

2）用游标卡尺测量电刷长度 A，如图 4-36 所示。如果长度小于容许限度，请更换磁轭总成和电刷架。

3）用欧姆计检查电刷架和电刷架支座之间的导通性，如图 4-37 所示。如果导通，请更换电刷架。

（三）检测励磁绕组

1）用万用表检查导线 1 和电刷 2 之间的导通性，如图 4-38a 所示。如果不导通，请更换磁轭总成。

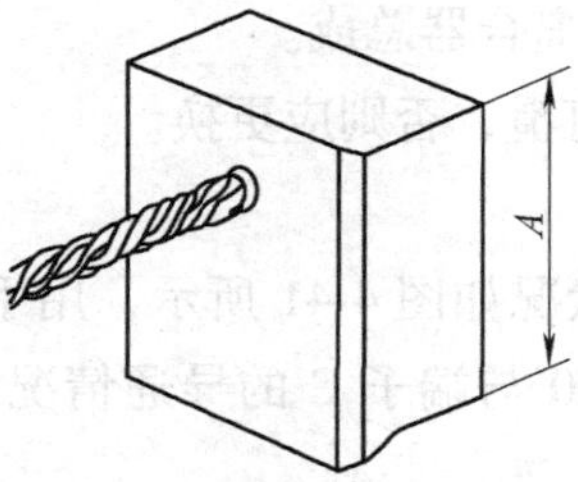

图 4-36　整流器和云母检测

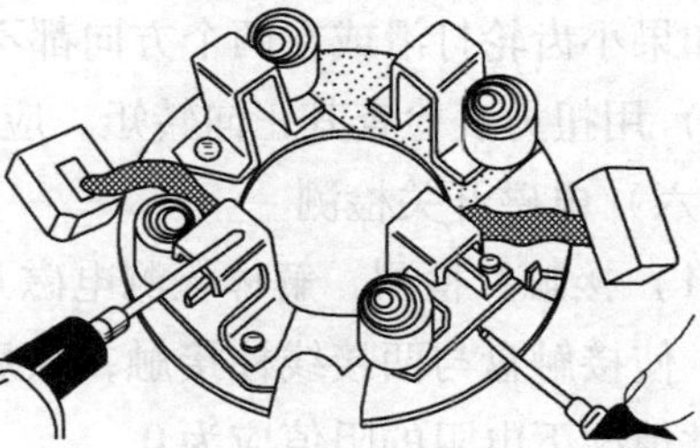

图 4-37　整流器和云母检测

2）用万用表检查电刷 2 和磁轭 3 之间的导通性，如图 4-38b 所示。如果导通，请更换磁轭总成。

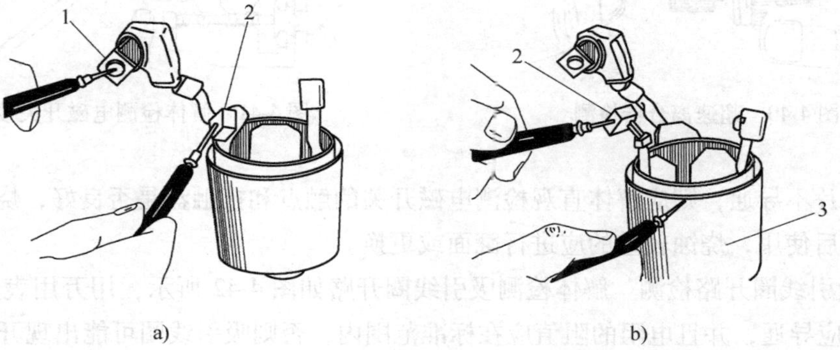

图 4-38　励磁绕组检测

a）检查导线和电刷之间的导通性　b）检查电刷和磁轭之间的导通性

1—导线　2—电刷　3—磁轭

（四）检测电枢绕组

1）用万用表检查换向器和电枢绕组芯体之间的导通性，如图 4-39a 所示。如果导通，请更换电枢。

2）用万用表检查换向器扇形体的导通性，如图 4-39b 所示。如果不导通，请更换电枢。

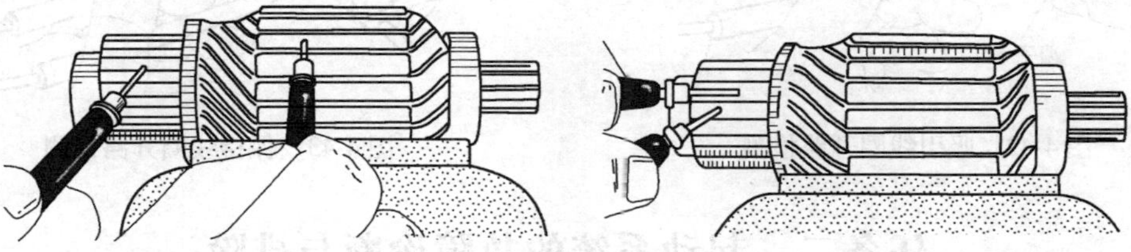

图 4-39　电枢绕组检测

a）检查换向器和电枢绕组芯体之间的导通性　b）检查换向器扇形体的导通性

（五）检测超速离合器

1）检查小齿轮是否磨损或损伤。如果有任何缺陷，请更换超速离合器总成。

2）按照图 4-40 所示，确认小齿轮在超速方向自由平稳地转动并且没有在起动方向打滑。如果小齿轮打滑或在两个方向都不旋转，请更换超速离合器总成。

3）用扭力表检查其正向转矩，应大于30N·m而不打滑，否则应更换。

（六）电磁开关检测

（1）接触片检测　解体检测电磁开关接触片的接触状况如图4-41所示，用手推动活动铁心，使接触盘与两接线柱接触，然后用表笔检测端子30与端子C的导通情况，应导通，且正常情况下电阻的阻值应为0。

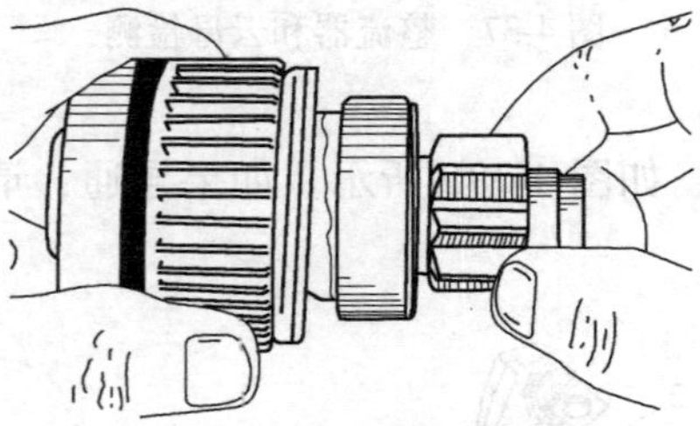

图4-40　超速离合器检测

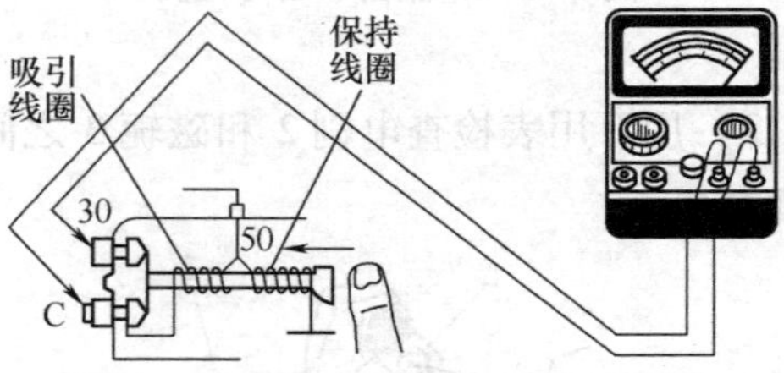

图4-41　解体检测电磁开关接触片

若接触片不导通，则应解体直观检测电磁开关的触点和接触盘是否良好，烧蚀较轻的可用砂布打磨后使用，烧蚀较重的应进行翻面或更换。

（2）吸引线圈开路检测　解体检测吸引线圈开路如图4-42所示，用万用表连接端子50和端子C，应导通，并且电阻的阻值应在标准范围内，否则吸引线圈可能出现开路故障。也可以进行不解体检测。

（3）保持线圈开路检测　检测保持线圈开路如图4-43所示，用欧姆表连接端子50和搭铁，应导通，并且电阻的阻值在标准范围内，否则保持线圈可能出现开路故障或线圈搭铁不良。也可以进行不解体检测。

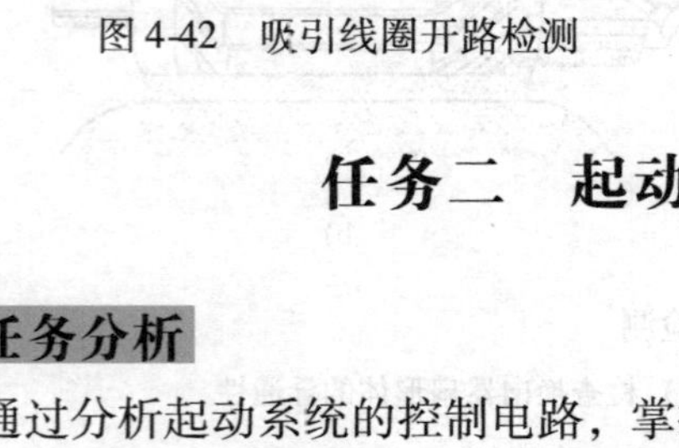

图4-42　吸引线圈开路检测

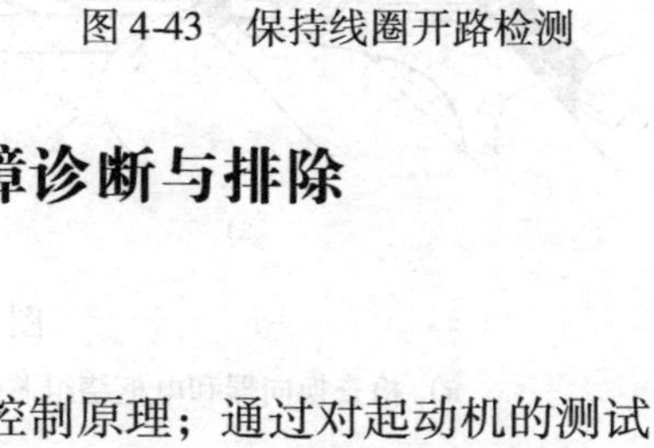

图4-43　保持线圈开路检测

任务二　起动系统的故障诊断与排除

任务分析

通过分析起动系统的控制电路，掌握起动系统的控制原理；通过对起动机的测试，能够判断起动机的工作性能。

根据起动系统的故障现象，能够正确分析故障原因，确定故障诊断流程，对起动系统的常见故障进行正确诊断。

相关知识

一、起动系统的控制电路

图 4-44 所示为某款拖拉机的起动系统的控制电路，由蓄电池、起动机、熔丝、电流表、起动开关、起动继电器等组成。

当起动开关接通后，起动继电器内部触点闭合，接通电磁开关电路，使电动机旋转，同时使驱动齿轮向外移动，与飞轮啮合。反之，断开起动开关，起动继电器内部触点打开，切断电磁开关电路，使电动机停止旋转，同时使驱动齿轮复位。

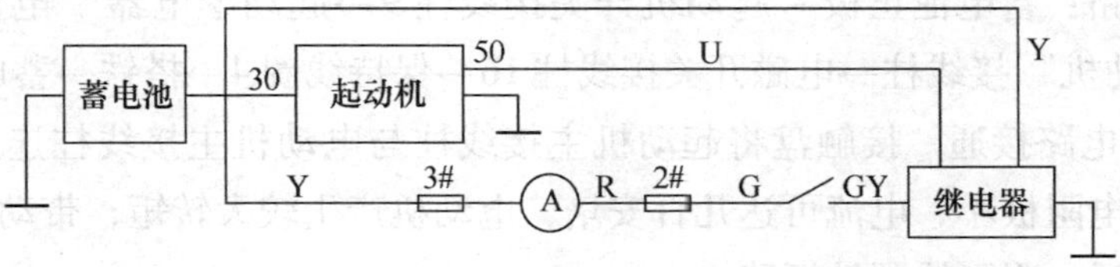

图 4-44　起动系统的控制电路

二、起动系统的工作过程分析

(一) 带继电器的起动系统工作过程

如图 4-45 所示，在电磁操纵式起动机的使用中，常通过起动继电器的触点接通或切断起动机电磁开关的电路控制起动机的工作，以保护点火开关。

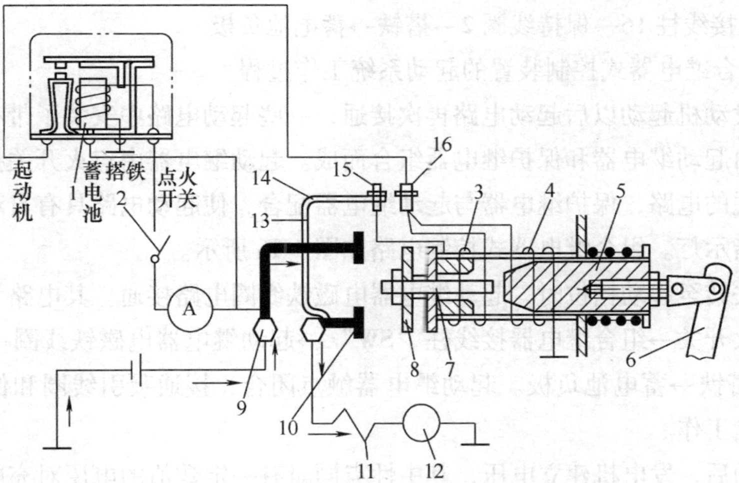

图 4-45　起动系统示意图

1—起动继电器　2—点火开关　3—吸引线圈　4—保持线圈　5—活动铁心　6—拨叉　7—推杆　8—接触盘　9—起动机主接线柱　10—电动机主接线柱　11—励磁绕组　12—电枢绕组　13—辅助接线柱　14—导电片　15—吸引线圈接线柱　16—电磁开关接线柱

点火开关未接通时，起动继电器触点张开，起动机开关断开，离合器驱动齿轮与飞轮处于分离状态。起动开关接通时：

（1）起动继电器线圈电路接通　其电路为：蓄电池正极→电流表→点火开关→起动继电器“点火开关”接线柱→线圈搭铁→蓄电池负极。

（2）电磁线圈电路接通　继电器触点闭合，同时接通吸引线圈和保持线圈电路，两线圈产生同方向的磁场，磁化铁心，吸动活动铁心前移，铁心前端带动触盘接通起动机主接线柱和电动机主接线柱，后端通过耳环带动拨叉移动使驱动齿轮与飞轮啮合。

吸引线圈电路：蓄电池正极→起动机主接线柱9→起动继电器“电池”接线柱、支架、触点、“起动机”接线柱→电磁开关接线柱16→吸引线圈3→导电片14→电动机主接线柱10→电动机→搭铁→蓄电池负极。

保持线圈电路：蓄电池正极→起动机开关接线柱9→起动继电器“电池”接线柱、支架、触点、“起动机”接线柱→电磁开关接线柱16→保持线圈4→搭铁→蓄电池负极。

（3）电动机电路接通　接触盘将起动机主接线柱与电动机主接线柱连通后，电动机电路接通。此电路电阻极小，电流可达几百安培，电动机产生较大转矩，带动飞轮转动。电动机主接线柱接通后，吸引线圈被短路。

其电路为：蓄电池正极→电动机主接线柱→接触盘8→电动机主接线柱→励磁绕组→电枢绕组→搭铁→蓄电池负极。

（4）起动开关断开　起动继电器停止工作，触点张开。起动机主接线柱与电动机主接线柱断开，驱动齿轮和飞轮分离。

起动继电器触点张开后，起动机主接线柱与电动机主接线柱断开瞬间，保持线圈电流通路为：蓄电池正极→起动机主接线柱9→接触盘8→电动机主接线柱10→导电片14→吸引线圈1→电磁开关接线柱16→保持线圈2→搭铁→蓄电池负极。

（二）带组合继电器式控制装置的起动系统工作过程

为了防止发动机起动以后起动电路再次接通，一些起动电路中安装了带有保护功能的组合式继电器，由起动继电器和保护继电器组合而成。起动继电器由点火开关控制，用来控制起动机电磁开关的电路，保护继电器与起动继电器配合，使起动电路具有自动保护功能，并可以控制充电指示灯。组合继电器式控制电路如图4-46所示。

当点火开关转至起动档位时，起动继电器电磁铁线圈电路接通。其电路为：蓄电池正极→电流表→点火开关→组合继电器接线柱“SW”→起动继电器电磁铁线圈→充电指示控制继电器触点→搭铁→蓄电池负极。起动继电器触点闭合，接通吸引线圈和保持线圈电流通路，起动机开始工作。

发动机发动后，发电机建立电压，其中性点同时有一定数值的电压对充电指示控制继电器线圈供电。其电路为：定子绕组→中性点→组合继电器接线柱“N”→线圈→接线柱“E”→搭铁→正向导通二极管→定子绕组。

当中性点电压达到 $U_e/2$ 后，线圈通过电流使铁心产生吸力吸开触点，切断起动继电器线圈电路，触点张开，起动机停止工作。

发动机正常工作后，若误接通起动开关，起动机也不会工作。因为此时，发电机已正常供电，中性点始终保持一定的电压值，使充电指示控制继电器触点总是处于张开状态，起动继电器触点不再闭合，起动机更不会工作，从而实现了对起动机的保护。

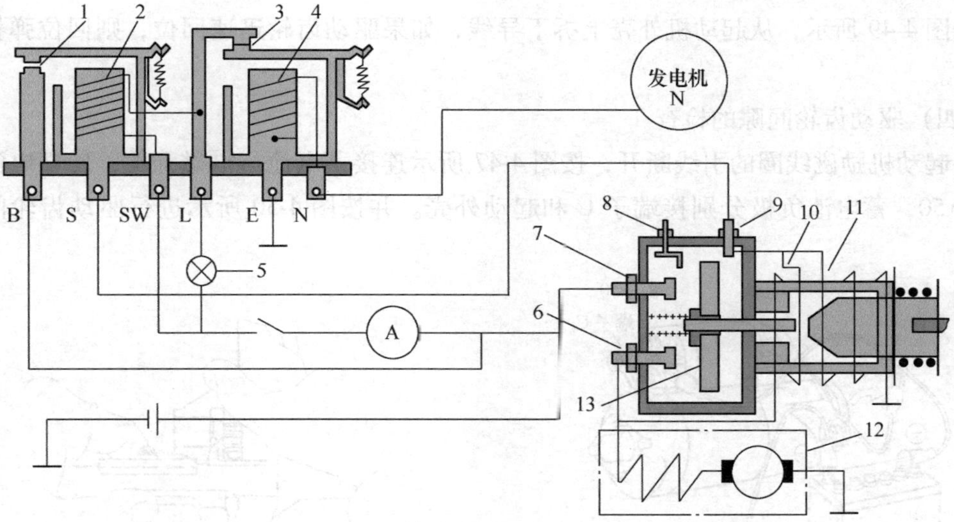

图 4-46　组合继电器式控制电路

1—起动继电器常开触点　2—起动继电器线圈　3—保护继电器常闭触点　4—保护继电器线圈　5—充电指示灯　6—端子 C　7—端子 30　8—附加电阻短路开关接线柱　9—端子 50　10—吸引线圈　11—保持线圈　12—直流电动机

任务实施

一、起动机整体性能测试

（一）吸引线圈性能测试

将起动机励磁线圈的引线断开，按图 4-47 所示连接蓄电池与电磁开关，使蓄电池正极接端子 50，蓄电池负极分别接端子 C 和起动外壳。如果推杆被强力吸引，则吸引线圈为正常。反之，可能是吸引线圈断线和柱塞滑动不良。

（二）保持线圈性能测试

在做完吸引线圈性能测试后，按图 4-48 所示，在驱动齿轮移出之后从端子 C 上拆下导线。如果推杆继续保持被吸引状态，则吸引线圈为正常。反之，可能是保持线圈断线。

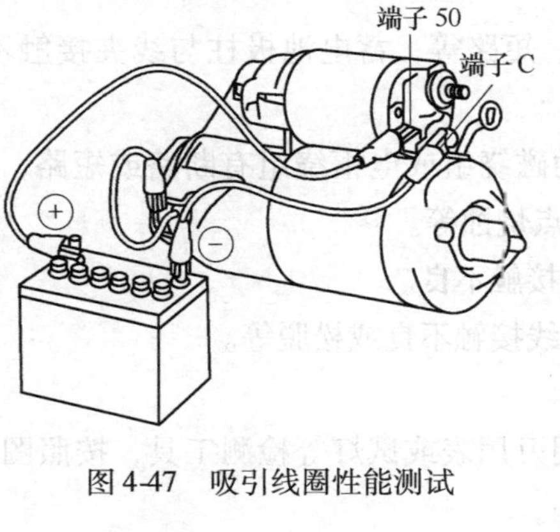

图 4-47　吸引线圈性能测试

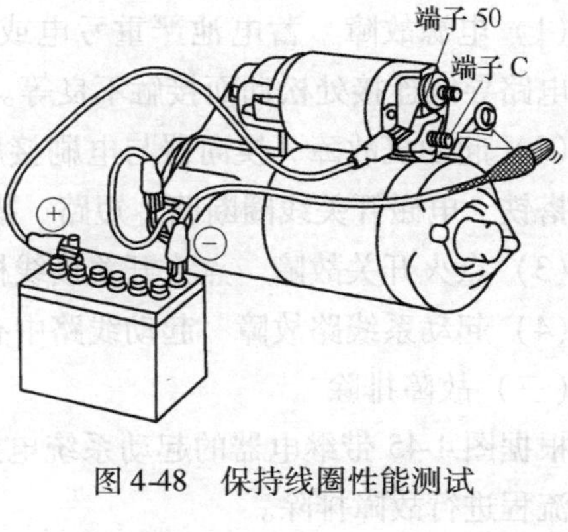

图 4-48　保持线圈性能测试

（三）驱动齿轮回位测试

按图 4-49 所示，从起动机外壳上拆下导线，如果驱动齿轮迅速回位，则回位弹簧功能为正常。

（四）驱动齿轮间隙的检查

将起动机励磁线圈的引线断开，按图 4-47 所示连接蓄电池与电磁开关，使蓄电池正极接端子 50，蓄电池负极分别接端子 C 和起动外壳。并按图 4-50 所示进行驱动齿轮间隙的测量。

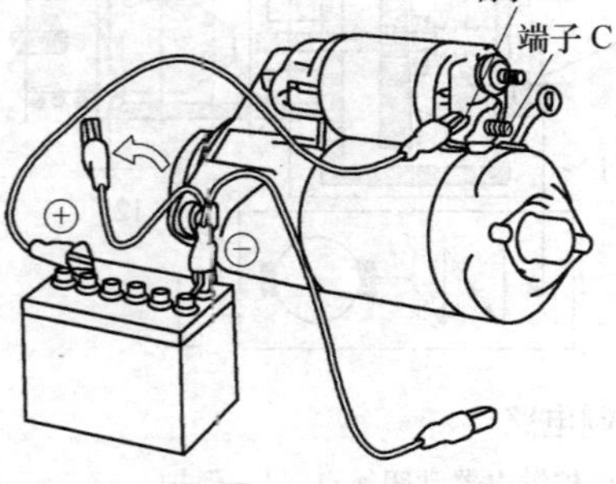

图 4-49 驱动齿轮回位测试

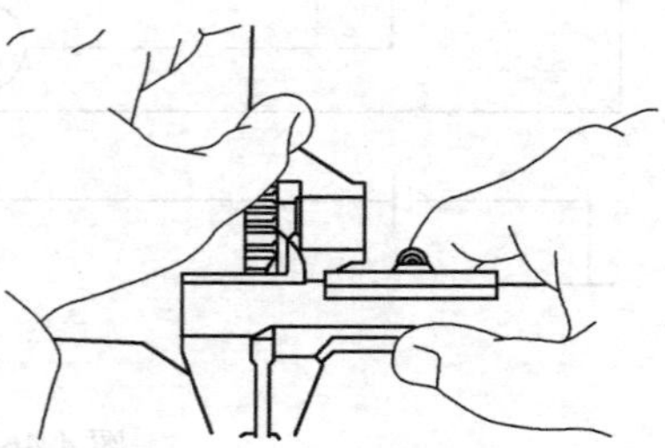
图 4-50 驱动齿轮间隙检查

（五）起动机空载试验

首先将起动机固定好，再按图 4-51 所示连接导线，起动机运转应平稳，同时驱动齿轮应移出。读取电流表的数值，应符合标准值。断开端子 50 后，起动机应立即停止转动，同时驱动齿轮缩回。

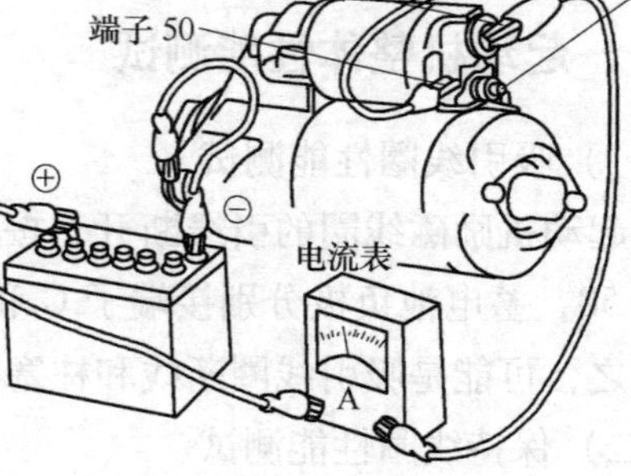

图 4-51 起动机空载试验

二、起动机不转故障诊断与排除

（一）故障现象

以图 4-45 所示带继电器的起动系统为例，将点火开关旋至起动档，起动机驱动齿轮不向外伸出，起动机不转。

（二）故障原因

（1）电源故障　蓄电池严重亏电或极板硫化、短路等，蓄电池极柱与线夹接触不良，起动电路导线连接处松动而接触不良等。

（2）起动机故障　换向器与电刷接触不良，励磁绕组或电枢绕组有断路或短路，绝缘电刷搭铁，电磁开关线圈断路、短路、搭铁或其触点烧蚀等。

（3）点火开关故障　点火开关接线松动或内部接触不良。

（4）起动系线路故障　起动线路中有断路、导线接触不良或松脱等。

（三）故障排除

根据图 4-45 带继电器的起动系统电路图，使用万用表或试灯等检测工具，按照图 4-52 所示流程进行故障排除。

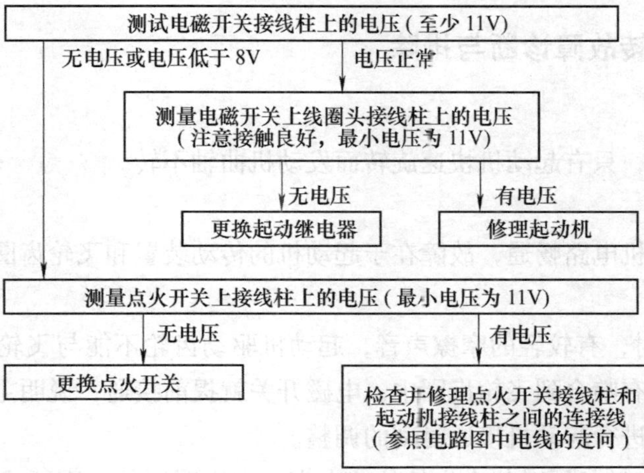

图 4-52　起动机不转故障诊断与排除流程图

三、起动机转动无力故障诊断与排除

（一）故障现象

将点火开关旋至起动档，起动齿轮发出“咔哒’声向外移出，但是起动机不转动或转动缓慢无力。

（二）故障原因

（1）电源故障　蓄电池亏电或极板硫化短路，起动电源导线连接处接触不良等。

（2）起动机故障　换向器与电刷接触不良，电磁开关接触盘和触点接触不良，电动机励磁绕组或电枢绕组有局部短路等。

（三）故障排除

根据图 4-45 带继电器的起动系统电路图，使用万用表或试灯等检测工具，按照图 4-53 所示流程进行故障排除。

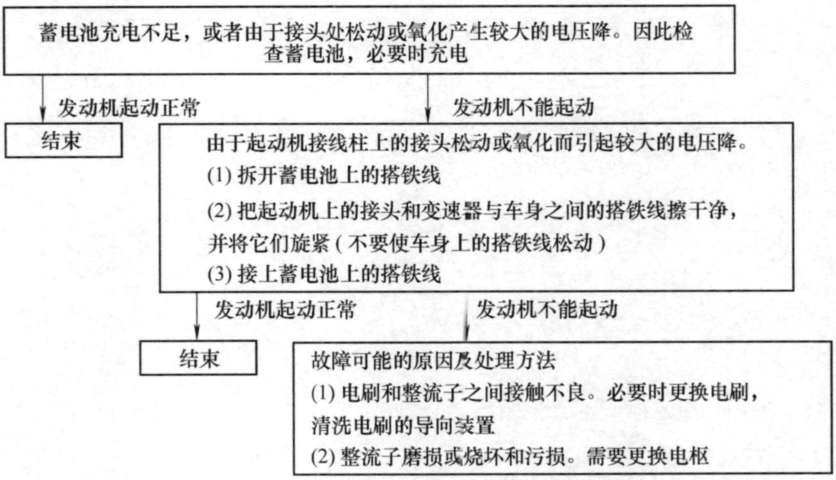

图 4-53　起动机起动无力故障诊断与排除流程图

四、起动机空转故障诊断与排除

（一）故障现象

接通起动开关后，只有起动机快速旋转而发动机曲轴不转。

（二）故障原因

此现象表明起动机电路畅通，故障在于起动机的传动装置和飞轮齿圈等处。

（三）故障排除

1）起动机空转时，有较轻的摩擦声音，起动机驱动齿轮不能与飞轮齿圈啮合而产生空转，即驱动齿轮还没有啮合到飞轮齿圈中，电磁开关就提前接通，说明主电路的接触行程过短，应拆下起动机，进行起动机接通时刻的调整。

2）若在起动机空转的同时伴有齿轮的撞击声，则表明飞轮齿圈牙齿或起动机小齿轮牙齿磨损严重或已损坏，致使不能正确地啮合。

3）起动机传动装置故障有：单向啮合器弹簧损坏；单向啮合器滚子磨损严重；单向啮合器套管的内花键锈蚀，这些故障会阻碍小齿轮的正常移动，造成不能与飞轮齿圈准确啮合等。

4）有的起动机传动装置采用一级行星齿轮减速装置，其结构紧凑，传动比大，效率高。但使用中常会出现载荷过大而烧毁卡死。有的采用摩擦片式离合器，若压紧弹簧损坏，花键锈蚀卡滞和摩擦离合器打滑，也会造成起动机空转。

练习与思考题

1. 叙述起动机传动机构的结构与工作原理。
2. 叙述起动机操纵机构的结构与工作原理。
3. 叙述起动系统常见的故障诊断与排除。

项目五　农机照明、信号、仪表报警系统的结构与检修

【项目描述】

本项目要求学生在掌握照明系统的结构与检修、信号系统的结构与检修、仪表报警系统的结构与检修等知识后，完成起动机的拆装、起动机元件性能检测等工作任务。

【项目目标】

1. 了解农业机械车辆照明系统的作用结构、工作原理。能对农机照明系统的技术性能进行正确评价。能对照明系统常见故障进行分析，确定故障诊断流程，掌握照明系统的故障诊断方法。

2. 熟悉农机信号系统的工作原理，能对农机信号系统的技术性能进行正确评价。能对信号系统常见故障进行分析，确定故障诊断流程，掌握信号系统的故障诊断方法。

3. 了解农机仪表报警系统的工作原理，掌握仪表报警系统的检修方法及主要部件的检查调整方法。能对仪表报警系统常见故障进行分析，确定故障诊断流程，掌握仪表报警系统的故障诊断方法。

任务一　照明系统的结构与检修

任务分析

照明系统是农业机械车辆夜间安全行驶和正常作业的重要保证。学生应在了解农业机械车辆照明系统的作用、类型、组成、结构、工作原理及电路分析的基础上，掌握照明系统的检修、检测方法，并能对农机照明系统的技术性能进行正确评价，能对照明系统常见故障进行分析，确定故障诊断流程，掌握照明系统的故障诊断方法。

相关知识

一、照明系统的结构

农业机械车辆照明系统按其用途不同，可分为前照灯、作业灯和仪表照明灯。前照灯用于夜间行车道路的照明，作业灯用于夜间作业部位的照明，仪表照明灯用于夜间照亮仪表。三者的结构和工作原理非常相似，本书以前照灯为例进行讲解。

（一）前照灯的光学系统

前照灯的光学系统包括反射镜、配光镜和灯泡三部分，如图 5-1 所示。

（1）反射镜　反射镜又称反光镜，作用是最大限度地将灯泡发出的光线聚合成强光束，达到照射距离远而明亮的目的。它是由 0.6～0.8mm 的冷轧钢板冲压成旋转抛物面形状（或由玻璃、塑料制成），如图 5-2 所示，其内表面经精加工研磨后镀铬或镀铝或镀银再抛光。

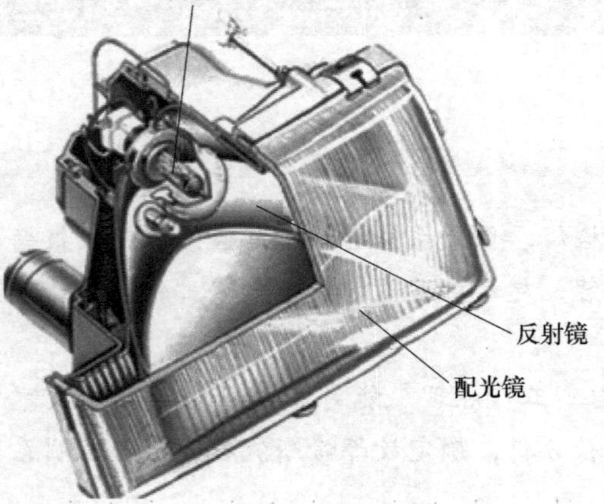

图 5-1　前照灯的光学组件

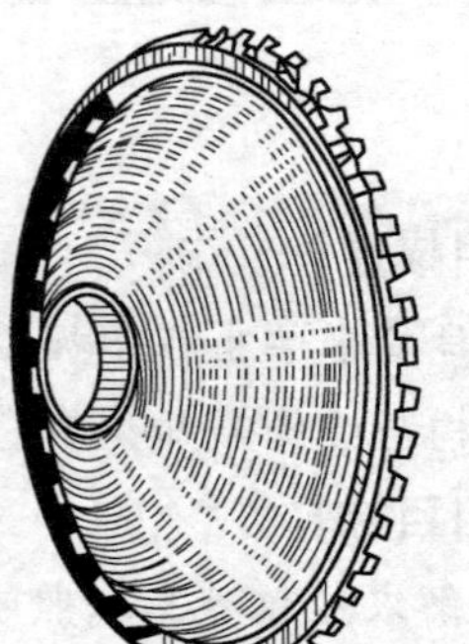

图 5-2　反射镜

由于前照灯灯丝发出的光强度有限，功率仅 20～60W。灯丝位于反射镜的焦点处时，其大部分光线经反射后，成为平行光束射向远方。无反射镜的灯泡，其光亮度只能照清周围 6m 左右的距离，而经反射镜反射后的平行光束可照清远方 150m 左右的距离。灯丝偏离反射镜的焦点处时，经反射镜后，光线主要射向侧方和下方，有助于照明 5～10m 的路面和路缘。反射镜原理如图 5-3 所示。

（2）配光镜　配光镜又称散光玻璃，由透光玻璃压制而成，是多块特殊棱镜和透镜的组合，外形一般为圆形或矩形。圆形配光镜如图 5-4 所示。它的作用在于将反射光束进行扩散分配，使路段达到照明均匀的目的，配光镜的光线分布如图 5-5 所示。

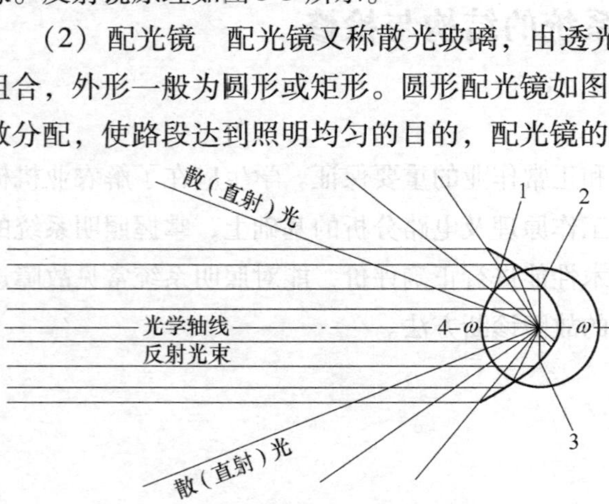

图 5-3　反射镜原理

1—配光镜　2—反射镜　3—灯丝

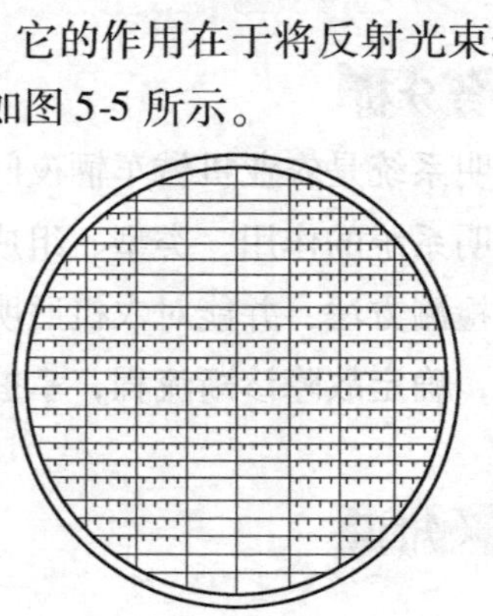

图 5-4　配光镜

（3）灯泡　灯泡的灯丝由功率大的远光灯丝和功率较小的近光灯丝组成，由钨丝制作成螺旋状，以缩小灯丝的尺寸，有利于光束的聚合。为了保证安装时使远光灯丝位于反射镜的焦点上，使近光灯丝位于焦点的上方，故将灯泡的插头制成插片式。插头的凸缘上有半圆形开口，与灯头上的半圆形凸起配合定位。三个插片插入灯头距离不等的三个插孔中，保证其可靠连接。

前照灯的灯泡是充气灯泡，其构造如图5-6所示。它将玻璃泡内的空气抽出后，再充满惰性混合气体。一般充入的惰性气体为96%的氩气和4%的氮气。充入灯泡的惰性气体可以在灯丝受热时膨胀，增大压力，减少钨的蒸发，提高灯丝的温度和发光效率，节省电能，延长灯泡的使用寿命。

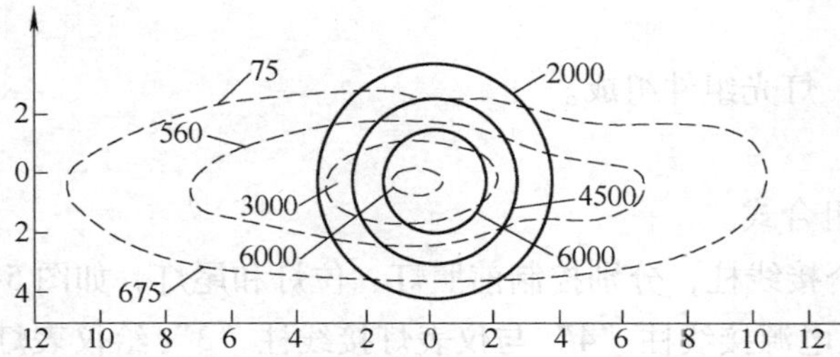

图5-5　配光镜的光线分布

虚线—无配光镜的光线分布

实线—有配光镜的光线分布

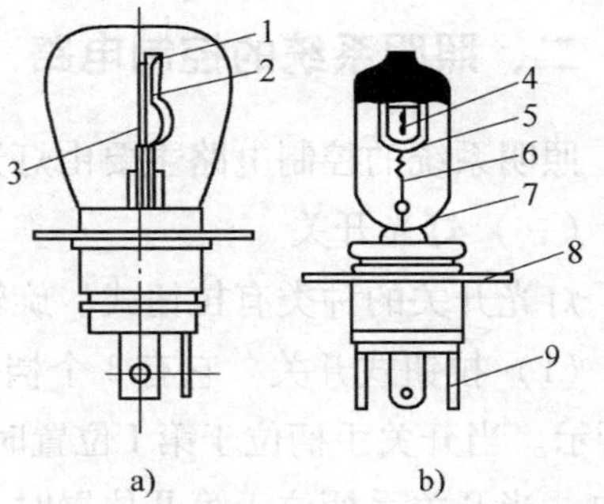

图5-6　灯泡

a）充气灯泡　b）卤钨灯泡

1，5—配光屏　2，4—近光灯丝　3，6—远光灯丝　7—泡壳　8—定焦盘　9—插片

卤钨灯泡是利用卤钨再生循环反应的原理制成的。卤钨再生循环的基本作用过程是：从灯丝蒸发出来的气态钨与卤族元素反应生成了一种挥发性的卤化钨，它扩散到灯丝附近的高温区又受热分解，使钨重新回到灯丝上，被释放出来的卤族元素继续扩散参与下一次循环反应，如此周而复始地循环下去，从而防止了钨的蒸发和灯泡的发黑现象。

（二）前照灯的防炫目措施

前照灯射出的强光会使迎面来车驾驶员或前方工作人员眩目。“眩目”是指人的眼睛突然被强光照射时，由于视神经受刺激而失去对眼睛的控制，本能地闭上眼睛，或只能看到亮光而看不见暗处物体的生理现象。这很易导致交通事故。

为了避免前照灯的眩目作用，保证农机夜间行车安全，一般在农机上都采用双丝灯泡的前照灯。灯泡的两根灯丝分别为远光灯丝和近光灯丝。远光灯丝功率较大，位于反射镜的焦点；近光灯丝功率较小，位于焦点上方（或前方），如图5-7所示。

带有配光屏的双丝灯泡的工作情况如图5-8所示，远光灯丝位于反射镜的焦点上，近光灯丝则位于焦点前方且稍高出光学轴线，其下方装有金属配光屏。

由近光灯丝射向反射镜上部的光线，反射后倾向路面，而配光屏挡住了灯丝射向反射镜下半部的光线，故消除了能引起眩目的光线。配光屏安装时应偏转一定的角度，使其近光的光形分布不对称，形成一条明显的明暗截止线。这样不仅可以防止驾驶员眩目，还可防止迎面而来的行人眩目，保证了行驶安全。

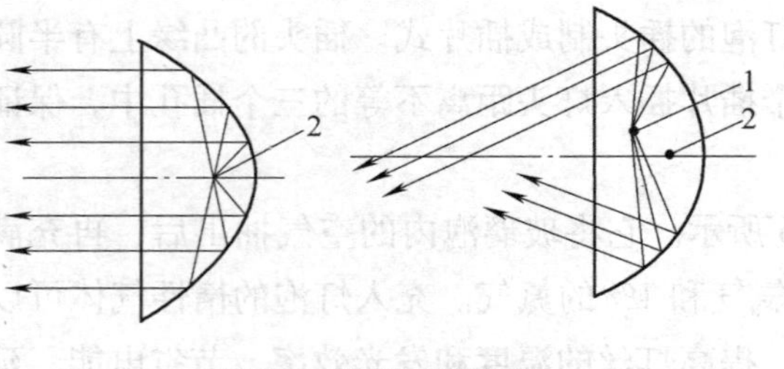

图 5-7　普通双丝灯泡
1—近光　2—远光

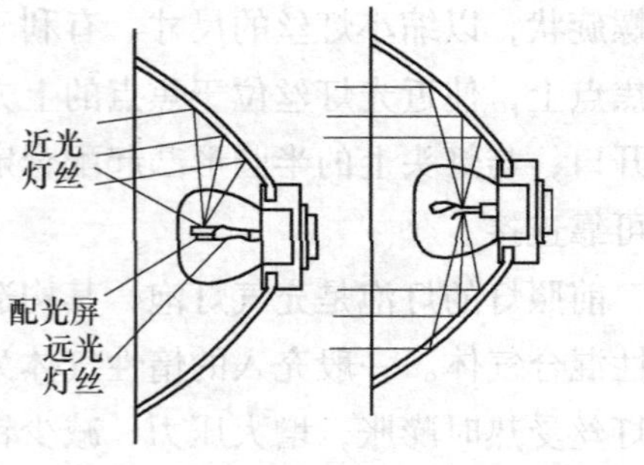

图 5-8　具有配光屏的双丝灯泡

二、照明系统的控制电路

照明系统的控制电路主要由灯光开关、灯光组件组成。

（一）灯光开关

灯光开关的种类有拉钮式、旋转式、组合式。

（1）拉钮式开关　它有 3 个档位、4 个接线柱，分别控制前照灯、位灯和尾灯，如图 5-9 所示。当开关手柄位于第Ⅰ位置时，接通电源接线柱“4”与仪表灯接线柱“3”给仪表灯供电；当开关手柄位于第Ⅱ位置时，接通电源接线柱“4”与前照灯接线柱“2”给前照灯供电。

（2）旋转式开关　它一般设有 4 个档位、6 个接线柱，分别控制位灯、前照灯、侧灯，如图 5-10 所示。

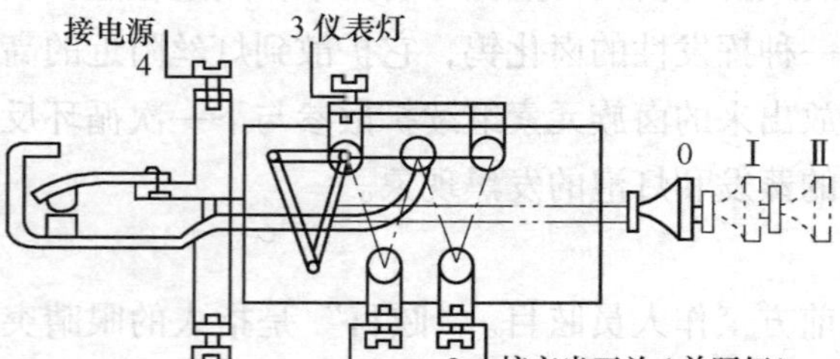

图 5-9　拉钮式灯光开关

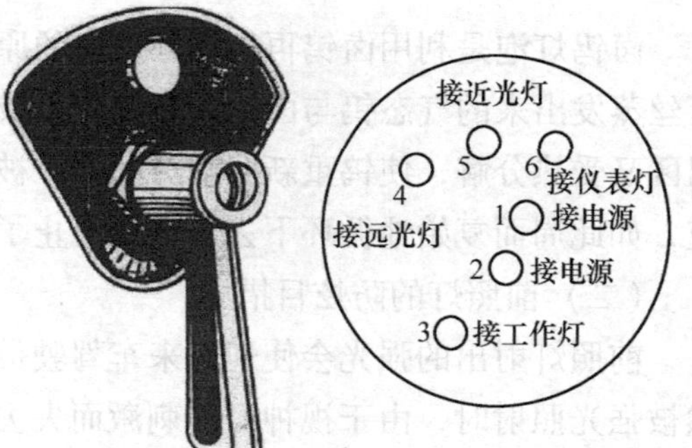

图 5-10　旋转式灯光开关

旋动手柄使电源接线柱“1”与前照灯接线柱“5”接通，给前照灯的近光灯供电；旋动手柄使电源接线柱“1”与前照灯接线柱“4”接通，给前照灯的远光灯供电；旋动手柄使电源接线柱“1”与前照灯接线柱“3”接通，给工作灯供电；旋动手柄使电源接线柱“2”与前照灯接线柱“6”接通，给仪表灯供电。

（二）照明灯电源继电器

照明灯的工作电流大，若用车灯开关直接控制照明灯，车灯开关易损坏，因此在灯光电路中设有电源继电器。

图 5-11 所示为触点常开式照明灯电源继电器的结构和引线端子。端子 SW 与主开关相连，端子 E 搭铁，端子 B 与电源相连，端子 L 与灯光开关相连。当接通主开关后，继电器线圈通电，铁心被磁化产生吸力，触点闭合，通过灯光开关向各照明灯供电。

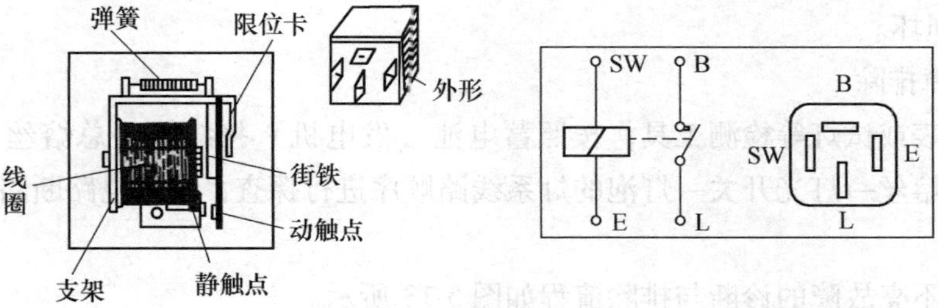

图 5-11　照明灯电源继电器

(三) 照明系统电路

照明系统电路一般由电源（发电机、蓄电池）、熔丝、主开关、电源继电器、灯光开关等元器件组成。

如图 5-12 所示，在主开关闭合后，电源（蓄电池或发电机）通过继电器给灯光开关 1 号接线柱供电，拨动灯光开关使接线柱“1”与“2”接通，左、右远光灯亮；拨动灯光开关使接线柱“1”与“3”接通，左、右近光灯亮；拨动灯光开关使接线柱“1”与“4”接通，工作灯亮；拨动灯光开关使接线柱“1”与“5”接通，仪表灯亮。

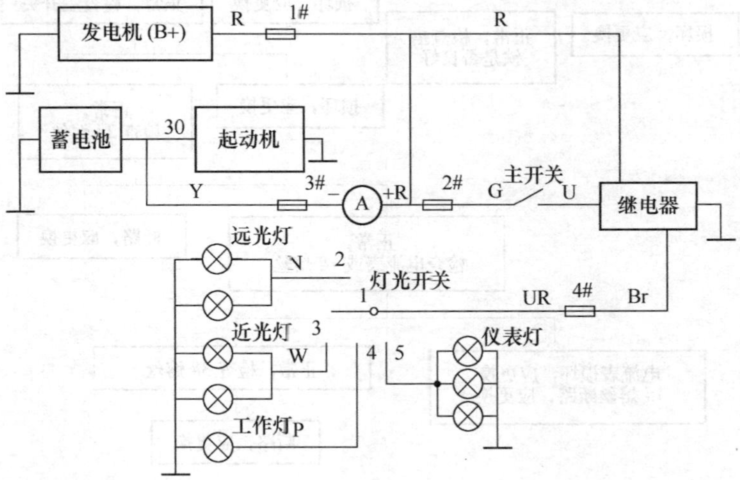

图 5-12　照明系统电路

任务实施

照明灯不亮故障诊断与排除

(一) 故障现象

以图 5-12 所示照明系统电路为例，在蓄电池或发电机处于正常工作状态下，接通主开关，分别接通远光灯、近光灯、工作灯和仪表灯，发现所有灯都不亮。

（二）故障原因

1）蓄电池（发电机）至灯光开关之间线路断路。

2）灯光开关损坏。

3）灯泡损坏。

（三）故障排除

使用万用表或试灯等检测工具，按照蓄电池（发电机）接线柱→总熔丝→电流表→电源开关→灯光熔丝→灯光开关→灯泡的灯系线路顺序进行探查，找出电路断路、短路或搭铁位置。

照明灯都不亮故障的诊断与排除流程如图 5-13 所示。

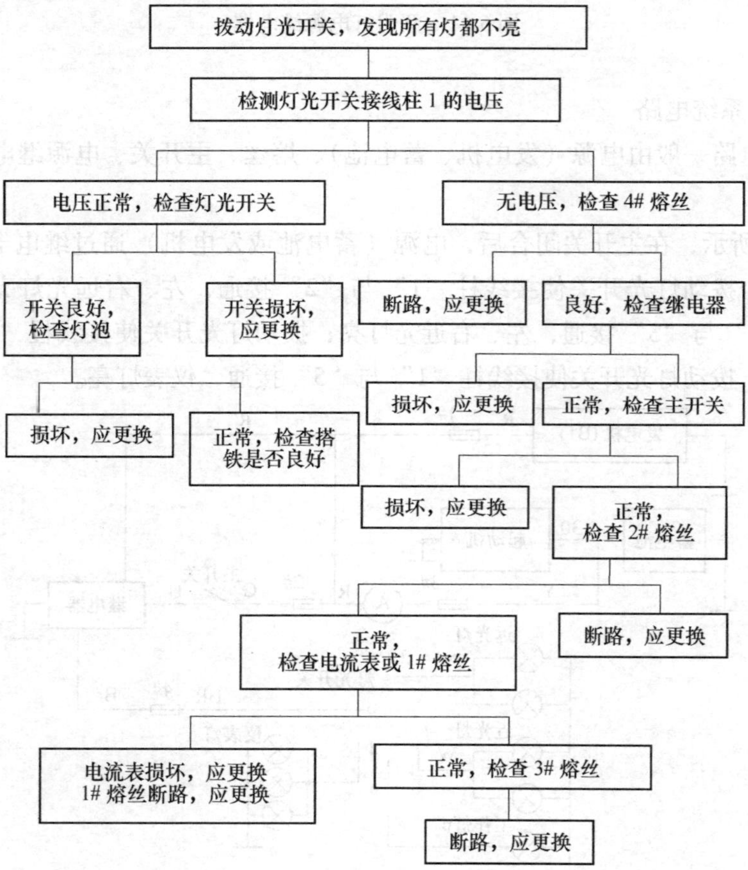

图 5-13 照明灯都不亮故障的诊断与排除流程

任务二 信号系统的结构与检修

任务分析

信号系统是农业机械电气系统的重要组成部分，信号系统的作用是向他人或其他车辆发出警告和示意的信号。完成本任务的学习后，学生应熟悉转向信号装置、制动信号装置、倒车信号装置及喇叭信号装置等农机信号装置的作用、类型、组成、工作原理及电路分析；掌握农机信号系统的检修、检测方法，能对农机信号系统的技术性能进行正确评价；能够对信号系统常见故障进行分析，进而确定故障诊断流程，掌握信号系统的故障诊断方法。

相关知识

一、转向信号装置

（一）转向信号装置的作用及组成

农机转向信号装置主要用来指示车辆行驶方向，其灯光信号采用闪烁的方式，用来指示车辆左转或右转，以引起其他车辆和行人的注意，提高车辆的安全性。另外，农机在行驶（作业）中，如遇危险情况，可使前、后、左、右 4 个转向灯同时闪烁，作为危险警告信号，请求其他车辆避让。因此，转向信号灯电路系统按用途有转向和警告之分。

转向信号装置电路主要由电源、转向信号灯、闪光器、转向灯开关等组成，如图 5-14 所示。在主开关接通的情况下，拨动转向灯开关（向左或向右），可接通左/右转向灯电路，使左/右转向灯闪烁；当按下危险报警开关时，将同时接通左、右转向灯电路，使左、右转向灯同时闪烁。转向信号灯的闪烁是由闪光器控制的，常见的闪光器有电热式、电子式等。

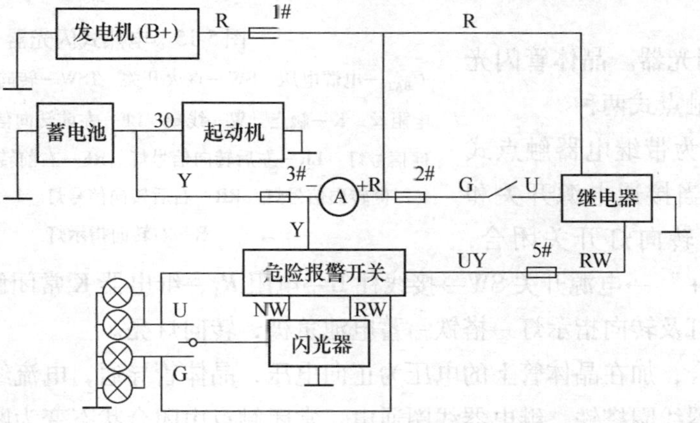

图 5-14　转向信号装置电路

（二）闪光器的结构与工作原理

（1）电热式闪光器　电热式闪光器，又称热丝式闪光器，其结构如图 5-15 所示。

电热式闪光器利用镍铬丝的热胀冷缩特性接通或断开转向灯电路，从而实现转向信号灯及转向指示灯的闪烁。

当转向开关处于断开状态时，活动触点在感温镍铬丝（电加热丝）的拉力作用下处于张开状态，转向灯不通电，灯不亮。

当农机转向时，拨动转向开关向欲转向一侧的瞬间，触点处于张开状态，电流经蓄电池“+”→点火开关→附加电阻丝→电热丝→上触点臂→支架→转向开关→左（右）转向灯、指示灯→搭铁→蓄电池“-”。由于附加电阻丝和电热丝串联在回路中，使电流较小，故转向灯不亮。

经短时间的通电，电热丝发热膨胀，触点闭合。触点闭合后，电流经蓄电池“+”→点火开关→接线柱B→触点K→电磁线圈→弹簧片→支架→转向开关→左（右）转向灯、指示灯→搭铁→蓄电池“-”。此时，附加电阻丝和电热丝被短路，且线圈中产生的电磁吸力使触点闭合得更紧，电路中电阻小，电流大，转向灯发出较强的光，指示灯点亮。

此时，由于无电流流经电热丝而使其冷却收缩，触点K被打开，附加电阻和电热丝重新串入电路，灯光变暗。如此反复，转向灯明暗交替，指示行驶方向。

（2）电子式闪光器　电子式闪光器通常由多谐振荡器、功率放大器和继电器三大部分组成。凡振荡器由晶体管、电容、电阻组成的常称为晶体管闪光器；振荡部分由集成电路IC和电阻、电容组成的称为集成电路闪光器。

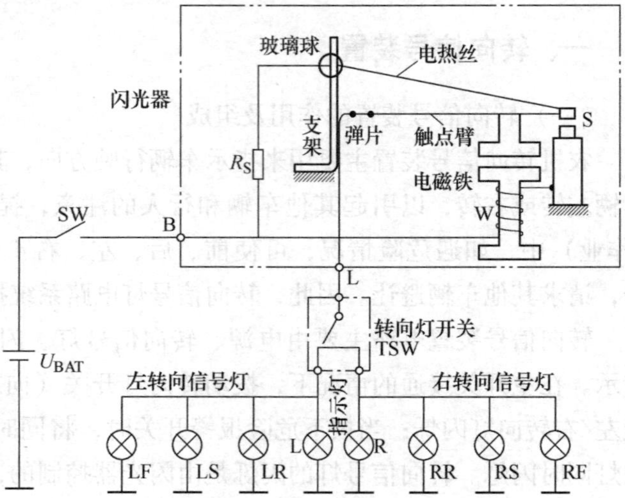

图5-15　电热式闪光器

U_{BAT}—电源电压　SW—点火开关　TSW—转向灯开关　R_s—附加电阻丝　K—触点　W—线圈　LF—左前转向信号灯　LS—左侧转向信号灯　LR—左后转向信号灯　RF—右前转向信号灯　RS—右侧转向信号灯　RR—右后转向信号灯　L—左转向指示灯　R—右转向指示灯

1）晶体管闪光器。晶体管闪光器分触点式和无触点式两种。

图5-16所示为带继电器触点式晶体管闪光器。当接通电源开关和转向灯开关后，转向灯开关闭合，电流经蓄电池“+”→电源开关SW→接线柱B→电阻R_1→继电器K常闭触点→接线柱S→转向开关→转向灯及转向指示灯→搭铁→蓄电池负极，转向灯亮。

转向开关闭合，加在晶体管上的电压为正向电压，晶体管导通，电流经晶体管的集电极与发射极、继电器线圈搭铁。继电器线圈通电，常闭触点由闭合状态变为断开状态，转向灯处于暗的状态。

与此同时，蓄电池经电阻、晶体管基极向电容充电。电流流向为蓄电池“+”→电源开关→接线柱B→晶体管的发射极→电容器→电阻R_3→接线柱→转向开关、右转向灯。电容充满电后，晶体管的基极电位升高，则晶体管截止，继电器断电，触点又变为闭合，转向灯重新点亮。

即继电器的触点闭合时，转向灯亮，触点断开时，转向灯熄灭，而触点的闭合与否取决于晶体管的导通状态，电容C的充放电使晶体管反复导通和截止，由此使得触点时通、时断，转向灯闪烁发光。

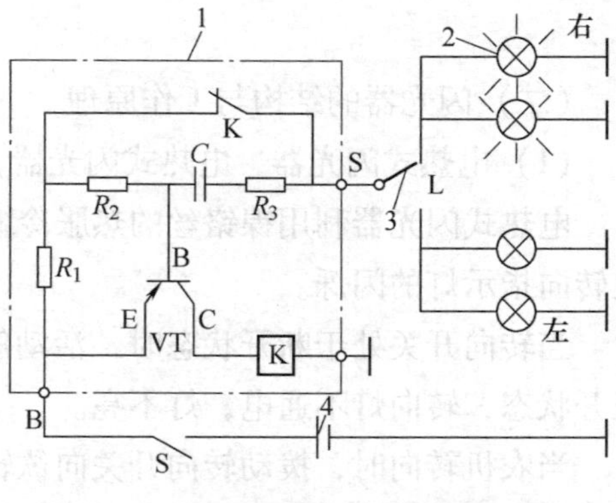

图5-16　带继电器触点式晶体管闪光器

1—电子式闪光器　2—转向信号灯　3—转向灯开关　4—蓄电池

无触点式晶体管闪光器是以晶体管为三体组成的无稳多谐振荡器。其工作原理如图5-17所示。由晶体管VT_1、VT_2，电阻R_1、R_2、R_3、R_4，电容C_1、C_2组成无稳多谐振荡器，晶体管VT_3起开关作用。

当农机转向时，只要接通转向灯开关S，闪光器就会以一定的频率控制转向灯闪光。其闪光频率由C_1、R_2、C_2、R_3决定，通常$C_1=C_2$，$R_2=R_3$，闪光频率一般为60~70次/min，亮灭时间比为1∶1。这种闪光器体积小，容易集成，工作稳定，使用寿命长。

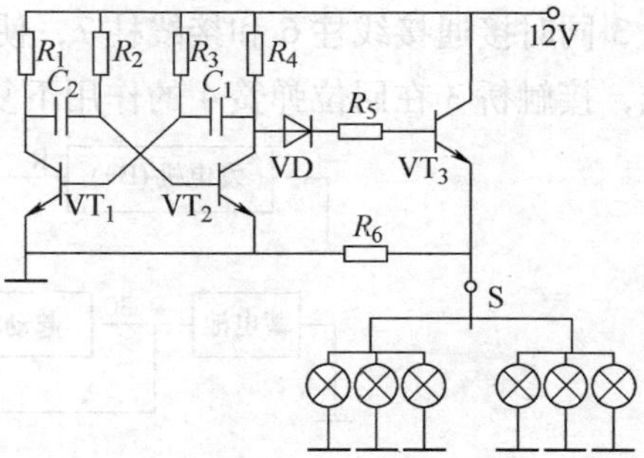

图5-17　不带继电器无触点式晶体管闪光器

2）集成电路闪光器。集成电路闪光器体积小，外接元器件少，闪光频率稳定，工作可靠性高，通用性强，使用寿命长。图5-18所示为触点式集成电路闪光器，其工作原理可参考触点式晶体管闪光器。

无触点集成电路闪光器和无触点晶体管闪光器一样，即把闪光器中功率输出级的触点式继电器改换成无触点大功率晶体管，同样可以实现对转向灯的开关作用。图5-19所示是无触点集成电路、蜂鸣器电路，它在原闪光器的基础上增加了蜂鸣功能，便构成声光并用的转向信号装置，以引起人们对农机转弯安全性的高度重视。

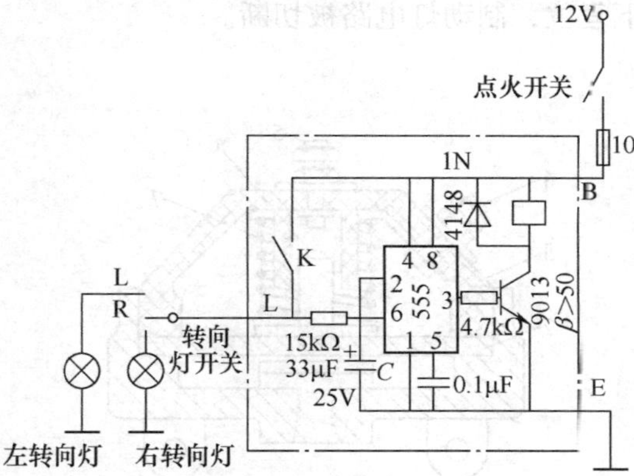

图5-18　触点式集成电路闪光器

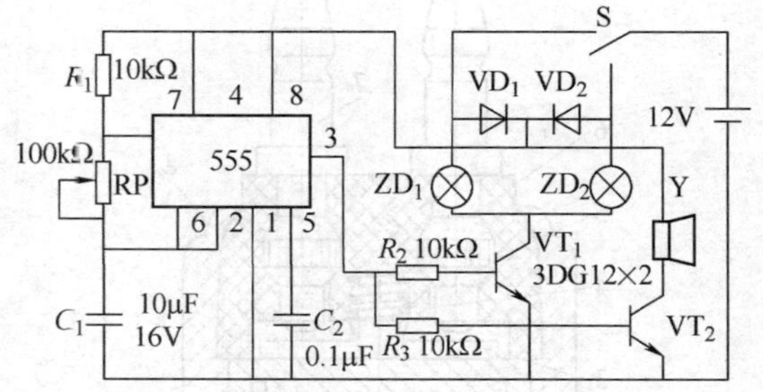

图5-19　无触点集成电路闪光器

二、制动信号装置

（一）制动信号装置的作用及组成

制动灯安装在车辆尾部，当其工作时，通知后面车辆该车正在制动，以避免后面车辆与其相撞。

制动信号装置电路由电源、制动灯开关和制动灯组成，其简化电路如图5-20所示。在主开关接通的情况下，制动灯开关闭合，接通制动灯电路，使制动灯点亮。

（二）制动灯开关的类型

制动灯由制动灯开关直接控制，电流通常由电源至熔丝，再到制动灯。制动开关的形式有液压式、气压式和弹簧式。

（1）液压式制动灯开关　液压式制动灯开关如图 5-21 所示，它安装在液压制动主缸的前端或制动管路中。当踩下制动踏板时，由于制动系统的油压增大，膜片 2 向上弯曲，接触桥 3 同时接通接线柱 6 和接线柱 7，使制动灯通电发光。松开制动踏板时，制动系统压力降低，接触桥 3 在回位弹簧 4 的作用下复位，制动灯电路被切断。

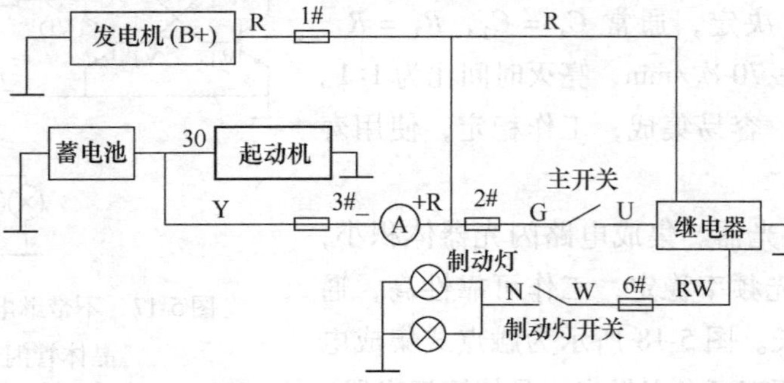

图 5-20　制动信号装置电路

（2）气压式制动灯开关　气压式制动灯开关如图 5-22 所示，它安装在制动系统的气压管路上。当踩下制动踏板时，由于制动系统的气压增大，制动压缩空气推动橡胶膜片 2 向上弯曲，使触点闭合，接通接线柱 4 和接线柱 5，使制动灯通电发光。松开制动踏板时，制动系统压力降低，橡胶膜片 2 在回位弹簧 7 的作用下复位，制动灯电路被切断。

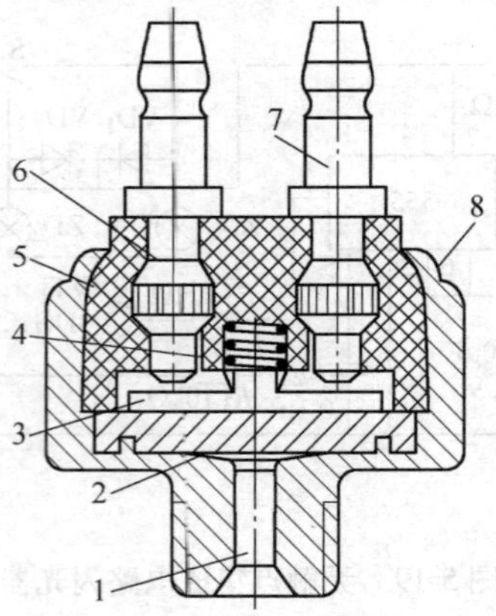

图 5-21　液压式制动灯开关

1—通制动液　2—膜片　3—接触桥　4—回位弹簧　5—胶木底座　6，7—接线柱　8—壳体

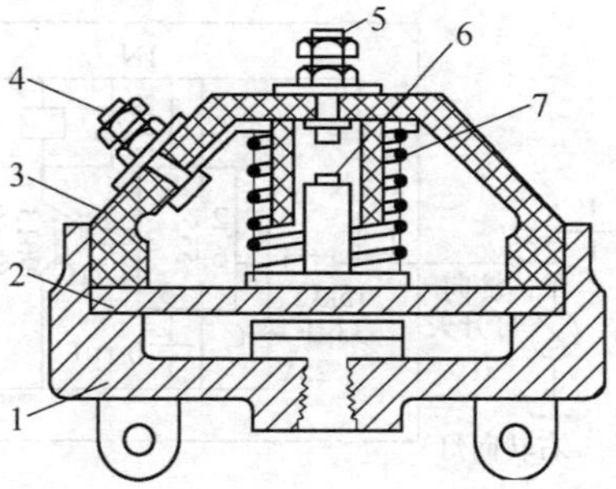

图 5-22　气压式制动灯开关

1—壳体　2—膜片　3—胶木盖　4，5—接线柱　6—触点　7—弹簧

（3）弹簧式制动灯开关　弹簧式制动灯开关是一种常用的制动灯开关，它安装在制动踏板的后面，如图 5-23 所示。当踩下制动踏板时，开关闭合，将接线柱 4 和 7 接通，使制动灯点亮；当松开制动踏板后，回位弹簧 6 使接触片 5 离开接线柱 4、7，制动灯电路断开。

三、倒车信号装置

倒车灯安装于车辆的尾部，给驾驶员提供额外照明，使其能够在夜间倒车时看清农机的后部，也警告后面的车辆，该农机驾驶员想要倒车或正在倒车。

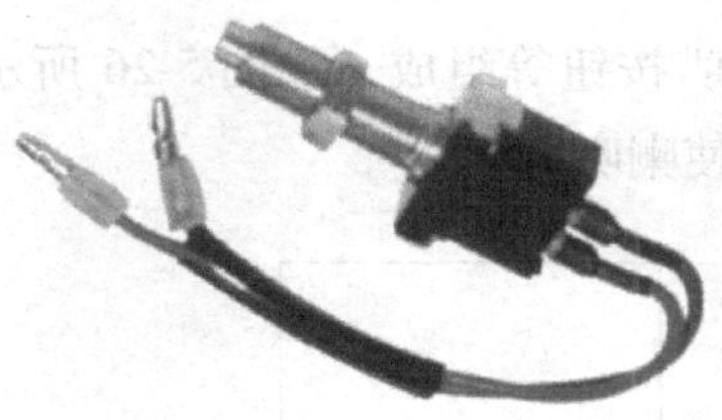

a)

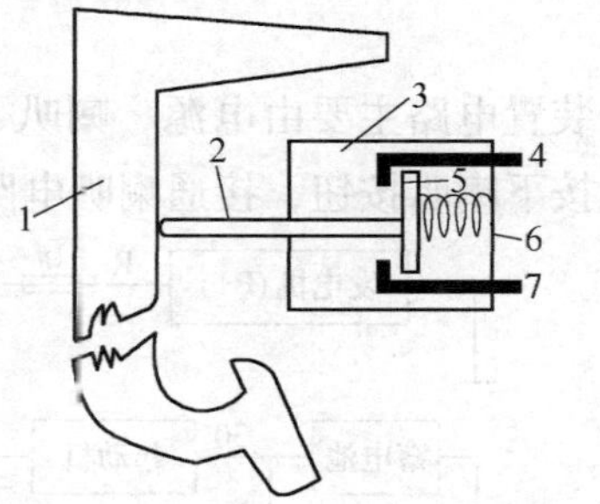

b)

图 5-23　弹簧式制动灯开关

a）外形　b）结构

1—制动踏板　2—推杆　3—制动灯开关　4，7—接线柱　5—接触片　6—回位弹簧

倒车信号系统主要由倒车开关、倒车灯、倒车蜂鸣器等部件组成，如图 5-24 所示。

其工作过程是，当变速杆挂入倒档时，在拨叉轴的作用下，倒档开关接通倒车报警器和倒车灯电路，倒车灯亮，同时倒车蜂鸣器发出声响信号。

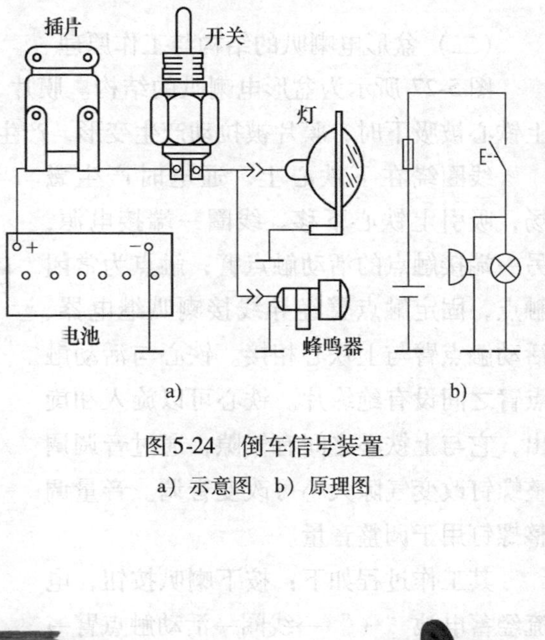

a)　b)

图 5-24　倒车信号装置

a）示意图　b）原理图

四、喇叭信号装置

（一）喇叭信号装置的作用及组成

喇叭主要用于警告行人和其他车辆，以引起注意，保证行车安全。

喇叭按发音动力有气喇叭和电喇叭之分；按外形有螺旋（蜗牛）形、筒形、盆形之分，如图 5-25 所示；按声频有高音和低音之分；按接线方式有单线制和双线制之分。

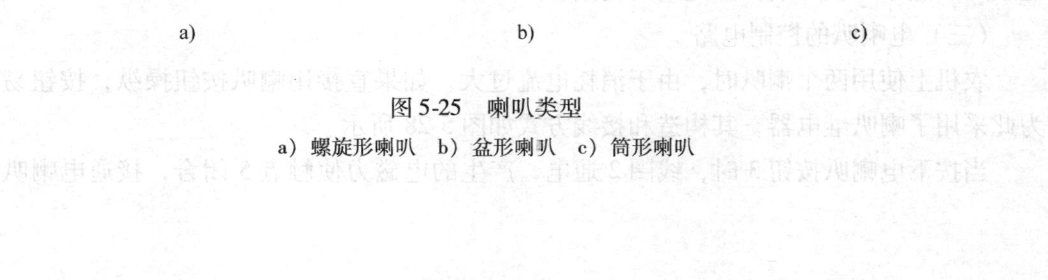

a)　b)　c)

图 5-25　喇叭类型

a）螺旋形喇叭　b）盆形喇叭　c）筒形喇叭

农机上，多采用盆形电喇叭。盆形电喇叭具有体积小、重量轻、指向好、噪声小等优点。

喇叭信号装置电路主要由电源、喇叭、喇叭按钮等组成，如图5-26所示。在主开关接通的情况下，按下喇叭按钮，接通喇叭电路，使喇叭鸣叫。

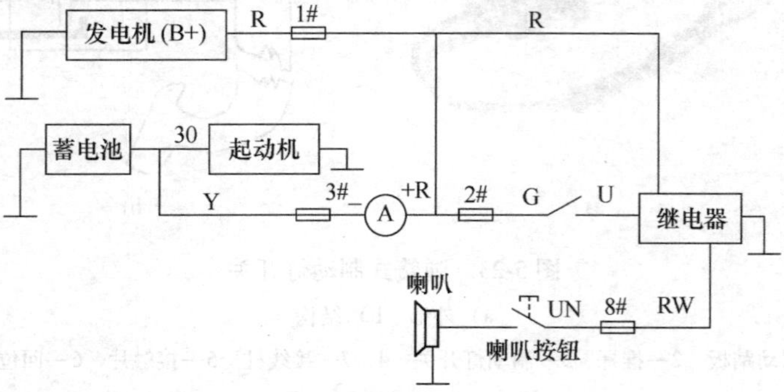

图5-26 喇叭信号装置电路

（二）盆形电喇叭的结构与工作原理

图5-27所示为盆形电喇叭的结构。膜片、共鸣板、衔铁、上铁心刚性相连为一体。当上铁心被吸下时，膜片被拉动产生变形，产生声音。

线圈绕在下铁心上，通电时产生磁场，吸引上铁心下移。线圈一端接电源，另一端接触点的活动触点臂；触点为常闭触点，固定触点臂经导线接喇叭继电器、活动触点臂与上铁心相接。铁心与活动触点臂之间设有绝缘片。铁心可以旋入和旋出，它与上铁心之间有气隙，通过音调调整螺钉改变气隙大小可改变音调。音量调整螺钉用于调整音量。

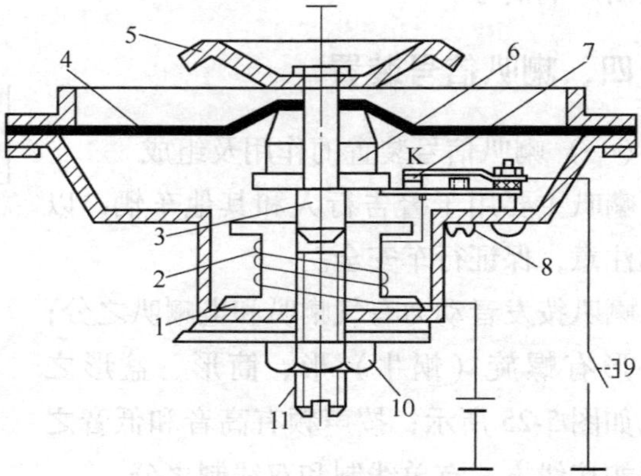

图5-27 盆形电喇叭的结构

1—固定铁心 2—线圈 3—导杆 4—膜片 5—共鸣板 6—活动铁心 7—触点K 8—音量调整螺钉 9—喇叭按钮 10—锁紧螺母 11—音调调整螺钉

其工作过程如下：按下喇叭按钮，电流经蓄电池“+”→线圈→活动触点臂→固定触点臂→喇叭按钮→蓄电池“-”。线圈通电产生磁场，铁心被磁化，吸引上铁心下移，膜片被拉动，产生响声。由于上铁心下移，压迫活动触点臂，使触点张开，线圈断电，磁场消失，衔铁连同膜片回位，于是膜片产生第二次声响。如此周而复始。

（三）电喇叭的控制电路

农机上使用两个喇叭时，由于消耗电流过大，如果直接用喇叭按钮操纵，按钮易烧坏，为此采用了喇叭继电器，其构造和接线方式如图5-28所示。

当按下电喇叭按钮3时，线圈2通电，产生的电磁力使触点5闭合，接通电喇叭电路，使电喇叭发声。电喇叭控制电路为，蓄电池正极→接线柱 B→触点臂 1→触点 5→电喇叭→蓄电池负极。

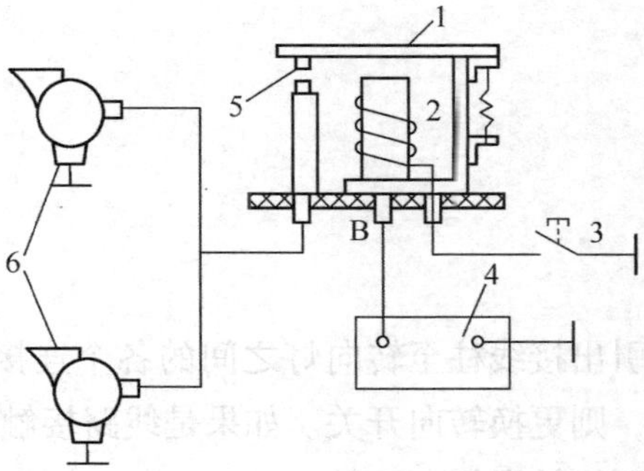

图 5-28　喇叭继电器应用电路

1—触点臂　2—线圈　3—电喇叭按钮　4—蓄电池　5—触点　6—电喇叭

任务实施

一、所有转向灯不亮的故障诊断与排除

（一）故障现象

以图 5-14 所示转向信号装置电路为例，在蓄电池或发电机处于正常工作状态下，接通主开关，拨动转向灯开关，转向灯全不亮。

（二）故障原因

1）转向灯电路熔丝烧断。

2）闪光器损坏。

3）转向开关损坏。

4）转向灯损坏。

（三）故障排除

1）用万用表检测闪光器电源线接线柱处电压。如无电压，则说明电源线断路或熔丝烧断；如电压为蓄电池电压，说明电源良好。可用导线搭接电源接线柱与闪光器引出接线柱，拨动转向开关，如转向灯亮，则说明闪光器有故障，应磨光触点，调整气隙，必要时更换闪光器。如仍不亮，可用电源短接法，直接引线到转向灯接线柱，如灯亮，则为引出接线柱至转向开关间某处断路或转向开关损坏，查明并予排除即可。

2）当用导线闪光器电源接线柱和引出接线柱，拨动转向开关时，若出现一边转向信号灯亮，而另一边不但不亮，而且出现强烈火花的现象，则表明不亮的一边转向灯线路某处搭铁，以致烧坏闪光器，必须先排除转向灯搭铁故障，然后换上新闪光器。否则，新闪光器接上后仍会很快烧毁。

二、部分转向灯不亮的故障诊断与排除

（一）故障现象

以图 5-14 所示转向信号装置电路为例，在蓄电池或发电机处于正常工作状态下，接通主开关，拨动转向灯开关，部分转向灯不亮。

（二）故障原因

1）转向开关损坏。

2）转向灯损坏。

3）线路接触不良。

（三）故障排除

使用万用表检测闪光器引出接线柱至转向灯之间的各个连接点电压，查找断路故障点。如果是转向开关引起的断路，则更换转向开关。如果是线路接触不良引起的断路，则重新连接。如果是转向灯损坏，则更换转向灯。

三、制动灯工作不正常故障诊断与排除

（一）故障现象

以图 5-20 所示制动信号装置电路为例，在蓄电池或发电机处于正常工作状态下，接通主开关，接通制动灯开关，制动灯不亮。

（二）故障原因

1）熔丝断路。

2）制动灯开关损坏。

3）灯泡损坏。

4）连接线断路或插接件松脱。

（三）故障排除

1）如果只有一侧制动灯亮，应首先检查不亮侧制动灯灯泡是否损坏，用万用表测量灯座连接线处的电压是否接近蓄电池电压。若均良好，再检查搭铁线接触是否良好，灯泡与灯座接触是否良好。

2）如果两侧制动灯都不亮，应首先检查熔丝是否断路。若良好，用万用表测量灯座连接线处的电压是否接近蓄电池电压。若电压正常，则短接制动灯开关，此刻若两侧制动灯都亮，说明制动灯开关损坏，应更换；若制动灯仍不亮，则应检查制动灯灯泡是否损坏，连接导线是否断路等。

四、倒车灯工作不正常故障诊断与排除

（一）故障现象

以图 5-24 所示倒车信号装置电路为例，在蓄电池或发电机处于正常工作状态下，接通主开关，接通倒车灯开关，倒车灯不亮。

（二）故障原因

1）熔丝断路。

2）倒车灯开关损坏。

3）灯泡损坏。

4）连接线断路或插接件松脱。

（三）故障排除

1）如果两侧倒车灯均不亮，首先检查熔丝是否断路。

2）若熔丝良好，应挂入倒档，用万用表检测灯座处导线上的电压是否接近蓄电池电压。

3）如果电压正常，应检测倒车灯灯泡是否损坏，搭铁线接触是否良好。如果电压正常为零，则应检测倒车灯开关上游供电线的电压是否正常。

4）若正常，则短接制动灯开关，此刻若两侧制动灯都亮，说明制动灯开关损坏，应更换；若制动灯仍不亮，则说明连接导线存在断路故障。

五、电喇叭不响故障诊断与排除

（一）故障现象

以图 5-28 所示喇叭继电器应用电路为例，按下电喇叭按钮，电喇叭不响。

（二）故障原因

1）电喇叭电源线路断路。

2）继电器触点烧蚀及气隙过大，弹簧过紧。

3）电喇叭按钮接触不良。

4）电喇叭磁力线圈断路、烧毁。

5）电喇叭活动铁心气隙过大。

（三）故障排除

1）用万用表检查电喇叭电源线路有无故障，如电源线路良好，再去诊断其他故障。

2）按下电喇叭按钮，如继电器未发出“咯哒”的声响，说明继电器触点未闭合，故障就在继电器。可拆下继电器盖，检查其磁力线圈是否烧毁，必要时应予更换。触点烧蚀可用砂条打磨，必要时可调整气隙和弹簧弹力。

3）用导线一端接电源，另一端直接与电喇叭接线柱相连，如电喇叭响，说明电喇叭按钮接触不良；如电喇叭不响，说明应拆开电喇叭，查明其磁力线圈是否断路，触点是否闭合，电喇叭活动铁心气隙是否过大。

4）使用万用表检查电喇叭接线柱电压，如果电压正常而电喇叭不响，说明电喇叭内部有搭铁故障；如果电压不正常，说明电喇叭触点接触不良，查明原因，针对不同的情况予以排除。

六、电喇叭声音不正常故障诊断与排除

（一）故障现象

以图 5-28 所示喇叭继电器应用电路为例，按下电喇叭按钮时，电喇叭声音沙哑、发闷或声音刺耳。

（二）故障原因

1）蓄电池存电不足。

2）继电器触点烧蚀、脏污而接触不良。

3）电喇叭触点烧蚀，接触不良，或电容器击穿。

4）振动盘与铁心间隙调整不当，触点压力调整不当。

5）振动膜片破裂，电喇叭调整螺母松动。

6）电喇叭固定螺钉松动。

（三）故障排除

1）首先根据灯光判定蓄电池存电是否不足，此外因电喇叭固定螺钉松动，亦可能引起电喇叭声响不正常，应予排除。

2）用导线搭接继电器、蓄电池和电喇叭两接线柱试验，如正常，则应检查继电器触点是否良好，如已烧蚀，应用砂条修磨触点，使其接触良好，如声响仍不正常，则应拆下电喇叭盖罩检查。

3）拆下电喇叭盖罩后，可检查触点是否烧蚀、接触有无不良，电容器是否击穿，如修磨触点、更换击穿的电容器后声音仍不正常，可先检查振动膜片是否破裂，电喇叭调整螺母是否松动，再检查调整振动盘与铁心间隙和触点压力。

4）触点接触压力的调整。接触压力大小直接影响电喇叭音量，接触压力大，触点不易分开，闭合时间增长，磁化电路中的平均电流大，发出的声音就洪亮；反之，接触压力小，触点不易回位闭合，造成闭合时间缩短，平均电流减小，声音就会减弱。接触压力是否合适，应根据耗电量判断，不符合要求时，可通过拧动螺母加以调整。

5）振动盘与铁心间隙的调整。该间隙对电喇叭音质、音量都有影响，但主要影响的是音质。间隙不同，铁心吸动振动盘的难易程度就不同，触点开闭的时间比例便发生变化，平均电流也随之变化，从而影响音量。间隙过大，声音低哑；反之声音发尖。此间隙一般为0.8～1.5mm。因此，当电喇叭音质不正常时，应以调整振动盘和铁心间隙为主；耗电量和音量不正常时，应以调整触点接触压力为主。但两者又互相影响，因此调整时，两项调整应反复进行，直至符合要求为止。

任务三　仪表报警系统的结构与检修

任务分析

农机仪表报警系统是车辆运行状况的动态反映，是车辆与驾驶人进行信息交流的界面，为驾驶人提供必要的车辆运行信息，同时也是维修人员发现和排除故障的重要依据。

完成本任务的学习后，学生应了解农机仪表报警系统的作用、类型、组成、结构、工作原理及电路分析；掌握仪表报警系统的检修方法及主要部件的检查调整方法；能够对仪表报警系统常见故障进行分析，进而确定故障诊断流程，掌握仪表报警系统的故障诊断方法。

相关知识

为了使驾驶员随时掌握车辆的工作状况，并能及时发现和排除潜在的故障，农机上都装配了仪表、报警系统。该系统一般由仪表、报警指示灯以及与之匹配的传感器组成，即机油压力表（指示器）、水温表（指示器）、燃油表、充电指示灯、远光灯指示灯、转向指示灯及发动机转速表等仪表，机油压力传感器、水温传感器、油量传感器、发动机转速传感器等传感器。

仪表及报警指示灯布置在驾驶员座位前方的仪表板上。拖拉机仪表板、联合收割机仪表板和插秧机仪表板分别如图 5-29 ~ 图 5-31 所示。传感器安装在工作部位。

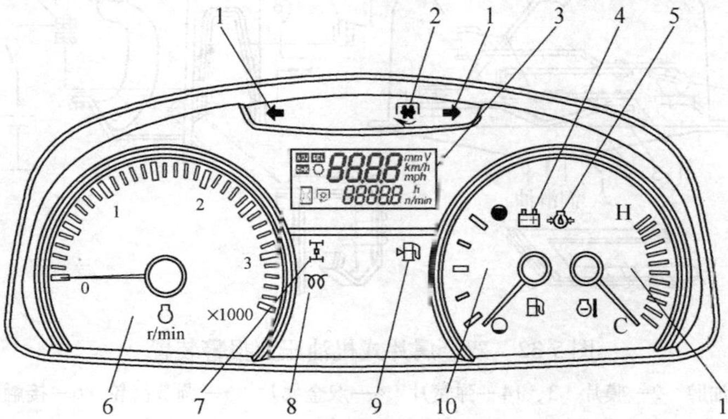

图 5-29　拖拉机仪表板

1—警示/转向信号指示灯　2—动力输出离合器指示器　3—液晶显示器　4—充电指示器
5—机油压力指示器　6—转速表　7—4 轮驱动指示器　8—加热器指示器　9—燃油油位指示器
10—燃油表　11—冷却液温度计

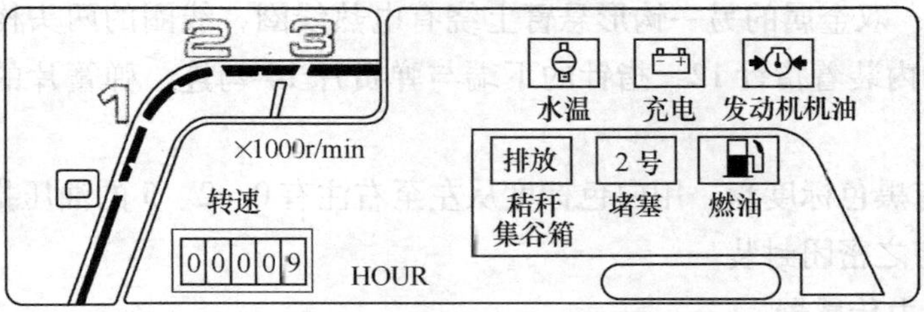

图 5-30　联合收割机仪表板

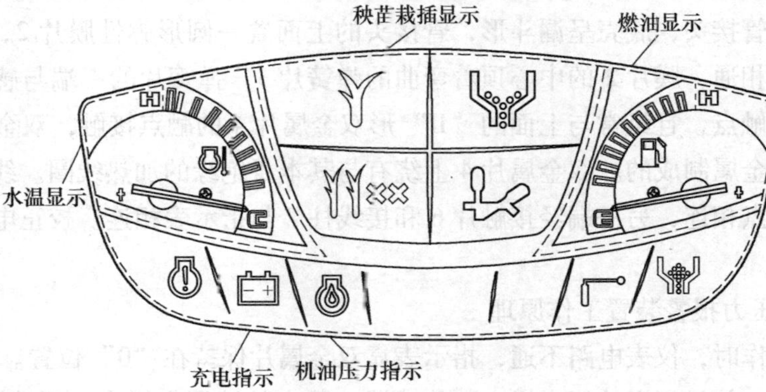

图 5-31　插秧机仪表板

一、机油压力报警装置

机油压力报警装置用来指示发动机润滑系工作状况与机油压力的大小。

农机车辆发动机上最常用的是电热式机油压力报警装置，又称双金属片式机油压力报警系统，其结构与工作原理如图 5-32 所示。机油压力报警装置由拧装在发动机主油道上或粗滤器壳上的油压传感器和仪表板上的油压指示表两部分组成。

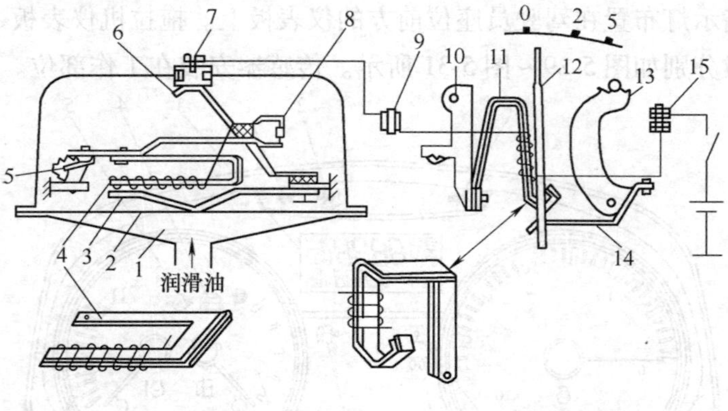

图 5-32　双金属片式机油压力报警装置

1—油腔　2—膜片　3，14—弹簧片　4—双金属片　5—调节齿轮　6—接触片
7，9，15—接线柱　8—校正电阻　10，13—调节齿扇　11—双金属片　12—指针

（一）油压指示表

在由薄钢板冲压而成的圆形外壳内，装有特殊形状的双金属片 11，它的直臂末端固定在调节齿扇 10 上；双金属的另一钩形悬臂上绕有电热线圈，线圈的两头构成指示表的两个接线柱 9、15，钩内装着指针 12，指针的下端与弹簧片 14 勾连，弹簧片的另一端与扇形调节齿 13 铆接。

指针的下面有黑色标度盘，用白色标度从左至右注有 0、2、5 的油压指示值。表面为透明玻璃，由外壳与之密闭封装。

（二）机油压力传感器

油压传感器俗称感压盒。总成为一圆形钢壳密封件，顶部中心有一接线螺钉，底部为拧装于主油道上的管接头，底壳呈漏斗形，管接头的上面置一圆形弹性膜片 2，片下的内腔 1 与发动机主油道相通，膜片 2 的中心顶着弯曲的弹簧片 3。弹簧片的一端与感压盒固定并搭铁，另一端焊有触点，且经常与上面的“II”形双金属片 4 的触点接触，双金属片是用膨胀系数不同的两种金属制成的。双金属片 4 上绕有与其本身绝缘的加热线圈。线圈的一端直接与双金属片的触点相连，另一端经接触片 6 和接线柱 7 与指示表相连。校正电阻 8 与加热线圈并联。

（三）机油压力报警装置工作原理

发动机不工作时，仪表电路不通，指示表靠双金属片保持在“0”位置。

发动机运转，如果润滑油压力增大，传感器油腔内的油压也增大，压迫膜片向上拱曲，使触点的闭合压力增大。

此时电热线圈必须经过较长时间通电后，才能使双金属片得到较大的弯曲，才能将触点分开；触点分开后，又只需较短的时间冷却，触点重又闭合。于是，在触点闭合时间长，断开时间短的不断开闭动作下，由于频率增高，使通过指示表中的脉冲电流平均值增大，电热线圈使双金属片变形大，钩动指针向右偏转，指示出较高的油压值。因此，油压越大，传感器触点开闭频率越高，脉冲电流值平均值越大，双金属片变形也越大，指针偏移角也大，指示出的油压值越高。反之，油压降低，传感器触点开闭频率变低，脉冲电流平均值减小，双金属片变形小，指针偏移角小，指示的油压值低。

这种油压表主要靠脉冲电流大小的变化，达到相应指示油压值的目的，所以又可称为电热脉冲式油压表。脉冲电流的波形如图 5-33 所示。

a)　　　　b)

图 5-33　油压表中脉冲电流的波形

a）高油压时　b）低油压时

二、冷却液温度报警装置

水温报警装置用来指示发动机冷却水工作温度。它由装在发动机气缸体水套上的温度传感器及仪表板上的温度指示表两部分组成，其结构形式有两种：电热式和电磁式。

（一）电热式水温报警装置（双金属片式传感器）

电热式水温报警装置（双金属片式传感器）. 它的传感器和指示表均为双金属电热式，如图 5-34 所示。

电热式温度指示表的结构与电热式机油压力表相同，仅其标度盘上的温度值是从右至左逐渐增大，分别标有 40、80、100，单位为摄氏度（℃）。

工作原理：当电路接通时，电流经蓄电池“+”→点火开关→接线柱→温度表加热线圈→接线柱→传感器加热线圈→触点→搭铁→蓄电池负极。

水温不高时，双金属片经加热线圈加热变形，使触点分离。触点打开后，由于四周温度低散热快，双金属片迅速冷却又使触点闭合。于是触点在闭合时间长而断开时间短的高频开闭下，使流过指示表电热线圈中的脉冲电流平均值增大，双金属片变形大，带动指针向右偏转，指示水温低。

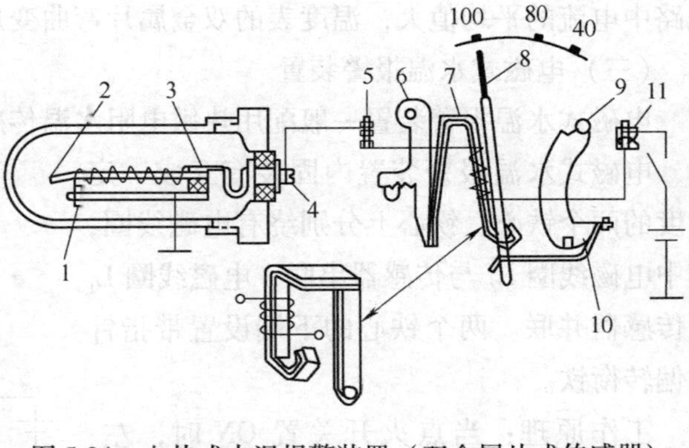

图 5-34　电热式水温报警装置（双金属片式传感器）

1—可调触点　2—传感器双金属片　3—导电片　4—接线柱螺钉

5，11—指示表接线柱　6，9—调节齿扇　7—指示表双金属片

8—指针　10—弹簧片

当水温升高时，则传感器铜壳与双金属片周围温度高，触点闭合时间短而断开时间长，开闭频率变低，流过指示表电热线圈的脉冲电流平均值小，双金属片变形少，指针向右偏角小而指出高温标度。

（二）电热式水温报警装置（热敏电阻式传感器）

电热式水温报警装置（热敏电阻式传感器）采用负温度系数热敏电阻作为传感器。热敏电阻的特性是，当冷却液温度较低时，其阻值较大，而冷却液温度升高时，其电阻值会逐渐减小，如图 5-35 所示。

工作原理：当点火开关置 ON 时，电流从蓄电池正极→点火开关→电源稳压器→温度表双金属片的加热线圈→传感器接线柱→热敏电阻→传感器外壳→搭铁→蓄电池负极。

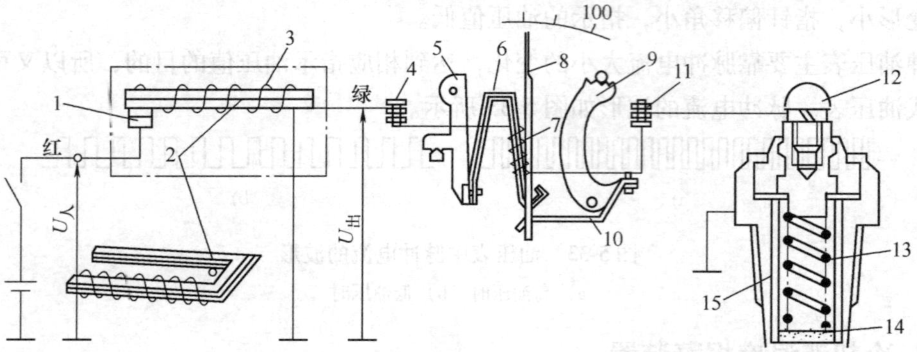

图 5-35　电热式水温报警装置（热敏电阻式传感器）

1—触点　2—双金属片　3—加热线圈　4，11，12—接线柱　5，9—调节齿扇　10，13—弹簧　14—热敏电阻　15—外壳

当发动机冷却液温度较低时，传感器的热敏电阻阻值大，电路中电流的平均值小，温度表的双金属片弯曲变形小，指针指向低温。反之，当冷却液温度升高时，热敏电阻阻值小，电路中电流的平均值大，温度表的双金属片弯曲变形大，指针指向高温。

（三）电磁式水温报警装置

电磁式水温报警装置一般配用热敏电阻水温传感器，如图 5-36 所示。

电磁式水温报警装置内固装有互成一定角度的两个铁心，铁心上分别绕有电磁线圈，其中电磁线圈 L_2 与传感器串联，电磁线圈 L_1 与传感器并联。两个铁心的下端设置带指针的偏转衔铁。

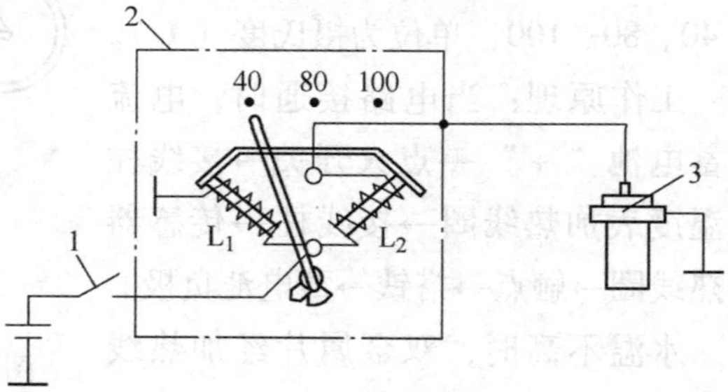

图 5-36　电磁式水温报警装置

1—点火开关　2—冷却液温度表　3—冷却液温度传感器

工作原理：当点火开关置 ON 时，左、右两线圈通电，各形成一个磁场，同时作用于衔铁转子，转子便在合成磁场的作用下转动，使指针指在某一刻度上。当冷却液温度降低时，传感器热敏电阻阻值增大，线圈 L_2 中电流变小，而线圈 L_1 中电流变大，合成磁场逆时针转动，使指针指在低温处；反之，当冷却液温度升高时，传感器热敏电阻阻值减小，线圈 L_2 中电流增大，而线圈 L_1 中电流变小，合成磁场顺时针转动，使指针指在高温处。

三、燃油量报警装置

燃油量报警装置的用途是指示农机油箱中的存油量。由装在油箱中的油量传感器和仪表盘上的燃油指示表两部分组成。燃油指示表有电磁式和电热式两种。传感器均使用可变电阻式。

（一）电磁式燃油量报警装置

电磁式燃油量报警装置由电磁式燃油表与可变电阻式传感器组成，结构如图 5-37 所示。电磁式燃油表中的线圈 1 串联在电源与传感器之间、线圈 2 与传感器并联。传感器由电阻、滑片、浮子组成。

工作原理：当点火开关置 ON 时，电流由蓄电池正极→点火开关 11 →燃油表接线柱 10 →左线圈 1 →接线柱 9 →右线圈 2 →搭铁→蓄电池负极。

同时电流由接线柱 9 →传感器接线柱 8 →可变电阻 5 →滑片 6 →搭铁→蓄电池负极。

左线圈 1 和右线圈 2 形成合成磁场，转子 3 就在合成磁场的作用下转动，使指针指在某一刻度上。

当油箱无油时，浮子下沉，可变电阻 5 上的滑片 6 移至最右端，可变电阻 5 被短路，右线圈 2 也被短路，左线圈 1 的电流达最大值，产生的电磁吸力最强，吸引转子 3，使指针停在最左面的“0”位上。

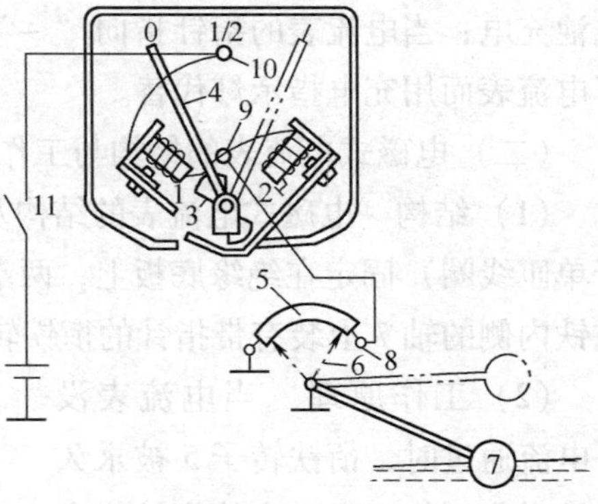

图 5-37　电磁式燃油量报警装置

1—左线圈　2—右线圈　3—转子　4—指针　5—可变电阻　6—滑片　7—浮子　8—传感器接线柱　9，10—接线柱

随着油箱中油量的增加，浮子上浮，带动滑片 6 沿可变电阻滑动。可变电阻 5 部分接入电路，左线圈 1 电流相应减小，而右线圈 2 中电流增大。转子 3 在合成磁场的作用下向右偏转，带动指针指示油箱中的燃油量。如果油箱半满，指针指在“1/2”位；当油箱全满时，指针指在“1”位。

（二）电热式燃油量报警装置

电热式燃油量报警装置的基本结构和工作原理与电热式机油压力表相同，仅表盘刻度不同。电热式燃油报警系统由电磁式燃油表、可变电阻式传感器和稳压器组成，结构如图 5-38 所示。

工作原理：当油箱无油时，浮子下沉，滑片 6 处于可变电阻 5 的最右端，传感器的电阻全部串入电路中，此时电路中电流最小，燃油表加热线圈 2 发热量小，双金属片 3 变形小，带动指针 4 指在“0”位。

当油箱内油量增加时，浮子上升，滑片向左移动，串入电路中的电阻减小，电路中的电流增大。燃油表加热线圈 2 发热量大，双金属片 3 变形增大，带动指针 4 向右偏转。当油箱充满时，滑片移至最左端，将可变电阻短路，此时电路中电流最大，指针偏到最右边，指在“1”处。

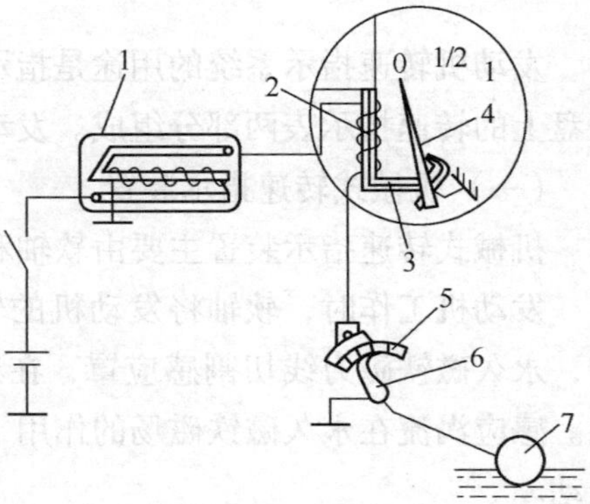

图 5-38　电热式燃油表与可变电阻式燃油量传感器

1—稳压器　2—加热线圈　3—双金属片　4—指针　5—可变电阻　6—滑片　7—浮子

四、充电指示装置

（一）电流表的功用

电流表用来指示蓄电池充电或放电电流的大小，它串接在充电电路中，电流表的正极接发电机的正极，电流表的负极接蓄电池的正极。当电流表的指针指向“+”侧时，表示蓄电池充电；当电流表的指针指向“-”侧时，表示蓄电池放电。目前，有些农机上已取消了电流表而用充电指示灯代替。

（二）电磁式电流表的结构与工作原理

（1）结构　电磁式电流表的结构及工作原理如图5-39所示。电流表内的黄铜片（相当于单匝线圈）固定在绝缘底板上，两端与接线柱1、3相连，黄铜片的下面装有永久磁铁6。磁铁内侧的轴7上装有带指针的衔铁转子5。

（2）工作原理　当电流表没有电流通过时，衔铁转子5被永久磁铁磁化而相互吸引，使指针停在中间“0”的位置。当蓄电池放电时，充电电流通过黄铜片4，在黄铜片周围产生磁场，与永久磁场合成一个磁场。在合成磁场作用下，衔铁转子5向“+”方向偏转一个角度，即旋转到合成磁场的方向上。充电电流越大，偏转角度越大，电流表的读数越大。若放电电流通过黄铜片4时，则电流表的指针随之反向偏转，指示蓄电池放电电流的大小。

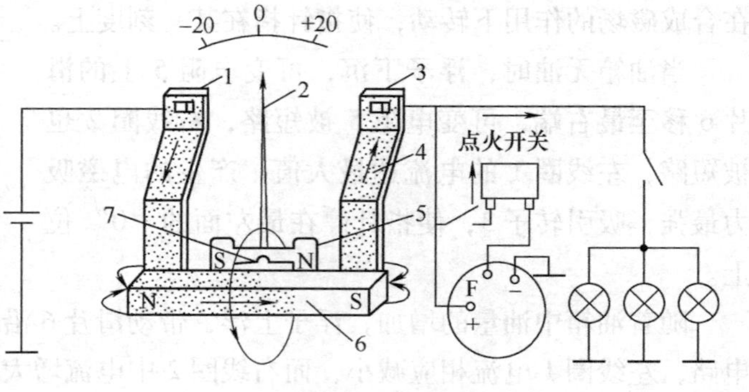

图5-39　电磁式电流表的结构与工作原理

1，3—接线柱　2—指针　4—黄铜片　5—衔铁转子　6—永久磁铁　7—轴

五、发动机转速指示装置

发动机转速指示系统的用途是指示农机发动机转速。它由装在发动机上转速传感器和仪表盘上的转速指示表两部分组成。发动机转速指示系统有机械式和电子式两种。

（一）机械式转速指示装置

机械式转速指示装置主要由软轴和电磁式仪表两部分组成，如图5-40所示。

发动机工作时，软轴将发动机的转速传递给电磁式仪表接头，带动主轴和永久磁铁旋转，永久磁铁磁力线切割感应罩，在感应罩中产生感应电流，沿感应罩旋转流动，形成涡流。感应涡流在永久磁铁磁场的作用下产生电磁力，使感应罩和转速表指针一起顺时针方向转动。

当与游丝的弹力平衡时，指针便停留在刻度盘上的某个位置，指示出相应的发动机转速。发动机转速越高，感应罩内涡流越大，受到的磁场力越大，指针旋转的角度越大，指示的转速越高。

（二）电子式转速指示装置

（1）电子式转速表　电子式转速表如图 5-41 所示，电子式转速表主要由固定不动的永久磁铁和可以转动的线圈两部分组成。永久磁铁由磁钢、极环和极板组成，与仪表壳体支架连在一起。磁钢的上、下两端分别装有极环和极板，它们之间的空间形成磁路气隙。

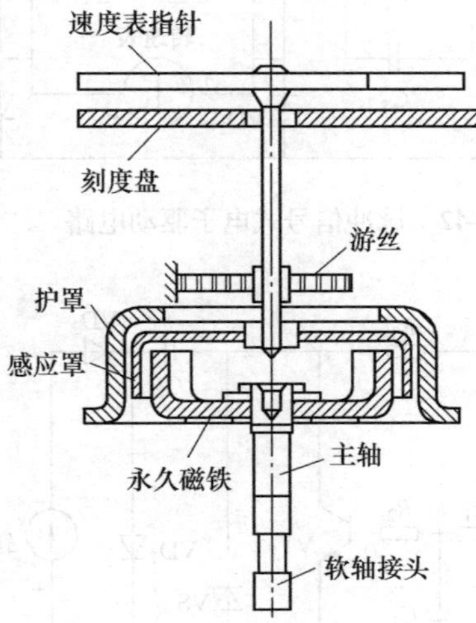

图 5-40　机械式转速指示系统

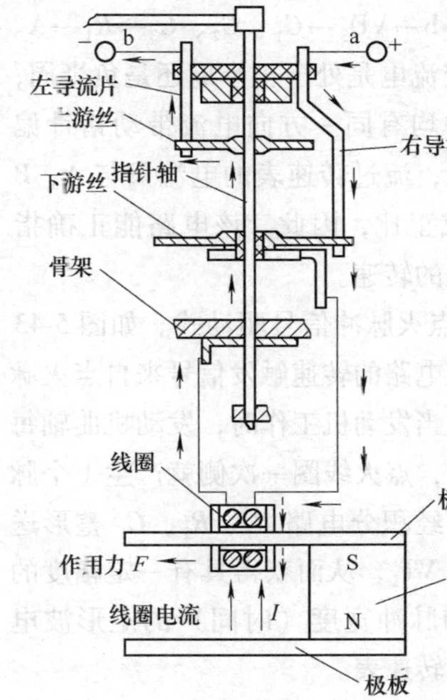

图 5-41　电子式转速表

当发动机工作时，电子电路中产生的直流电（见电路部分叙述）由转速表 a 端（+）进入，b 端（−）流出，形成通路。电流的方向是：a→右导流片→下游丝→线圈右里接头→线圈左外接头→骨架→指针轴→上游丝→左导流片→b 端（−）。

由此可见，当直流电通过装套在极环臂上的线圈时，处于磁路气隙中的下部分线圈中的电流 I 的流动方向是从里向外，即线圈中的电流按图示方向由下向上流动。电流 I 和磁钢的磁场相互作用力 F 使线圈沿极环的环形臂作顺时针方向转动（根据楞次左手定则），从而带动骨架和指针轴作同向转动。当磁电作用的感应力矩与游丝相平衡时，指针便停留在刻度盘上的某个位置，指示出相应的发动机转速。发动机转速越高，流入线圈中的平均电流值越大，下部分线圈产生的磁场作用力 F 越大，指针旋转的角度越大，指示的转速越高。

（2）电子驱动电路工作原理　电子转速表的电子驱动电路形式按驱动电路的触发信号分，有磁电机交流输出脉冲信号驱动式和点火脉冲信号驱动式。

1）脉冲信号驱动式。如图 5-42 所示，驱动电路中 A、B 端分别接磁电机充电线圈交流输出端，R_1 是限流电阻；VS 为稳压二极管，用于限压削波使交流电正半周波形接近矩形；电位器 RP、电阻 R_2 与转速表并联，用于校准转速表的指示精度；C_1、C_2、C_3 是 3 个无极性电容器，用作频率转换。若发动机转速增高，频率随之增大，通过 3 个电容器的交流分量与频率成正比增加，再经 4 个二极管 $VD_1 \sim VD_4$ 整流后变成直流电，从而使转速表内可动线圈获得的平均电流值增大，指针偏转的角度增大，指示出相应的发动机转速。

其具体工作情况是：交流电正半周时（设 A 为正，B 为负），电流方向为：A→R_1→C_1、C_2、C_3→VD_1→a→b→VD_4→B。

交流电负半周时，电流方向为：B→VD_2→a→b→VD_3→C_1、C_2、C_3→R_1→A。即无论交流电是处于正半周还是负半周，转速表中均有同一方向电流带动指针偏转，并且，流过转速表的电流只与 A、B 端频率成正比，因此，该电路能正确指示发动机的转速。

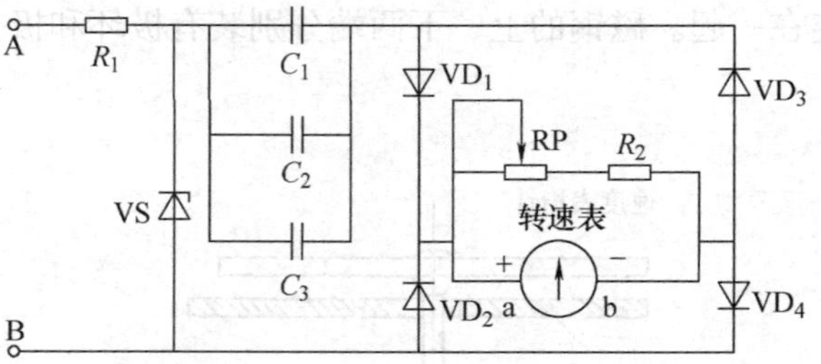

图 5-42　脉冲信号式电子驱动电路

2）点火脉冲信号驱动式。如图 5-43 所示，该电路的转速触发信号来自点火脉冲信号。当发动机工作时，发动机曲轴每旋转 1 周，点火线圈一次侧就产生 1 个脉冲信号，经积分电路 R_1、R_2、C_1 整形送到晶体管 VT_1，从而获得具有一定幅度的电流值和脉冲宽度（时间）的矩形波电流，驱动转速表。

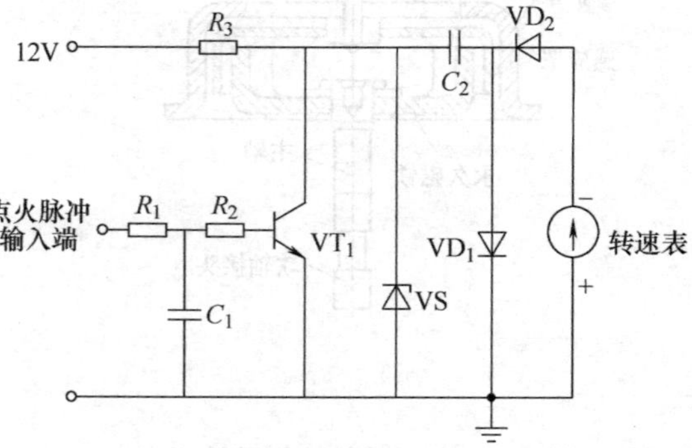

图 5-43　点火脉冲信号式电子驱动电路

当点火线圈一次侧通电时，即无点火脉冲信号输入时，晶体管 VT_1 的基极无偏压而处于截止状态，电容 C_2 被充电，充电电路为：12V→R_3→C_2→VD_1→地构成回路。

当点火线圈一次侧断电时，亦即有点火脉冲信号输入时，晶体管 VT_1 的基极电位接近 12V，得到正电位而导通。此时，C_2 通过导通的 VT_1 放电，放电回路为：电容器 C_2 正极（+）→VT_1 集电极→VT_1 发射极→表头（+）→表头（−）→VD_2→电容器 C_2 负极（−）构成回路，从而驱动转速表指针偏转一定角度。如此反复，使转速表显示出电流的平均值。发动机转速越高，通过转速表的平均电流值越大，指针摆动的角度越大，指示的转速越高。

3）集成电路式。图 5-44 所示为集成电路式电子驱动电路，其信号处理核心是采用时基电路 555（或 BCSZ15、CCS225 等）集成块。电路的触发信号也是取自点火脉冲信号。

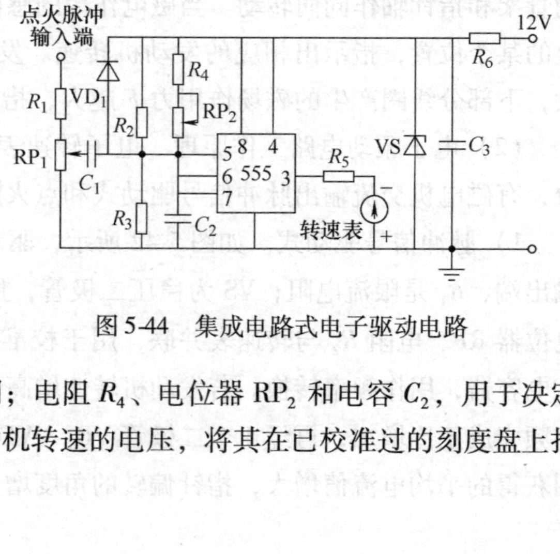

图 5-44　集成电路式电子驱动电路

电路中的电位器 RP1 用于调整比较电压，使 555 集成块输入门限电压设置在可避免误触发的电压上；稳压管 VS 以及电阻 R_6 用来防止电压波动，起稳定电路工作电压之用；电阻 R_4、电位器 RP_2 和电容 C_2，用于决定单极性正脉冲的脉宽，亦即转换成正比于发动机转速的电压，将其在已校准过的刻度盘上指示出来，即能反映出发动机转速的大小。

该驱动电路通过电阻 R_2 和 R_3，在 555 集成块的 8 脚上设置了约有 4V 的电压（即电源电压的 1/3），如果此电压减少到低于 2.7V，集成块 555 即被触发导通，此情况恰恰发生在点火脉冲输入端有点火信号输入的瞬时，于是 555 集成块的输出端 3 脚输出高电位，通过电阻 R_5 给转速表提供电流，指示出发动机相应的转速。其驱动回路为：12V→R_6→555 脚 8→555 脚 3→R_5→表头（+）→表头（-）→地构成回路。

充电指示灯报警装置请参考项目二中的交流发电机的使用与维修内容，远光灯指示灯、转向指示灯请参考项目五中的农机照明、信号系统认知内容。这里不再阐述。

六、仪表报警系统电路

图 5-45 所示为某款拖拉机仪表报警系统电路，包括机油压力报警装置、油量报警装置和水温报警装置。所有指示表与传感器串联（油压表与油压传感器串联，压力表与油量传感器串联，水温表与水温传感器串联）。当主开关接通后，仪表报警系统就处于工作状态。

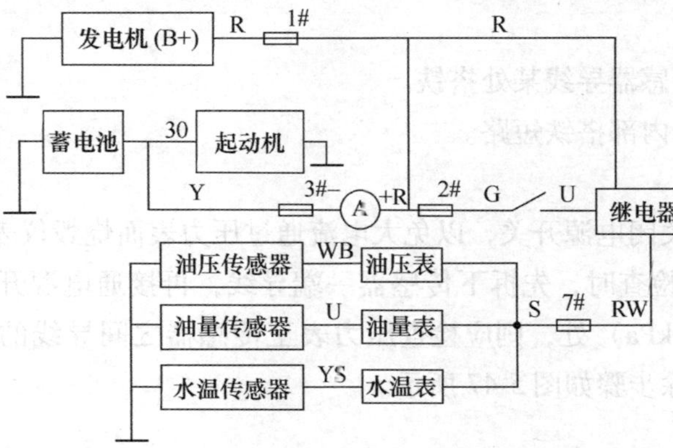

图 5-45　仪表报警系统电路

任务实施

一、机油压力表无指示故障的诊断与排除

（一）故障现象

以图 5-32 所示双金属片式机油压力报警装置为例，当发动机处于各种转速时，机油压力表均无压力指示。

（二）故障原因

1）机油压力表电源线断路。

2）机油压力表内加热线圈烧毁或断路。

3）机油压力传感器加热线圈烧坏或触点接触不良。

4）发动机润滑系有故障。

（三）故障排除

根据图 5-32 所示，接通电源开关，用万用表测量机油压力表电源线电压，如果有电压，则拆下机油压力传感器一端导线，搭铁试验。如果机油压力表指针从 0 向 $5kgf/cm^2$

(500kPa）压力方向移动，说明机油压力表良好。

在确定机油压力表良好后，可拆下传感器并装回拆下的导线，用一根适当的棍棒，塞进传感器孔内，顶压膜片试验。如果机油压力表走动，则说明传感器良好，发动机润滑系有故障。反之，为传感器有故障。

再进行传感器一端导线搭铁试验，指针仍不移动，可在机油压力表电源接线柱和引出线接线柱分别搭铁试验，用来断定故障在表内还是在导线，根据诊断结果进行更换维修。

故障排除步骤如图 5-46 所示。

二、机油压力表指示错误故障的诊断与排除

（一）故障现象

以图 5-32 所示双金属片式机油压力报警装置为例，接通电源开关后，发动机尚未发动，机油压力表指针即开始移动。

（二）故障原因

1）机油压力表至传感器导线某处搭铁。

2）机油压力传感器内部搭铁短路。

（三）故障排除

遇此现象，应立即关闭电源开关，以免大电流通过压力表而烧毁仪表。

根据图 5-32 所示，检查时，先拆下传感器一端导线，再接通电源开关试验，如果表针不再移向 $5kgf/cm^2$（500kPa）处，则应检查压力表至传感器之间导线的搭铁处，根据诊断结果进行修理。故障排除步骤如图 5-47 所示。

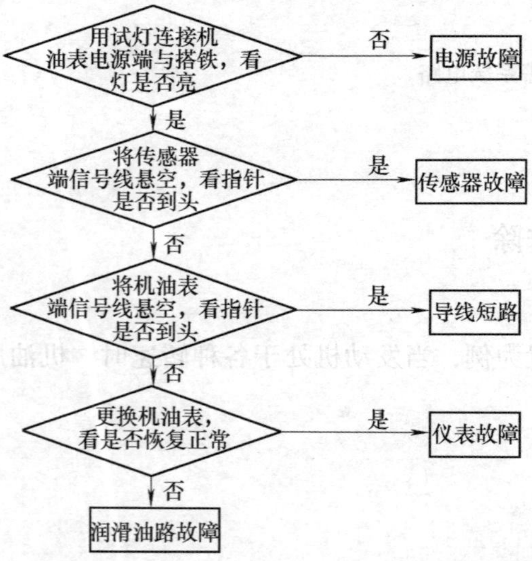

图 5-46 机油压力表无指示故障的诊断与排除

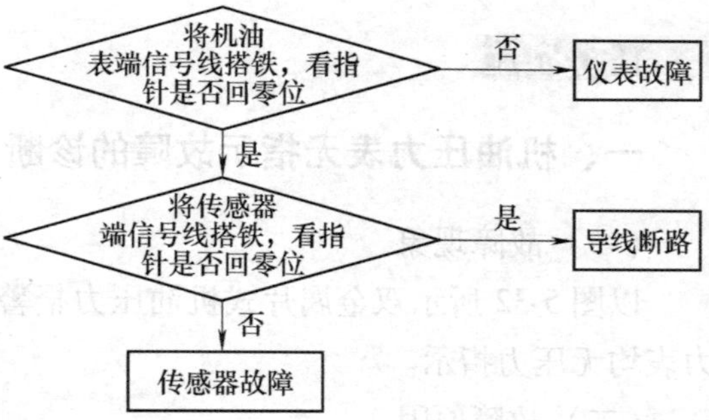

图 5-47 机油压力表指示错误故障的诊断与排除

三、水温表指针始终指向低温处故障的诊断与排除

（一）故障现象

以图 5-36 所示电磁式水温报警装置为例，接通电源开关后，水温表指针指在 40℃处不动，水温变化时，指针仍不移动。

（二）故障原因

1）冷却液温度表电源线断路。

2）冷却液温度表故障。

3）传感器故障。

4）温度表至传感器的导线断路。

（三）故障排除

根据图 5-36 所示，按照图 5-48 所示步骤排除故障。

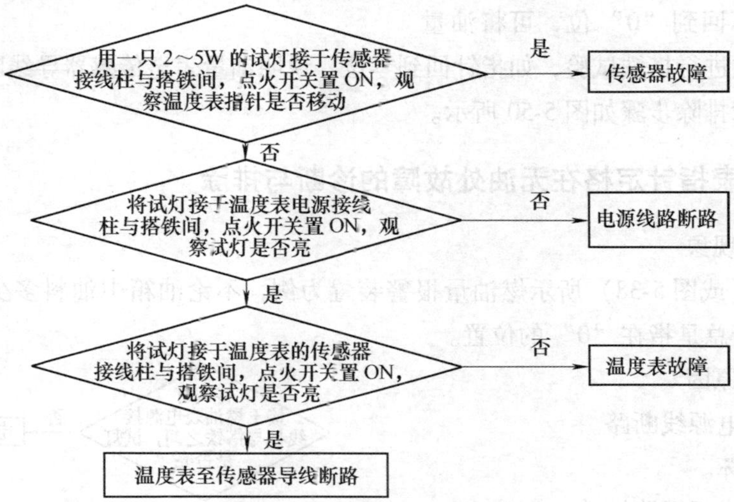

图 5-48　水温表指针始终指向低温处故障的诊断与排除

四、水温表指针指向高温处故障的诊断与排除

（一）故障现象

以图 5-36 所示电磁式水温报警装置为例，接通电源开关，水温表指针移向 100℃处。

（二）故障原因

1）温度表至传感器导线搭铁。

2）传感器内部搭铁。

（三）故障排除

根据图 5-36 所示，按照图 5-49 所示步骤排除故障。

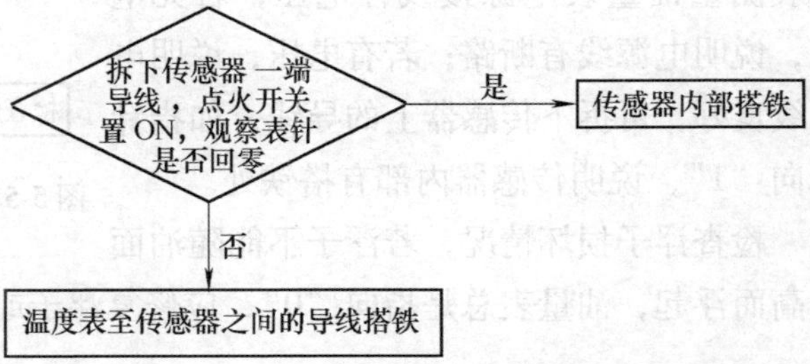

图 5-49　水温表指针指向高温处故障的诊断与排除

五、油量表指针定格在满量处故障的诊断与排除

（一）故障现象

以图 5-37（或图 5-38）所示燃油量报警装置为例，接通电源开关，不论油箱中存油多

少，油量表指针均指向“1”（满油）。

（二）故障原因

1）油量表至传感器导线断路。

2）传感器电阻线圈断路。

（三）故障排除

根据图5-37（或图5-38）所示，接通电源开关，拆下与油量表传感器接线柱相连的导线并进行搭铁试验，如指针回到零位，说明传感器内部断路，应予以更换；如试验仍不回到“0”位，可将油量表引出线接线柱进行搭铁试验，如指针回到零位，说明油量表至传感器导线断路，查明后应予以排除。故障排除步骤如图5-50所示。

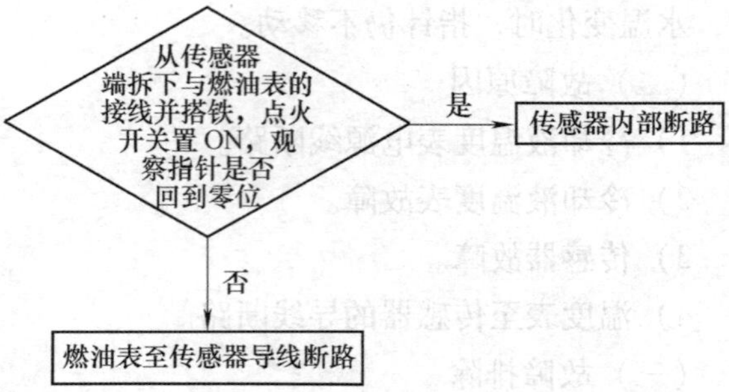

图5-50 油量表指针定格在满量处故障的诊断与排除

六、油量表指针定格在无油处故障的诊断与排除

（一）故障现象

以图5-37（或图5-38）所示燃油量报警装置为例，不论油箱中油料多少，接通电源开关，油量表指针总是指在“0”的位置。

（二）故障原因

1）油量表电源线断路。

2）浮子损坏。

3）传感器内部短路搭铁。

（三）故障排除

根据图5-37（或图5-38）所示，用万用表测量油量表电源接线柱电压，若无电压，说明电源线有断路；若有电压，说明电源线良好，可拆下传感器上的导线，如指针指向“1”，说明传感器内部有搭铁处。

检查浮子损坏情况，若浮子不能随油面升高而浮起，油量表总是指向“0”，应修复浮子或直接更换。故障排除步骤如图5-51所示。

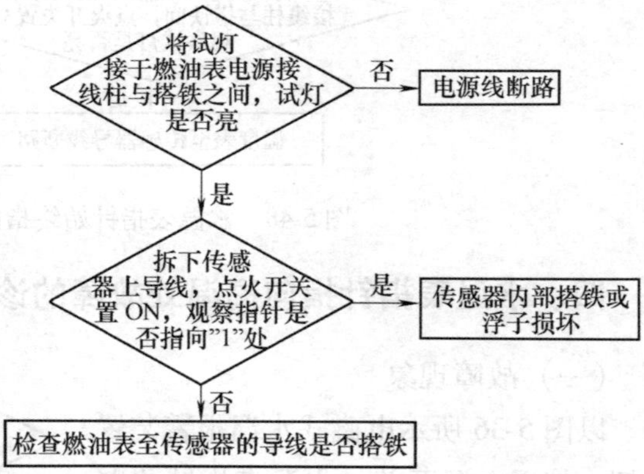

图5-51 油量表指针定格在无油处故障的诊断与排除

七、转速表指针不动或抖动故障的诊断与排除

（一）故障现象

发动机正常运转，转速表指针不动。

（二）故障原因

1）仪表故障。

2）软轴故障。

3）线路故障。

（三）故障排除

对于机械式转速指示系统，转速表指针不动或抖动故障，应首先检查软轴是否完好，如果软轴存在断裂现象，则更换软轴。如果软轴完好，则故障存在于转速表，根据实际情况给予处理。

对于电子式转速指示系统，转速表指针不动或抖动故障，根据表 5-1 进行维修。

表 5-1　电子式转速指示系统转速表指针不动或抖动故障修理

故障现象	故障原因	故障排除
发电机运转，转速表不工作	（1）插接头松动，接触不良	连接牢固
	（2）连接导线内部接触不良	更换导线
	（3）磁电机交流输出绕组损坏	修理磁电机
	（4）印制电路板损坏	更换
	（5）转速表损坏	更换
	（6）可动线圈短路、短路、脱焊或接触不良	更换
	（7）永久磁铁无磁	充磁、更换
	（8）游丝折断或弹性不足	更换
指针抖动、不准	（1）指针轴磨损或折断	更换
	（2）指针轴向间隙过大	调整
	（3）下轴承磨损	更换
	（4）轴承损坏	更换
	（5）阻尼油不足	添加
	（6）游丝失效	更换，调整
	（7）可动线圈运动受阻	检修
	（8）驱动频率失准	校准

练习与思考题

1. 叙述前照灯防炫目的措施。
2. 以电热式闪光器为例，解释闪光器的工作原理。
3. 叙述盆形电喇叭的工作原理。
4. 以双金属片式机油压力报警装置为例，解释机油压力报警装置的工作原理。
5. 以电磁式水温报警装置为例，解释水温报警装置的工作原理。
6. 叙述电磁式燃油量报警装置的工作原理。
7. 叙述电子式转速表的工作原理。

项目六　联合收割机电气系统的维护与检修

【项目描述】

本项目要求学生在掌握联合收割机报警系统维护与检修、联合收割机电气控制系统维护与检修等知识后，完成排草报警装置检修，2 号螺旋轴报警装置检修，充电、机油、水温、燃料系统报警装置检修，自动脱粒深浅控制系统检修，收割部升降控制系统检修，转向、修正电气控制系统检修等工作任务。

【项目目标】

1. 了解联合收割机报警系统的工作原理，掌握报警系统的检修方法及主要部件的检查调整方法。能对报警系统常见故障进行分析，确定故障诊断流程，掌握报警系统的故障诊断方法。

2. 了解联合收割机电气控制系统的工作原理及电路分析，掌握联合收割机电气控制系统的检修方法及主要部件的检查调整方法。能对联合收割机电气控制系统常见故障进行分析，确定故障诊断流程，掌握电气控制系统的故障诊断方法。

任务一　联合收割机报警系统的维护与检修

任务分析

联合收割机报警系统是保证驾驶人全面了解联合收割机作业状况的重要装置，为驾驶人提供必要的设备运行信息，同时也是维修人员发现和排除故障的重要依据。

完成本任务的学习后，学生应了解联合收割机报警系统的作用、类型、组成、结构、工作原理及电路分析，掌握报警系统的检修方法及主要部件的检查调整方法，能够对报警系统常见故障进行分析，确定故障诊断流程，掌握报警系统的故障诊断方法。

相关知识

联合收割机报警系统由排草报警装置，2 号螺旋轴报警装置和辅助报警装置等组成。报警系统电路示意图如图 6-1 所示。

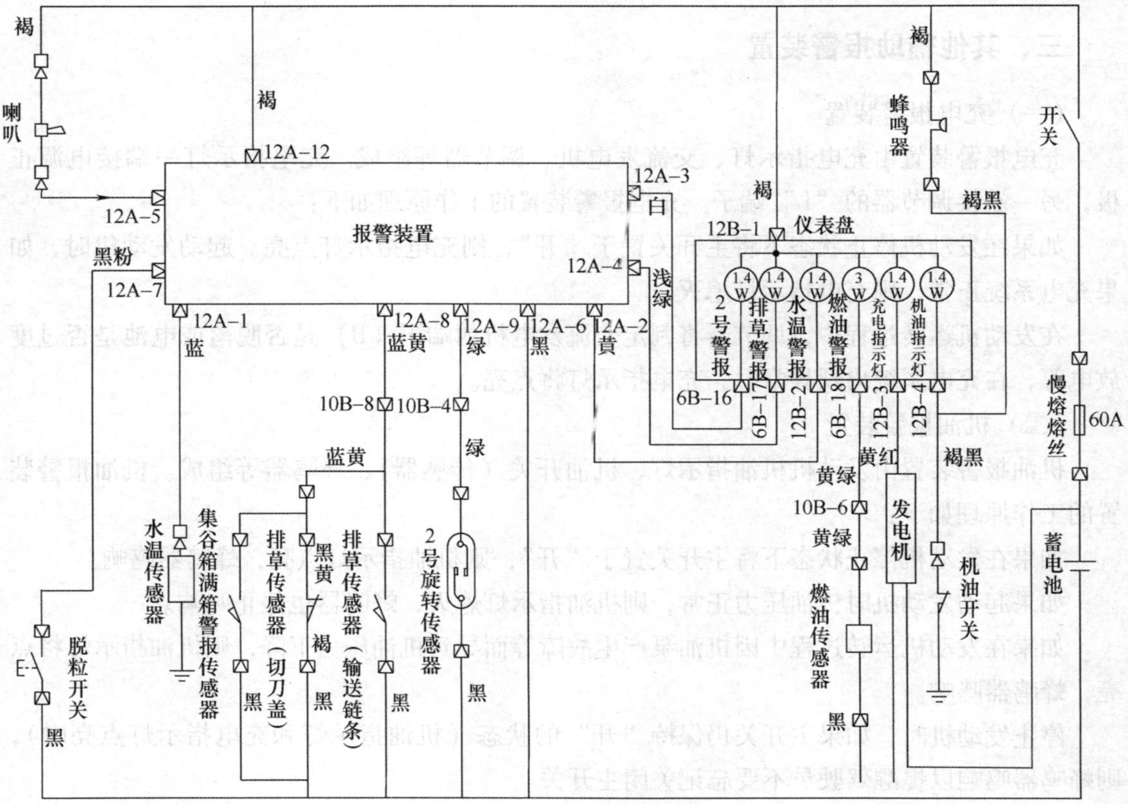

图 6-1　报警系统电路示意图

一、排草报警装置

排草报警装置由排草指示灯、排草传感器（输送链条）、排草传感器（切刀盖）、集谷箱满箱传感器、脱粒离合器开关、喇叭、报警装置组成。排草报警装置的工作原理如下：

如果在脱粒离合器处于“合”（脱粒开关“ON”）的状态下，排草传感器（输送链条）、排草传感器（切刀盖）、集谷箱满箱传感器中的任一个指示灯点亮，喇叭则会鸣响。

如果将脱粒离合器置于“离”（脱粒开关“OFF”），则喇叭停止鸣响，但排草指示灯仍保持点亮。若将各传感器置于“OFF”时，排草指示灯熄灭。

二、2 号螺旋轴报警装置

2 号螺旋轴报警装置由 2 号螺旋轴指示灯、2 号螺旋轴旋转传感器、脱粒开关、喇叭、警报装置组成。2 号螺旋轴报警装置的工作原理如下：

2 号搅龙旋转传感器安装在 2 号搅龙的上端，2 号搅龙旋转 1 圈便重复 4 次 OFF→ON→OFF。2 号搅龙的转速在（350 ± 50）r/min 以上或将脱粒离合器置于“离”（脱粒开关 OFF）时，喇叭不鸣响，2 号搅龙警报指示灯处于熄灭状态。

如果在脱粒离合器处于“合”（脱粒开关 ON）的状态下，2 号搅龙的转速在（350 ± 50）r/min 以下的时间达 1s 以上，则喇叭将持续鸣响，仪表盘的 2 号搅龙警报指示灯也同时点亮。

三、其他辅助报警装置

（一）充电报警装置

充电报警装置由充电指示灯、交流发电机、调节器等组成。充电指示灯一端接电源正极，另一端接调节器的“L”端子。充电报警装置的工作原理如下：

如果在发动机停止状态下将主开关置于“开”，则充电指示灯点亮。起动发动机时，如果充电系统正常，则充电指示灯熄灭。

在发动机运转过程中，调节器将判定交流发电机的端子（B）是否脱落或电池是否过度放电等，在充电系统出现异常时，充电指示灯将点亮。

（二）机油报警装置

机油报警装置由发动机机油指示灯、机油开关（传感器）、蜂鸣器等组成。机油报警装置的工作原理如下：

如果在发动机停止状态下将主开关置于“开”，则机油指示灯点亮，蜂鸣器鸣响。

如果起动发动机时机油压力正常，则机油指示灯熄灭，蜂鸣器也停止鸣响。

如果在发动机运转过程中因机油泵产生故障等而导致机油压力下降，则机油指示灯将点亮，蜂鸣器鸣响。

停止发动机时，如果主开关仍保持“开”的状态（机油指示灯和充电指示灯点亮时），则蜂鸣器鸣响以提醒驾驶员不要忘记关闭主开关。

（三）水温报警装置

水温报警装置由水温指示灯、水温传感器、喇叭、报警装置、脱粒开关等组成。水温报警装置的工作原理如下：

如果在脱粒离合器处于“合”状态下，冷却水温度达到115℃以上时，喇叭鸣响，水温指示灯也同时点亮。当脱粒离合器变为“离”状态时，喇叭停止鸣响。

如果冷却水温度达到108℃以下，则喇叭停止鸣响，水温指示灯也同时熄灭。

（四）燃料报警装置

燃料报警装置由燃油指示灯、燃油传感器等组成。当燃油剩余量减少到最低量，燃油指示灯点亮。

任务实施

一、排草报警装置检修

（一）输送链条传感器、漏斗传感器检测

图6-2为输送链条传感器、漏斗传感器安装位置及连接器。用万用表对输送链条传感器、漏斗传感器连接器端子线束侧进行检测，检查方法和标准值见表6-1。

（二）切刀盖传感器检测

图6-3为切刀盖传感器安装位置及连接器。用万用表对切刀盖传感器连接器端子线束侧进行检测，检查方法和标准值见表6-2。

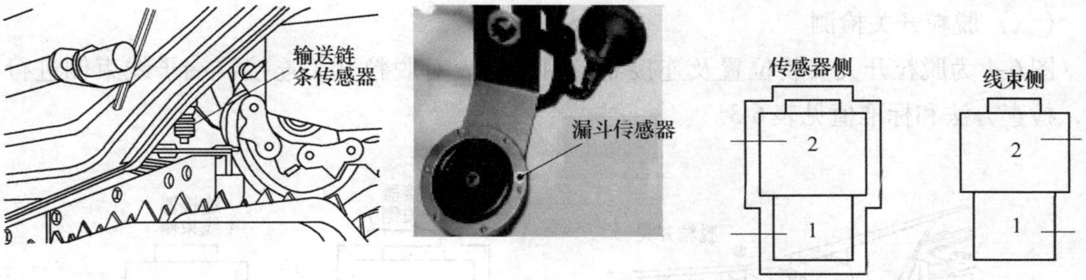

a)　b)　c)

图 6-2　输送链条传感器、漏斗传感器安装位置及连接器

a）输送链条传感器安装位置　b）漏斗传感器安装位置　c）连接器

表 6-1　检查方法和标准值

测量项目	测量端子	测量条件	标准值
输送链条传感器	传感器侧连接器 1-2 之间	传感器 ON	0Ω
		传感器 OFF	∞
电源供给线	线束侧连接器 2（蓝黄）-车体之间	钥匙开关 ON	DC　11～16V
地线	线束侧连接器 1（黑）-车体之间	搭铁良好	0Ω
漏斗传感器	传感器侧连接器 1-2 之间	传感器 ON	0Ω
		传感器 OFF	∞
电源供给线	线束侧连接器 2（蓝黄）-车体之间	钥匙开关 ON	DC　11～16V
地线	线束侧连接器 1（黑）-车体之间	搭铁良好	0Ω

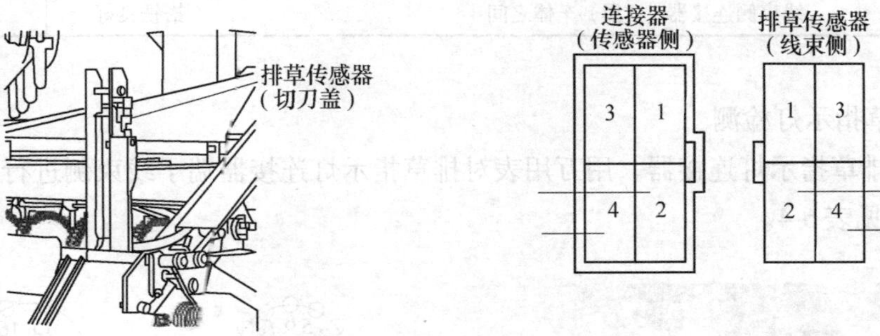

a)　b)

图 6-3　切刀盖传感器安装位置及连接器

a）切刀盖传感器安装位置　b）连接器

表 6-2　检查方法和标准值

测量项目	测量端子	测量条件	标准值
切刀盖传感器	传感器侧连接器 2-4 之间	传感器 ON	∞
		传感器 OFF	0Ω
	线束侧连接器 2（黑）-车体之间	搭铁良好	0Ω
电源供给线	线束侧连接器 4（蓝黄）-车体之间	钥匙开关 ON	DC　11～16V

（三）脱粒开关检测

图6-4为脱粒开关安装位置及连接器。用万用表对脱粒开关连接器端子线束侧进行检测，检查方法和标准值见表6-3。

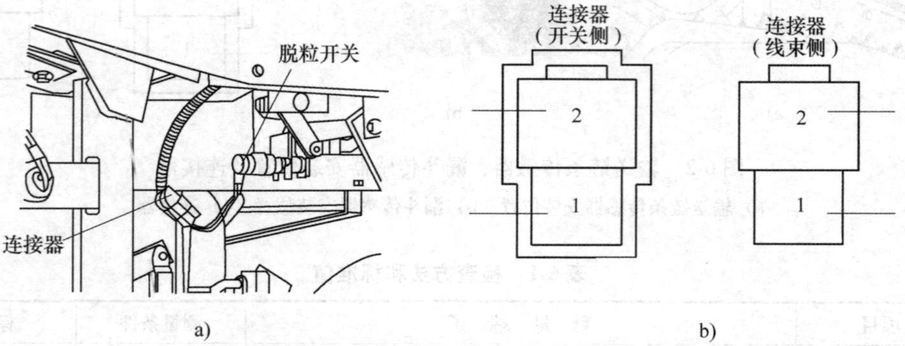

图6-4　脱粒开关安装位置及连接器

a）脱粒开关安装位置　b）连接器

表6-3　检查方法和标准值

测量项目	测量端子	测量条件	标准值
脱粒开关	开关侧连接器1-2之间	开关ON	0Ω
		开关OFF	∞
电源供给线	线束侧连接器2（黑粉）-车体之间	钥匙开关ON	DC　11～16V
地线	线束侧连接器1（黑）-车体之间	搭铁良好	0Ω

（四）排草指示灯检测

图6-5为排草指示灯连接器。用万用表对排草指示灯连接器端子线束侧进行检测，检查方法和标准值见表6-4。

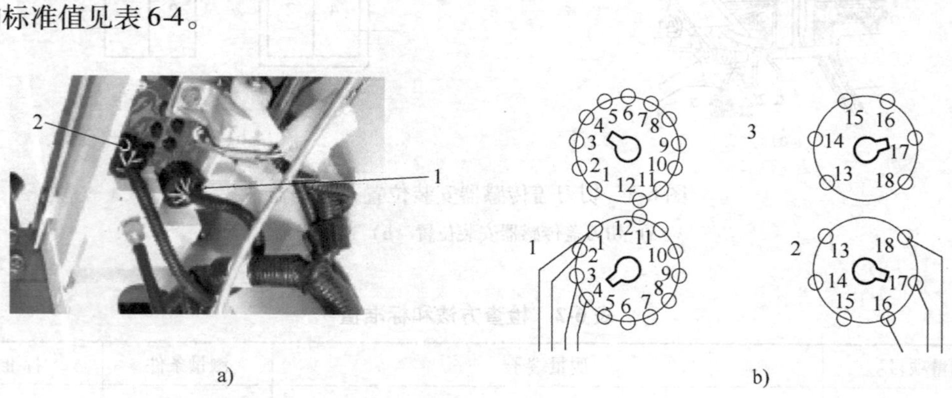

图6-5　排草指示灯连接器

a）排草指示灯连接器安装位置　b）连接器

1—连接器12B　2—连接器6B　3—仪表盘侧

表 6-4　检查方法和标准值

测量项目	测量端子	测量条件	标准值
指示灯	面板背面的端子 1-面板背面的端子 17 之间	导通	0Ω
电源供给线	线束侧连接器 12BA-1（茶）-车体之间	钥匙开关 ON	DC　11 ~ 16V
地线	线束侧连接器 6B-17（蓝黄）-车体之间	排草传感器的输送链条传感器 ON	0Ω

（五）报警装置检测

图 6-6 为报警装置、喇叭安装位置及连接器。用万用表对报警装置、喇叭连接器端子线束侧进行检测，检查方法和标准值见表 6-5。

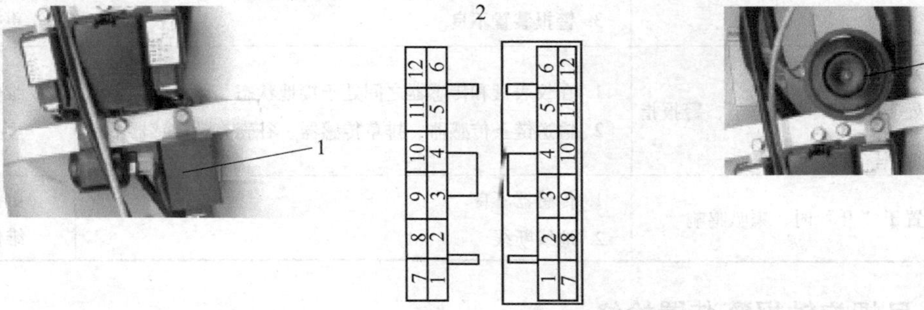

a)　b)　c)

图 6-6　报警装置、喇叭安装位置及连接器

a）报警装置安装位置　b）连接器　c）喇叭安装位置

1—报警装置　2—连接器 12A　3—喇叭

表 6-5　检查方法和标准值

测量项目	测 量 端 子	测量条件	标准值
电源供给线	线束侧连接器 12A-12(茶)-车体之间	钥匙开关 ON	DC　11 ~ 16V
警报指示灯电源线	线束侧连接器 12A-4(浅绿)-车体之间	钥匙开关 ON	DC　11 ~ 16V
地线	线束侧连接器 12A-6(黑)-车体之间	导通	0Ω
	线束侧连接器 12A-7(黑粉)-车体之间	脱离开关 ON	0Ω
	线束侧连接器 12A-8(黑)-车体之间	输送链条传感器 ON	0Ω
喇叭	线束侧卡接端子(茶)-车体之间	钥匙开关 ON	DC　11 ~ 16V

（六）排草报警装置故障诊断与排除

排草报警装置故障现象、原因及排除见表 6-6。

表 6-6　排草报警装置故障现象、原因及排除

故 障 现 象	故 障 原 因	故障排除
即使发生草秆堵塞，排草警报也不正常，动作警报指示灯不点亮，喇叭也不鸣响	1. 熔丝熔断	更换
	2. 传感器（排草、输送链条、谷壳充满）不良	更换
	3. 面板、警报装置、喇叭、传感器的电源线断线	维修

（续）

故 障 现 象	故 障 原 因	故障排除
警报指示灯点亮，但喇叭不鸣响	1. 喇叭不良 2. 喇叭电源线、地线断线 3. 警报装置不良 4. 脱粒开关不良 5. 脱粒开关的地线断线	更换 维修 更换 更换 维修
喇叭鸣响，但警报指示灯不点亮	1. 指示灯灯泡损坏 2. 指示灯电源线断线	更换 维修
脱粒离合器“离”时，喇叭鸣响。但警报指示灯不点亮	1. 脱粒开关地线断线 2. 脱粒开关不良 3. 警报装置不良	维修 更换 更换
没有草秆堵塞却发出警报 在钥匙开关处于“开”的状态下，警报指示灯点亮（传感器 OFF）	1. 在仪表盘和传感器之间处于接地状态 2. 输送链条传感器、排草传感器、谷壳充满传感器不良	维修 更换
将脱粒开关置于“开”时，喇叭鸣响	1. 传感器不良 2. 地线断线	更换 维修

二、2 号螺旋轴报警装置检修

（一）2 号搅龙旋转传感器检测

图 6-7 为 2 号搅龙旋转传感器及连接器。用万用表对 2 号搅龙旋转传感器连接器端子线束侧进行检测，检查方法和标准值见表 6-7。

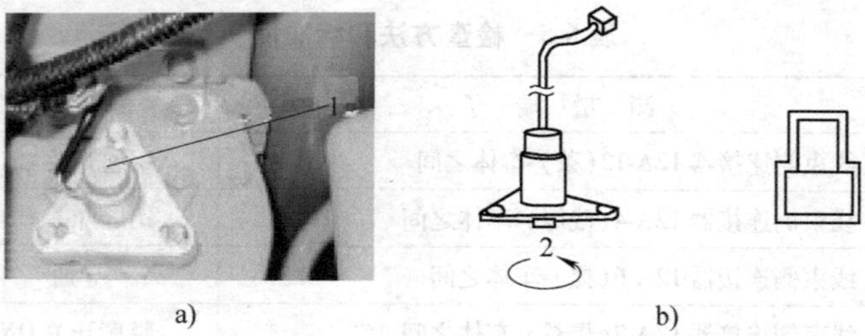

图 6-7　2 号搅龙旋转传感器及连接器

a）2 号螺旋轴报警传感器安装位置　b）传感器连接器

1—2 号搅龙旋转传感器　2—传感器轴部

表 6-7　检查方法和标准值

测量项目	测 量 端 子	测量条件	标准值
电源供给线	线束侧连接器绿线-车体之间	钥匙开关 ON	DC　11 ~ 16V
地线	线束侧连接器黑线-车体之间	搭铁良好	0Ω

（二）报警装置检测

图 6-8 所示为报警装置及连接器。用万用表对报警装置连接器端子线束侧进行检测，检查方法和标准值见表 6-8。

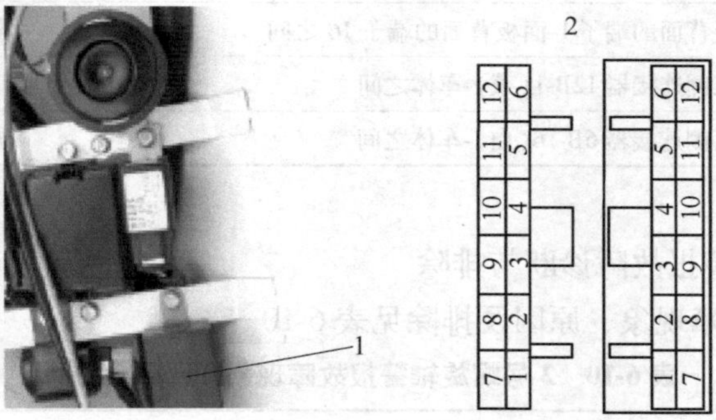

a)　　b)

图 6-8　报警装置及连接器

a）报警装置安装位置　b）连接器

1—报警装置　2—连接器 12A

表 6-8　检查方法和标准值

测量项目	测 量 端 子	测量条件	标准值
电源供给线	线束侧连接器 12A-12（茶）-车体之间	钥匙开关 ON	DC　11～16V
警报指示灯电源供给线	线束侧连接器 12A-3（白）-车体之间	钥匙开关 ON	DC　11～16V
地线	线束侧连接器 12A-6（黑）-车体之间	导通	0Ω
	线束侧连接器 12A-7（黑粉）-车体之间	脱离开关 ON	0Ω
	线束侧连接器 12A-9（绿）-车体之间	不导通、导通	0Ω

（三）2 号搅龙警报指示灯检测

图 6-9 所示为 2 号搅龙警报指示灯连接器。用万用表对 2 号搅龙警报指示灯连接器端子线束侧进行检测，检查方法和标准值见表 6-9。

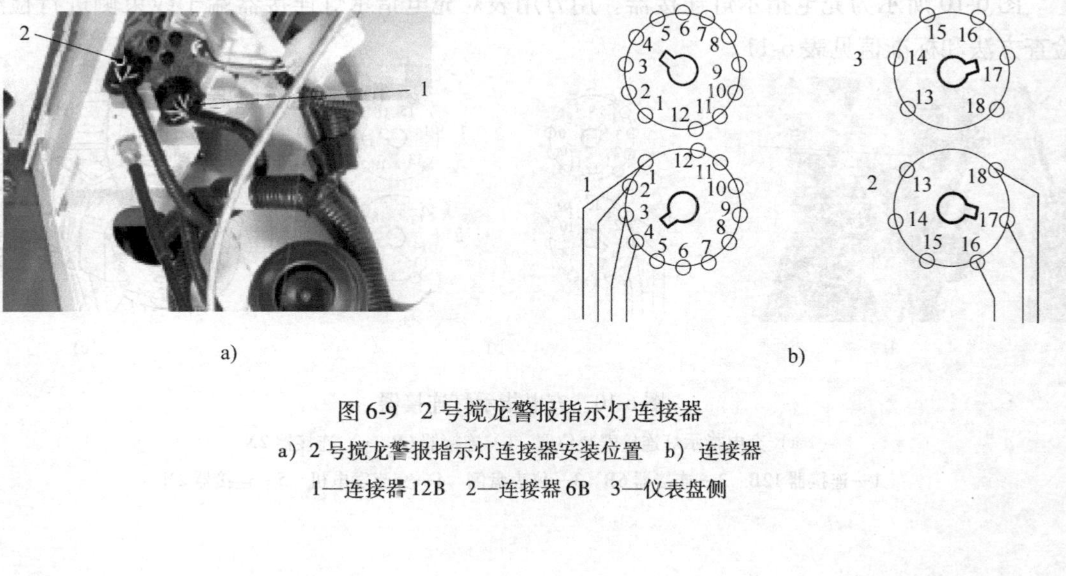

a)　　b)

图 6-9　2 号搅龙警报指示灯连接器

a）2 号搅龙警报指示灯连接器安装位置　b）连接器

1—连接器 12B　2—连接器 6B　3—仪表盘侧

表 6-9 检查方法和标准值

测量项目	测 量 端 子	测量条件	标准值
指示灯	面板背面的端子 1-面板背面的端子 16 之间	导通	0Ω
电源供给线	线束侧连接器 12B-1(茶)-车体之间	钥匙开关:ON	DC 11～16V
地线	线束侧连接器 6B-16(白)-车体之间	导通	0Ω

（四）2 号螺旋轴警报故障诊断与排除

2 号螺旋轴警报故障现象、原因及排除见表 6-10。

表 6-10 2 号螺旋轴警报故障现象、原因及排除

故 障 现 象	故 障 原 因	故障排除
即使 2 号螺旋轴堵塞，也不发出警报（喇叭、警报指示灯）	1. 熔丝熔断 2. 2 号螺旋轴旋转传感器不良 3. 警报装置不良 4. 脱粒开关不良 5. 上述相关的电源线、地线断线	更换 更换 更换 更换 维修
2 号螺旋轴没有发生堵塞，但发出警报	1. 2 号螺旋轴旋转传感器不良 2. 警报装置不良 3. 来自警报装置的 2 号螺旋轴旋转传感器电源线断线	更换 更换 维修
喇叭鸣响，但警报指示灯不点亮	1. 指示灯灯泡损坏 2. 指示灯相关配线断线	更换 维修
警报指示灯点亮，但喇叭不鸣响	1. 喇叭不良 2. 喇叭相关配线断线	更换 维修

三、充电、机油、水温、燃料系统报警装置检修

（一）充电指示灯检测

图 6-10 所示为充电指示灯连接器。用万用表对充电指示灯连接器端子线束侧进行检测，检查方法和标准值见表 6-11。

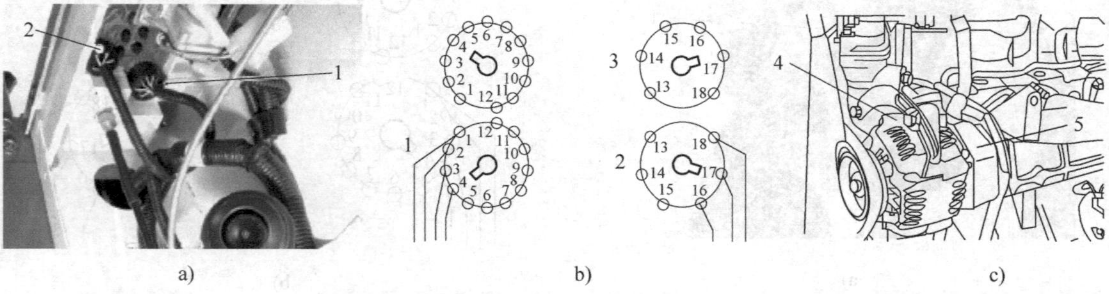

图 6-10 充电指示灯连接器

a）充电指示灯连接安装位置 b）连接器 6B c）连接器 2N

1—连接器 12B 2—连接器 6B 3—仪表盘侧 4—交流发电机 5—连接器 2N

表 6-11　检查方法和标准值

测量项目	测量端子	测量条件	标准值
指示灯	面板背面的端子 1-面板背面的端子 3 之间	导通	0Ω
电源供给线	线束侧连接器 12B-1(茶)-车体之间	钥匙开关 ON	DC　11 ~ 16V
地线	线束侧连接器 12B-3(黄红)-车体之间	搭铁良好	0Ω

（二）发动机机油压力报警装置检测

图 6-11 所示为机油压力传感器、机油指示灯及连接器。用万用表对机油压力传感器、机油指示灯连接器端子线束侧进行检测，检查方法和标准值见表 6-12。

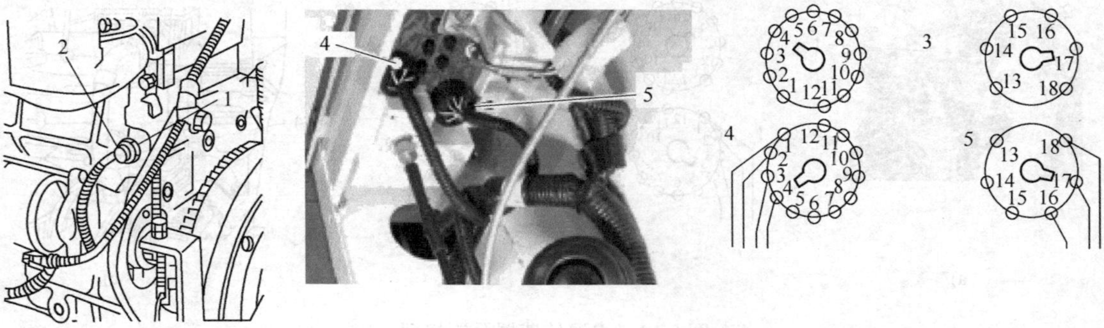

a)　　b)　　c)

图 6-11　机油压力传感器、机油指示灯及连接器

a）机油开关安装位置　b）连接器安装位置　c）连接器

1—机油开关　2—连接器　3—仪表盘侧　4—连接器 12B　5—连接器 6B

表 6-12　检查方法和标准值

测量项目	测量端子	测量条件	标准值
机油压力传感器	线束侧连接器(茶黑)-车体之间	钥匙开关 ON	DC　11 ~ 16V
指示灯	面板背面的端子 1-面板背面的端子 4 之间	导通	0Ω
电源供给线	线束侧连接器 12B-1(茶)-车体之间	钥匙开关 ON	DC　11 ~ 16V
地线	线束侧连接器 12B-4(茶黑)-车体之间	导通	0Ω

图 6-12 为机油压力蜂鸣器及连接器。用万用表对机油压力蜂鸣器连接器端子线束侧进行检测，检查方法和标准值见表 6-13。

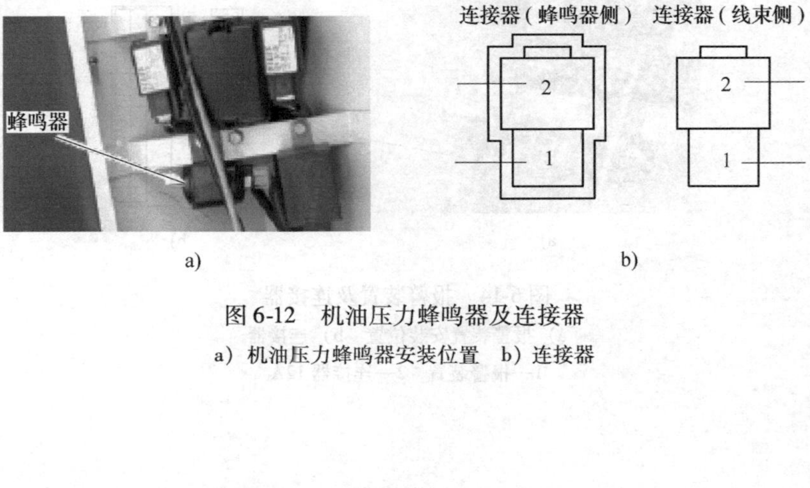

a)　　b)

图 6-12　机油压力蜂鸣器及连接器

a）机油压力蜂鸣器安装位置　b）连接器

表 6-13　检查方法和标准值

测量项目	测量端子	测量条件	标准值
蜂鸣器电源供给线	线束侧连接器 2(茶)-车体之间	钥匙开关 ON	DC　11～16V
蜂鸣器地线	线束侧连接器 1(茶黑)-车体之间	导通	0Ω

（三）发动机水温报警装置检测

图 6-13 为水温传感器及连接器。用万用表对水温传感器连接器端子线束侧进行检测，检查方法和标准值见表 6-14。

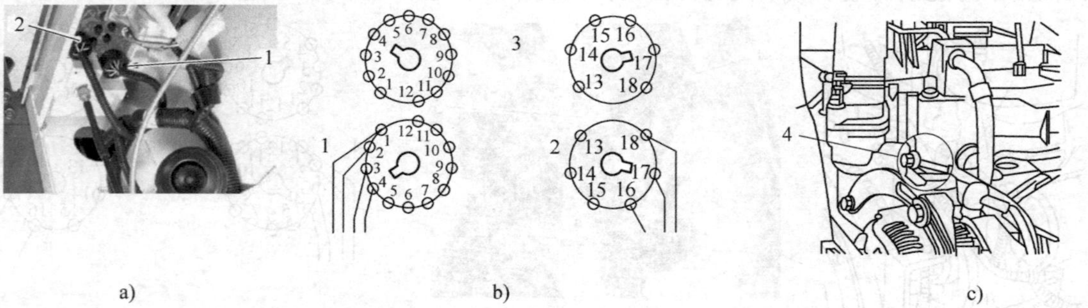

图 6-13　水温传感器及连接器

a）水温传感器安装位置　b）连接器　c）水温传感器

1—连接器 12B　2—连接器 6B　3—仪表盘侧　4—水温传感器

表 6-14　检查方法和标准值

测量项目	测量端子	测量条件	标准值
水温指示灯	面板背面的端子 1-面板背面的端子 2 之间	导通	0Ω
水温指示灯电源供给线	线束侧连接器 12B-1(茶)-车体之间	钥匙开关 ON	DC　11～16V
水温指示灯地线	线束侧连接器 12B-2(黄)-车体之间	导通	0Ω
水温传感器电源供给线	线束侧卡接端子(蓝)-车体之间	钥匙开关 ON	DC　11～16V

图 6-14 为报警装置及连接器。用万用表对报警装置连接器端子线束侧进行检测，检查方法和标准值见表 6-15。

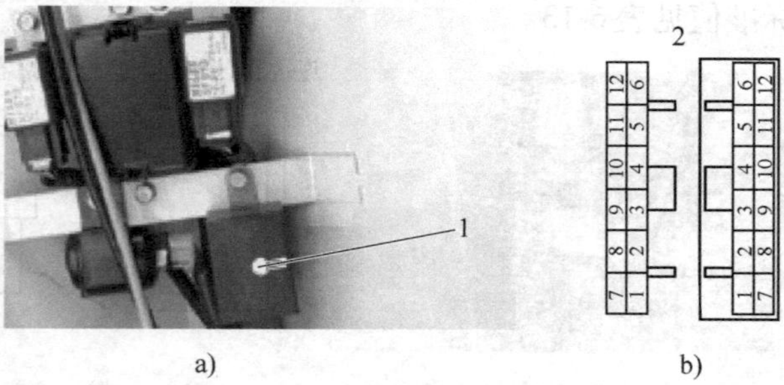

图 6-14　报警装置及连接器

a）报警装置安装位置　b）连接器

1—报警装置　2—连接器 12A

表 6-15　检查方法和标准值

测量项目	测量端子	测量条件	标准值
警报装置电源供给线	线束侧连接器 12B-12(茶)-车体之间	钥匙开关 ON	DC　11～16V
警报指示灯电源线	线束侧连接器 12A-2(黄)-车体之间	钥匙开关 ON	DC　11～16V
警报装置地线	线束侧连接器 12A-6(黑)-车体之间	导通	0Ω
	线束侧连接器 12A-1(蓝黄)-车体之间	导通	0Ω

（四）发动机燃料报警装置检测

图 6-15 所示为燃料指示灯及连接器。用万用表对燃料指示灯连接器端子线束侧进行检测，检查方法和标准值见表 6-16。

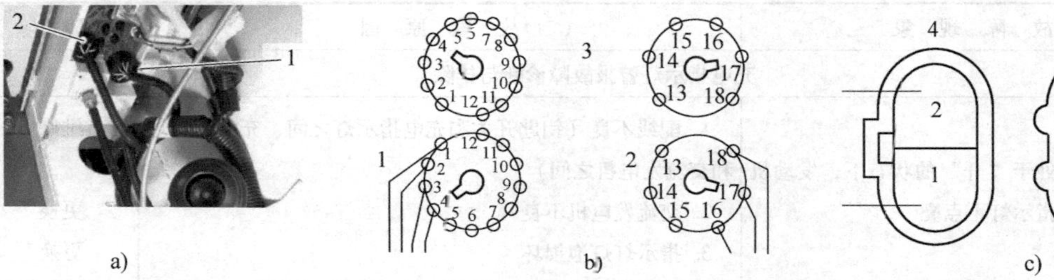

图 6-15　燃料指示灯及连接器

a）燃料指示灯连接器安装位置　b）、c）连接器

1—连接器 12B　2—连接器 6B　3—仪表盘侧　4—连接器 2（传感器侧）　5—连接器 2（线束侧）

表 6-16　检查方法和标准值

测量项目	测量端子	测量条件	标准值
燃料警报指示灯	面板背面的端子 1-面板背面的端子 18 之间	导通	0Ω
燃料警报指示灯电源供给线	线束侧连接器 12B-1(茶)-车体之间	钥匙开关 ON	DC　11～16V
燃料警报指示灯地线	线束侧连接器 6B-18(黄绿)-车体之间	导通	0Ω

图 6-16 为燃料传感器及连接器。用万用表对燃料传感器连接器端子线束侧进行检测，检查方法和标准值见表 6-17。

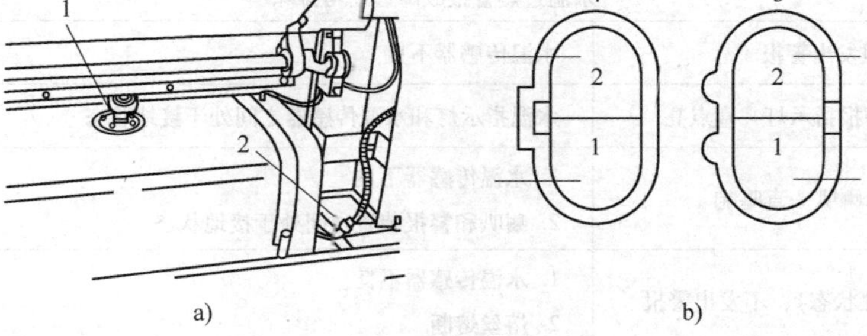

图 6-16　燃料传感器及连接器

a）燃料传感器安装位置　b）连接器

1—燃油传感器　2—连接器 2　3—连接器 2（线束侧）　4—连接器 2（传感器侧）

表 6-17 检查方法和标准值

测量项目	测量端子	测量条件	标准值
燃料传感器	连接器端子之间	燃料用完	0Ω
		有燃料	∞
燃料传感器电源供给线	线束侧连接器 2（黄绿）-车体之间	钥匙开关 ON	DC 11 ~16V
燃料传感器地线	线束侧连接器 1（黑）-车体之间	导通	0Ω

（五）充电、机油、水温、燃料系统报警装置诊断与排除

充电、机油、水温、燃料系统故障现象、原因及排除见表 6-18。

表 6-18 充电、机油、水温、燃料系统故障现象、原因及排除

故 障 现 象	故 障 原 因	故障排除
	充电指示灯警报故障诊断与排除	
在钥匙开关处于“开”的状态下，发动机停止时，充电指示灯不点亮	1. 配线不良（钥匙开关和充电指示灯之间、充电指示灯和交流发电机之间） 2. 交流发电机不良 3. 指示灯灯泡损坏	维修 更换 更换
即使起动发动机，充电指示灯也不熄灭	1. 配线不良（钥匙开关和交流发电机之间） 2. 交流发电机不良	更换 更换
	机油警报故障诊断与排除	
钥匙开关 ON（发动机停止）时，机油指示灯不点亮，或蜂鸣器不鸣响	1. 指示灯灯泡损坏 2. 机油开关不良 3. 配线不良（钥匙开关和机油指示灯之间、机油指示灯和机油开关之间） 4. 蜂鸣器不良	更换 更换 维修 更换
即使起动发动机，机油指示灯也不熄灭，蜂鸣器也不停止鸣响	1. 发动机机油压力过低 2. 发动机机油不足 3. 机油开关不良	维修 补充 更换
	水温过热警报故障诊断与排除	
水温没有上升，但发出警报	水温传感器不良	更换
钥匙开关 ON 时警报指示灯一直点亮	水温指示灯和水温传感器之间处于接地状态	维修
钥匙开关 ON 时，喇叭一直鸣响	1. 水温传感器不良 2. 喇叭和警报装置之间处于接地状态	更换 维修
水温上升时（过热状态），不发出警报	1. 水温传感器不良 2. 熔丝熔断	更换 更换
喇叭鸣响，但警报指示灯不点亮	1. 指示灯灯泡损坏 2. 指示灯电源线不良 3. 指示灯地线不良	更换 维修 维修

（续）

故　障　现　象	故　障　原　因	故障排除
警报指示灯点亮，但喇叭不鸣响	1. 喇叭不良或喇叭电源线不良 2. 警报装置不良或警报装置电源线不良 3. 脱粒开关不良或脱粒电源线、地线不良	更换、维修 更换、维修 更换、维修
发出警报时，即使切断脱粒离合器，喇叭也不停止鸣响	1. 脱粒开关不良 2. 脱粒开关的地线不良	更换 维修
燃料警报故障诊断与排除		
钥匙开关 ON 时，燃料已经用完，但警报指示灯不点亮	1. 熔丝熔断（15A） 2. 指示灯灯泡损坏 3. 燃料传感器不良或传感器地线不良	更换 更换 更换、维修
钥匙开关 ON 时，燃料已经加满，但警报指示灯点亮	1. 燃料传感器不良 2. 指示灯和传感器之间处于接地状态	更换 维修

任务二　联合收割机电气控制系统的维护与检修

任务分析

联合收割机电气控制系统主要包括自动脱粒深浅控制系统，收割部的升降控制系统，转向、修正旋转电气控制系统。

完成本任务的学习后，学生应了解联合收割机电气控制系统的作用、结构、工作原理及电路分析，掌握联合收割机电气控制系统的检修方法及主要部件的检查调整方法，能够对联合收割机电气控制系统常见故障进行分析，确定故障诊断流程，掌握电气控制系统的故障诊断方法。

相关知识

一、自动脱粒深浅控制系统

为了保证收割机有效地进行脱粒，必须调节供给到脱粒室的作物长度，也就是穗端的位置。

自动脱粒深浅控制是指检测已收割作物穗端的位置，并自动将进入脱粒室中的作物长度保持在最佳状态以提高脱粒能力。

主要构成零件包括 2 个检测穗端位置的穗端传感器、1 个识别作物供给情况的茎根传感器、脱粒深浅部分驱动电动机、脱粒深浅限位开关以及电动机供电继电器。

自动脱粒深浅控制电路如图 6-17 所示。若脱粒开关、脱粒深浅自动开关、茎根传感器都处于闭合位置，同时脱粒深浅手动开关、穗端传感器无动作，自动脱粒深浅电气控制系统开始工作。

（一）自动深脱粒控制

自动脱粒深浅电气控制系统开始工作后，当穗端传感器（茎根侧）触点被打开，而穗端传感器（穗端侧）触点处于打开状态时，脱粒深浅继电器单元中的右边晶体管导通，如图6-17所示。电流由蓄电池正极→开关→3A熔丝→脱粒深浅限位开关（深）→脱粒深浅继电器单元中的右边线圈→晶体管→搭铁→蓄电池负极，使脱粒深浅继电器单元中的右边常开触点闭合。

此时电流由蓄电池正极→开关→15A熔丝→脱粒深浅继电器单元中的右边闭合触点→脱粒深浅电动机→脱粒深浅继电器单元中的左边常闭触点→蓄电池负极，使脱粒深浅电动机运转，驱动脱粒深浅链条部，将作物往深脱粒方向输送，以达到深脱粒目的。

当达到最深脱粒位置时，脱粒深浅限位开关（深）触点打开，脱粒深浅继电器单元中的右边线圈断电，脱粒深浅继电器单元中的右边常开触点恢复原状，电动机停止运转。

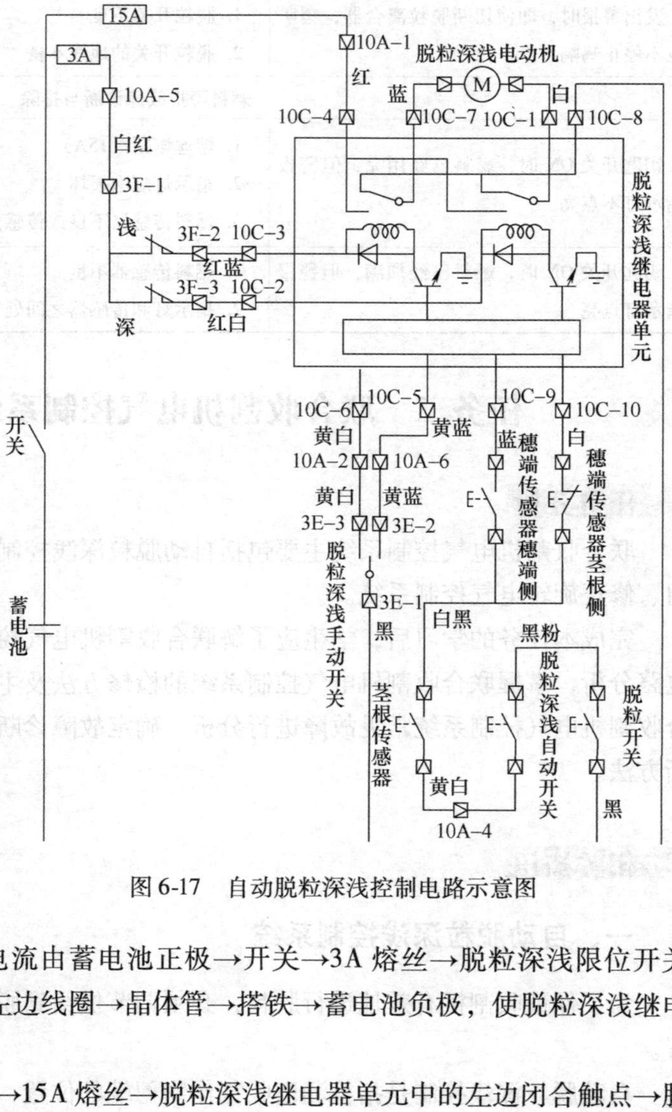

图6-17 自动脱粒深浅控制电路示意图

（二）自动浅脱粒控制

自动脱粒深浅电气控制系统开始工作后，当穗端传感器（穗端侧）触点被闭合，而穗端传感器（穗端侧）触点处于闭合状态时，脱粒深浅继电器单元中的左边晶体管导通，如图6-17所示。电流由蓄电池正极→开关→3A熔丝→脱粒深浅限位开关（浅）→脱粒深浅继电器单元中的左边线圈→晶体管→搭铁→蓄电池负极，使脱粒深浅继电器单元中的左边常开触点闭合。

此时电流由蓄电池正极→开关→15A熔丝→脱粒深浅继电器单元中的左边闭合触点→脱粒深浅电动机→脱粒深浅继电器单元中的右边常闭触点→蓄电池负极，使脱粒深浅电动机运转，驱动脱粒深浅链条部，将作物往浅脱粒方向输送，以达到浅脱粒目的。

当达到最浅脱粒位置时，脱粒深浅限位开关（浅）触点打开，脱粒深浅继电器单元中的左边线圈断电，脱粒深浅继电器单元中的左边常开触点恢复原状，电动机停止运转。

二、收割部的升降控制系统

久保田PRO488联合收割机收割部的升降动作是靠操作动力转向杆实现的。其基本工作原理是，拨动转向杆，控制收割高度杆开关，以控制继电器的工作状态，从而控制收割电磁线圈的通断，以达到控制阀柱的动作，并切换机油向各液压缸的流动，最终实现收割部的升降、动作的目的。收割部的升降控制示意图如图6-18所示。

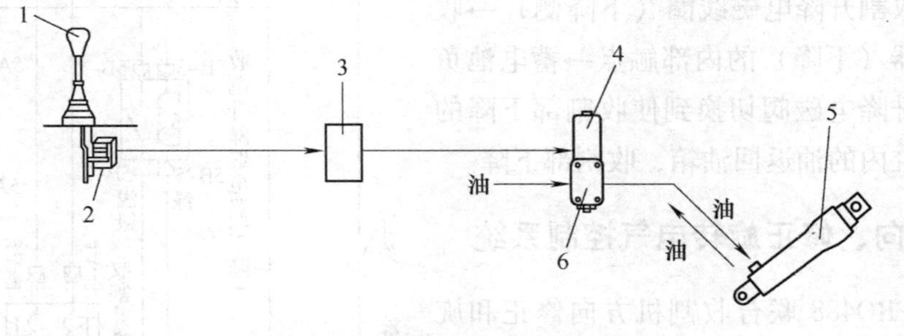

图6-18　收割部的升降控制示意图

1—动力转向杆　2—收割高度杆开关　3—继电器　4—收割电磁线圈　5—收割液压缸　6—收割电磁阀体

向前后方向操作动力转向杆时，可进行收割部分的升降；向左右方向操作动力转向杆时，可仅使方向操作离合器断开而进行方向修正，亦可使制动器制动而进行旋转；向倾斜方向操作动力转向杆时，可同时进行收割部的升降、方向修正和旋转。

（1）收割高度杆开关机构　收割高度杆开关机构示意图如图6-19所示。如果要使收割部上升，则向上升方向（后方）移动动力转向杆，动力转向杆和转向杆以支点轴为中心转动。收割高度杆开关在转向杆支点销部向下降方向动作的同时向左转动，内部上升侧的开关闭合。

如果要使收割部下降，则向下降方向（前方）移动动力转向杆，则与上升时相反，收割高度杆开关在转向杆支点销部向上升方向动作的同时向右转动，下降侧的开关闭合。

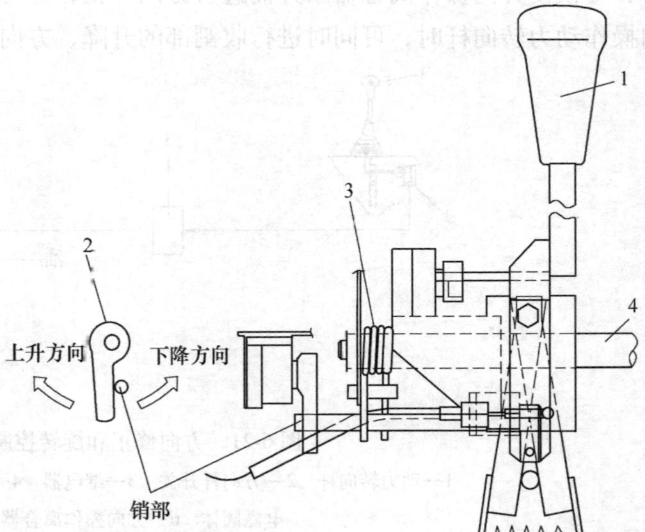

图6-19　收割高度杆开关机构示意图

1—动力转向杆　2—收割高度杆开关　3—复位弹簧　4—支点轴

（2）收割部升降控制电路　收割部升降控制电路如图6-20所示。当收割高度杆开关内部上升侧的开关闭合时，电流由蓄电池正极→开关→收割升降继电器（上升）的内部线圈→收割高度杆开关闭合触点→蓄电池负极，使收割升降继电器（上升）的内部触点闭合。此时，电流由蓄电池正极→开关→收割升降电磁线圈（上升侧）→收割升降继电器（上升）的内部触点→蓄电池负极，将收割升降电磁阀切换到使收割部上升的方向，油流入液压缸，收割部上升。

当收割高度杆开关内部下降侧的开关闭合时，电流由蓄电池正极→开关→收割升降继电器（下降）的内部线圈→收割高度杆开关闭合触点→蓄电池负极，使收割升降继电器（下降）的内部触点闭合。此时，电流由蓄电池正极→开关→收割升降电磁线圈（下降侧）→收割升降继电器（下降）的内部触点→蓄电池负极，将收割升降电磁阀切换到使收割部下降的方向，液压缸内的油返回油箱，收割部下降。

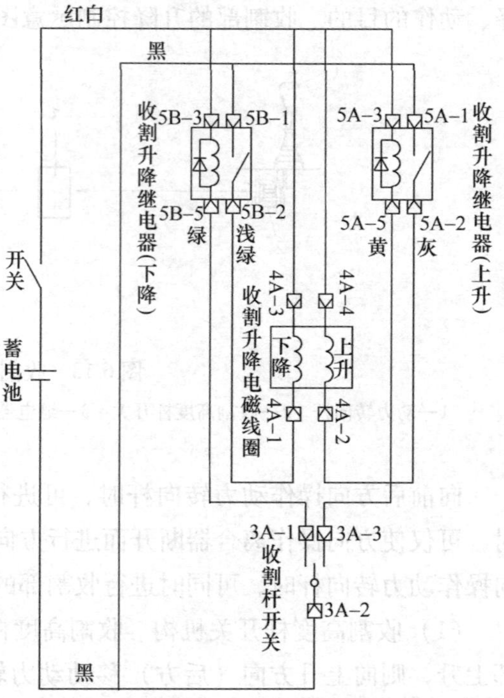

图 6-20 收割部升降控制电路

三、转向、修正旋转电气控制系统

久保田 PRO488 联合收割机方向修正和旋转动作是靠操作动力转向杆实现的。基本工作原理是，拨动转向杆，控制方向杆开关，以控制继电器的工作状态，从而控制方向电磁线圈的通断，以达到控制阀柱的动作，并切换机油向各液压缸的流动，最终实现方向修正和旋转动作。方向修正和旋转控制示意图如图 6-21 所示。

向前后方向操作动力转向杆时，可进行收割部分的升降；向左右方向操作动力转向杆时，可仅使方向操作离合器断开而进行方向修正，亦可使制动器制动而进行旋转；向倾斜方向操作动力转向杆时，可同时进行收割部的升降、方向修正和旋转。

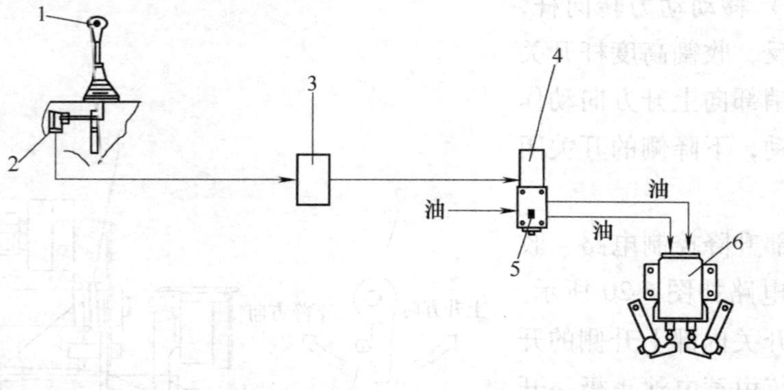

图 6-21 方向修正和旋转控制示意图

1—动力转向杆 2—方向杆开关 3—继电器 4—方向电磁线圈 5—方向电磁阀体 6—方向操作离合器液压缸

（1）方向杆开关机构 方向杆开关机构示意图如图 6-22 所示。如果要使联合收割机右转弯，则向右移动动力转向杆，动力转向杆则以支点螺栓为中心转动。方向杆开关在动力转向杆销部 9 动作的同时向左转动，内部开关闭合。

如果要使联合收割机右转弯，则向左移动动力转向杆，动力转向杆则以支点螺栓为中心转动。方向杆开关在动力转向杆销部 9 动作的同时向右转动，内部开关闭合。

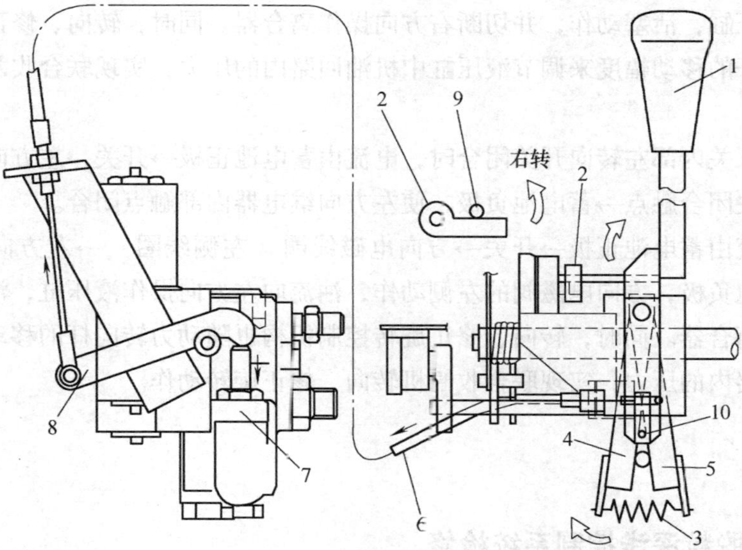

图 6-22　方向杆开关机构示意图

1—动力转向杆　2—方向转向杆　3—复位弹簧　4—左制动臂　5—右制动臂
6—动力制动绳　7—可调溢流阀　8—制动臂　9、10—销部

（2）转向、修正旋转控制机构　如图 6-22 所示，向右移动动力转向杆时，左制动臂在动力转向杆销部 10 动作的同时被压向左侧，拉紧动力制动绳的外层钢索（内部钢索被固定在制动臂的右面）。阀单元的制动臂受到内部钢索的牵引而向右转动，压入可调溢流阀。这样，流入右方向操作液压缸的油回路压力上升，强行推出右活塞。根据被重新推出的活塞的行程，右活塞不仅切断方向操作离合器，而且还使制动器制动。动力转向杆的操作量越大，可调溢流阀的压入量就越大，制动力也就越大。

如图 6-22 所示，向左移动动力转向杆时，右制动臂通过动力转向杆销部 10 的作用被压向右侧，从而拉紧动力制动绳的内部钢索。以此将可调溢流阀压入。工作原理与右转向（修正旋转）一样。

（3）转向、修正旋转控制电路　转向、修正旋转控制电路如图 6-23 所示。当方向杆开关内部右转向开关闭合时，电流由蓄电池正极→开关→右方向继电器内部线圈→方向杆开关闭合触点→蓄电池负极，使右方向继电器内部触点闭合。

此时，电流由蓄电池正极→开关→方向电磁线圈（右侧线圈）→右方向继电器内部闭合触点→蓄电池负极，方向电磁阀的右侧动作，油流向

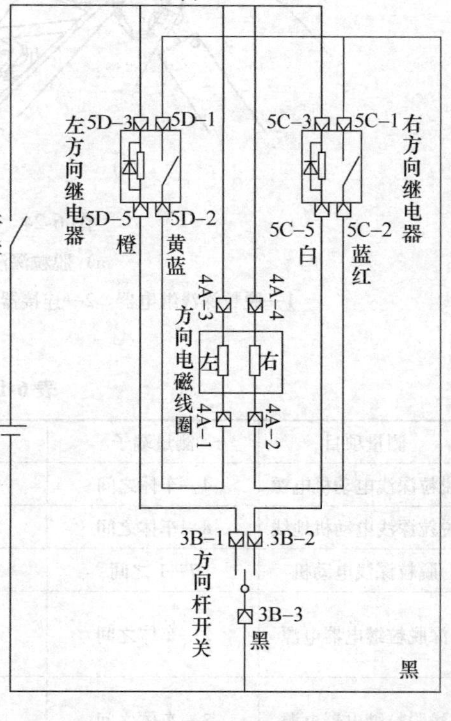

图 6-23　转向、修正旋转控制电路

右方向操作液压缸，活塞动作，并切断右方向操作离合器。同时，转向、修正旋转控制机构也随动力转向杆的移动幅度来调节液压缸中机油回路内的压力，实现联合收割机转向、修正旋转动作。

当方向杆开关内部左转向开关闭合时，电流由蓄电池正极→开关→左方向继电器内部线圈→方向杆开关闭合触点→蓄电池负极，使左方向继电器内部触点闭合。

此时，电流由蓄电池正极→开关→方向电磁线圈（左侧线圈）→左方向继电器内部闭合触点→蓄电池负极，方向电磁阀的左侧动作，油流向左方向操作液压缸，活塞动作，并切断左方向操作离合器。同时，转向、修正旋转控制机构也随动力转向杆的移动幅度来调节液压缸中机油回路内的压力，实现联合收割机转向、修正旋转动作。

任务实施

一、自动脱粒深浅控制系统检修

（一）脱粒深浅电动机及继电器检测

图 6-24 所示为脱粒深浅电动机及继电器。用万用表对脱粒深浅电动机及继电器连接器端子线束检测，检查方法和标准值见表 6-19。

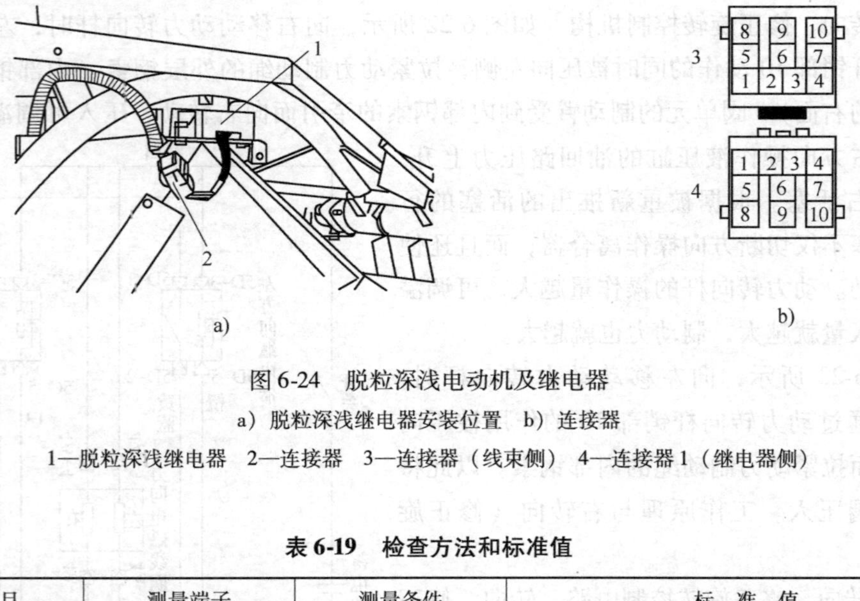

图 6-24　脱粒深浅电动机及继电器

a）脱粒深浅继电器安装位置　b）连接器

1—脱粒深浅继电器　2—连接器　3—连接器（线束侧）　4—连接器 1（继电器侧）

表 6-19　检查方法和标准值

测量项目	测量端子	测量条件	标准值
脱粒深浅电动机电源	4—车体之间	钥匙开关 ON	DC 11～16V
脱粒深浅电动机地线	8—车体之间	搭铁良好	0Ω
脱粒深浅电动机	7—1 之间	导通	1Ω
深脱粒继电器电源	2—车体之间	钥匙开关 ON	DC 11～16V（深脱粒侧行程终端除外） DC 0V（深脱粒侧行程终端）
浅脱粒继电器电源	3—车体之间	钥匙开关 ON	DC 11～16V（浅脱粒侧行程终端除外） DC 0V（浅脱粒侧行程终端）

（续）

测量项目	测量端子	测量条件	标　准　值
手动开关	6—车体之间	搭铁良好	∞（未操作手动开关时） 0Ω［将手动开关扳到深（上）侧时］
	5—车体之间	搭铁良好	∞（未操作手动开关时） 0Ω［将手动开关扳到浅（下）侧时］

（二）茎根传感器、脱粒深浅自动开关、穗端传感器、脱离开关检测

图6-25所示为茎根传感器、脱粒深浅自动开关、穗端传感器、脱离开关。用万用表对茎根传感器、脱粒深浅自动开关、穗端传感器、脱离开关连接器端子线束检测，检查方法和标准值见表6-20。

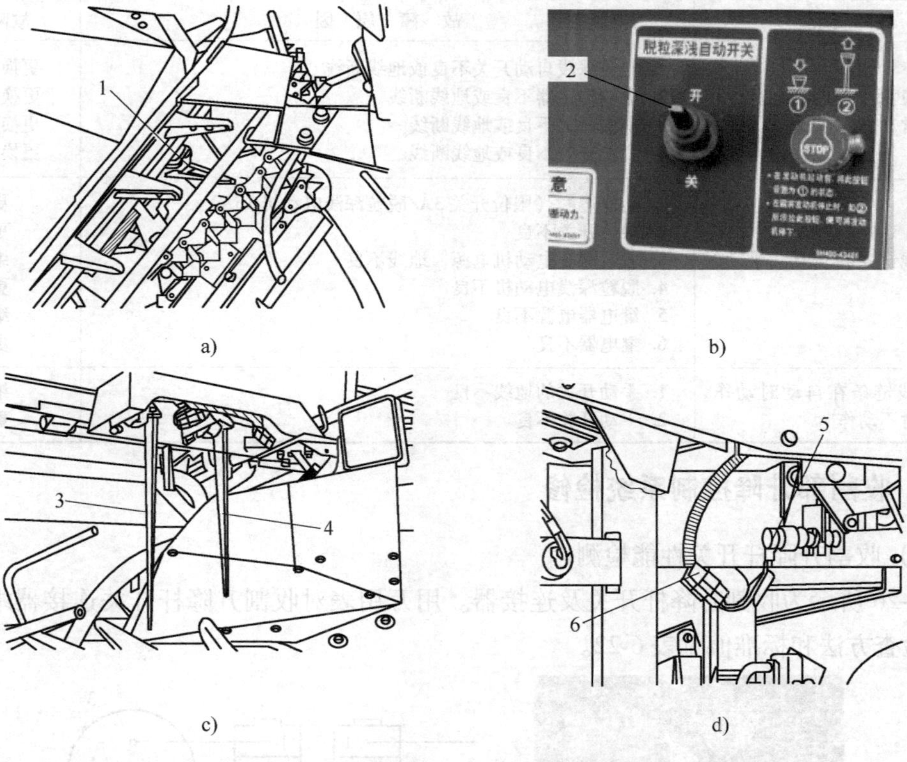

图6-25　茎根传感器、脱粒深浅自动开关、穗端传感器、脱离开关

a）茎根传感器安装位置　b）脱粒深浅自动开关　c）穗端传感器安装位置　d）连接器安装位置

1—茎根传感器　2—脱粒深浅自动开关　3—穗端传感器S1　4—穗端传感器S2　5—脱粒开关　6—连接器

表6-20　检查方法和标准值

测量项目	测量端子	测量条件	标准值
茎根传感器	传感器侧连接器端子之间	传感器ON	0Ω
		传感器OFF	∞
穗端传感器（穗端侧）	传感器侧连接器端子之间	传感器ON	0Ω
		传感器OFF	∞

（续）

测量项目	测量端子	测量条件	标准值
穗端传感器（茎根侧）	传感器侧连接器端子之间	传感器 ON	∞
		传感器 OFF	0Ω
脱粒深浅自动开关	开关侧连接器端子之间	开	0Ω
		关	∞
脱粒开关	传感器侧连接器端子之间	开关 ON	0Ω
		开关 OFF	∞

（三）脱粒深浅电气控制系统故障诊断与排除

脱粒深浅电气控制系统故障诊断与排除见表6-21。

表6-21　脱粒深浅电气控制系统故障诊断与排除

故障现象	故障原因	故障排除
自动脱粒深浅控制不动作，但手动时正常动作	1. 脱粒深浅自动开关不良或地线断线 2. 穗端传感器不良或地线断线 3. 茎根开关不良或地线断线 4. 脱粒开关不良或地线断线	更换或维修 更换或维修 更换或维修 更换或维修
脱粒深浅链条在自动、手动时均不动作	1. 熔丝熔断（限位开关3A/脱粒深浅电动机15A） 2. 限位开关不良 3. 脱粒深浅电动机电源、地线不良 4. 脱粒深浅电动机不良 5. 继电器电源不良 6. 继电器不良	更换 更换 维修 更换 维修 更换
脱粒深浅链条在自动时动作，但在手动时不动作	1. 手动开关的地线不良 2. 手动开关不良	维修 更换

二、收割部升降控制系统检修

（一）收割升降杆开关性能检测

图6-26所示为收割升降杆开关及连接器。用万用表对收割升降杆开关连接器端子线束检测，检查方法和标准值见表6-22。

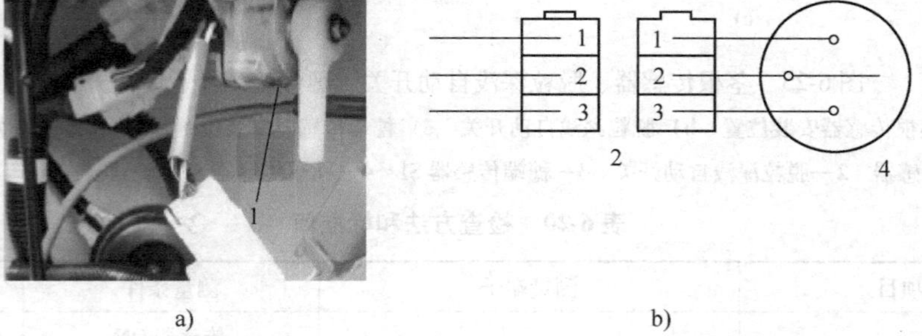

图6-26　收割升降杆开关及连接器

a）收割升降杆开关安装位置　b）连接器

1—收割升降杆开关　2—连接器3A　3—下降侧　4—上升侧

表 6-22　检查方法和标准值

测量部位	测量端子	测量条件	标准值
开关侧连接器	2—3 之间	动力转向杆：中立、下降	∞
		动力转向杆：上升	0Ω
	2—1 之间	动力转向杆：中立、上升	∞
		动力转向杆：下降	0Ω
线束侧连接器	1、3—车体之间	钥匙开关 ON	DC　11 ~ 16V
	2—车体之间	搭铁良好	0Ω

（二）收割升降电磁线圈性能检测

图 6-27 所示为收割升降电磁线圈及连接器。如图 6-27 所示，利用导线在相关端子之间施加蓄电池电压，如电磁线圈动作则表示正常，见表 6-23。

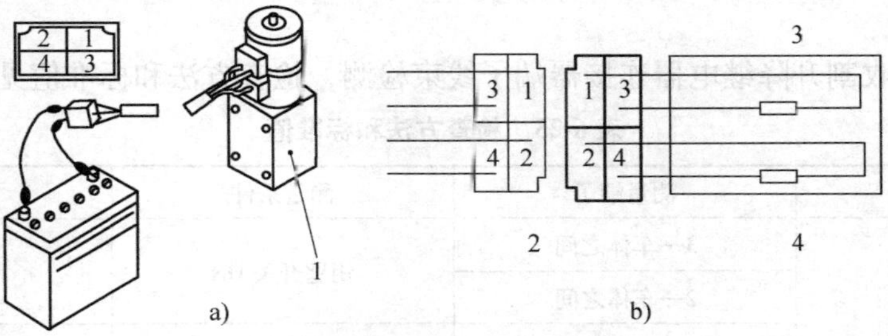

图 6-27　收割升降电磁线圈及连接器

a）割台升降电磁线圈检测图　b）连接器

1—割台升降电磁线圈　2—连接器 4B　3—下降侧　4—上升侧

表 6-23　电磁线圈性能检测

线圈名称	电源负极	电源正极	结果
下降侧	1	3	电磁线圈动作
上升侧	2	4	电磁线圈动作

用万用表对收割升降电磁线圈连接器端子线束检测，检查方法和标准值见表 6-24。

表 6-24　检查方法和标准值

测量部位	测量端子	测量条件	标准值
电磁线圈	1—3 之间	下降侧	5.5kΩ
	2—4 之间	上升侧	5.5kΩ
线束侧连接器	3、4—车体之间	钥匙开关 ON	DC　11 ~ 16V

（三）收割升降继电器性能检测

图 6-28 所示为收割升降继电器及连接器。如图 6-28 所示，用导线将继电器、蓄电池和

指示灯连在一起。此时，指示灯点亮。拆下连接器端子5上连接的导线，指示灯熄灭。

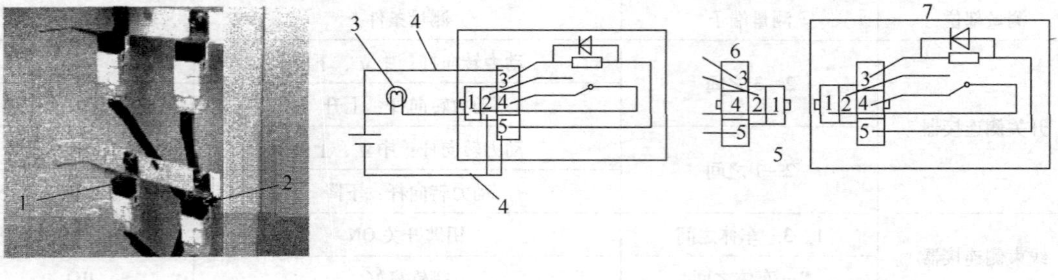

图6-28 收割升降继电器及连接器

a）割台升降继电器安装位置 b）检测接线图 c）连接器

1—割台升降继电器上升用 2—割台升降继电器下降用 3—指示灯 4—导线

5—连接器5A、5B 6—连接器（线束侧） 7—连接器（继电器侧）

用万用表对收割升降继电器连接器端子线束检测，检查方法和标准值见表6-25。

表6-25 检查方法和标准值

测量部位	测量端子	测量条件	标准值
线束侧连接器	3—车体之间	钥匙开关ON	DC 11～16V
	2—车体之间		DC 11～16V
	1—车体之间	搭铁良好	0Ω
	5—车体之间	搭铁良好	0Ω

（四）收割部升降电气控制系统故障诊断与排除

收割部升降电气控制系统故障诊断与排除见表6-26。

表6-26 收割部升降电气控制系统故障诊断与排除

故障现象	故障原因	故障排除
收割部的上升、下降均不动作	1. 收割升降杆开关不良	更换
	2. 继电器单元地线不良	维修
	3. 熔丝熔断	更换
收割部不上升或不下降	1. 收割升降杆开关（上升或下降侧）不良	更换
	2. 收割上升（下降）继电器未接通电源	维修
	3. 收割上升（下降）继电器不良	更换
	4. 上升（下降）侧电磁线圈不良	更换
动力转向杆处于中立位置（手不接触转向杆）时，收割部上升或下降	1. 收割升降杆开关的安装位置不良	维修
	2. 收割上升（下降）继电器不良	更换

三、转向、修正电气控制系统检修

（一）转向、修正开关性能检测

图 6-29 所示为转向、修正开关及连接器。用万用表对转向开关侧的连接器端子进行检测，检查方法和标准值见表 6-27。

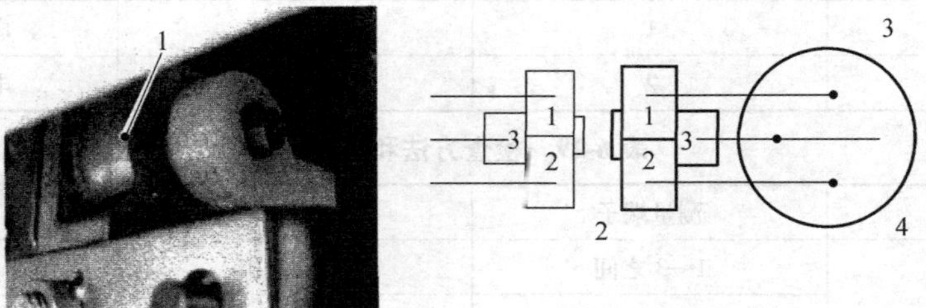

a)　　　b)

图 6-29　转向、修正开关及连接器

a）方向杆开关安装位置　b）连接器

1—方向杆开关　2—连接器 3B　3—左转　4—右转

表 6-27　检查方法和标准值

测量部位	测量端子	测 量 条 件	标准值
开关侧连接器	3—2 之间	动力转向杆：中立、左转	∞
		动力转向杆：右转	0Ω
	3—1 之间	动力转向杆：中立、右转	∞
		动力转向杆：左转	0Ω
	3—车体之间	搭铁良好	0Ω

（二）转向、修正电磁线圈性能检测

图 6-30 所示为转向、修正电磁线圈及连接器，利用导线在相关端子之间施加蓄电池电压，如电磁线圈动作则表示正常，见表 6-28。

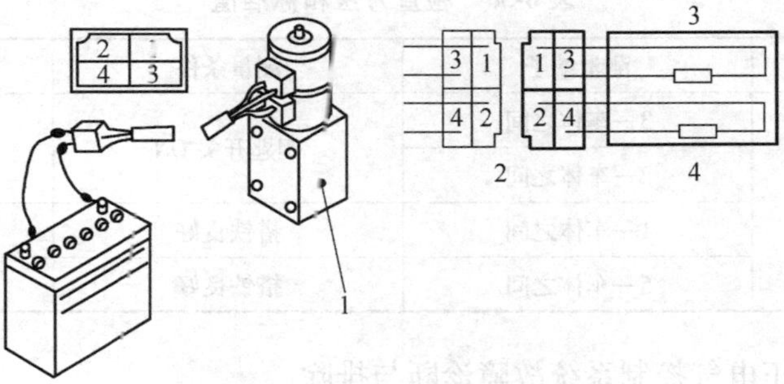

a)　　　b)

图 6-30　转向、修正电磁线圈及连接器

a）割台升降电磁线圈检测图　b）连接器

1—转向、修正电磁线圈　2—连接器 4B　3—左侧　4—右侧

用万用表对转向、修正电磁线圈连接器端子进行检测，检查方法和标准值见表 6-29。

表 6-28 转向、修正电磁线圈性能检测

线圈名称	电源负极	电源正极	结果
左侧	1	3	电磁线圈动作
右侧	2	4	电磁线圈动作

表 6-29 检查方法和标准值

测量部位	测量端子	测量条件	标准值
电磁线圈	1—3 之间	左侧	5. 5kΩ
	2—4 之间	右侧	5. 5kΩ
线束侧连接器	3、4—车体之间	钥匙开关 ON	DC 11 ~ 16V

（三）转向、修正继电器性能检测

图 6-31 所示为转向、修正继电器及连接器，用万用表对转向、修正继电器连接器端子进行检测，检查方法和标准值见表 6-30。

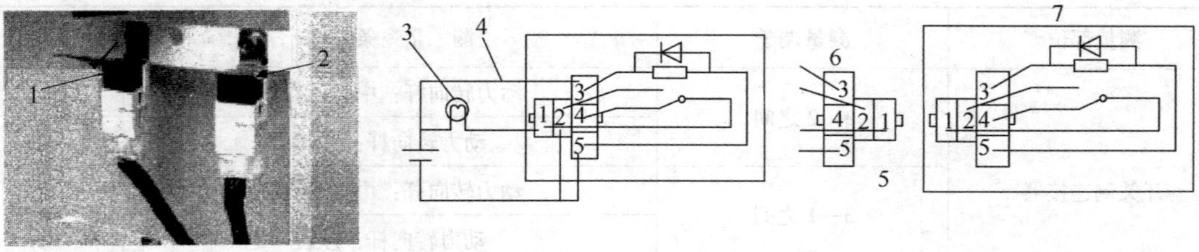

a) b) c)

图 6-31 转向、修正继电器及连接器

a）方向继电器安装位置 b）检测接线图 c）连接器

1—方向继电器(右) 2—方向继电器(左) 3—指示灯 4—导线 5—连接器 5A、5B
6—连接器(线束侧) 7—连接器(继电器侧)

表 6-30 检查方法和标准值

测量部位	测量端子	测量条件	标准值
线束侧连接器	3—车体之间	钥匙开关 ON	DC 11 ~ 16V
	2—车体之间		DC 11 ~ 16V
	1—车体之间	搭铁良好	0Ω
	5—车体之间	搭铁良好	0Ω

（四）转向、修正电气控制系统故障诊断与排除

转向、修正电气控制系统故障诊断与排除见表 6-31。

表 6-31 转向、修正电气控制系统故障诊断与排除

故障现象	故 障 原 因	故障排除
左右方向操作液压缸均不动作	1. 方向杆开关不良	更换
	2. 继电器单元地线不良	维修
	3. 熔丝熔断	更换

（续）

故障现象	故 障 原 因	故障排除
左或右方向操作液压缸不动作	1. 方向杆开关不良 2. 方向继电器（右或左）未接通电源 3. 方向继电器不良 4. 方向电磁线圈（右或左）不良	更换 维修 更换 更换
动力转向杆处于中立位置（手不接触转向杆）时，左或右方向操作液压缸动作	1. 方向杆开关安装位置不良 2. 方向继电器（右或左）不良	维修 更换

练习与思考题

1. 叙述久保田 PRO488 联合收割机自动脱粒深浅电气控制系统的工作原理。
2. 叙述久保田 PRO488 联合收割机收割部升降电气控制系统的工作原理。
3. 叙述久保田 PRO488 联合收割机转向、修正旋转电气控制系统的工作原理。

项目七　插秧机电气系统的维护与检修

【项目描述】

本项目要求学生在掌握插秧机点火系统的维护与检修、插秧机电气控制系统维护与检修等知识后，完成电子点火系统的性能检测、磁电机点火系统的性能检测、燃料阻断控制系统检修、插植部水平控制系统检修、秧苗用尽警报系统检修等工作任务。

【项目目标】

1. 了解插秧机点火系统的工作原理及电路分析，掌握点火系统的检修方法及解体后主要部件的检测方法，能对点火系统的技术性能进行正确评价。

2. 了解插秧机电气控制系统的工作原理及电路分析，掌握插秧机电气控制系统的检修方法及解体后主要部件的检测方法，能对插秧机电气控制系统的技术性能进行正确评价。

任务一　插秧机点火系统的维护与检修

任务分析

点火系统是汽油发动机的重要组成部分。完成本任务的学习后，学生应了解插秧机点火系统的作用、类型、组成，点火系统的结构、工作原理及电路分析，掌握点火系统的检修方法及解体后主要部件的检测方法，能对点火系统的技术性能进行正确评价。

相关知识

一、点火系统的功用与要求

（一）点火系统的作用

对于汽油发动机，吸入气缸内的可燃混合气在压缩终了时由电火花点燃而开始燃烧，燃烧产生的强大压力即推动活塞向下运动而做功。为此，在汽油机上设有一套能在气缸内产生电火花的系统，称为点火系统，也可称为点火系。

点火系统的作用是将蓄电池或发电机的低压电转变成高压电，再按照发动机的工作顺序适时将高压电分送给需要点火的火花塞，产生电火花以点燃可燃混合气。

（二）点火系统的分类

分类方法不同，点火系统的类型也不同。点火系统常用的分类方法有如下两种。

1）按电能的来源不同分为蓄电池点火系统、磁电机点火系统。

2）按储能方式不同可分为电感储能点火系统、电容储能点火系统。

电感储能点火系统的火花能量以磁场形式储存在点火线圈中，而电容储能点火系统的火花能量以电场的形式储存在专门的储能电容器中。

（三）点火系统的要求

无论是哪一类的点火装置，均有共同的技术性能要求，即应在发动机各种工况和使用条件下保证可靠而准确地点火的要求。

（1）能产生足以击穿火花塞间隙的电压　火花塞电极击穿而产生火花时所需要的电压称为击穿电压。点火系统产生的二次电压必须高于击穿电压，才能使火花塞产生火花。击穿电压的大小受很多因素影响，其中主要有以下几种：

1）火花塞电极间隙和形状。火花塞电极的间隙越大，气体中的电子和离子受电场力的作用越小，不易发生碰撞电离，击穿电压就越高；电极的尖端棱角越分明，所需的击穿电压越低。火花塞击穿电压与火花塞间隙的关系如图 7-1 所示。

2）气缸内混合气体的压力和温度。混合气的压力越大，温度越低，其密度就越大，离子自由运动距离就越短，不易发生碰撞电离，击穿电压就越高。火花塞击穿电压与混合气压力的关系如图 7-2 所示。

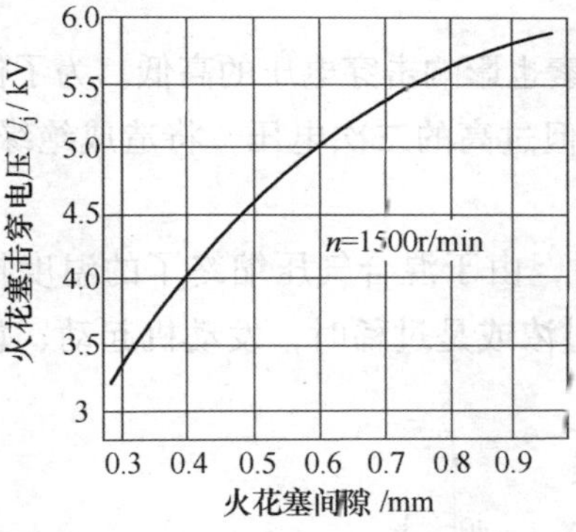

图 7-1　火花塞击穿电压与火花塞间隙的关系

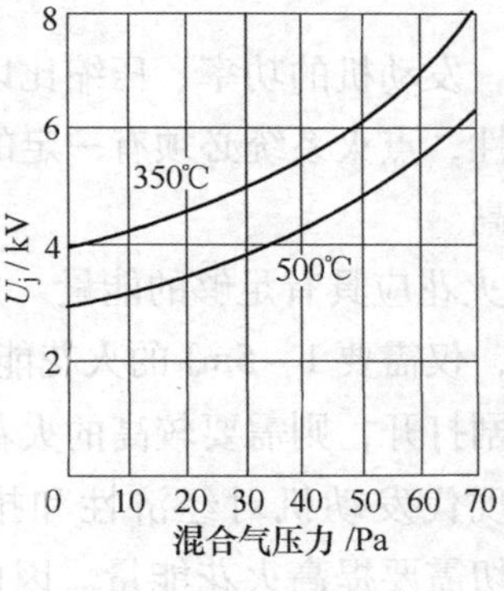

图 7-2　火花塞击穿电压与混合气压力的关系

3）电极的温度和极性。火花塞电极的温度越高，电极周围的气体密度越小，击穿电压就越低；针状的中心电极为负极且温度较高时，击穿电压就较低。火花塞击穿电压与火花塞电极的关系如图 7-3 所示。

4）发动机的工作情况。

①发动机转速。击穿电压与发动机转速的关系如图 7-4 所示。发动机高速工作时，气缸内的温度升高，使气缸的充气量减小，致使气缸中压力减小，因而火花塞的击穿电压随转速的升高而降低。发动机在起动和急加速时击穿电压升高，而全负荷且稳定工作状态时击穿电压较低。

②混合气空燃比。如图 7-5 所示，混合气过稀和过浓时击穿电压都会升高。

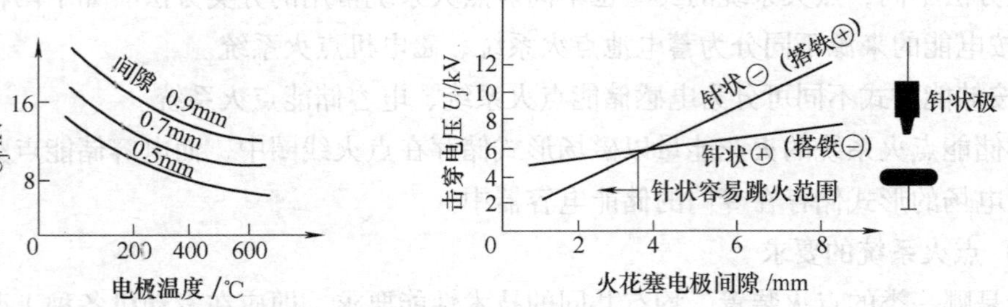

图 7-3 火花塞击穿电压与火花塞电极的关系

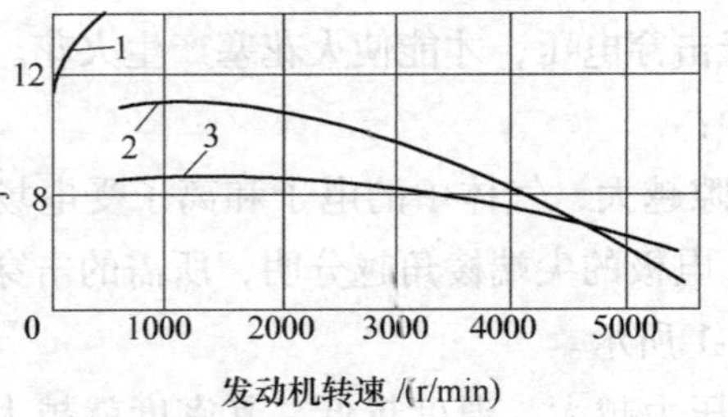

图 7-4 火花塞击穿电压与发动机转速的关系

1—起动 2—加速 3—最大功率的稳定状态

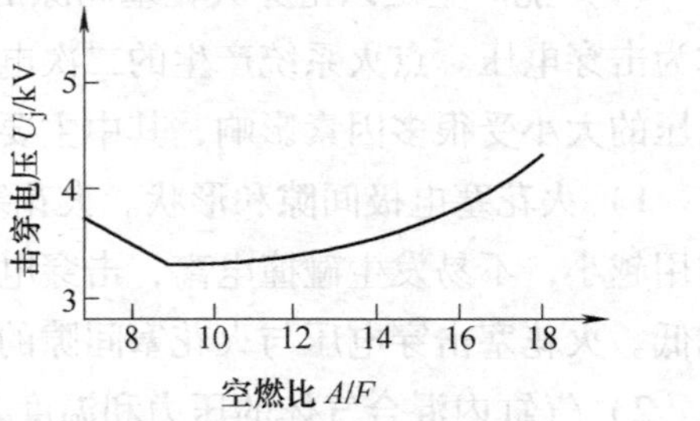

图 7-5 火花塞击穿电压与空燃比的关系

此外，发动机的功率、压缩比以及点火时刻等因素也影响击穿电压的高低。为了保证点火的可靠性，点火系统必须有一定的二次电压储备。但过高的二次电压，将造成绝缘困难，使成本提高。

（2）火花应具有足够的能量 发动机正常工作时，由于混合气压缩终了的温度接近其自燃温度，仅需要 1 ~ 5mJ 的火花能量。但在混合气过浓或是过稀时，发动机起动、怠速或节气门急剧打开，则需要较高的火花能量。

随着现代发动机对经济性和排气净化要求的提高，都迫切需要提高火花能量。因此，为了保证可靠点火，高能电子点火系统一般应具有 80 ~ 100mJ 的火花能量，起动时应产生高于 100mJ 的火花能量，如图 7-6 所示。

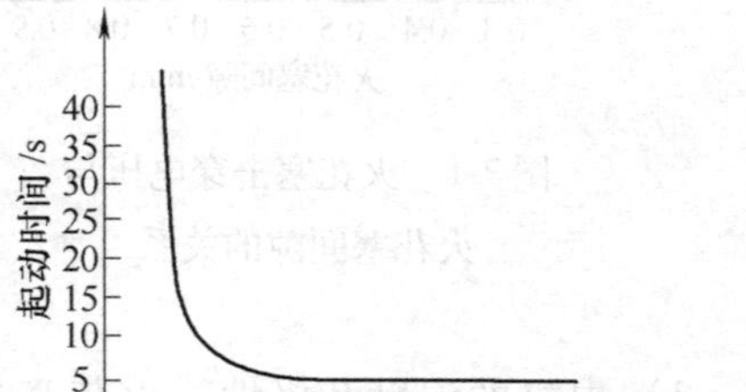

图 7-6 发动机起动所需时间与火花能量的关系

（3）点火时刻应适应发动机的工作情况 对于多缸发动机，点火系统应按发动机的工作顺序进行点火。通常六缸发动机的点火顺序为 1-5-3-6-2-4，四缸发动机的点火顺序为 1-3-4-2 或 1-2-4-3。

此外，对于某一缸而言，电火花产生的时刻应使发动机发出的功率最大、油耗最低、排放污染最少。

1）点火提前角。从发出电火花开始至活塞到达上止点为止的一段时间内曲轴转过的角度，称为点火提前角。

点火时刻对发动机性能影响很大，从火花塞点火到气缸内大部分混合气燃烧，并产生高的爆发力需要一定的时间，虽然这段时间很短，但由于曲轴转速很高，在这段时间内，曲轴转过的角度还是较大的。若在压缩上止点点火，则混合气边燃烧，活塞边下移而使气缸容积增大，这将导致燃烧压力低，发动机功率也随之减小。因此要在压缩接近上止点前点火，即点火提前。

如果点火提前角过小，当活塞到达上止点时才点火，则混合气的燃烧主要在活塞下行过程中完成，即燃烧过程在容积增大的情况下进行，使炽热的气体与气缸壁接触的面积增大，因而转变为有效功的热量相对减少，气缸内最高燃烧压力降低，导致发动机过热，功率下降。

如果点火提前角过大，由于混合气的燃烧完全在压缩过程进行，当活塞到达上止点之前即达最大，使活塞受到反冲，发动机做负功，不仅使发动机的功率降低，并有可能引起爆燃和运转不平稳现象，加速运动部件和轴承的损坏。

2）最佳点火提前角。实践证明，燃烧最大压力出现在上止点后10°~15°时，发动机的输出功率最大，此时所对应的点火提前角为最佳点火提前角。

影响最佳点火提前角的因素很多，最主要的因素是发动机转速、负荷、冷却液温度及燃油品质等。

当发动机转速一定时，随着负荷的加大，节气门开度增大，进入气缸内的可燃混合气量增多，则压缩终了时混合气的压力和温度增高，同时，残余废气在气缸内所占的比例减小，混合气燃烧速度加快，这时，点火提前角应适当减小。反之，发动机负荷减小时，点火提前角则应适当增大。

当发动机节气门开度一定时，随着转速增高，燃烧过程所占曲轴转角增大，这时，应适当加大点火提前角。即点火提前角应随转速增高适当加大。

汽油的辛烷值越高，抗爆性越好。对于辛烷值高的汽油，点火提前角可适当增大，以提高发动机的性能；辛烷值较低的汽油抗爆性差，点火提前角则应减小。

二、电子点火系统的结构和工作原理

（一）电子点火系统的组成

发动机电子点火系统由蓄电池、点火开关、脉冲发生器线圈、点火器、点火线圈、火花塞等组成，其结构如图7-7所示。

点火系统的电源是蓄电池或发电机，作用是供给点火系统所需的电能。发动机起动时由蓄电池供电，正常工作时由发电机供电。

点火开关的作用是接通或断开点火系统一次电路，控制发动机起动、工作和熄火。

脉冲发生器线圈的作用是产生信号电压输送给点火控制器，通过点火控制器来控制点火系统的工作。一般以磁感应式信号发生器为主。

点火器的作用是按照信号发生器输入的点火信号接通或断开点火系统的一次电路，使点火线圈二次绕组产生点火高压电。点火器由三部分组成，分别是：检测来自脉冲发生器线圈点火信号的部分，将该信号放大的部分，以及由所放大的信号使点火线圈的一次电流间歇的部分。

点火线圈是一个自耦变压器，将低电压变为能击穿火花塞间隙所需的高电压。点火线圈由一次绕组、二次绕组和铁心等组成。开磁路点火线圈的结构如图 7-8 所示。

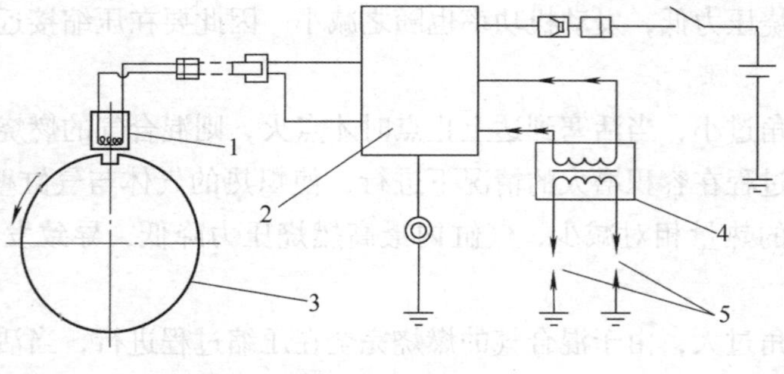

图 7-7 插秧机发动机点火系统

1—脉冲发生器线圈 2—点火器 3—飞轮 4—点火线圈 5—火花塞

火花塞是将高压电引入气缸燃烧室，产生电火花点燃可燃混合气。火花塞的结构如图 7-9 所示，中心电极用镍铬合金制成，具有良好的耐高温、耐腐蚀性能，导体玻璃起密封作用。火花塞间隙多为 0.6 ~0.7mm，但当采用电子点火时，间隙可增大至 1.0 ~1.2mm。

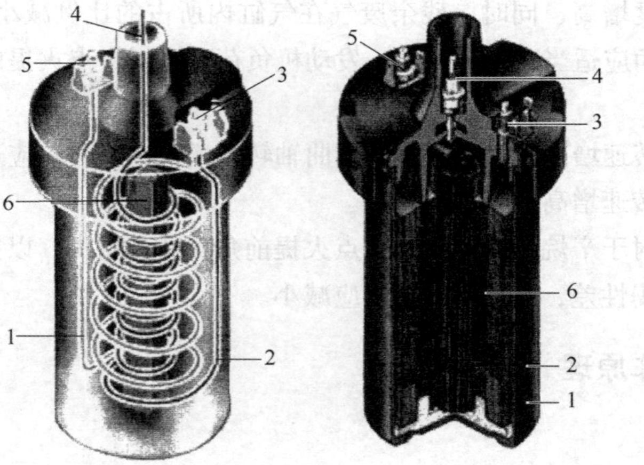

图 7-8 开磁路点火线圈的结构

1—一次绕组 2—二次绕组 3—点火线圈“+”接线柱 4—中央高压线接线柱 5—点火线圈“-”接线柱 6—铁心

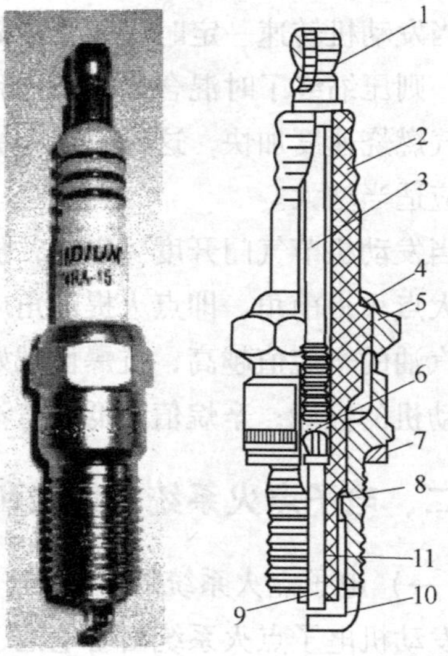

图 7-9 火花塞的结构

1—接线螺母 2—绝缘体 3—金属杆 4—内垫圈 5—壳体 6—导电玻璃 7—密封垫圈 8—内垫圈 9—中心电极 10—侧电极 11—绝缘体裙部

（二）电子点火系统的工作原理

如图 7-10 所示，当主开关处于 ON 档位时，电流从蓄电池正极→慢熔熔丝→主开关 4 号端子→主开关 3 号端子→10A 熔丝→点火线圈一次绕组→搭铁→蓄电池负极。当飞轮随曲轴旋转时，脉冲发生器线圈的磁通发生变化，在传感线圈中便产生感应的交变电动势，该交变电动势（点火信号）输入到点火器，点火器内部的开关电路将切断一次电流，在二次绕组侧产生约 2 万 V 的高压，使火花塞释放火花。

（1）一次电流增长的过程　点火系统的一次电路包括蓄电池、点火开关、点火器内部电子开关、点火线圈一次绕组。

当点火器内部电子开关导通时，一次电流由蓄电池流过点火线圈一次绕组，一次电流按指数规律增长，并逐渐趋于极限值 U_B/R，一次电流波形如图 7-11a 所示。对插秧机上的点火线圈而言，在点火器内部电子开关导通约 20ms，一次电流就接近于其极限值。

一次电流增长时，不仅在一次绕组中产生自感电动势，同时在二次绕组中也会感应出电动势，为 1.5～2kV，不能击穿火花塞间隙，二次电压波形如图 7-11b 所示。

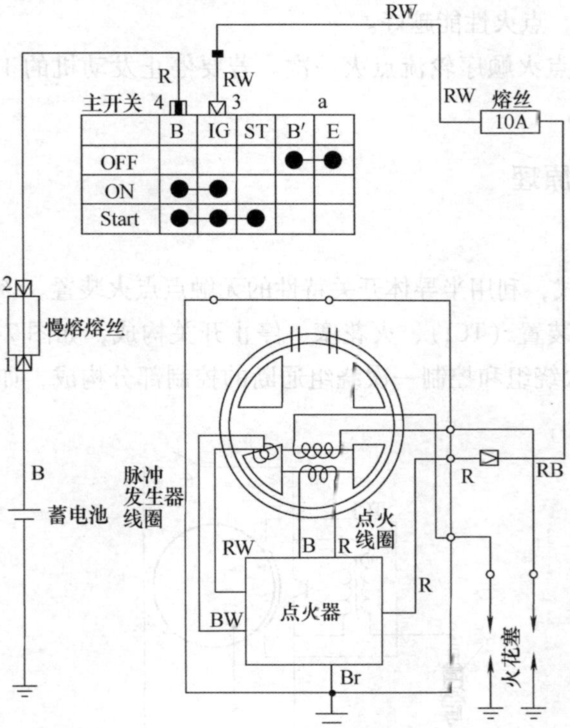

图 7-10　久保田 68CM 插秧机发动机点火系统电路示意图

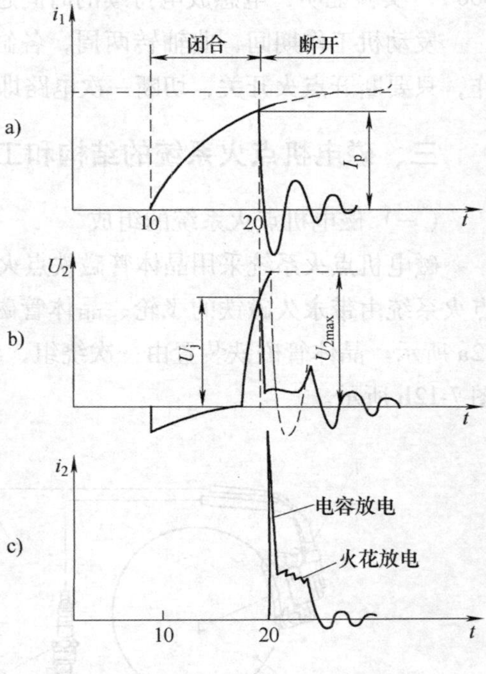

图 7-11　点火系统的工作波形图

a）一次电流波形　b）二次电压波形

c）二次电流波形

（2）二次绕组产生高压的过程　点火器内部电子开关导通后，一次电流按指数规律增长，当闭合时间为 T_b、i_1 增长到 I_p 时，点火器内部电子开关截止，I_p 称为一次断电电流。

点火器内部电子开关截止后，一次电流 I_p 迅速降到零，磁通也随之迅速减少，如图 7-11a 所示。此时，在一次绕组和二次绕组中都产生感应电动势，一次绕组匝数少，产生 200～300V 的自感电动势，二次绕组由于匝数多，产生高达 15～20kV 的互感电动势 U_2，如图 7-11b 所示。

点火器内部电子开关截止后，二次绕组中的感应电动势也发生相应的变化。如果二次电压值不能击穿火花塞间隙，则 U_2 将按图 7-11b 中虚线变化，在几次振荡之后消失。如果 U_2

升到 U_j 时火花塞间隙被击穿，则电压的变化如图 7-11b 实线所示，U_j 称为击穿电压。

（3）火花塞电极间火花放电过程　通常火花塞的击穿电压 U_j 总低于 U_{2max}，在这种情况下，当二次电压 U_2 达到 U_j 时，就使火花间隙击穿而形成火花，这时在二次电路中出现 i_2，二次电流波形如图 7-11c 所示。同时二次电压突然下降，如图 7-11b 所示。火花放电一般由电容放电和电感放电两部分组成。

电容放电是指火花间隙被击穿时，储存在 C_2 中的电场能迅速释放的过程，其特点是放电时间极短（1μs 左右），但放电电流很大，可达几十安培。跳火以后，火花间隙的电阻减小，线圈磁场的其余能量将沿着电离的火花间隙缓慢放电，形成电感放电，又称火花尾，其特点是放电时间持续较长，达几毫秒，但放电电流较小，约几十毫安，放电电压较低，约 600V。实验证明，电感放电持续的时间越长，点火性能越好。

发动机工作期间，曲轴转两周，各缸按点火顺序轮流点火一次。若要停止发动机的工作，只要断开点火开关，切断一次电路即可。

三、磁电机点火系统的结构和工作原理

（一）磁电机点火系统的组成

磁电机点火系统采用晶体管磁铁点火方式，利用半导体开关特性的无触点点火装置。该点火系统由带永久磁铁的飞轮、晶体管磁铁装置（TCI）、火花塞、停止开关构成，如图 7-12a 所示。晶体管磁铁装置由一次绕组、二次绕组和控制一次绕组通断的控制部分构成，如图 7-12b 所示。

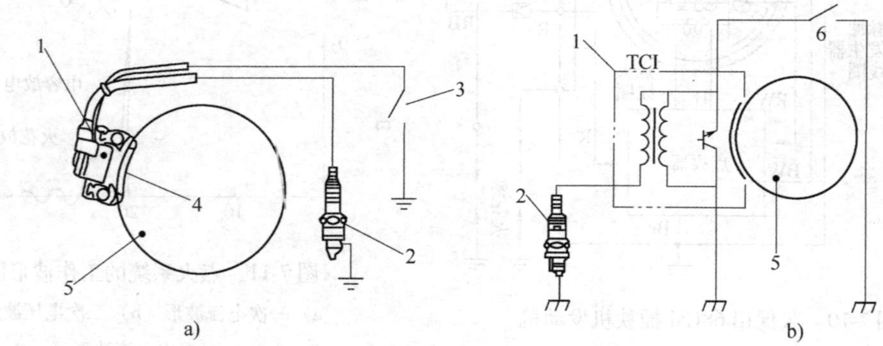

图 7-12　久保田 48C 插秧机点火系统结构图

a）外部结构　b）TCI 内部结构

1—晶体管磁铁点火装置　2—火花塞　3—停止开关　4—永久磁铁　5—飞轮　6—熄火开关

（二）磁电机点火系统的工作原理

如图 7-13 所示，当主开关处于开的档位，同时飞轮随曲轴旋转时，嵌入在飞轮中的永久磁铁的磁力线穿过晶体管磁铁装置，使得晶体管磁铁装置周围的磁场发生变化，从而在晶体管磁铁装置（TCI）内部产生一次电流，该电流通过内部电子电路形成回路。信号电路接收一次绕组的交变电压信号，根据信号的变化情况，计算出点火时刻，通过控制晶体管或晶闸管（SCR），使其处于截止状态，点火线圈的一次侧所产生的电流被急速切断，从而在点

火线圈的二次侧产生高压，最终在火花塞上形成火花。

当主开关处于关的档位时，A 端子和 C 端子接通，使晶体管磁铁装置（TCI）中的一次绕组两端同时搭铁，形成回路，此时信号电路无法通过晶体管或晶闸管（SCR）切断一次绕组中的电流，所以不能在点火线圈的二次侧产生高压，火花塞上不能形成火花。

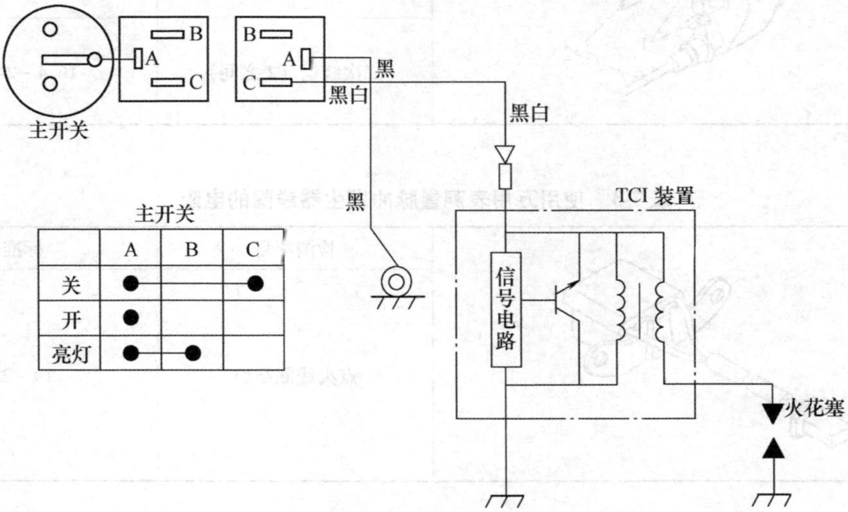

图 7-13　久保田 48C 插秧机点火系统电路示意图

任务实施

一、电子点火系统的性能检测

（一）火花塞性能检测

使用塞尺测量火花塞的间隙，见表 7-1。

表 7-1　使用塞尺测量火花塞的间隙

	检测项目	标准值
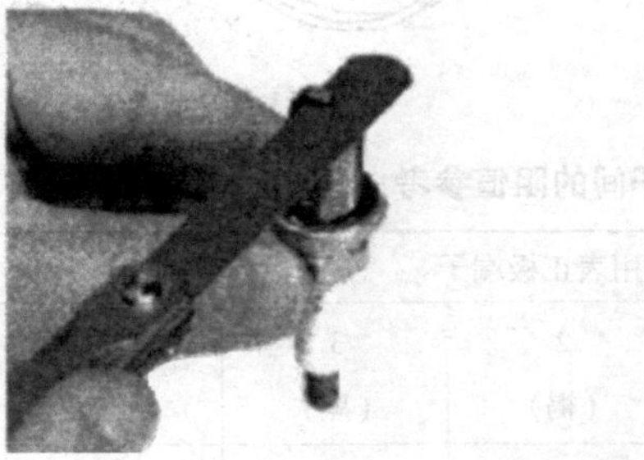	间隙	0.6 ~ 0.7mm
	紧固转矩	27.5N · m

（二）点火线圈性能检测

使用万用表测量点火线圈一次绕组和二次绕组的电阻，见表 7-2。

（三）脉冲发生器线圈性能检测

使用万用表测量脉冲发生器线圈的电阻，见表 7-3。

表 7-2　使用万用表测量点火线圈一次绕组和二次绕组的电阻

	检测项目	标准值
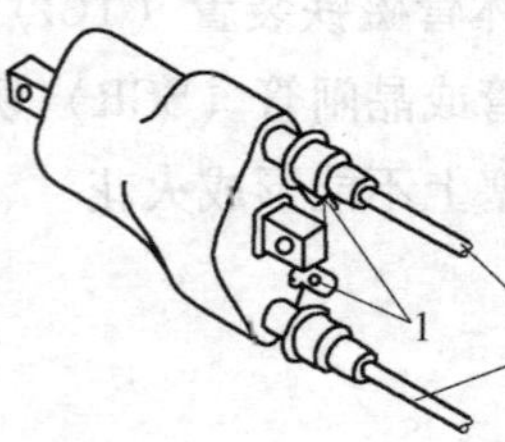	一次绕组（1 之间）	2.7～3.7Ω
	二次绕组（2 之间）	16.4～24.6kΩ

表 7-3　使用万用表测量脉冲发生器线圈的电阻

	检测项目	标准值
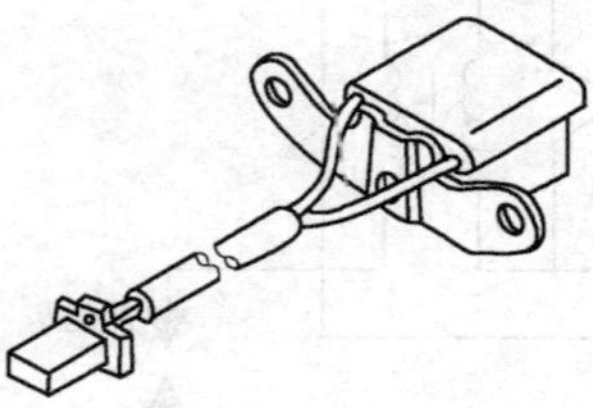	点火线圈绕组	19～22Ω

（四）点火器性能检测

拆下点火器各端子的连接线，进行单体测试。如图 7-14 所示，1 是脉冲发生器线圈电线（黑白线和红白线），2 是地线（褐色线），3 是点火线圈（－）（插入端子较小的一方，黑色线），4 是点火线圈（＋）（插入端子较大的一方，红色线），5 是蓄电池线（红色线）。

（1）点火器侧的检测　用万用表测量点火器侧各端子之间的电阻值或进行导通测试。如有项目异常，则为点火器不良，应予以更换。表 7-4 中电阻值为使用万用表 1kΩ 档位测量得到的大致值。

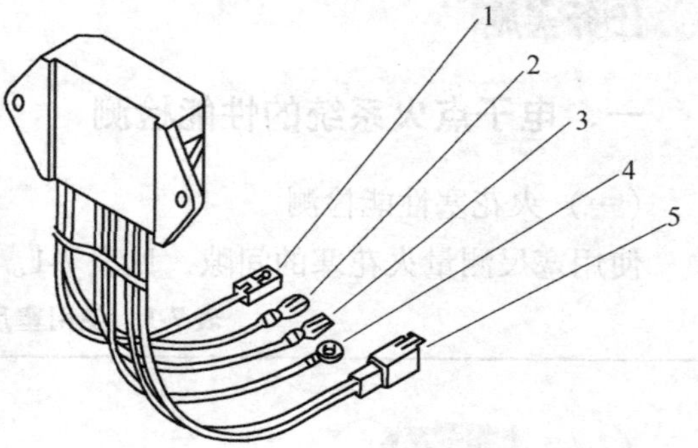

图 7-14　点火器

表 7-4　点火器端子间的阻值参考

	万用表正极端子						
	端子编号（颜色）	1（黑白）	1（红白）	2（褐）	3（黑）	4（红）	5（红）
万用表负极端子	1（黑白）	—	2kΩ	0	7kΩ	∞	∞
	1（红白）	2kΩ	—	2kΩ	10kΩ	∞	∞
	2（褐）	0kΩ	2 kΩ	—	7kΩ	∞	∞

（续）

	万用表正极端子						
	端子编号（颜色）	1（黑白）	1（红白）	2（褐）	3（黑）	4（红）	5（红）
万用表负极端子	3（黑）	∞	∞	∞	—	∞	∞
	4（红）	13kΩ	15kΩ	13kΩ	28kΩ	—	0kΩ
	5（红）	13kΩ	15kΩ	13kΩ	28kΩ	0kΩ	—

（2）线束侧的检查　使用万用表测量线束侧的电源线电压、点火器线圈电阻和脉冲发生器电阻。

表 7-5　使用万用表测量线束侧的电源线电压、点火器线圈电阻和脉冲发生器电阻

测量项目	测量条件	标准值
电源线 5（红色）的连接处与车体地线之间	主开关 OFF	0V
电源线 5（红色）的连接处与车体地线之间	主开关 ON	12V
点火器线圈单体检查 4（红色）与 3（黑色）的连接处之间	—	2.7 ~ 3.7Ω
脉冲发生器单体检查 1（红白）和 1（黑白）的连接处之间	—	19 ~ 22Ω

二、磁电机点火系统的性能检测

（一）火花塞性能检测

从火花塞上拆下火花塞罩，将火花塞罩连接至点火校验器，然后将点火校验器的导线连接至火花塞，拉动起动把手，测量点火校验器部分跳出火花的最小间隙。如果在标准值以下，应检查火花塞罩和 TCI 装置。火花塞性能检测见表 7-6。

表 7-6　火花塞性能检测

	检测项目	标准值
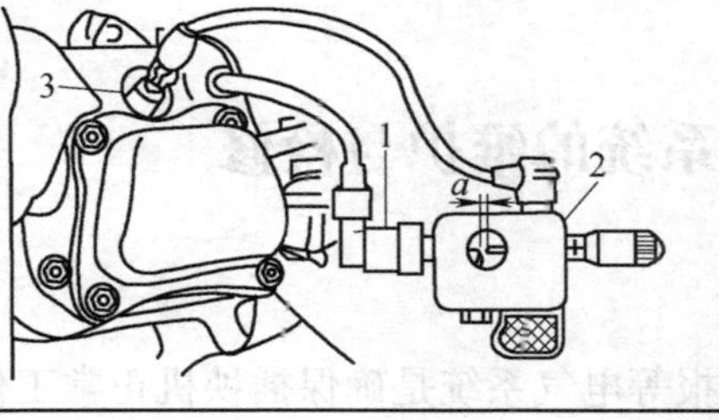	火花塞跳火间隙 a	6.0mm

（二）TCI 装置检测

将万用表连接至 TCI 装置，测量 TCI 装置内部二次绕组的电阻值。连接万用表的负极表针与 TCI 装置的接地线，连接万用表的正极表针与 TCI 装置的高压线。如果在标准值以外，需要更换。TCI 装置检测见表 7-7。

表 7-7 TCI 装置检测

	检测项目	标准值
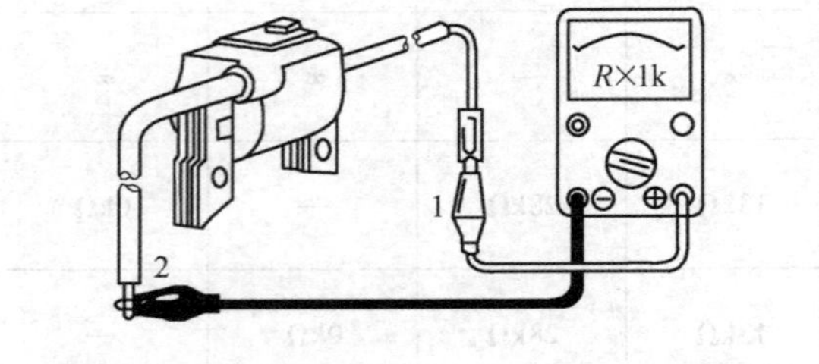	TCI 装置内部二次绕组	10.53～12.87kΩ

（三）点火正时检查

检查当活塞即将到达上止点时，飞轮对准标记 1 与风扇罩对准标记 2 是否一致，如图 7-15 所示。

三、点火系统的使用与维护注意事项

1）拆卸或安装电路部件之前，应先关闭点火开关或拆下蓄电池的负极搭铁线。

2）当需要利用起动机带动发动机旋转，而又想不使发动机发动的情况下，如进行缸压检查等，应拔下高压线，并将其搭铁。

3）点火器必须搭铁良好，使用中应尽可能减少搭铁处的接触电阻，确保电路稳定可靠地工作。

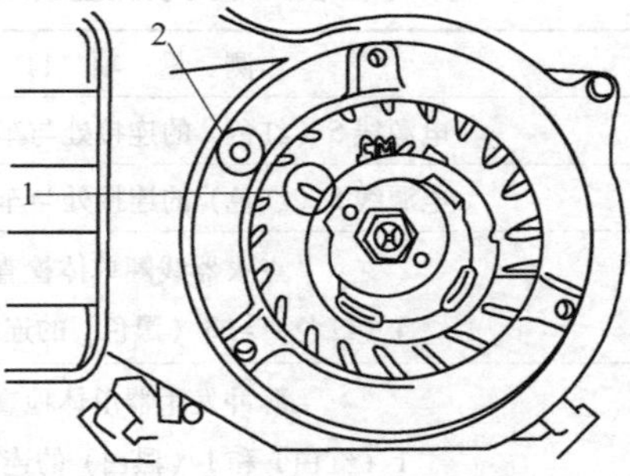

图 7-15 点火正时标记

1—飞轮对准标记 2—风扇罩对准标记

4）发动机在运转过程中，严禁拆卸蓄电池，也不可用刮火法检修电路。

5）在判断点火系统故障时，不要使高压电路处于开路状态，否则极易使点火器中的大功率晶体管损坏。

6）点火信号线应与高压线分开，避免高压线对点火系统的干扰。

7）电子点火系统的点火线圈一般使用高能点火线圈，应尽可能避免用普通点火线圈代用。

任务二 插秧机电气控制系统的维护与检修

任务分析

燃料阻断控制、插植部水平控制、秧苗用尽警报等电气系统是确保插秧机正常工作的重要组成部分。完成本任务的学习后，学生应了解插秧机电气控制系统的作用、类型、组成工作原理及电路分析，掌握插秧机电气控制系统的检修方法及解体后主要部件的检测方法，能对插秧机电气控制系统的技术性能进行正确评价。

相关知识

一、燃料阻断控制系统

燃料阻断控制系统由蓄电池、慢熔熔丝、钥匙开关、定时继电器、燃料阻断电磁阀等组成，如图7-16所示。燃料阻断控制系统的作用是在发动机停机时瞬时切断燃料供给。其工作过程是，当钥匙开关处于"ON"档时，定时继电器3号端子有12V电压，使得定时继电器4号端子至1号端子的电子电路断路，燃料阻断电磁阀不工作，油路畅通。在钥匙开关由"ON"档切换到"OFF"档时，定时继电器3号端子无电压，使得定时继电器4号端子至1号端子的电子电路导通（10s左右），燃料阻断电磁阀工作（10s左右），油路截止。

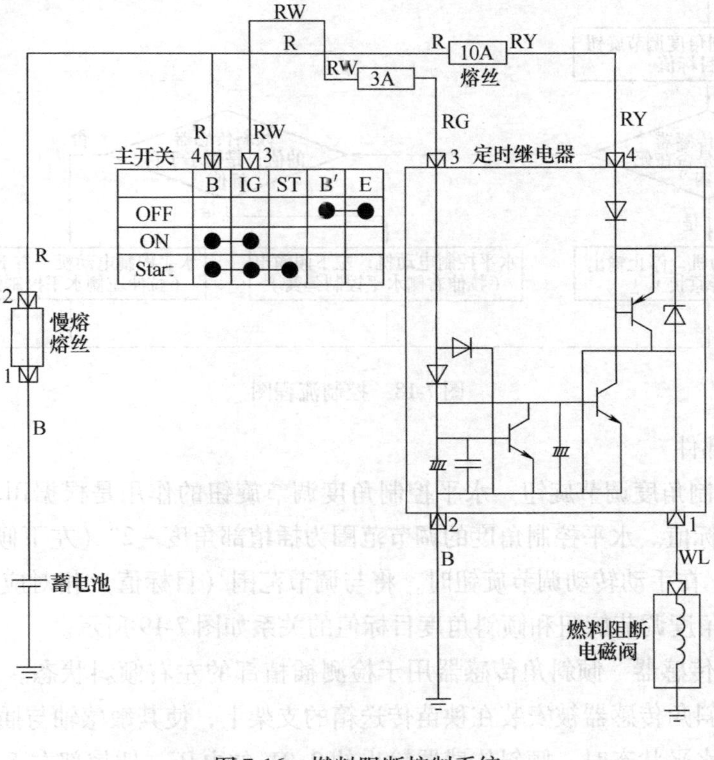

图7-16　燃料阻断控制系统

二、插植部水平控制系统

插植部水平控制系统的作用是实时采集田块的平整度，调整控制插植部（插秧）的水平高度，保证所有秧苗插入泥土的深度达到规定要求，在提高插秧机工作效率的同时保证插秧质量。该系统由田块平整度信息采集单元、信息处理单元和执行单元三部分组成。田块平整度信息采集单元主要由倾斜角传感器构成，信息处理单元由单片机构成，执行单元由水平控制继电器和直流电动机构成。系统硬件结构图如图7-17所示。

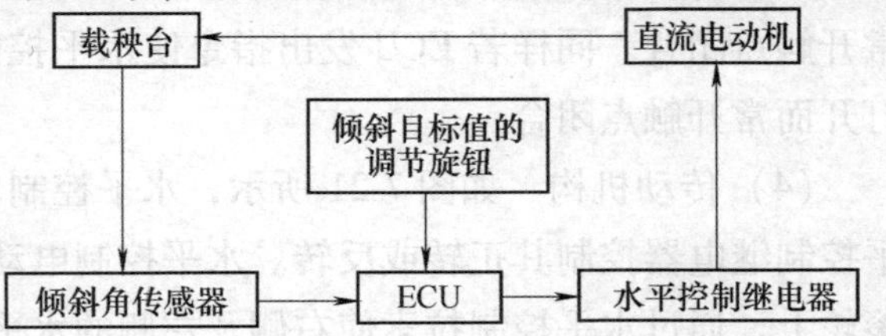

图7-17　系统硬件结构图

在插秧机作业过程中，倾斜角传感器实时采集插植部的水平位置信号，并以模拟信号形式发送给信息处理单元，信息处理单元（ECU）将这个信号与倾斜目标值进行比较，产生开关控制命令，来控制水平控制继电器工作，从而实现对直流电动机的转动方向控制，使插植部保持水平，保证插秧质量。控制流程图如图 7-18 所示。

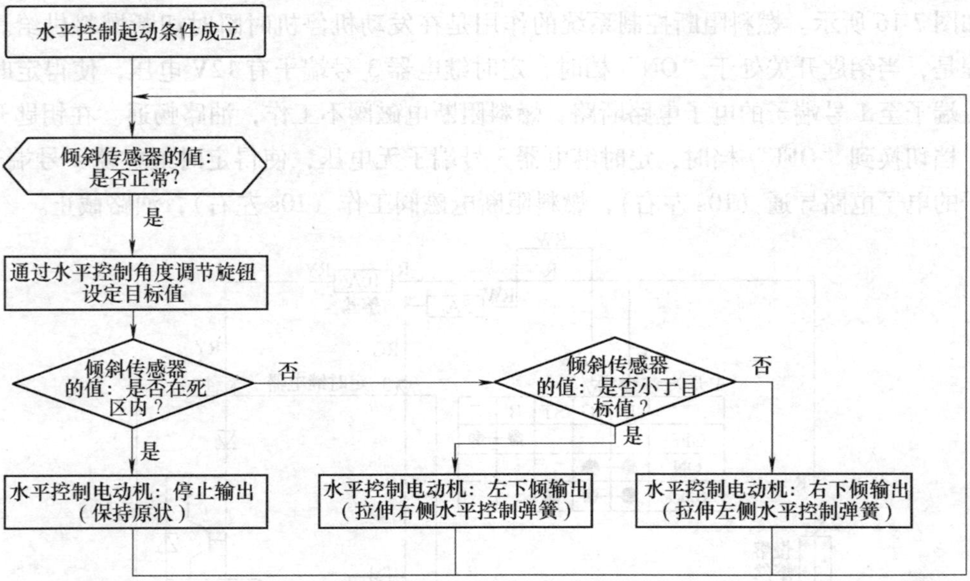

图 7-18 控制流程图

（一）系统部件

（1）水平控制角度调节旋钮 水平控制角度调节旋钮的作用是根据田块情况预设定插植部左右倾斜目标值。水平控制角度的调节范围为插植部角度 -2°（左下倾）~0°（水平）~2°（右下倾）。在手动转动调节旋钮时，将与调节范围（目标值）相对应的模拟信号输入 ECU。水平控制角度调节旋钮和倾斜角度目标值的关系如图 7-19 所示。

（2）倾斜角传感器 倾斜角传感器用于检测插植部的左右倾斜状态。为了保证传感器的测量精度，倾斜角传感器被安装在秧苗传送箱的支架上，使其敏感轴与插植部的旋转轴垂直，插植部处于水平状态时，倾斜传感器输出约 2.0V 的电压，插植部左下倾时，输出电压降低（2.0V→0.5V）；右下倾时，输出电压升高（2.0V→3.5V）。

（3）水平控制继电器 水平控制继电器结构如图 7-20 所示，它由两组双触点继电器组成，图中 1 号端子接电源正极，5 号端子接电源负极，3 号、6 号端子接电动机，2 号、4 号端子接 ECU。若 ECU 发出指令使水平控制继电器左边的线圈通电，则左边常闭触点打开而常开触点闭合。同样若 ECU 发出指令使水平控制继电器右边的线圈通电，则右边常闭触点打开而常开触点闭合。

（4）传动机构 如图 7-21 所示，水平控制电动机根据微电脑单元的输出指令，通过水平控制继电器控制其正转或反转。水平控制电动机的旋转力被传递到水平控制轴及水平控制滚轮上，通过水平控制拉索使右侧及左侧的水平控制弹簧左右动作。水平控制弹簧安装在载秧台端部的板上，随着载秧台的移动，插植部以摆动支点毂为支点向左下倾斜或右下倾斜。

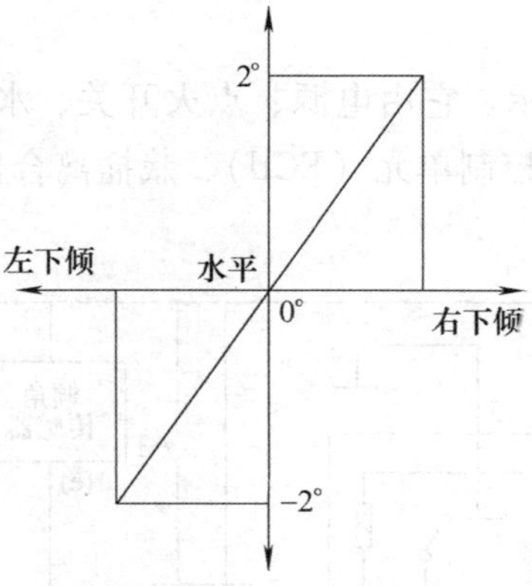

图 7-19　水平控制角度调节旋钮和倾斜角度目标值的关系

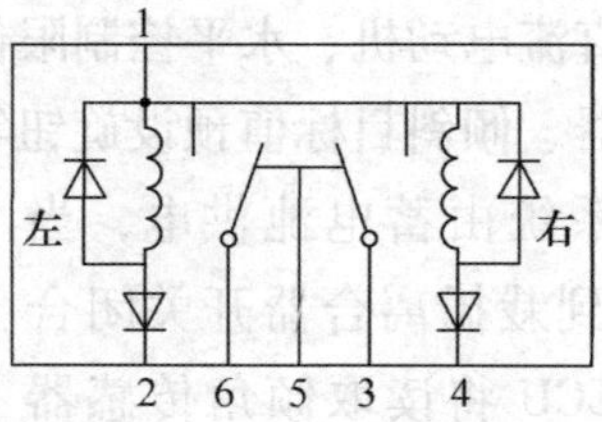

图 7-20　水平控制继电器结构

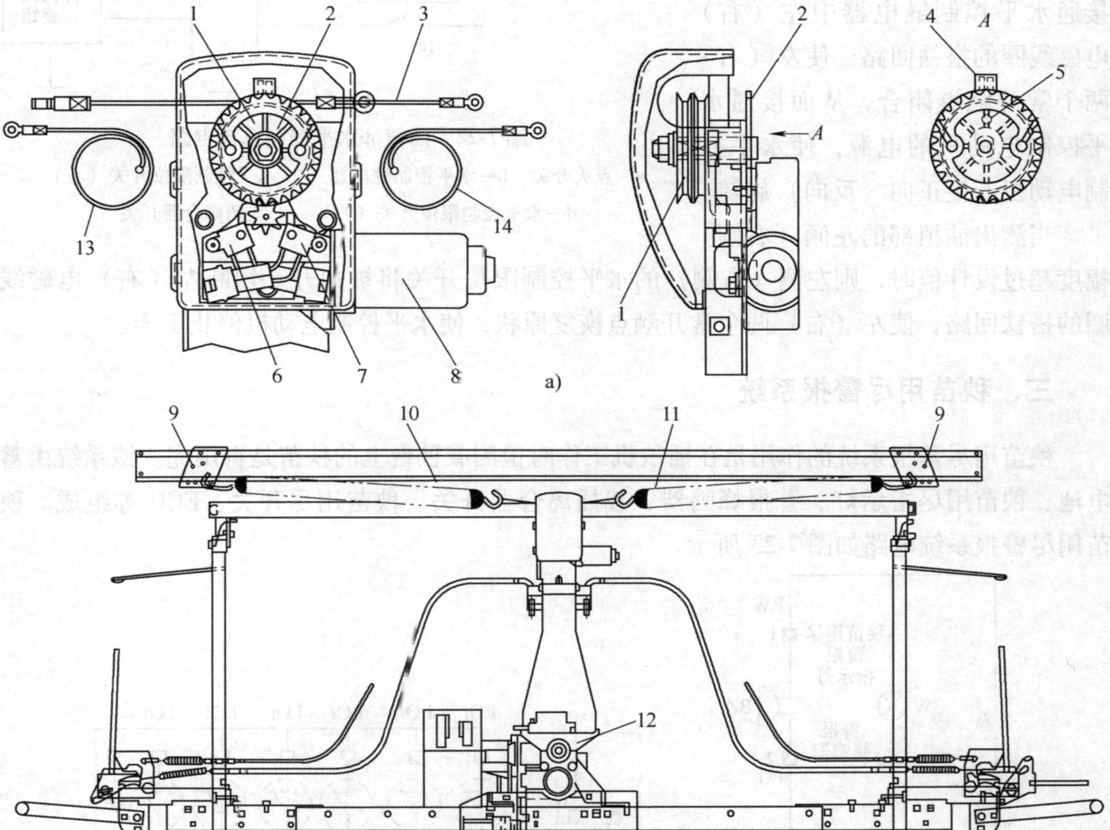

图 7-21　水平控制电动机及传动机构

a）水平控制电动机及传动附件　b）水平控制电动机及传动机构

1—水平控制滚轮　2—水平控制轴　3—水平控制拉索　4—凸起部　5—对准标记　6—水平控制限位开关(右)　7—水平控制限位开关(左)　8—水平控制电动机　9—板　10—水平控制弹簧(右)　11—水平控制弹簧(左)　12—摆动支点毂　13—组装右侧拉索　14—组装左侧拉索

（二）系统电路

高速插秧机插植部水平控制系统电路如图 7-22 所示。它由电源、点火开关、水平控制继电器、直流电动机、水平控制限位开关（左、右）、控制单元（ECU）、栽插离合器开关、倾角传感器、倾斜目标值预设旋钮等组成。

整个系统由蓄电池供电，当ECU 接收到栽插离合器开关闭合信号后，ECU 将读取倾角传感器插植部的位置信号，同时还读取水平控制角度调节旋钮设定的目标值信号，并比较这两个信号。根据运算结果，发出控制指令，接通水平控制继电器中左（右）电磁线圈的搭铁回路，使左（右）两个常开触点闭合，从而接通水平控制电动机的电源，使水平控制电动机产生正向（反向）旋转。

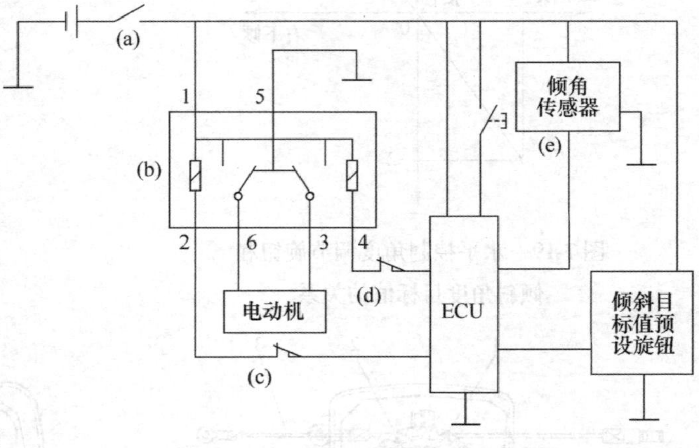

图 7-22　插植部水平控制系统电路

a—点火开关　b—水平控制继电器　c—水平控制限位开关（左）　d—水平控制限位开关（右）　e—栽插离合器开关

当测出插植部的左倾（右倾）幅度超过设计值时，则左侧（右侧）的水平控制限位开关将被顶开，切断左（右）电磁线圈的搭铁回路，使左（右）两个常开触点恢复原状，使水平控制电动机停止工作。

三、秧苗用尽警报系统

秧苗用尽警报系统的作用是在插秧机工作时检测载秧台上的秧苗是否用完。该系统由蓄电池、秧苗用尽指示灯、警报蜂鸣器、栽插离合器开关、秧苗用尽开关、ECU 等组成。秧苗用尽警报系统电路如图 7-23 所示。

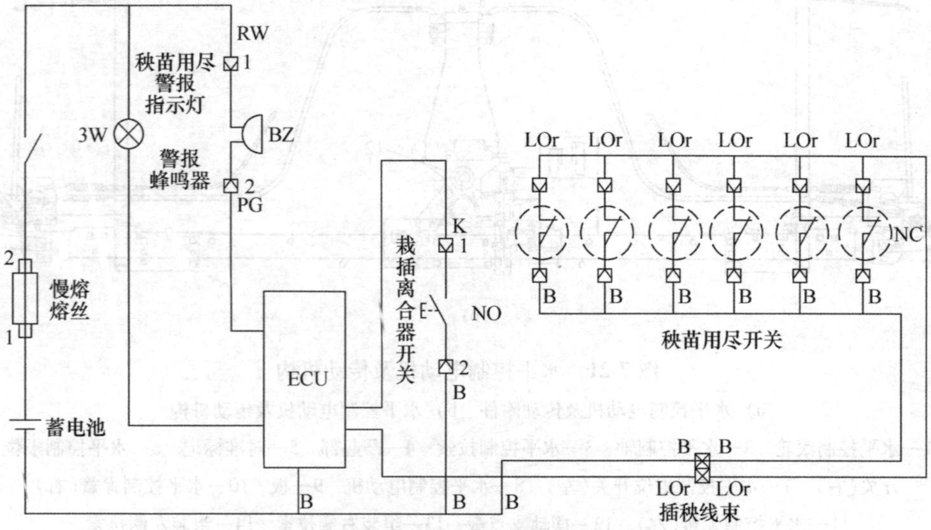

图 7-23　秧苗用尽警报系统电路

按下栽插离合器开关使其处于闭合状态（即插秧机处于工作状态）时，如果载秧台上装有秧苗，则6个秧苗用尽开关都被秧苗压下（由闭合状态变为打开状态），ECU使警报蜂鸣器和秧苗用尽指示灯电路开路，此时警报蜂鸣器不鸣响，秧苗用尽指示灯也不亮。如果载秧台上缺少秧苗，6个秧苗用尽开关中的某1个处于ON（导通）状态，ECU使警报蜂鸣器和秧苗用尽指示灯电路导通，秧苗用尽警报指示灯即点亮，同时警报蜂鸣器鸣响。

任务实施

一、燃料阻断控制系统检修

用万用表对燃料阻断控制系统部件端子进行检查，检查方法和标准值如下。

（一）燃料阻断电磁阀检测（见表7-8）

表7-8　燃料阻断电磁阀检测

测量部位	测量端子	测量条件	标准值
线束侧连接器	连接器端子（白蓝）-车体之间	将主开关置于［开］后再次［关］	约有12V的电压，经过约10s后为0V
燃料阻断电磁阀侧	端子-车体之间	导通	约12 Ω

（二）定时继电器检测（见表7-9）

表7-9　定时继电器检测

测量部位	测量端子	测量条件	标准值
线束侧连接器	连接器4（红黄）-车体之间	主开关：OFF	约12V
	连接器3（红绿）-车体之间	主开关：ON	约12V
	连接器1（白蓝）-车体之间	导通	约11Ω
	连接器2（黑）-车体之间	导通	0 Ω

定时继电器检测如图7-24所示。检测步骤如下：

1）用导线连接蓄电池的（+）极端子和连接器③、④。

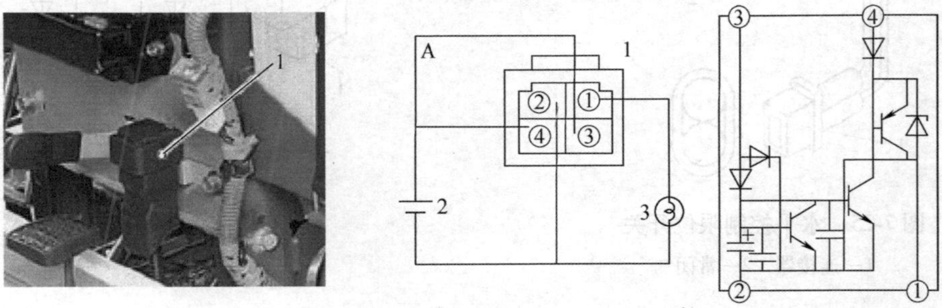

a)　　b)

图7-24　定时继电器检测

a）定时继电器安装位置　b）连接器

1—定时继电器　2—蓄电池　3—指示灯

2）用导线连接蓄电池的（－）极端子和连接器②。

3）用导线连接蓄电池的（－）极端子和连接器①及指示灯3。

4）从连接器③上拆下导线A时，如果指示灯3点亮，约（10±3）s后自然熄灭，则表示定时继电器1正常。

二、插植部水平控制系统检修

用万用表对插植部水平控制系统部件端子进行检查，检查方法和标准值见表7-10。图7-25所示为水平控制限位开关，图7-26所示为水平控制继电器，图7-27所示为倾斜传感器，图7-28所示为水平控制电动机。

表7-10 检查方法和标准值

测量部位	测量端子	测量条件	标准值
水平控制限位开关	连接器黑-黑端子之间	松开	导通
		按下	不导通
水平控制继电器（线圈）	端子1-2之间	—	导通
	端子1-4之间	—	导通
水平控制继电器（常闭触点）	3-5端子之间 3-6端子之间 6-5端子之间	触点闭合	导通
倾斜传感器	白-黑端子之间	水平（0°）	约2.5V
	白-黑端子之间	左下倾（连接器侧下倾：朝①的方向）	0.5～2.5V（降低）
	白-黑端子之间	右下倾（连接器侧上倾：朝②的方向）	2.5～4.5V（升高）
水平控制电动机	连接器端子之间	—	约0.4 Ω

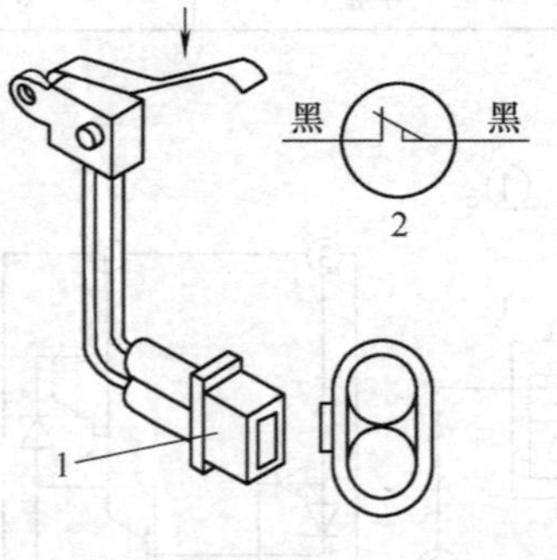

图7-25 水平控制限位开关

1—连接器 2—常闭

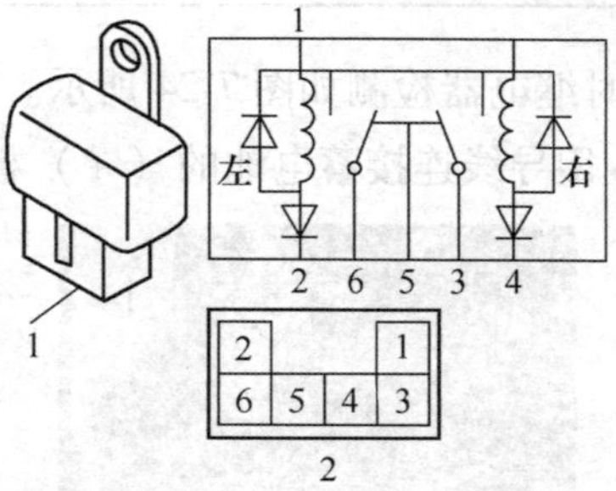

图7-26 水平控制继电器

1—继电器 2—继电器端子

三、秧苗用尽警报系统检修

图7-29所示为栽插离合器开关，图7-30所示为秧苗用尽开关，图7-31所示为警报蜂鸣器，用万用表对秧苗用尽警报系统部件端子进行检查，检查方法和标准值见表7-11。

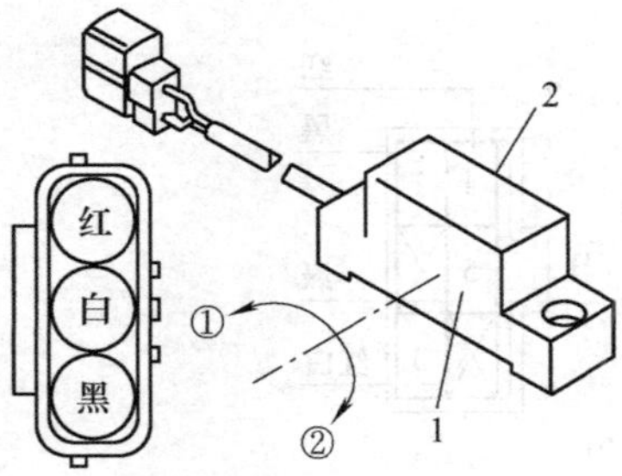

图 7-27　倾斜传感器

1—倾斜传感器　2—标签粘贴面

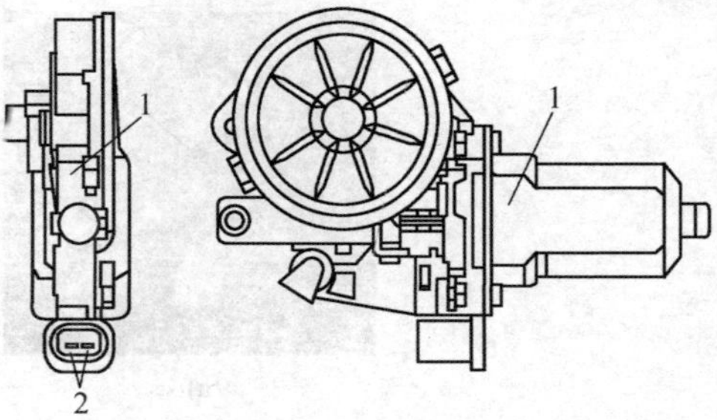

图 7-28　水平控制电动机

1—水平控制电动机　2—端子

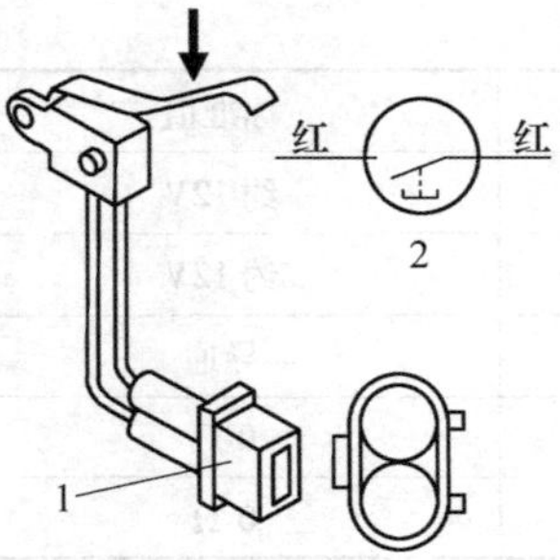

图 7-29　栽插离合器开关

1—连接器　2—常开

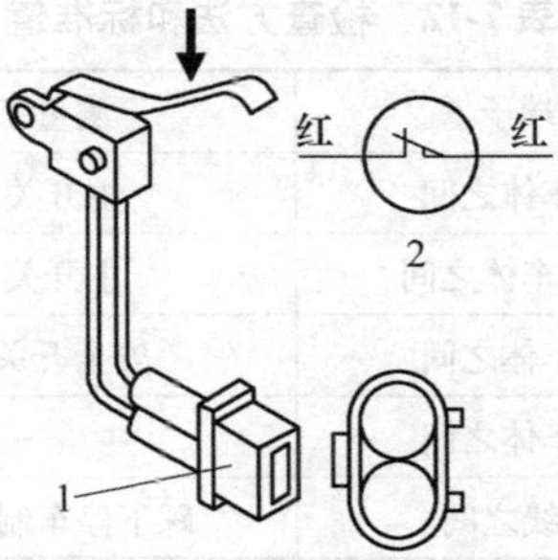

图 7-30　秧苗用尽开关

1—连接器　2—常闭

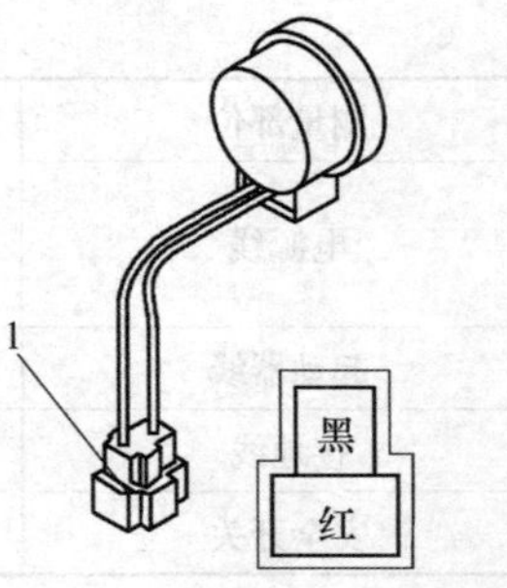

图 7-31　警报蜂鸣器

1—连接器

表 7-11　检查方法和标准值

测量部位	测量端子	测量条件	标准值
栽插离合器开关	连接器红-红端子之间	按下	导通
		松开	不导通
秧苗用尽开关	连接器红-红端子之间	松开	导通
		按下	不导通
警报蜂鸣器	连接器红端子、连接器黑端子	万用表（－）搭连接器红端子，万用表（＋）搭连接器黑端子	蜂鸣器输出

四、其他辅助电器检修

（一）主开关及安全开关检测

图 7-32 所示为主开关及连接器和安全开关，用万用表对电源等其他系统部件端子进行检查，检查方法和标准值见表 7-12。

（二）照明组合开关检测

图 7-33 所示为照明组合开关连接器，用万用表对电源等其他系统部件端子进行检查，检查方法和标准值见表 7-13。

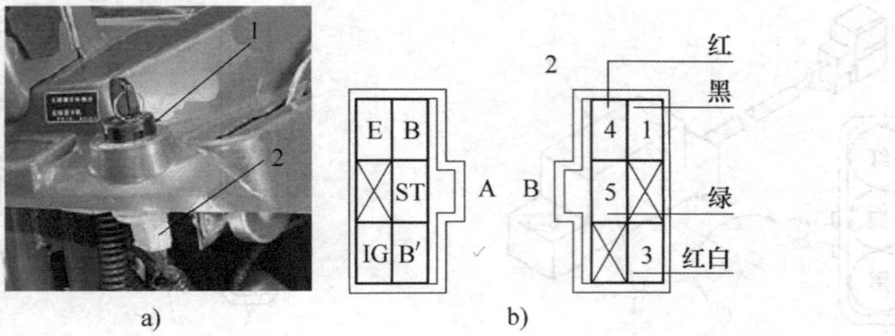

图 7-32 主开关及连接器和安全开关

a）主开关安装位置 b）连接器

1—主开关 2—连接器 A—开关侧 B—线束侧

表 7-12 检查方法和标准值

测量部位	测量端子	测量条件	标准值
电源线	4(红)-车体之间	主开关:关	约 12V
	3(红白)-车体之间	主开关:开	约 12V
起动器线	5(绿)-车体之间	安全开关:ON	导通
接地线	1(黑)-车体之间	—	0 Ω
安全开关	两根导线之间	踩下停车制动踏板	0 Ω

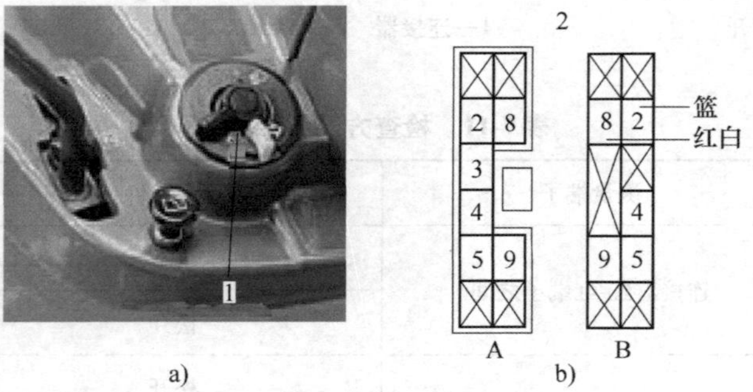

图 7-33 照明组合开关连接器

a）组合开关 b）连接器

1—组合开关 2—连接器 A—开关侧 B—线束侧

表 7-13 检查方法和标准值

测量部位	测量端子	测量条件	标准值
照明开关电源线	8(红白)-车体之间	主开关:开	约 12V
前照灯电源线	2(蓝)-车体之间	—	约 1Ω

（三）仪表盘检测

图 7-34 是仪表盘连接器，用万用表对电源等其他系统部件端子进行检查，检查方法和标准值见表 7-14。

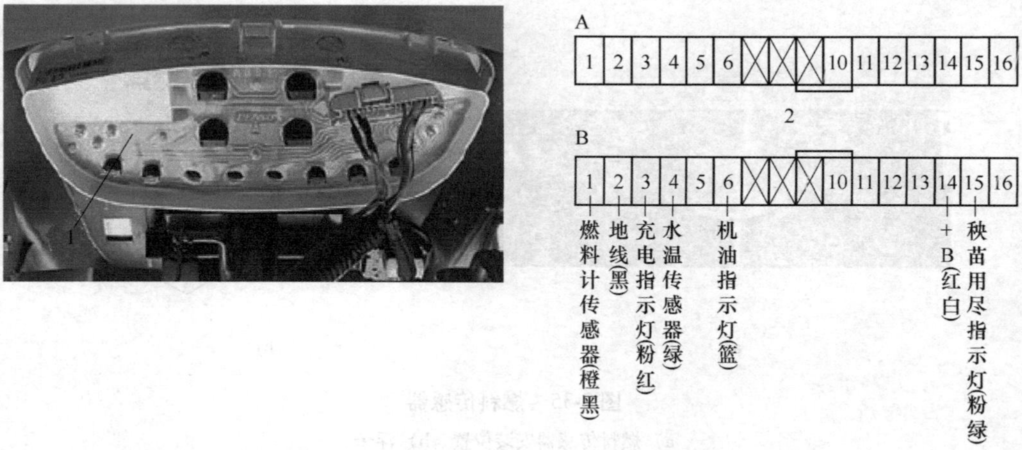

a)　　　　b)

图 7-34　仪表盘连接器

a）仪表盘电流板　b）连接器

1—仪表盘　2—连接器　A—仪表盘侧　B—线束侧

表 7-14　检查方法和标准值

测量部位	测量端子	测量条件	标准值
燃料计(仪表盘侧)	1-14 端子之间	—	70～80Ω
	1-2 端子之间	—	100～110Ω
充电警报指示灯(仪表盘侧)	3-2 端子之间	—	20～40Ω
水温计(仪表盘侧)	4-14 端子之间	—	50～60Ω
	4-2 端子之间	—	约 120Ω
机油压力警报指示灯(仪表盘侧)	6-14 端子之间	—	20～40Ω
秧苗用尽指示灯(仪表盘侧)	15-14 端子之间	—	10～20Ω
电源线(线束侧)	14(红白)-车体之间	主开关：开	约 12V
接地线(线束侧)	2(黑)-车体之间	—	0Ω
燃料传感器(线束侧)	1(橙黑)-车体之间	—	1～112Ω
水温传感器(线束侧)	4(绿)-车体之间	—	14～292Ω
各种指示灯(线束侧)	各端子-端子之间	—	0Ω

（四）燃料传感器检测

图 7-35 所示为燃料传感器，用万用表对电源等其他系统部件端子进行检查，检查方法和标准值见表 7-15。

（五）水温传感器及机油压力传感器检测

图 7-36 所示为水温传感器，用万用表对电源等其他系统部件端子进行检查，检查方法和标准值见表 7-16。

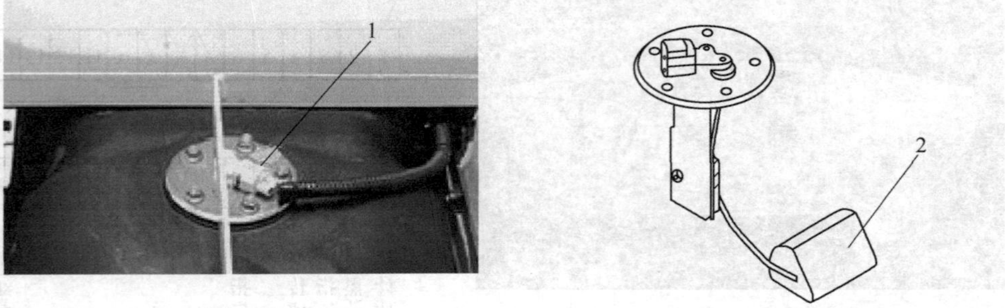

a) b)

图 7-35 燃料传感器

a）燃料传感器安装位置 b）浮子

1—燃料传感器 2—浮子

表 7-15 检查方法和标准值

测量部位	测量端子	测量条件	标准值
传感器侧	端子之间	浮子上升(燃料：F)	1～5Ω
		浮子下降(燃料：E)	108～112Ω
线束侧	信号线 1(橙黑)-车体之间	—	约 8V
	接地线 2(黑)-车体之间	—	0Ω

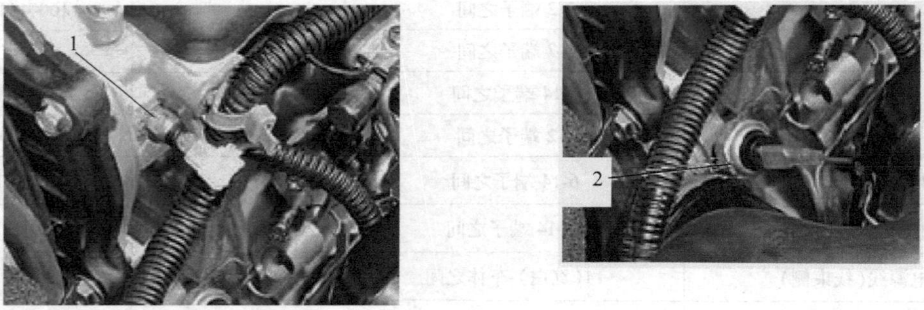

a) b)

图 7-36 水温传感器及机油压力传感器

a）水温传感器安装位置 b）机油压力传感器安装位置

1—水温传感器 2—机油压力传感器

表 7-16 检查方法和标准值

测量部位	测量端子	测量条件	标准值
水温传感器端子检测			
传感器侧	端子-车体之间	50°C	134～174Ω
		80°C	48～57Ω
		100°C	26～29Ω
		120°C	15～18Ω
线束侧	信号线端子(绿)-车体之间	—	约 10V

（续）

测量部位	测量端子	测量条件	标准值
机油压力传感器端子检测			
传感器侧	机油压力传感器前端的端子部-车体之间	发动机停止时	导通
		发动机运行时	不导通
线束侧	信号线端子(蓝)-车体之间	主开关：开	约 12 V

练习与思考题

1. 叙述久保田 68CM 插秧机发动机点火系统的工作原理。
2. 叙述久保田 48C 插秧机磁电机点火系统的工作原理。
3. 叙述久保田 NSPU-68CM 插秧机插植部水平控制系统的工作原理。

附录 电 路 图

图 A-1 清拖 750 拖拉机电路图（见书后插页）

图 A-2 久保田 M704 拖拉机配线图（见书后插页）

图 A-3 久保田 M704 拖拉机电路图（1）起动系统、充电系统和作业灯电路（见书后插页）

图 A-4 久保田 M704 拖拉机电路图（2）照明系统电路（见书后插页）

图 A-5 久保田 M704 拖拉机电路图（3）仪表板电路（见书后插页）

图 A-6 久保田 PRO488 联合收割机配线图（见书后插页）

图 A-7 久保田 PRO488 联合收割机电路图（见书后插页）

图 A-8 久保田 NSPU-68CM 插秧机配线图（见书后插页）

图 A-9 久保田 NSPU-68CM 插秧机电路图（见书后插页）

参 考 文 献

[1] 张石，刘晓志. 电工技术 [M]. 北京：机械工业出版社，2012.
[2] 林小玲. 电工电子学 [M]. 北京：机械工业出版社，2009.
[3] 张志良. 电工基础 [M]. 北京：机械工业出版社. 2010.
[4] 马永祥. 电工技术基础 [M]. 北京：电子工业出版社，2008.
[5] 庄丽娟. 电子技术基础 [M]. 北京：机械工业出版社，2010.
[6] 胡光辉. 汽车电器设计构造与检修 [M]. 2 版. 北京：机械工业出版社，2011.
[7] 杨连福. 汽车电器与电子设备 [M]. 北京：机械工业出版社，2011.
[8] 涂同明. 水稻机械化插秧必读 [M]. 武汉：湖北科学技术出版社，2008.
[9] 荀银忠，李杏桔. 农机技术指导 [M]. 北京：中国农业科学技术出版社，2011.
[10] 董克俭. 农业机械故障排除 500 例 [M]. 北京：金盾出版社，2008.
[11] 宫元娟. 常用农业机械使用与维修技术问答 [M]. 北京：金盾出版社，2010.
[12] 夏俊芳. 现代农业机械化新技术 [M]. 武汉：湖北科学技术出版社，2011.
[13] 耿端阳，等. 新编农业机械学 [M]. 北京：国防工业出版社，2012.